인간이 되다

인간의 코딩 오류, 경이로운 문명을 만들다

BEING HUMAN

인간이 되다

루이스 다트넬 지음 | 이충호 옮김

Lewis Dartnell

흐름출판

"철학자 버트런드 러셀은 이렇게 말했다. '사람은 합리적 동물이라고 흔히 일컬어져왔다. 나는 평생 동안 그 증거를 찾으려고 애썼다.' 생물 종의 하나인 사람은 합리적이고 재주 있는 존재로 진화했고, 그 진화로 지금의 거대한 문명과 역사를 썼다. 그러나 진화는 결코 생명체를 완벽하게 만들어주지 못한다. 우리의 몸은 생각보다 연약하고, 심리적으로는 깊은 편견을 지녔다.

루이스 다트넬은 이 책에서 우리의 기이한 진화가 어떻게 우리라는, 온갖 신체적, 정신적 결함을 지녔음에도 불구하고 지구에서 가장 특별한 존재를 만들어냈는지를 설명한다. 이 책은 인류 역사의 큰 흐름을 묘사하는 동시에, 시야를 넓혀 거대한 역사의 전환을 일으킨 생물학적 원인과 배경을 추적한다. 다트넬의 생물학은 단순히 유전학, 생리학, 해부학에 그치지 않는다. 그의 생물학적 환원은 생태학을 만나 심리학과 진화생물학으로 승화한다.

인류 역사의 위대한 전환에 기폭제로 작용한 코딩 오류와, 식물에서 추출한 알코올, 카페인, 니코틴, 아편 등 우리의 몸과 마음을 움직이는 물질들이 어떻게 우리 인지 소프트웨어에 온갖 편향 맹점들을 만들어냈는지 이해하고 나면, 낭만적 사랑과 가족의 탄생, 감염병에 대한 필연적 취약성, 인구 문제 등 인류 발전의 거대 담론을 훨씬 포괄적으로 이해할 수 있다. 새로운 생존 조건과 문제에 맞닥뜨렸을 때 제도판으로 되돌아가 재설계할 길이 없는 진화의 비가역성에도 불구하고 문화의 누적적 특성을 살리며 끝내 인간으로 거듭나는 대서사가 여기 펼쳐져 있다.

머리말과 제1장을 읽은 다음 7~9장을 먼저 읽고, 그 다음 2~6장, 마지막으로 끝맺는 말 순서로 읽기를 추천한다. 이 분야의 고전이라 할 만한 『인간 등정의 발자취』와 『우리 몸 연대기』를 읽은 독자들에게 특별히 이 책을 권한다. 두 책이 절묘하게 어우러지는 희열을 맛볼 것이다."

—**최재천**, 이화여대 에코과학부 교수, 생명다양성재단 이사장

"항상 흥미롭고, 호감 가는 작가 루이스 다트넬은 이번에도 우리에게 익숙한 이야기에서 귀한 지식을 찾아냈다." —「가디언」

"오차 없는 팩트로 가득한 책." —「타임스」

"다트넬이 또 해냈다. 놀랍고, 명징하고, 심오한 가르침으로 가득한 책. 말 그대로 '경이롭다.'"

—**에드 콘웨이**, 저널리스트, 『물질의 세계』 저자

"인간의 몸을 수단으로 해 역사를 탐사하는 지적인 여행. 대단하다!"

—**팀 마샬**, 저널리스트, 『지리의 힘』 저자

"다트넬은 이런 거대한 주제를 흥미롭게 써내는 데 특히 뛰어난 작가다. 『인간이 되다』는 책을 내려놓을 수 없을 만큼 우리를 빠져들게 한다."

—**마틴 리스**, 천문학자, 『과학이 우리를 구원한다면』 저자

"광범위하고, 포괄적이며, 새롭다."

—**토머스 할리데이**, 진화생물학자, 『아더랜드』 저자

"과학, 역사와 선사시대를 넘나드는, 뜻밖의 연결과 유쾌한 통찰로 가득한 지적 탐험."

—**팀 하포드**, 경제학자, 『경제학 콘서트』 저자

"과학적 이야기가 폭발하는 이 책은 우리가 지닌 생물학적 결함이 어떻게 우리가 살고, 사랑하고, 번성하고, 죽는 방식을 형성하는지를 매혹적으로 탐색한다. 우리 자신과 종에 대해 새로운 시각으로 생각하게 해주는 책."

—**캣 아니**, 유전학자, 『이기적 몬스터』 저자

"훌륭하고, 엄청나게 유익하고, 기분 좋은 독서."

—**카밀라 팡**, 생물학자, 『자신의 존재에 대해 사과하지 말 것』 저자

"우리가 누구이며 어떻게 여기까지 왔는지에 대한, 인식을 확장하는 숭고한 탐험."

—**리처드 피셔**, 저널리스트,『장기적 관점The Long View』저자

"인간 진보에 대한 획기적인 설명. 그 누구도 읽어본 적 없는 역사. 최고의 스토리텔러가 전하는, 흡인력 있고 박진감 넘치는 서사."

—**조 머천트**, 과학 저널리스트,『기적의 치유력』저자

"놀랍도록 재미있고 아름답게 쓰였다.『인간이 되다』는 우리가 완전히 새로운 방식으로 세상을 바라보게 한다. 학제 간 역사학 도서 중 최고다."

—**조너선 케네디**, 사회학자, 공중보건학자,『발병학Pathogenesis』

"인간 생물학이 세계사에 필연적인 영향을 끼친 방식을 다루는 이 책은 당신의 눈과 마음을 트이게 할 것이다."

—**헨리 지**, 고생물학자,『지구 생명의 (아주) 짧은 역사』저자

"의미 깊은 연구. 생물학은 개인의 운명 그 이상을 결정한다."

—「뉴 스테이츠먼」

› 차례 ‹

일러두기

– 본문에 번호로 표기된 각주는 저자가 집필하며 참고한 자료의 출처를 밝히려는 것으로 뒤편 '주석'에서 찾아볼 수 있다. 해당 자료의 자세한 서지 정보는 '참고 문헌'에서 확인할 수 있다.

– 본문 하단의 각주는 저자의 설명이며, 옮긴이의 주석은 괄호 안에 담고 '–옮긴이'로 표시했 다.

머리말

선사 시대를 모르면 역사를 이해할 수 없고, 생물학을 모르면 선사 시대를
이해할 수 없다.

— 에드워드 윌슨Edward O. Wilson, 『지구의 징복자The Social Conquest of Earth』

사람은 지능이 매우 뛰어나고 유능한 유인원 종이다. 복잡한 뇌는
진화의 경이로운 산물이고, 몸은 공학의 경이로운 산물이다. 우리
의 생리는 효율적인 장거리 달리기에 적합하도록 미세 조정돼 있
다. 자유자재로 능숙하게 다룰 수 있는 손은 물건을 조작하고 만들
기에 아주 적합하다. 목과 입은 입 밖으로 내뱉는 소리를 놀랍도록
잘 조절할 수 있다. 우리는 의사소통 능력도 아주 뛰어난데, 수많
은 형태의 언어로 물리적 지시에서 추상 개념에 이르기까지 온갖
것을 전달할 수 있고, 그 덕분에 팀과 공동체 구성원들 사이에서
의견을 잘 조율할 수 있다. 우리는 서로와 부모와 동료에게서 배울
수 있고, 그 덕분에 새로운 세대는 모든 것을 백지상태에서 다시
시작할 필요가 없다. 우리 문화는 누적되는 특성이 있어 우리는 시
간이 지나면서 많은 능력을 축적하게 되었다. 우리는 석기를 능숙

하게 다루던 장인에서 슈퍼컴퓨터와 우주선 기술을 사용하는 존재로 발전했다.

하지만 우리의 신체와 정신에는 큰 결함이 있다. 인간은 능숙하게 처리하지 못하는 일도 많다. 미국 대통령을 지낸 조지 부시와 로널드 레이건은 배우인 엘리자베스 테일러와 할리 베리와 어떤 공통점이 있을까? 이들은 모두 음식물(각자 프레첼, 땅콩, 닭뼈, 무화과)이 목에 걸리는 바람에 죽을 뻔한 적이 있다.[1] 사실, 질식은 오늘날 집에서 일어나는 사망 원인 중 3위를 차지한다.[2] 음식을 먹다가 우연히 자신을 죽이는 일이 일어나지 않도록 해야 하는 중요한 생존 기술에서 우리는 다른 동물에 비해 숨이 멎을 정도로(문자 그대로) 무능한 것처럼 보인다. 그 원인은 복잡한 말소리를 냄으로써 다양한 표현을 통해 뛰어난 의사소통 능력을 갖게 해준 목의 변화에 있다. 우리 종은 진화 과정에서 목의 후두가 위로 올라가는 구조적 변화가 일어나면서 소리를 좀 더 자유자재로 조절할 수 있게 되었다. 모든 포유류가 호흡과 섭식에 사용하는 두 관(기관과 식도)은 짧은 관을 공유하는데, 여기에 후두덮개가 달려 있다. 후두덮개는 음식을 삼킬 때 기관 입구에 해당하는 후두를 뚜껑처럼 닫아 음식이 기관으로 들어가지 않게 한다. 하지만 사람은 목의 구조가 변하는 바람에 음식물이 기관으로 넘어가 기관을 틀어막을 가능성이 크게 높아졌다.[3] 다윈은 "우리가 삼키는 모든 음식과 음료 입자는 기관의 구멍 위로 지나가야 하는데, 그 때문에 자칫 잘못하면 폐로 들어갈 위험이 있다."라고 지적했다.[4]

이것은 인체 구조의 많은 설계 결함 중 하나에 불과하다. 우리는 직립 보행을 하도록 진화했지만, 이 자세는 무릎에 큰 부담을 주며, 대다수 사람들은 나중에 요통으로 고생한다. 손목 관절과 발목 관절에는 쓸모없는 흔적 뼈들이 포함돼 있는데, 이것들 때문에 움직임에 제약을 받고, 비틀림과 염좌(삠)에 취약하다.[5] 몸속에서 터무니없이 길게 우회하는 경로를 따라 뻗어 있는 신경도 많고, 더 이상 아무 쓸모도 없는 근육(다른 동물이 귀를 구부리는 데 사용하는 근육처럼)도 있다. 빛에 민감한 눈 뒤쪽의 층인 망막은 반대쪽을 향하고 있어 시야에 맹점이 생긴다. 우리는 또한 생화학 물질과 DNA에도 많은 결함(데이터가 변질되어 더 이상 제대로 작동하지 않는 유전자)이 있으며, 그 결과로 여러 가지 부작용이 생겨났는데, 예컨대 살아남기 위해 필요한 영양분을 얻으려면 나머지 동물들보다 훨씬 다양한 음식물을 섭취해야 한다. 그리고 우리 뇌는 완벽한 합리적 사고 기계와는 거리가 멀고, 인지 결함과 버그가 넘쳐난다. 우리는 또한 충동적 행동을 초래하는 중독에도 취약하며, 그 결과로 가끔 자기 파멸의 길을 걷는다.

이 중 많은 결함은 진화 과정에서 일어난 타협의 산물이다. 특정 유전자나 해부학적 구조가 상충하는 여러 요구를 동시에 충족시켜야 한다면, 그중 어느 한 기능만 선택해 완벽하게 최적화할 수가 없다. 목은 호흡과 섭식 요구를 충족시켜야 할 뿐만 아니라 말을 하는 기능도 잘 수행해야 한다. 뇌는 복잡하고 예측하기 힘든 환경에서 생존을 위한 결정을 내려야 하지만, 불완전한 정보를 바탕으로, 그리고 더 중요하게는 아주 빨리 결정을 내려야 한다. 진화는 완벽을 추구하는 대신에 충분히 괜찮은 차선을 추구할 수밖

13

에 없다.

게다가 진화는 새로운 조건과 생존 문제에 대한 답을 찾으려고 할 때 이미 갖고 있는 것을 가지고 어떻게든 해나가야 하는 제약이 있다. 제도판으로 되돌아가 처음부터 재설계할 기회가 없다. 진화의 역사를 통해 우리는 팔림프세스트palimpsest(양피지 위에 쓴 글씨를 지우고 그 위에 다른 글씨를 겹쳐 쓰는 것)처럼 이전에 있던 것을 수정하거나 그 위에 다시 겹치는 방식으로 새로운 적응을 계속 추가하면서 진화해왔다. 예를 들면, 우리의 척추는 위에 놓인 큰 머리를 떠받치면서 직립 자세를 유지하기에는 부실하게 설계되었지만, 우리는 네 발로 걷던 조상에게서 물려받은 척추를 가지고 어떻게든 해나갈 수밖에 없었다.

인간이라는 존재는 우리의 모든 능력과 제약이 합쳐져서 만들어진 결과이다. 즉, 우리의 결함과 능력은 모두 현재의 우리를 만드는 데 기여했다. 그리고 인류의 역사는 양자 사이에서 균형을 이루며 진행되었다.

우리는 진화의 요람인 아프리카에서 사방으로 이주하면서 지구에서 가장 광범위하게 분포한 육상 동물이 되었다. 약 1만 년 전에 우리는 야생 식물과 동물을 길들이는 법을 배워 농업을 발명했고, 그 결과로 점점 더 복잡한 사회 조직(도시와 문명과 제국)이 발달했다. 그리고 이 엄청나게 긴 시간 동안 성장과 정체, 발전과 퇴보, 협력과 갈등, 노예 제도와 해방, 교역과 약탈, 침략과 혁명, 역병과 전쟁을 거치면서도, 이 모든 소란과 열정 속에서 변함없이 유지된 것이 한 가지 있는데, 그것은 바로 우리 자신이다. 우리 생리와 심리의 주요 측면은 거의 다 기본적으로 10만 년 전에 아프리카에서 살았던 조상과 동일하다. 전 세계의 많은 문화에는 놀랍도록 다양한 믿음과 관행과 관습이 존재하지만, 비록 겉모습에 표면적 차이가 있고, 더 중요하게는 더 큰 유전적 변이가 있더라도, 실제로는 모든 면에서 우리는 동일하게 만들어졌다. 사람을 정의하는 기본적인 측면―우리 몸의 하드웨어와 마음의 소프트웨어―은 전혀 변하지 않았다.

이 책에서 나는 인류의 역사를 깊이 파고들면서 문화와 사회와 문명에서 기본적인 인간성이 어떻게 표출되었는지 탐구할 것이다. 우리 유전학과 생화학, 해부학, 생리학, 심리학의 다양한 특성이 어떻게 나타나고, 어떤 결과와 영향을 미쳤을까(단지 개별적이고 중요한 사건들뿐만 아니라, 세계사의 중요한 상수와 장기적 추세에)?

이 책에서는 인류의 독특한 특성뿐만 아니라, 다른 동물과 공유한 우리 몸과 행동의 특징도 살펴볼 것이다. 세련된 문화와 사회의 많은 요소는 우리의 동물적 본성을 가리고 있는 얇은 판자와 같다. 자원과 성관계를 놓고 경쟁하거나 자식에게 인생에서 좋은 기회를 마련해주려고 노력할 때, 우리는 나머지 동물과 별 차이가 없다. 이러한 원초적 욕구들은 가족 구조에서부터 순수 혈통을 지키려는 왕족의 노력에 이르기까지 역사 속 모든 곳에서 표출되었다. 이 책에서 우리는 인류학과 사회학의 최신 연구를 바탕으로 일상생활에서 얼마나 많은 측면이 우리의 생물학에 깊은 뿌리를 두고 있는지 살펴볼 것이다.

우리 몸에 필요한 것과 우리 몸의 제약 중 많은 것은 아주 명백하다. 우리는 특정 범위의 온도에서만 살 수 있고, 폐가 공기에서 산소를 추출하는 효율성은 우리가 살아갈 수 있는 고도를 제한한다.(오늘날 가장 높은 영구 정착지는 페루의 안데스산맥에 위치한 라린코나다 마을로, 해발 고도가 5100m나 된다.) 생존을 위해 물과 영양분을 계속 섭취해야 하는 조건은 영구적으로 정착할 수 있는 환경도 제약한다. 바닷물을 마실 수 없는 신체 조건은 민물 공급에 의존해야 하는 해양 여행에서 큰 장애물이었다. 성적 성숙 단계에 이르기까지 오랜 발달 기간을 거쳐야 하는 생활 주기는 생식과 인구 성장 속도를 좌우한다. 우리 몸은 미생물과 기생충의 침입에 취약하여 치명적 결과를 맞이할 수 있다. 근육의 힘은 우리의 노동력으로 할 수 있는 일을 제한해 우리는 소와 낙타, 말 같은 짐 나르는 짐승을 이용하거나 기술 발전에 의존하게 되었다. 그리고 수면의 필요성은 사회의 활동 주기를 좌우한다.[6]

그런데 우리 몸의 특징은 더 미묘한 방식으로 인간 문화(우리가 서로에게서 배우는 관습과 행동과 기술)의 발달에 영향을 미쳤다. 모든 구어는 상기도에서 만들어지는 일련의 복잡한 소리를 사용한다. 폐에서 내뱉는 공기가 성대를 진동시키고, 그 진동이 만들어내는 소리를 목과 입, 혀, 입술이 미묘한 방식으로 변화시킨다. 이 정교한 발성 능력은 우리 종을 정의하는 특징 중 하나이다.

말은 일련의 열린 소리 또는 모음(아, 이, 오 같은)에 훨씬 다양한 자음이 섞여 만들어진다. 자음 음소는 다양한 방식으로 만들어낼 수 있다. 'p'나 't' 같은 파열음은 폐에서 나오는 공기를 막았다가 터뜨리면서 낼 수 있고, 'f'나 's' 같은 마찰음은 입속의 공기를 좁은 틈 사이로 내보내며 마찰시켜서 낼 수 있으며, 'l' 같은 유음은 공기를 혀 양옆으로 흘려보내면서 낼 수 있고, 'n' 같은 비음은 입안의 통로를 막고 코로 공기를 내보냄으로써 낼 수 있다. 세계의 모든 언어는 약 90가지 소리로 이루어져 있지만, 대다수 언어는 그중 절반도 채 사용하지 않는다.[7] 예를 들어 영어는 약 44개의 음소로 이루어져 있다.[8] 인간의 말에서 가장 흔한 자음은 'm'인데, 만들어내기에 가장 단순한 소리로 보인다. 'm'은 아비폰족 언어에서 주니족 언어에 이르기까지(그리고 남아프리카의 !Xu족 언어까지) UCLA 음운 분절음 목록 데이터베이스UCLA Phonological Segment Inventory Database가 자세히 조사한 450개 언어 중 95%에서 쓰인다.[9] 광범위하게 사용되는 이 음소는 양 입술을 붙이고 코로 공기를 내보내면서 내는데, 침팬지와 여러 영장류가 입맛을 다시듯이 입술을 움직이는 행동과 비슷하다.[10] 이것은 50억 명이 넘는 사람이 처음 내뱉은 단어('마마mama, 엄마'의 여러 가지 변형)의 첫 음소이다. 따라서 전 세계의 모든 언어는 사람의 해부학적 제약에 따라 가장 쉽게 낼 수 있는 소리들이 지배한다.

우리 몸의 일부 특징은 단지 신체적으로 할 수 있는 일뿐만 아니라 세계에 대해 생각하는 방식에도 큰 영향을 미쳤다. 각 손과 발에 손가락과 발가락이 5개씩 있다는 사실(즉, 우리가 다섯 발가락 포유류라는 사실)은 약 3억 5000만 년 전에 물고기 비슷한 우리 조상에게 나타나 고착된 진화의 우연이다.(이것은 악어부터 새와 돌고래에 이르기까지 나머지 모든 네 발 척추동물이 공유한 특징이다.) 하지만 이 사실은 수와 수치 계산 개념에 큰 영향을 미쳤다. 우리가 수를 셀 수 있는 손가락은 10개인데, 전 세계의 대다수 고대 문화가 십진법을 채택했다.° 우리는 10, 100, 1000의 단위를 기준으로 어림수를 헤아리지, 6, 36, 216의 단위를 사용하지 않는다(만약 우리가 세 발가락 동물이라면 이 수 체계를 사용했을지도 모른다). 5세기 무렵에 인도-아라비아 수 체계가 자리값 표기법을 발명했고, 이것은 오늘날의 십진법과 미터법으로 발전했다. 수학 개념 전체는 결국 우리 팔에서 뻗어 나온 손가락 수에 기반을 두고 있다.

우리가 만든 세계의 다른 측면들도 우리의 해부학적 특징과 불가분의 관계에 있다. 1초는 쉬고 있을 때 심장 박동 주기와 대략 비슷하고, 1인치는 전통적으로 엄지의 두께였다. 그리고 1마일은 로마인이 1000걸음을 걷는 거리로 정의되었기 때문에 십진법과 다리 길이의 결합에서 나온 산물이었다.

나중에 보게 되겠지만, 세계에 지울 수 없는 흔적을 남긴 것은 우리의 신체적 특징뿐만이 아니다. 진화한 심리적 메커니즘과 소질도 인간 문화에 아주 특별한 방식으로 영향을 미쳤다. 그중 많은 것은 일상생활에 너무나도 깊이 뿌리박혀 있어서 우리는 그 생물학적 뿌리를 간과하는 경향이 있다. 예를 들면, 우리는 무리 행동을 하려는 경향이 아주 강하다. 즉, 공동체에서 다른 사람들의 결정을 따라감으로써 동조하는 경향이 강하다. 진화적 관점에서

° 예외도 있다. 예를 들면 고대 수메르인은 십진법과 육십진법(60은 나누어떨어지는 수가 많아 편리한 면이 있다)이 혼합된 수 체계를 사용했다. 한 시간이 60분, 1분이 60초, 원의 각도가 360°인 것은 그 영향이다.

18

이것은 우리에게 큰 도움이 되었다. 도처에 위험이 널린 자연계에서는 설령 그것이 최선의 선택이라는 확신이 들지 않더라도, 홀로 위험을 무릅쓰기보다는 다른 사람들과 행동을 같이하는 편이 더 안전하다. 우리는 심지어 자신이 옳다고 생각하더라도 무리와 다르게 튀는 행동을 하길 꺼릴 때가 많다. 이러한 무리 행동은 무리로부터 정보를 얻는 방법(다른 사람들은 내가 모르는 것을 알고 있을지도 모르니까)이며, 빠른 판단 도구 기능을 하므로, 백지 상태에서 모든 것을 스스로 결정할 때 드는 시간과 인지 노력을 절약해준다. 예를 들어 낯선 도시에서 좋은 식당을 찾으러 돌아다닐 때, 우리는 텅 빈 식당보다는 손님이 북적거리는 식당에 자연스레 끌린다.

이러한 무리 행동 편향은 역사를 통해 수많은 유행과 패션을 낳았다. 또, 다른 문화 규범이나 종교적 견해, 정치적 선호를 채택하는 데에도 영향을 미쳤다. 하지만 동일한 심리적 편향이 시장과 금융 시스템을 불안정하게 만드는 요인이 되기도 한다. 예를 들면, 1990년대 후반의 닷컴 버블은, 많은 스타트업이 재정적으로 튼튼하지 않은데도 불구하고, 투자자들이 무작정 인터넷 회사들에 투자하려고 몰려드는 바람에 시작되었다. 투자자들은 다른 사람들이 더 믿을 만한 평가를 했겠지 생각하고서 혹은 단순히 그 광풍에서 뒤처지지 않으려고 서로를 따라 했고, 결국 2000년 초에 버블이 터지면서 주식 시장이 급락했다. 이러한 투기 버블은 17세기 초에 네덜란드에서 터진 '튤립 파동' 이후 역사에서 반복되었으며, 암호화폐 시장에서 보듯이 현대의 거품과 거품 붕괴 사이클 뒤에도 동일한 무리 행동이 자리잡고 있다.

이 책은 웅장한 규모의 역사와 현대 세계가 만들어진 과정을 다른 각도에서 탐구하기 위해 쓴 삼부작(각 책은 각자 독립적으로 읽을 수 있다) 중 마지막 책이다. 첫 번째 책은『사피엔스가 알아야 할 최소한의 과학 지식 − 지식은 어떻게 문명을 만들었는가The Knowledge: How to Rebuild Our World from Scratch』인데, 여기서 나는 세상이 어떤 종류의 종말을 맞이한 후 최대한 빨리 문명을 재건하는 방법에 관한 매뉴얼이라는 비유를 사용했다. 이 책은 오늘날 우리가 당연하게 여기는 모든 것이 사라졌다는 개념을 사용해 현대 세계의 풍경 이면을 들여다보면서 그 모든 것이 어떻게 작동하는지 탐구하고, 어떤 발견과 발명이 인류의 발전을 가능케 했는지 살펴보았다. 두 번째 책인『오리진 − 지구는 어떻게 우리를 만들었는가Origins: How the Earth Shaped Human History』는 우리가 살고 있는 지구의 여러 가지 특징(판 구조론에서 기후대, 광물 자원에서 대기 순환에 이르기까지)을 넓은 시야에서 바라보면서 그것들이 인류의 역사에 얼마나 큰 영향을 미쳤는지 탐구한다.『오리진』은 동아프리카 지구대의 거대한 균열에서 우리 종이 출현한 사건을 시작으로 수천 년에 걸친 문명과 제국의 부침을 거쳐 현대 세계에 이르는 과정을 소개하면서 심지어 오늘날의 정치에까지 남아 있는 자연계의 독특한 흔적을 보여준다.

그리고 이 책에서는 이러한 탐구의 맥락을 계속 이어가 우리 자신에게 초점을 맞춘다. 즉, 인간을 정의하는 특징과 생물학의 관점에서 인류의 이야기를 살펴보려고 한다. 나는 본래 생물학을 전공했으니, 이 시도는 홈그라운드로 되돌아가는 것과 같다. 우리의 해부학과 유전학, 생화학, 심리학의 고유한 측면들은 인류의 역사에 깊고도 놀라운 방식으로 그 흔적을 남겼는데, 나는 그것을 분명하게 드러내 보여주려고 한다.

나는 우리의 기이한 진화가 어떻게 낭만적 사랑과 인간 가족을 탄생시켰으며, 지배 왕조들이 결혼을 어떻게 정치적 도구로 활용했는지 살펴볼 것이다. 유럽의 왕족들은 왜 신뢰성이 떨어지는 생식 방법을 특별히 선호했고, 다른 왕조들은 어떻게 그 문제(개미 군집처럼 생식 능력이 없는 병정개미가 태어나는 결과)를 해결했을까?

감염병에 대한 우리의 취약성이 세계사에서 얼마나 중요한 역할을 했는지도 자세히 살펴볼 것이다. 풍토병은 잉글랜드와 스코틀랜드의 정치적 연합을 이끌어내는 데, 그리고 미국의 면적을 하룻밤 사이에 두 배로 늘리는 데 어떤 역할을 했을까? 유행병은 한때 잘 알려지지 않았던 종교의 확산을 돕고 봉건 제도의 몰락을 재촉했지만, 다른 한편으로는 아프리카와 아메리카 사이의 대서양 횡단 노예무역을 촉진했다.

인구 증가 속도와 남녀 성비 균형 같은 인구의 기본적 특징도 광범위한 결과를 초래할 수 있는데, 그러한 인구학적 힘들의 효과도 살펴볼 것이다. 우리는 의식 상태를 변화시키는 방법도 발견했는데, 정신 작용 물질이 우리의 마음에 영향을 미침으로써 세상을 어떻게 변화시켰는지도 살펴볼 것이다. 알코올이 어떻게 우리를 취하게 하는 사회적 윤활제가 되었는지와 함께 차와 커피의 자극적 효과와 활기를 북돋는 담배의 중독성을 알아보고, 양귀비가 어떻게 제국의 정복 수단으로 사용되었는지도 살펴볼 것이다.

21

유전 부호의 오류는 광범위한 결과를 초래한다. 빅토리아 여왕에게 생긴 희귀 돌연변이가 어떻게 1세기 후에 유럽 전역의 지배 왕조들에 파멸적 결과를 가져오고 러시아 혁명에도 영향을 미쳤는지 보게 될 것이다. 모든 인류가 공유하는 또 다른 위유전자偽遺傳子(유전자로서 제 기능을 하지 못하는 DNA)는 범선 시대에 바다를 지배하는 경쟁에서 결정적 역할을 했고 의도치 않게 세계적으로 악명 높은 범죄 조직을 탄생시키는 데 기여했다.

마지막으로 우리의 정신적 소프트웨어에 존재하는 버그가 역사에 얼마나 큰 영향을 미쳤는지 살펴볼 것이다. 콜럼버스의 마음을 강력하게 사로잡았고, 500년 뒤에는 이라크 침공의 강력한 요인으로 작용했으며, 오늘날 정치적 양극화 문제 뒤에 숨어 있는 특정 인지 편향은 무엇일까? 크림 전쟁에서 파멸적인 경기병 여단의 돌격을 일으키고, 오늘날 국제 무역 협상과 이스라엘과 팔레스타인 간 분쟁 같은 영토 분쟁의 배후에 있는 그 밖의 정신적 결함들은 무엇일까?

하지만 그 전에 우리 자신의 진화를 돌아보면서, 야생 식물 종을 재배하고 야생 동물을 길들이며 농업과 문명을 발명하기 훨씬 오래전에 왜 우리 자신을 먼저 길들여야 했는지부터 먼저 살펴보기로 하자. 어떻게 인류는 점점 커져가는 집단에서 조화롭게 공존하고, 공동의 모험사업을 성공시키기 위해 협력하는 종으로 진화할 수 있었을까?

1장

—

문명을 위한 소프트웨어

자연은 우리를 그 어떤 것보다 사회를 향해 나아가게 한 것처럼 보인다.

—

미셸 드 몽테뉴Michel de Montaigne,
「우정에 대하여」

무리를 지어 살아가는 동물은 이점이 많다. 짝을 찾기가 훨씬 쉽고, 사냥에 성공할 확률도 높아진다. 머릿수가 제공하는 안전과 포식 동물의 공격에 대한 보호도 무시할 수 없다. 하지만 누 무리와 물고기 떼와 비교하면 인간 사회는 훨씬 더 복잡하다. 우리는 협력하려는 성향이 훨씬 강하다. 인간이 성공을 거둔 비결은 단지 능숙한 손재주가 가져다준 도구 사용뿐만이 아니다. 서로 아무 관계가 없거나 다음에 다시 만날 가능성이 없는 사람들 사이에서도 서로를 도우려는 성향이 큰 역할을 했다. 니컬라 라이하니Nichola Raihani가『협력의 유전자The Social Instinct』에서 썼듯이, "협력은 우리 종의 초능력이며, 인류가 단지 살아남는 데 그치지 않고 지구상의 거의 모든 서식지에서 번성할 수 있었던 비결이다." 우리는 한 번의 생애 동안 혼자서는 절대로 알아내지 못할 기술과 정보를 서로 가르

치고 교환한다. 이러한 문화적 학습 과정 덕분에 새로운 능력은 단지 인구 집단 내에서뿐만 아니라 세대를 거듭하며 누적되면서 퍼져나간다.

이 장에서는 우리가 복잡하면서도 대체로 평화로운 사회를 만들고, 문명°이라고 부르는 거대한 계획을 위해 서로 협력하는 능력의 핵심 전제 조건이었던, 인류 진화에서 일어난 두 가지 주요 발전을 살펴볼 것이다. 하나는 반응성 공격성이 감소한 것이고, 또 하나는 유례없는 수준의 협력을 가능케 하는 사회성 소프트웨어가 뇌에서 발전한 것이다.[1]

우리 자신을 길들이다

공격적 행동을 유순한 것에서부터 폭력적인 것까지 단일한 척도로 분류할 수 있다고 본다면 너무 단순한 생각이다. 인간의 공격성은 서로 분명히 구별되는 두 가지 형태가 있다. 반응성 공격성reactive aggression은 즉각적인 위협에 대해 충동적으로 분출되는 성급한 반응이다. 반면에 주도적 공격성proactive aggression은 충동과 감정의 지배를 덜 받는다. 이 공격성은 특정 목표를 위해 사전에 미리 계획되고 계산된 행동이다. 우리가 하나의 종으로 발달하는 과

° 명확히 하기 위해 설명하자면, 여기서 말하는 문명은 중앙 집권적 정치와 행정 국가, 고도로 발전된 역할 전문화, 계층화된 사회 구조, 독특한 문화적 산물, 도시 거주 지역의 인구 밀집 등의 특징을 지닌 복잡한 사회 조직을 가리킨다.

정에서 이 두 가지 공격성은 서로 다른 방향으로 나아갔다. 우리는 반응성 공격성을 잘 조절하는 한편으로 주도적 공격성을 아주 능숙하게 발휘하도록 진화했다. 이렇게 공격성을 이중적 성격을 지닌 현상으로 바라본다면, 인간은 잔인한 동시에 상냥하다고 말하더라도 아무 모순이 없다.[2]

살아 있는 동물 중 우리와 가장 가까운 친척인 침팬지와 보노보는 암컷과 수컷이 함께 섞인 무리를 지어 살아간다. 집단의 크기와 구성은 유동적이며, 낮 동안 먹이를 구하러 갈 때에는 더 작은 집단들로 쪼개져 각자 다른 곳으로 갔다가 밤에 잠을 잘 때 다시 함께 모인다. 더 긴 시간 척도에서 바라보면, 개체들은 야생 자연에 넓게 분산된 집단들 사이에서 이리저리 옮겨 다닌다. 예를 들면, 혈연관계의 수컷 침팬지들은 함께 붙어 지내지만, 번식을 할 만큼 충분히 자라면 이웃 공동체의 암컷과 짝짓기를 한다. 이렇게 주기적으로 분열과 재결합을 반복하는 집단을 분열-융합 사회 조직fission-fusion social organisation이라고 부른다. 그러한 혼성 침팬지 집단에서는 공격성과 폭력이 일상적으로 발생한다. 수컷은 암컷을 괴롭히고, 암컷에 대한 성적 접근을 놓고 수컷들 사이에 적대 관계와 치열한 경쟁이 빈번하게 발생한다. 서로 싸우는 수컷들 사이에는 위계가 생겨나고, 알파 수컷은 자신의 위치를 유지하기 위해 폭력을 쓰거나 위협을 가한다. 수컷 침팬지들은 패거리를 이루어 세력권 경계를 순찰하거나 이웃 집단의 경계를 침입하기도 한다. 이들은 자신의 세력권을 넓히고 더 많은 자원이나 암컷을 차지하기 위해 다른 집단의 수컷을 공격하고 때로는 죽이기까지 한다. 보노보는 일반적으로 침팬지보다 덜 폭력적이지만, 이들 역시 자기 집단의 다른 구성원과 외부 구성원에게 공격성을 드러낸다.[3]

침팬지에게는 공격성이 하나의 생활 방식이지만, 사람의 진화는 아주 다른 경로로 나아갔다. 다른 영장류들 사이에서(심지어 훨씬 평화로운 보노보 사이에서도) 발생하는 물리적 공격 빈도는 사람들 사이에서 발생하는 것보다 100배 이상 많다.[4] 사실, 오늘날의 전통적인 수렵채집 사회들에서 반응성 분노 행동은 놀랍도록 드물다. 이 집단들은 놀랍도록 평등하기까지 한데, 독재적인 알파 남성이나 강한 지배 서열이 존재하지 않는다.

인간의 진화에서 일어난 한 가지 중요한 발전은 독재자의 출현을 견제하거나 제거하기 위한 남성들의 동맹이다. 우리의 사회 구조에서 이러한 전환을 촉발한 주요 요인은 두 가지가 있는데, 바로 언어와 무기이다. 효과적으로 의사소통하는 능력은 개인들이 독재적인 지배자에 대항해 잘 조직된 행동을 공모하고 계획하게 해준 동시에 서로에게 공동의 의도와 약속에 대한 확신을 주었다. 요컨대 언어는 독재자를 제거하기 위한 음모를 꾸미는 능력을 제공했다. 그리고 그런 공격을 시작할 때, 돌이나 창 같은 투사 무기는 특정 개인을 큰 신체적 위험에 노출시키지 않으면서 결정적 행동을 할 수 있게 해주었다.[5] 그러한 동맹은 압도적인 수적 우위를 확보하고 승리를 확신할 수 있을 때에만 공격하는 경향이 있다. 인류의 역사를 통해 모든 장군의 마음 중심에는 상대적 힘을 계산하는 수학이 자리잡고 있었다.[6] 최초의 계획적인 독재자 살해는 기원전 44년에 로마의 독재자 율리우스 카이사르가 살해되기 수십만 년 전에 일어났을 것이다.

개인들이 힘을 합쳐 공격적인 독재자에게 도전해 그를 권좌에서 끌어내리는 과정의 효율성은 운동장을 평평하게 만드는 데 기여했다. 사회에서 개인이 행사하는 영향력은 신체적 힘과 분리되었고, 대신에 개인이 구축한 사회적 관계망의 힘과 관대함이나 협조를 기반으로 쌓은 명성에 크게 의존하게 되었다. 권력은 폭력과 위협을 통해 독재적 지위를 획득하고 유지하는 알파 남성으로부터 더 평등한 구성원들로 이루어진 더 광범위한 집단으로 이동했다. 새로운 종류의 정치 체제가 나타나면서 초기 인류 공동체의 구조가 변했다. 엄격한 위계는 더 평등한 구조로 대체되었다. 이렇게 인류 사회에서 반응성 공격성이 감소하고 평화로운 성향이 증가하면서 복잡한 협력과 문화적 학습의 발전을 위한 기반이 마련되었다.[7]

잘 협응된 동맹이 계획된 주도적 공격성[8]을 이용해 폭력적인 독재자를 억제하는 이 능력은 성급한 반응성 공격성을 감소시키는 선택 압력을 만들어냈다. 인간 사회에서는 전성기의 침팬지와 달리 우두머리 자리에 오르려고 경쟁자에게 폭력을 행사하면 아무것도 얻지 못하는 결과를 맞이하게 되었다. 사실, 폭력적이라는 명성을 얻으면 오히려 나중에 적들의 동맹을 통해 복복을 당할 위험이 커졌다. 반응성 공격성에 대한 집단 처벌은 진화적으로 그것을 억제하는 결과를 낳았다. 우리는 스스로를 길들였다.°

이러한 사회 구조의 변화가 진행되면서 우리는 주도적 폭력에 의존할 필요 없이 더 가벼운 처벌을 사용해 집단 내 균형을 유지할 수 있게 되었다. 분수를 모르고 날뛰는 사람은 누구든지 공공의 조롱을 받거나 망신을 당하거나 배척 대상이 되었다. 오늘날의 수렵채집 사회에서도 이러한 패턴과 의례가 여전히 작용하는 것을 볼 수 있다. 하지만 독재자가 지배하려고 한 사람들이 동맹을 결성해 오히려 독재자를 공격할 수 있다는 위협은 궁극적인 억제 요소로 남았다. 공동체가 독재자를 제거하는 능력이 반드시 공평하고 공정한 사회를 보장하는 것은 아니지만, 그것은 하나의 전제 조건이며, 지배 위계 구조를 평평하게 만드는 데 큰 역할을 한다.

따라서 성급한 반응성 공격성은 인류의 진화 계통에서 억제된 반면, 계산된 주도적 공격성은 살아남았다.[13] 한 정착촌이나 마을이 다른 정착촌이나 마을을 기습 공격하는 행동은 경쟁자를 제거하거나 자원이나 배우자를 획득하려는 욕구에서 비롯되었다. 나중에 도시국가와 문명의 발달과 함께 그런 행동이 더 확장된 형태로 나타난 것이 바로 전면전이다. 사실, 전쟁은 주도적 공격성이

○　야생 동물을 길들일 때에도 비슷한 과정이 나타난다. 어떤 가축이라도 선택해 야생 친척 종과 비교해보라. 예컨대 개를 늑대와, 돼지를 멧돼지와 비교해보라. 그러면 가축이 인간의 존재를 참고 견디는 성향이 높아진 것과 함께 반응성 공격성이 크게 감소했다는 것을 알 수 있는데, 이것은 수 세대에 걸쳐 평화로운 공존에 도움이 되는 형질을 반복적으로 선택해온 선발 육종의 결과이다.[9] 우리가 길들인 동물은 야생 친척에 비해 더 유순하고 얌전한 행동을 보인다. 또한 두려움 반응과 공격성에 관여하는 뇌 부분인 편도가 더 작은 경향이 있다.[10] (가축은 또한 더 작은 주둥이와 이빨, 축 처진 귀, 색소 변화를 포함해 공통된 신체적 특징을 가지는 경향이 있다. 전반적으로 이러한 것들은 선발 육종으로 직접 가려낸 것이 아니라, 반응성 공격적 행동이 덜한 동물을 선택하는 과정에서 생겨난 부산물이다.[11]) 흥미롭게도 야생 동물의 가축화 과정에서 선호된 유전자들 중 많은 것은 우리가 50만 년 전에 네안데르탈인 계통에서 갈라져 나온 이후 우리 계통에서도 긍정적으로 선택되었는데, 이것은 뇌의 기능과 행동과 관련된 공통적인 유전자 변화가 반영된 결과이다.[12]

궁극적인 형태로 표현된 것으로, 지배자의 명령과 전략가의 계획과 장군의 현장 지휘를 통해 수행된다. 일상생활에서 치명적인 폭력은 사회적으로 금지된다. 반면에 전쟁에서는 결정적 승리를 거두기 위해 적을 많이 죽이는 것이 주요 목적이 된다. 하지만 인간은 일반적으로 남에게 행사하는 폭력에 뿌리 깊은 혐오를 느낀다. 이러한 평화적 성향은 우리가 평등한 사회 조직 내에서 진화하면서 생겨났고, 생물학적으로 유전자에 각인되었다. 지도자는 전장에서 얻을 수 있는 명예와 영광을 들먹이며(신이나 왕 또는 조국을 위해 싸우라고 선동하면서) 사람들을 자극할 수 있지만, 역사를 통해 많은 병사(그중 상당수는 논밭에서 농부로 일하다가 징집되었다)는 타인을 죽인다는 생각을 매우 혐오했다. 전쟁에서 싸울 준비를 제대로 갖추려면, 복잡한 사회에서 조화롭게 살아가고 문명을 발달시키게 한 사회적 특성과 성향을 극복해야 했다. 군대가 적을 죽이도록 유도하기 위해, 군사 훈련은 흔히 공격성을 증대시키는 방향으로 진행되고, 선전은 적을 비인간화하는 것을 목적으로 삼는다.[14]

문명과 독재자의 재부상

대체로 평등한 이 사회 구조는 해부학적으로 현생 호모 사피엔스로 살아온 우리의 역사 중 대부분의 시간 동안 유지된 것으로 보인다. 하지만 개인의 권력욕과 지배욕은 결코 사라지지 않았다. 사실, 농업의 발전과 초기 문명의 출현은 독재적인 최고 통치자의 재부상을 부추기는 조건을 만들었다. 수렵채집 사회에서는 성공적인 사냥에서 얻은 신선한 고기나 채집한 과일처럼 쉽게 썩는 음식물은 변질되기 전에 얼른 섭취해야 하기 때문에, 집단 내에서 함께 나누어 먹는 것이 이치에 맞다. 어차피 집단은 늘 이동하며 살았기 때문에, 많은 자원을 저장할 능력도 없었다.

농업이 발전하면서 인류는 농경지나 목초지 근처에 영구 정착촌을 이루어 살기 시작했다. 농부들은 이제 더 이상 개인적으로 들고 다닐 수 있는 산물에 제약을 받지 않게 되었다. 게다가 수확기에 식량이 과잉 생산되면서 잉여 식량을 곳간에 저장하게 되자, 내다 팔 수 있는 상품이 생겨났다. 이렇게 해서 재산 개념이 탄생했다. 잉여 농산물 덕분에 인류는 점점 더 밀집해 살 수 있게 되었고, 도시와 더 큰 사회 조직이 생겨났으며, 이것은 다시 훨씬 복잡한 국가와 문명의 발달로 이어졌다.

일부 수렵채집인 집단은 완벽하게 평등하지 않았고, 공동체 내에서 정착 생활과 사회 계층화와 역할 전문화가 어느 정도 일어났다는 증거가 있긴 하지만,[15] 이러한 특징들이 농업의 시작과 함께 훨씬 광범위하고 두드러지게 나타났다는 것은 분명한 사실이다.

동료들을 모으고 협력을 이끌어내 관개 시설의 건설과 유지 같은 공동의 계획을 성공시키는 기술을 통해 지도자 위치에 오른 개인은 그렇게 중요한 기반 시설에 대한 영향력을 행사하면서 자신을 위해 자원을 축적할 수 있었을 것이다. 가치 있는 식량과 기타 자산의 분배를 통제하는 사람은 자원 제공을 거부하여 영향력을 행사하거나 그것을 이용해 충성을 이끌어냄으로써 지도력에 도전하는 사람들이나 반란을 진압할 수 있었다. 그리고 가족 상속을 통해 한 세대에서 다음 세대로 물질적 부와 사회적 지위를 물려줌으로써(더 자세한 내용은 다음 장에서 살펴볼 것이다) 처음에는 개인 간 차이가 미미했던 자원의 부(그리고 그것이 제공하는 영향력과 지위)는 갈수록 그 격차가 증폭되었다. 그러면서 통치자는 자신의 지위를 공고하게 다질 수 있었는데, 특권과 권력은 갈수록 엘리트 계층에 집중되었고, 사회 구조의 계층 분화가 더욱 심화되었다. 확립된 기반 시설과 도시 생활에 의존하던 농경 사회에서는 사람들이 이주를 하기가 쉽지 않았고, 갈수록 그 정도가 심해져가는 독재적 통치자를 참고 견디는 수밖에 달리 선택의 여지가 없었다.[16]

최초의 금속 가공 기술과 청동 무기와 갑옷과 방패 생산이라는 혁신은 이러한 권력 격차를 더욱 심화시켰다. 이전에 잠재적 무기(무거운 돌이나 뾰족한 나뭇가지)를 누구나 손쉽게 구할 수 있는 상황은 평등주의를 실현하는 데 도움이 되었다. 하지만 더 우월한 무기와 갑옷을 만들기가 어렵고, 그 원자재가 희귀하거나 값비싼 상황은 독재자의 전횡을 강화하는 효과를 낳았다. 부를 통제하는 지배자만이 힘센 남자들의 충성심을 사고 첨단 무기 기술로 무장시킬 여력이 있었다. 독재자를 제거하기 위해 개인들이 즉각 동맹을 결성하기가 훨씬 어려워졌다. 사실, 국가는 종종 경계 내에서 폭력 사용의 독점권을 행사할 수 있는(통치자가 그 폭력을 언제 어디에 사용할지에 관해 절대적 통제력을 행사하는) 일관성 있는 정치 조직체로 정의된다.[17]

33

협력과 이타성

우리는 큰 집단을 이루어 평화롭게 살기 위해 공격성 패턴을 바꾸었을 뿐만 아니라 매우 협력적이고 이타적으로 변했다. 협력과 이타성은 구별할 필요가 있는데, 이타성은 제공자가 손해를 감수하는 반면 받는 자에게는 이득이 돌아가지만, 협력은 쌍방에게 이득이 돌아간다. 협력은 동물계에서 광범위하게 나타난다. 자기 몸보다 훨씬 큰 영양을 사냥하기 위해 무리를 지어 공격하는 하이에나는 협력을 통해 혼자 힘만으로는 결코 이룰 수 없는 목표를 달성한다. 하지만 인류 사이에서 나타나는 협력의 규모는 지구상의 어느 종에서도 볼 수 없는 것이다. 문명 자체도 궁극적으로는 협력의 산물이다. 즉, 공통의 계획을 위해 많은 사람들이 힘을 합쳐 노력한 결과이다. 사람들이 서로에게 주는 도움 중 상당수는 이타적인 것이다. 당장 자신에게 돌아올 이득이 없는데도 한 개인이 어떤 대가(식량이나 에너지, 시간 또는 그 밖의 소중한 자원)를 치르면서 남을 돕는다는 뜻이다. 얼핏 생각하면 이런 행동은 진화의 맥락에서 설명하기 어려워 보인다. 만약 집단 내의 모든 개인이 생존과 번식을 위해 남과 경쟁한다면, 남을 도움으로써(더군다나 값비싼 대가를 치르면서까지) 얻는 게 있을까?

자연 선택은 흔히 특정 환경에서 생존하고, 다른 종뿐만 아니라 같은 종의 구성원과 식량과 짝을 놓고 경쟁해 성공하는 개체의 능력으로 설명한다. 유리한 형질을 지닌 개체가 우위를 차지해 생식에 성공하고, 따라서 다음 세대에서는 그러한 형질 유전자를 가진 개체들이 더 많이 생기고, 시간이 지나면 그 종은 더 적합한 형질을 가진 상태로 변해 환경에 적응한다. 개체의 진정한 성공은 단지 자신이 낳는 후손의 수에만 달려 있는 게 아니라, 살아남아서 생식을 이어가는 후손의 수에 달려 있다. 따라서 자연 선택은 장기적 안목으로 바라볼 필요가 있다. 적합도는 '손주'의 수를 최대화하는 능력이다.[18]

하지만 여기서 고려해야 할 중요한 개념이 또 한 가지 있다. 선택은 자신의 직계 후손(손주의 수)에게 도움이 되는 형질만 선호하는 게 아니라, 친척의 생식적 성공에 도움이 되는 형질도 선호한다. 특정 유전자는 그것을 가진 개체가 유리한 위치에 설 때뿐만 아니라 친척 관계의 개체들(그 유전자의 복제를 지니고 있을 가능성이 높은)이 생존하고 번식할 때에도 집단 내에서 널리 퍼져나간다. 이 개념을 포괄 적합도 inclusive fitness라고 부른다.

이 논리에 따르면, 개체는 친척을 도움으로써 자신의 유전자 복제가 살아남아 퍼져나가는 데 도움을 줄 수 있는데, 유전적 근연도가 가까운 친척일수록 그 효과가 더 크다. 더 구체적으로 말하면, 어떤 개체가 친척을 도움으로써 발생하는 비용을 상대방이 얻는 이득으로 나눈 값이 둘 사이의 유전적 근연도보다 작을 때, 그 개체의 유전자는 번성하게 된다. 이것을 진화생물학자 해밀턴 W. D. Hamilton의 이름을 따 해밀턴의 법칙이라 부르는데, 해밀턴은 이 법칙을 수학 공식으로 표현했다. 하지만 이 법칙을 가장 잘 이해할 수 있는 방법은 예를 통해 살펴보는 것이다. 당신과 형제의 유전적 근연도는 50%인데(이것은 당신에게서 무작위로 선택한 유전자가 형제가 가진 유전자와 같은 것일 확률이 50대 50이라는 뜻이다), 만약 당신이 취한 어떤 행동이 그 비용보다 적어도 두 배 이상의 이득을 형제에게 준다면, 전체적으로는 두 사람이 공유한 유전자에 이득으로 돌아간다. 진화생물학자 홀데인J. B. S. Haldane은 이 통찰을 바탕으로 런던의 어느 선술집에서 친구들에게 만약 형제 두 명을 구할 수 있다면, 그리고 사촌 여덟 명을 구할 수 있다면, 기꺼이 자신의 목숨을 희생할 각오를 하고 강에 뛰어들 테지만, 구할 수 있는 형제가 한 명이거나 사촌이 일곱 명이라면 그러지 않을 것이라고 재치 있게 표현했다.[19] 친척을 도우면, 특히 친척과 유전적 근연도가 가깝다면, 간접적으로 자신의 유전자가 살아남는 데 도움을 주는 셈이다. 설령 자신이 비용을 치르더라도 친척의 생존과 생식을 돕는 이 진화 전략을 친족 선택kin selection 또는 혈연 선택이라 부른다.

따라서 겉보기에 친척을 위하는 이타적 행동은 공유한 유전자를 전파하는 데 도움이 된다는 점에서 자신에게 도움이 되는 행동이다. 규모가 작고 유대가 긴밀한 공동체는 다른 집단에서 오가는 개인이 적기 때문에 주변 사람들이 자신과 유전적으로 연관성이 있을 가능성이 있으며, 따라서 같은 집단의 다른 구성원을 돕는 행동은 자신에게도 도움이 된다.

친족 선택은 동물계 도처에서 볼 수 있다. 많은 종은 가족을 비롯해 자신과 유전적 연관성이 있어 많은 유전자를 공유한 개체를 우선적으로 돕는 행동을 보인다. 게다가 사람을 포함해 많은 동물은 해밀턴의 법칙이 유전자에 부호화되어 있는 것처럼 보인다. 비친족에 비해 친족에게 이타적 행동을 더 많이 보일 뿐만 아니라, 먼 친족보다는 가까운 친족에게 이타적 행동을 더 많이 보인다.[20]

인간 집단 안에서도 친족 선택은 가족을 보호하기 위해 포식 동물을 향해 돌진하는 행동에서부터 형제를 먹이기 위해 자신이 굶거나 형제의 자식 양육을 돕는 행동(혹은 특별히 불행한 운명에 처한 사촌 8명을 구하기 위해 강물 속으로 뛰어드는 행동)에 이르기까지 도처에서 나타난다.°

친족 선택은 자연에서 발견되는 대부분의 이타적 행동을 깔끔하게 설명할 수 있다. 하지만 비친족을 향한 관대한 행동은 설명할 수 없다. 내가 상당한 비용을 치르고 도움을 주었지만 도움을 받은 당사자가 내가 가진 유전자를 공유하고 있을 가능성이 희박하다면, 그러한 행동이 진화적으로 어떻게 이득이 될 수 있겠는가? 인간이 다른 동물들에 비해 기이하게 비친족에게도 친절하다는 사실은 다른 설명이 필요하다.

상호 이타성

상호 이타성reciprocal altruism, 혹은 호혜 이타성은 친족이 아닌 개인들이 서로를 도움으로써 이득을 얻을 수 있다고 설명하는 이

° 족벌주의nepotism도 친족 선택의 한 형태인데, 이것은 원래 친척을 편애하는 성향을 묘사하는 용어였다. 영어 단어 nepotism은 '조카'를 뜻하는 이탈리아어 nepote에서 유래했다. 가톨릭교의 주교와 교황은 영향력 있는 자리에 누군가를 임명해야 할 때 친척을 선호하는 경향이 있었고, 그러다 보니 많은 조카가 그런 자리에 앉았다. 차기 교황은 추기경들이 선출하기 때문에, 이들은 순결 서약을 했음에도 불구하고 족벌주의를 통해 자신들의 왕조를 계속 이어갈 수 있었다.[21]

론이다. 한 개인이 다른 사람을 도우면, 설령 그 행동 때문에 비용을 치른다 하더라도, 나중에 그 호의를 되돌려받는다는 것이 이 이론의 기본 개념이다. 이런 식으로 일련의 상호 이타적 행동을 통해 협력이 진화할 수 있다.[22]

이러한 상호 이타성은 다른 동물들 사이에서는 친족 이타성 kin altruism만큼 흔하지 않지만, 사람처럼 사회적 상호 작용이 생태학적으로 꼭 필요한 일부 종에서 그런 사례를 찾아볼 수 있다.[23] 상호 교환의 증거는 개코원숭이와 침팬지를 포함해 다른 영장류에서 발견되며, 쥐와 생쥐, 일부 조류와 심지어 어류에서도 발견된다.[24] 가장 잘 연구된 사례는 흡혈박쥐의 행동이다. 흡혈박쥐는 가축을 포함해 큰 야생 포유류의 피를 빨아먹고 산다. 하지만 먹이를 찾기가 쉽지 않을 수 있으며, 신진대사가 빠른 흡혈박쥐는 매일 또는 이틀에 한 번씩 피를 빨아야 한다. 흡혈박쥐는 큰 무리를 지어 사는데, 피를 배불리 빨아먹는 데 성공한 박쥐는 불운하게도 먹이를 섭취하지 못한 동료가 있으면, 피를 게워내 나누어주는 경우가 많다. 이타적으로 피를 나누어준 박쥐는 다음번에 자신이 불우한 처지에 놓였을 때 자신이 베푼 호의를 되돌려받을 가능성이 높다.[25]

상호 이타성이 잘 작동하는 이유에는 단순한 경제 원리가 숨어 있다. 먹이를 얻는 데 성공한 개체는 자신이 살아남는 데 필요한 것보다 많은 먹이를 획득하는 경우가 많다. 잉여 먹이는 생존 전망에 미치는 영향이 아주 적어서 가치가 떨어진다. 하지만 먹이를 충분히 얻지 못한 개체에게는 이 여분의 먹이가 매우 소중하다.

그것은 생사를 가르는 차이가 될 수도 있다. 따라서 제공자는 잉여 먹이 중 일부를 필요한 개체에게 나누어줄 수 있는데, 자신이 치르는 비용은 적은 반면 그것을 받는 개체에게는 아주 큰 이득이 된다. 흡혈박쥐의 경우, 한 동물의 피를 빠는 것만으로도 필요 이상의 먹이를 얻을 수 있으므로, 흡혈에 성공한 박쥐는 불운한 박쥐에게 피를 나누어줄 수 있는데, 그러지 않는다면 불운한 박쥐는 굶어 죽을 수도 있다. 나중에 상황이 역전되어 피를 나누어 받았던 박쥐가 피를 충분히 빠는 데 성공하면, 자신이 받았던 호의를 되갚을 수 있으며, 그럼으로써 또다시 효용을 최대화할 수 있다. 따라서 상호 이타성은 자산 교환의 한 형태이며, 각각의 제공자는 투자에 대해 두둑한 수익을 얻을 수 있다.

이러한 행동을 통해 쌍방은 각자 다른 시기에 소유했던 잉여 자원으로부터 최대의 가치를 추출할 수 있다. 이런 이유 때문에 이 행동은 흔히 지연 이타성delayed altruism이라고 부른다. 경쟁은 흔히 제로섬 게임zero-sum game이라고 일컫는데, 한쪽이 이득을 얻으면 다른 쪽은 손해를 보기 때문이다. 하지만 협력은 넌제로섬 게임non zero-sum game인데, 쌍방이 이득을 얻고, 그것도 상당히 큰 이득을 얻을 때가 많기 때문이다. 흡혈박쥐와 초기 인류는 모두 서로를 위해 먹이와 자원을 함께 나누거나 어떤 서비스를 제공함으로써 이 역학을 십분 활용했다. 라이하니는 이를 다음과 같이 표현했다. "호혜성은 협력 촉진의 기본적인 요소여서 유명한 속담에 담기게 되었다. 퀴드 프로 쿠오Quid pro quo. 이것은 '어떤 것에 대한 대가'를 뜻하는 라틴어이다. 네가 내 등을 긁어주면, 나도 네 등을 긁어주겠다. 네가 대접받고 싶은 만큼 남에게 베풀어라. 선행은 다른 선행으로 되돌려받을 자격이 있다. 이러한 격언들은 다른 언어에도 존재한다. 이탈리아어 격언 *una mano lava l'altra*는 '한 손이 다른 손을 씻는다'라는 뜻으로, 독일어에도 같은 뜻의 격언(*ein Hand wäscht die andere*)이 있다. 에스파냐어에는 *hoy por ti, mañana por mi*라는 격언이 있는데, '오늘은 너를 위해, 내일은 나를 위해'라는 뜻이다."[26]

물론 아무 대가도 없이 이타적으로 자원이나 서비스를 제공하는 행동이 좋지 않은 결과를 맞이할 수도 있는데, 미래에 그 보답을 받으리라고 확신할 수 없는데도 남을 도왔다가 상대의 농간에 이용만 당할 위험성이다. 사기꾼은 당신의 무분별한 관대함을 이용할 수 있고, 당신은 도움에 필요한 모든 비용을 치렀다가 나중에 아무것도 돌려받지 못할 수 있다. 이 시스템이 제대로 굴러가려면, 사기꾼을 걸러내는 장치가 필요하다. 상호 협력 행동을 장려하기 위해 선의를 되갚지 않는 자는 다음번에 도움을 거부함으로써 처벌할 필요가 있다. 만약 수혜자가 유리한 처지가 되었을 때 호의를 되갚길 거부한다면, 처음에 이타적 행동을 한 사람은 그것을 기억했다가 장래에 그 사람을 돕길 거부할 필요가 있다. 한 번 데였으면, 두 번째는 피해야 한다. 이러한 팃포탯tit-for-tat, 맞대응 전략은 일부 동물에게서도 발견된다. 예를 들면, 큰까마귀는 이전에 속은 적이 있는 개체에게는 도움을 거부한다.[27]

우정과 은행가의 역설

하지만 누가 호의를 교환했는지 하지 않았는지 일일이 마음 속으로 계속 장부를 기재하려면 어느 정도 인지 부하가 따르는데, 인류는 진화 과정에서 그 해결책을 발견했다. 동일한 개인과 어느 정도 교환을 반복한 뒤에는 우리는 교환에 대한 감시가 느슨해진다. 다시 말해서, 우리는 서로를 신뢰하게 되고, 양자의 관계는 더 깊은 유대로 발전하는데, 그것이 바로 우정이다. 친구는 다른 사회적 상호 작용에서도 믿을 수 있는 협력자이자 동맹이 되고, 우리는 상대의 행동을 계속 기록하는 정신적 회계를 멈추고, 자신이 베푼 특정 호의를 되갚으라고 더 이상 노골적으로 기대하거나 요구하지 않는다. 유대는 호혜성을 보증하는 것이자 미래에 대한 투자이다.[28] 물론 우정이 틀어질 때도 있지만, 그런 일은 한쪽이 다른 쪽의 호의를 일방적으로 이용하면서 되갚지 않는 일이 오랫동안 지속된 뒤에야 일어난다.

우정의 유대를 생물학적으로 매개하는 물질은 옥시토신인데, 이 호르몬은 모든 포유류 어미가 새끼를 돌보게 만들고, 사람의 경우에는 성적 파트너들 사이에 자식을 함께 키울 만큼 충분히 오랫동안 암수 한 쌍 결합pair bond을 지속시키는 역할을 한다(이 주제는 2장에서 다시 자세히 다룰 것이다). 사람들 사이의 우정은 부모와 자식 간의 이 긴밀한 관계가 확장된 것이다. 상호 교환을 자주 하는 사람들 사이에도 긴밀한 유대가 생겨난다. 이 신경화학적 유대 때문에 우리는 낯선 사람에게 속았을 때 느끼는 분노보다 가까운 친구의 배신에서 느끼는 고통이 훨씬 크다. 특히 우정의 유대는 은행

41

가의 역설로 알려진 문제를 해결하는 데 도움을 줄 수 있다. 재정적 파산에 직면해 대출이 필요할 때, 은행은 신용 위험이 큰 사람에게 대출을 승인할 가능성이 희박하다. 반면에 모든 일이 잘 굴러갈 때에는 은행은 기꺼이 자금을 융통해주려 할 것이다. 우리 조상들이 살던 세계에서는 이것과 동일한 역학이 상호 이타성에 큰 장애가 되었을 것이다. 도움이 절실히 필요한 개인은 도움을 받을 가능성이 낮은데, 나중에 그 호의를 되갚을 가능성이 낮기 때문이다. 호의를 되갚을 확률이 현저히 낮은데 아무 혈연관계도 없는 사람이 왜 당신을 도우려 하겠는가? 이 진퇴양난의 상황에 해결책을 제공한 것은 바로 우정의 진화였다. 옥시토신이 매개한 친구들 사이의 유대 덕분에 각자에게 상대방은 대체 불가능한 존재가 된다. 만약 친구가 심각한 병에 걸리면, 우리는 상호 이타성을 발휘할 다른 사람을 찾으라면서 친구를 냉담하게 방치하는 대신에 친구의 안녕에 감정적 관심을 갖고서 친구의 회복에 도움을 준다. 필요할 때 도움을 주는 친구가 진정한 친구이다. 이런 식으로 우정은 인류의 진화에서 도움이 절실히 필요한 시기에 대비하는 일종의 보험으로 발달했을 가능성이 있다.[29]

상호 이타성 사례는 동물계에서도 알려진 게 일부 있지만(흡혈박쥐 사례처럼), 사람들 사이에서는 그런 행동이 예외적으로 흔하게 나타난다. 이것은 사람들 사이의 상호 작용에서 나타나는 관대함과 협력 중 많은 것을 설명할 수 있다. 특히 규모가 작고 유대가 긴밀한 사회에서 더욱 그런데, 이러한 사회에서는 개인들이 나중에 다시 만날 확률이 아주 높아 이타적 행동이 보답을 받을 가능성도 높다. 하지만 인간의 행동에는 나머지 모든 동물과 비교했을 때 예외적인 특징이 한 가지 있는데, 그것은 잦은 상호 작용을 전혀 기대할 수 없는 상황에서도 서로를 돕는 성향이다. 낯선 사람의 친절이 바로 그런 경우이다. 우리는 이전에 만난 적이 없거나 앞으로도 다시 만날 가망이 거의 없는 사람에게도 도움을 아낌없이 제공하는 경우가 많다. 단 한 번으로 그치고 말 이러한 친절 행위는 어떻게 설명할 수 있을까? 친족 선택과 상호 이타성으로는 이 행동을 설명할 수 없다. 우리 종의 발달 과정에서 뭔가 다른 요소가 작용한 것이 틀림없다.

한 가지 설명은 진화 과정에서 엉뚱한 짝짓기가 일어났을 가능성이다. 우리 조상은 대개 작은 무리를 이루어 살아갔기 때문에 대다수 개인이 서로 혈연으로 이어져 있었다. 그런 상황에서는 친족 선택과 상호 이타성으로 부족민 사이의 관대한 행동을 잘 설명할 수 있다. 그럼으로써 자신의 복제 유전자를 직접 돕거나 동일한 개인들과 상호 작용을 반복함으로써 베푼 호의를 되돌려받을 수 있다. 하지만 이 단순한 진화 전략은 사람들이 더 크고 복잡한 사회를 이루어 살기 시작하면서 더 이상 효과를 제대로 발휘하기가 어려워졌는데, 더 큰 집단이 도시 환경에 정착해 살아가면서 특히 어렵게 되었다. 그런 환경에서 일어나는 상호 작용은 혈연관계가 전혀 없는 낯선 사람들 사이의 일시적인 상호 작용이 대부분이기 때문이다. 내가 오전에 일터로 걸어가는 동안 거리에서 마주치는 낯선 사람들은 수렵채집인 조상이 평생 동안 마주친 사람 수보다 훨씬 많다. 하지만 유전적으로 내게 돌아오는 이득이 전혀 없는

데도 불구하고, 우리는 주변 사람들과 계속 협력하면서 살아간다.

우리의 마음은 조상이 살던 환경, 즉 친족을 기반으로 한 아프리카 사바나의 작은 공동체에서 적응적 행동을 촉진하도록 진화했고, 이 인지 운영 체제는 사회 환경이 급속히 변했는데도 그동안 소프트웨어 업데이트가 전혀 일어나지 않았다. 따라서 우리의 이타적 성향은 새로운 진화적 세계에 맞춰 보정되지 않았다. 그래서 호의를 되돌려 받을 가망이 전혀 없을 때조차도 우리는 낯선 사람을 돕는, 겉보기에 부적응적인 행동을 하게 되었다.[30]

하지만 직접적 호혜성을 전혀 기대할 수 없는 상황에서도 우리가 이토록 매우 협력적인 태도를 보이는 이유에 대해 이보다 더 나은 설명이 있다. 이것은 겉보기에 역설적으로 보이는 이 행동을 그저 진화적 프로그래밍의 유물로 바라보는 대신에 적극적인 설명을 제시한다.

간접적 호혜성

간접적 호혜성 개념은 수혜자가 자신에게 호의를 베푼 사람에게 직접 호의를 되갚는 대신에 다른 사람에게 되갚는다고 주장한다. A가 B를 도우면, B는 C를 돕고, C는 D를 돕는 식으로 계속이어진다. 이렇게 호의가 공동체 내에서 돌아다니다 보면 조만간 A에게 되돌아가게 된다. 결국에는 뿌린 대로 거두게 된다. 게다가다른 차원의 보답도 있다. A가 처음에 B에게 호의를 베푸는 것을 본 사람은 A를 관대한 사람으로 판단하고서 그와 좋은 관계를 맺기 위해 기회가 닿으면 A를 돕는다. 즉, Z가 A를 돕는 것이다. 직접적 호혜성의 경우처럼 처음에 상호 작용을 한 두 개인이 다시 만날 필요가 없으며, 집단 전체의 이타적 행동에서 서로가 혜택을 얻는다. 도움을 주는 사람은 그 자신도 도움을 받을 가능성이 높은 반면, 남을 이용하기만 하면서 도움을 주지 않는 사람은 처벌을 받거나 배제당하게 된다.[31] 이러한 간접적 호혜성은 아주 정교한 형태의 인간 협력인데,[32] 이 시스템이 제대로 작동하려면 다른 동물이 갖지 못한 두 가지 중요한 기능이 필요하다.

우선 당사자들 사이에 상호 작용이 일어나는 것과 어느 쪽이 관대하게 또는 이기적으로 행동했는지를 목격한 목격자가 있어야 할 뿐만 아니라, 당사자들의 행동에 관한 정보가 전체 집단의 공통 정보 풀에서 공유되어야 한다. 다시 말해서, 공동체 구성원들이 다른 사람들에 대해 뒷담화를 해야 한다. 만약 어떤 개인이 이기적으로 이득을 챙기고 남을 돕지 않아 신뢰할 수 없다는 평판을 받으면, 공동체 구성원들은 다음에 그 사기꾼에게 도움이 필요할 때가 오더라도 그를 도우려 하지 않을 것이다. "사기는 결코 성공할 수 없다."라는 말은 진실이 아니다. 단기적으로는 사기꾼이 종종 성공을 거둘 수 있으며, 특히 익명성이 보장되는 큰 공동체에서는 더욱 그렇지만, 머지않아 결국은 사기 행각이 들통나고 사기꾼은 그 명성에 흠이 가게 된다. 따라서 뒷담화는 간접적 호혜성이 무임승차자 때문에 훼손되지 않도록 보장하는 핵심 전제 조건이며, 모닥불 주위에서부터 냉온수기 옆에 이르기까지 인간 문화 도처에 존재한다. 사실, 뒷담화와 잡담은 털 고르기 같은 영장류의 관계 형성 행동을 대체하게 되었다. 공동체 내에서 각 구성원에 관한 정보를 나누는 행동이 넘쳐나는 상황(잡담이 매개하는 사회적 인터넷처럼)은 함께 협력하기에 괜찮은 사람인지 각 개인의 적합성을 판단하는 평판 체계를 만들어낸다. 남에게 관대하게 행동하는 개인은 좋은 평판을 얻고, 신뢰할 수 없는 무임승차자는 나쁜 평판을 얻으며, 사람들은 장래의 상호 작용에서 누구를 피해야 할지 알게 된다. 자연 선택은 친절하게 행동하는 개인을 선호하는데, 남들이 나중에 그런 사람을 도우려고 하기 때문이다. 따라서 진화는 자신의 평판에 깊이 신경 쓰게 하는 인간 심리를 만들어냈고, 뒷담화는 우리를 공정하게 행동하도록 자극하는 역할을 한다.

뒷담화가 난무하는 사회에서 첫 번째 생존 규칙은 자신의 행동(더 중요하게는 자신의 행동에 대한 다른 사람들의 생각)에 신경을 써야 한다는 것이다.[33] 인간 사회는 이렇게 다른 마음들을 시뮬레이션하는(자신의 평판을 잘 관리하기 위해 다른 사람의 동기와 태도, 그리고 그들이 자신의 행동을 어떻게 지각할지 추론하면서) 마음들의 집단으로 변했다. 우리의 양심은 바로 이것이 표현된 것으로, 누군가 지켜보는 사람이 있다고 경고하면서 나의 행동을 그들이 어떻게 받아들일지 돌아보게 함으로써 사회적 처벌을 피하게 해주는 내면의 목소리이다.[34]

간접적 호혜성을 촉진하는 두 번째 중요한 요소는 사기 행위의 처벌이다. 앞에서 살펴본 직접적 호혜성의 일대일 상호 작용이 반복되는 상황에서는 이전에 자신을 속인 사람을 기억했다가 다음번에 도움을 거부할 수 있다. 침팬지도 이전에 개인적으로 불이익을 당한 행동을 기억했다가 상대에게 복수를 한다고 알려져 있다.[35] 하지만 착취적 상호 작용에 직접적으로 연루되지 않은 사람이 아무런 물질적 이득이 없는데도 사기 행위를 처벌하는 행동(이를 제3자 처벌 또는 이타적 처벌이라 부른다)은 사람에게서만 볼 수 있는 독특한 행동이다.[36]

사람의 이타적 처벌 행동은 단순한 경제 게임을 통해 탐구할 수 있다. 이 게임에서는 모두에게 이익이 돌아가는 협력 결과(공공재라고 부를 수 있는)에 참여자들이 각자 나름의 기여를 할 수 있다. 이러한 협력적 노력은 큰 동물을 사냥하는 것에서부터 농경지에 관개를 하기 위한 수로 건설과 유지, 도시의 건물을 짓는 것에 이르기까지 인간 사회 곳곳에서 볼 수 있다. 문명의 역사는 공익에 기여하는 사람들의 역사이고, 문명의 발전과 함께 공공재의 수와 복잡성도 덩달아 증가했다.[37] 도시와 국가는 좋은 도로와 깨끗한 물 공급, 긴급 상황 대처, 공공 교육, 의료 서비스, 법과 질서와 국방 같은 서비스를 제공한다. 그 혜택은 공동체 전체가 누리지만, 그 비용은 서비스에 참여하는 사람만 부담한다. 공공재는 공동의 노력에 거의 또는 전혀 기여하지 않으면서 보상만 챙기는 책임 기피자들의 악용에 취약하다. 공공재 게임public good game은 대개 각참여자가 일정액의 돈을 가지고 참여하는 상황으로 설정되며, 각자는 매 게임마다 공동의 기금에 얼마나 많이 기부할지 선택할 수 있다. 게임이 끝날 무렵에 참여자들은 자신의 주머니에 남은 돈을 챙기고, 공동의 기금은 어떤 인수(1과 참여자 수 사이의 어떤 값)로 나누어 모두에게 분배된다. 전체 집단을 위한 최선의 결과는 모든 참여자가 자신의 돈을 모두 기부하는 것인데, 그러면 전체 기금이 최대가 되고 각자가 돌려받을 수 있는 몫도 최대가 된다. 무임승차자는 협력 노력에 동참하지 않고 한 푼도 기부하지 않음으로써 자신이 가진 돈을 그대로 지킬 뿐만 아니라 나머지 사람들의 관대한 기부에서 나누어 받는 몫까지 챙길 수 있다.

대개는 대다수 참여자가 개인 자산 중 약 절반을 공동 기금에 기부하는데, 이것은 합리적이고 신중한 접근 방식이다. 하지만 일부 참여자가 공동 기금에 기부를 거의 또는 전혀 하지 않는다는 사실이 알려지면, 라운드가 거듭될수록 기부액은 점점 줄어들어 0에 가까워진다.[38] 무임승차자의 이기적 행동 때문에 협력 노력은 무너지고 만다.

하지만 모두에게 이익이 돌아가도록 협력을 강제하고 공동의 노력을 구할 수 있는 방법이 있는데, 게임의 규칙을 살짝 바꾸기만 하면 된다. 속임수를 쓴 사람의 수입을 감소시킬 목적으로 참여자들이 약간의 자금을 투입하는 제재 제도를 도입하는 것이다.(예를 들면, 사기꾼이 가져가는 돈을 3파운드만큼 줄이기 위해 참여자들이 기꺼이 1파운드씩 내놓으려고 할 수 있다.) 이러한 이타적 처벌 도입은 게임의 역학에 급격한 변화를 가져온다. 이제 공익을 위한 개인의 기부액이 증가하며(때로는 각자의 개인 자산 중 70%까지), 라운드가 거듭되어도 그 수준이 유지된다. 사람들은 사기꾼을 처벌하기 위해 개인적 비용을 기꺼이 감수할 용의가 있는 것처럼 보이며, 이러한 이타적 처벌은 무임승차자를 억제하고 집단 전체에 더 큰 협력을 촉진하는 데 매우 효과적이다. 현실에서도 이기적이거나 반사회적 행동으로 공동체의 공익을 상습적으로 저해하는 사기꾼은 혜택 제공 거부나 사회적 배제, 추방을 포함해 처벌의 위험을 감수해야 하며, 심지어 주도적 폭력의 표적이 될 수도 있다.

이타적 처벌을 촉진하는 주요 동기는 선천적이고 감정적인 것처럼 보인다. 참여자들은 무임승차자에게 분개나 분노를 느끼며, 그들을 처벌하고 싶은 충동적 욕구가 솟구친다고 보고한다.[39] 정의롭게 사기꾼을 처벌할 때에는 배고픔이나 갈증을 해소하거나 섹스를 하거나 부모가 자녀에게 보살핌을 제공하는 것과 같은 주요 생물학적 기능을 수행할 때처럼 뇌의 보상 중추에서 신경 전달 물질인 도파민이 많이 분비된다는 사실이 연구를 통해 밝혀졌다.(도파민 체계에 관해 더 자세한 내용은 6장에서 다룰 것이다.) 남에게 정당한 처벌을 할 때 드는 비용을 기꺼이 부담하게 만드는 것은 이 도파민 분비에서 생겨나는 즐거움이다.[40] 사람의 경우, 협력과 친사회적 행동을 실행에 옮기는 데에는 그 나름의 본질적인 보상이 따르는 것처럼 보인다.[41] 따라서 생존과 생식을 향한 원초적 충동 위에는 더 최근에 생긴 우리만의 특별한 친사회적 행동이라는 신경학적 강박 충동이 쌓여 있다. 사람은 협력이 기본 상태로 내장된 것처럼 보이며, 이것은 상호 작용에서 페어플레이를 요구한다. 협력은 우리의 유전자에 부호화돼 있으며, 이타적 처벌은 사회를 결속시키는 접착제이다.[42]

사회에서 간접적 이타성이 작동하려면, 그런 처벌을 실행하는 부담을 집단 구성원 전부가 함께 나누어야 한다. 그래서 우리는 한 걸음 더 나아가 위반자를 처벌하는 책임을 피하려는(그럼으로써 그 자신도 평판 체계에 사실상 무임승차하는) 사람까지도 처벌한다.[43] 인간은 단지 이타적이기만 한 게 아니다. 우리는 조금도 경계를 늦추지 않는 이타성 집행자이기도 하다.[44] 이타적 처벌은 협력을 손상시키는 무임승차자를 방지하는 필요조건이며, 간접적 호혜성이 처음에 어떻게 진화했는지 설명해준다.[45]

간접적 이타성이 작동하려면 정교한 인지 능력이 필요하다. 평판 체계는 언어와 뒷담화를 통한 정보(각 개인이 신뢰할 만한 협력자인지 아닌지 드러내는) 공유가 필요할 뿐만 아니라, 집단 내 모든 동료의 평판에 관한 장부를 각 개인이 마음속으로 작성할 필요가 있다.

하지만 이 모든 사회적 데이터를 기록하는 개인의 능력에는 한계가 있다. 개인이 장기간 유지할 수 있는 사회적 관계 수의 인지 한계(따라서 이것은 평균적인 집단의 크기도 제한한다)는 그것을 처음 제안한 영국 인류학자 로빈 던바Robin Dunbar의 이름을 따 던바 수Dunbar's number라고 부르는데,[46] 대개 약 150으로 추정된다.° 우리는 아주 가깝고 신뢰할 만한 친구와 친지가 소수 있고, 이 핵심 집단 밖에는 더 바깥쪽으로 갈수록 친밀도가 점점 떨어지는 사람들이 동심원을 그리며 죽 늘어서 있고, 가장 바깥쪽에는 아주 드물게 상호 작용하는 사람들이 위치하고 있다. 각각의 원에 포함된 수는 비교적 일정하게 유지되는 것처럼 보이는데, 그래서 만약 새 친구

° 일부 추정은 최대 네트워크의 크기를 던바 수의 두 배[47]나 그 이상[48]으로 평가한다.

가 생기면 한동안 보지 못한 옛 친구와 접촉이 끊어지는 경향이 있다. 소셜 네트워크의 이 층상 구조는 여러 형태의 현대 사회들에서 확인되었고,[49] 우리가 전화를 걸거나 문자를 보내는 상대와 연락하는 횟수,[50] 소셜 미디어로 상호 작용하는 방식,[51] 심지어 온라인 게임을 하는 방식[52]에서도 명백하게 드러난다. 우리의 의사소통 방식은 새로운 기술의 등장과 함께 변해왔지만, 우리의 구석기 시대 뇌는 변하지 않았다.

더 큰 사회의 낯선 사람들로 둘러싸인 세계에서 이타성과 협력이 일어나는 집단을 촉진하는 것은 바로 이러한 개인적 소셜 네트워크이며, 이것들은 전체 집단 내에서 경계가 모호하고 중첩된 영역들로 존재한다.

사기꾼 찾아내기

우리는 이타성이나 협력 교환에 관한 규칙을 깨는 사람을 처벌하려는 선천적 충동이 강할 뿐만 아니라, 그러한 위반 행위가 일어났을 때 그것을 탐지하는 능력도 뛰어나다. 사기 행위를 포착하는 것은 협력적 사회생활을 보호하는 데 아주 중요하기 때문에, 우리는 규칙 위반을 확인하는 능력이 특별히 예민하게 발달했다.

우리는 일반적으로 논리적 규칙의 적용이 필요한 과제를 수행하는 능력이 그다지 뛰어나지 않다. 이것을 탐구하는 데 사용되는 고전적인 퍼즐을 웨이슨 선택 과제Wason selection task라 부른다.[53]

자, 테이블 위에 네 장의 카드가 다음 그림처럼 펼쳐져 있다

51

고 상상해보라. 각각의 카드는 한 면에 숫자가 적혀 있고, 반대면은 검은색이나 흰색이다. 그리고 짝수 숫자가 적힌 카드는 반대면이 흰색이다.

이 규칙이 과연 옳은지 확인하려면, 어느 카드(혹은 카드들)를 뒤집어야 할까? 이 과제를 해결하려면 반증 기반 논리를 사용해야 한다. 즉, 명제가 참인지 확인하려면, 조건 규칙(만약 p가 참이라면, q도 참이다)이 성립하지 않는다는 것을 증명하려고 노력해야 한다.

정답은 '4'가 적힌 카드와 검은색 면을 가진 카드를 모두 뒤집는 것이다. '7'이 적힌 카드와 흰색 면을 가진 카드를 뒤집는 것은 퍼즐을 푸는 것과 아무 상관이 없다. 설령 반대면이 '엉뚱한' 숫자나 색이라 하더라도, 그것 자체는 규칙이 성립하지 않는다는 반증이 될 수 없는데, 예컨대 규칙에 따르면 홀수 카드의 반대면이 흰색이어서는 안 된다는 법이 없기 때문이다.

만약 이 퍼즐을 푸는 데 틀렸다 하더라도 염려할 필요까진 없는데, 당신은 압도적인 다수에 속하기 때문이다. 이 문제를 제대로 푸는 사람은 10~25%에 불과하다.[54] 대다수 사람들은 p가 참일 때

q도 참이라는 확증적 증거(예컨대 '4' 카드의 반대면이 정말로 흰색이라는)를 발견하는 것이 중요하다는 사실을 인식한다. 하지만 규칙의 반증을 찾기 위해 검은색 카드를 뒤집을 생각까지 하진 못한다. 즉, p(짝수)이지만 q(흰색 면)가 아닌 사례를 찾을 생각을 하지 못한다.

하지만 놀랍게도 같은 논리 테스트를 사회적 교환(만약 p라는 이득을 얻는다면, q라는 비용을 지불해야 한다)에서 사기 행위를 포착하는 문제로 바꾸어 제시하면, 사람들은 훨씬 나은 성적을 보인다.[55] 한 농장에서 길가에 테이블을 놓고 그 위에 1개당 1파운드의 가격이 매겨진 호박들을 올려놓았다고 하자. 그 옆에는 돈을 집어넣을 수 있는 무인 판매함이 놓여 있다. 이 퍼즐에 해당하는 카드들은 다음과 같다. 한 면에는 손님이 지불한 금액이 적혀 있고, 반대면에는 호박을 가져갔는지 가져가지 않았는지가 표시돼 있다. 각각의 카드가 대표하는 개인이 이 제도를 악용해 부당한 행위를 했는지 하지 않았는지 확인하려면 어떤 카드를 뒤집어야 할까?

이 경우에 퍼즐은 아주 단순해 보이며, 심지어 아주 쉬워 보인다. 하지만 이것은 앞에 나왔던, 조건 규칙에서 작용하는 반증

기반 논리와 정확하게 똑같은 과정을 나타내고 있다. 필시 여러분도 나처럼 그 사람이 돈을 지불하지 않고 부당하게 호박을 가져갔는지 알아보기 위해 '돈을 지불하지 않음' 카드의 반대면을 즉각 확인해 보려고 할 것이다. 그와 동시에 과연 정당한 돈을 지불했는지 알아보기 위해 '호박을 가져감' 카드도 확인하려고 할 것이다. 우리는 "만약 p라는 이득을 얻는다면, q라는 비용을 지불해야 한다."라는 규칙을 검증하는 방법을 직관적으로 아는 것처럼 보인다. 웨이슨 선택 과제를 사회적 교환의 틀로 바꾸어 제시하면, 약 75%의 사람들이 정답을 알아맞히는데, 이것은 숫자와 색으로 표현한 추상적 버전에 비해 3배가 넘는 비율이다.[56]

현실적인 익숙한 시나리오로 바꾸어 제시했을 때 사람들이 문제를 훨씬 더 잘 해결하는 것은 그다지 놀라운 일이 아닐 수도 있다. 하지만 일상적인 개념을 사용하더라도(비록 페어플레이와 관련이 없다는 점이 중요하긴 하지만) 여전히 사람들은 웨이슨 선택 과제를 잘 해결하지 못하는 경향이 있다. 그런데 세 살밖에 안 되는 어린이도 그 나이에 맞는 그림 형태로 이 과제를 제시하면, 정당한 대가를 지불하지 않고 이득을 취함으로써 사회적 교환 법칙을 위반하는 '나쁜' 사람을 정확하게 가려낸다.[57]

일부 심리학자와 인류학자는 이 사실은 우리 뇌에 전문화된 선천적 '사기꾼 탐지' 모듈이 있다는 것을 입증하며, 공정한 협력 행동의 위반을 탐지하기 위해 진화가 만들어낸 산물이라고 주장한다.[58] 이 주장은 논란의 여지가 있고 증명하기가 어려운데,[59] 분명한 것은 우리가 무임승차자를 간과하는 데 특별히 뛰어난 능력이 있으며, 큰 사회에서 광범위한 협력을 가능케 하는 데 이 능력이 중요한 역할을 했다는 사실이다.

사회에서 문명으로

진화는 우리에게 이득이 되는 행동을 촉진하는 일련의 내면적 추동을 발전시켰다. 배고픔 느낌이 강해지면 우리는 먹을 것을 찾고, 성욕과 오르가즘에 대한 기대는 우리에게 생식을 하도록 촉진한다. 진화는 또한 우리에게 집단생활에서 이득을 가져다주는 행동을 촉진하는 경향성을 만들어냈다. 생물학적으로 부호화된 이 반응들(우리가 감정으로 지각하는)에는 가족과 친구를 향한 애정, 고통 받는 사람들을 향한 공감, 사기 행위에 대한 분노, 이타적 행동이나 정당한 처벌을 통해 얻는 만족감 등이 있다. 사회적 협력을 촉진하는 다른 감정들 중에는 자기 자신을 향한 것도 있다. 죄책감과 후회가 주는 고통의 느낌은 자신이 부도덕한 행동을 했음을 시사하며, 이런 느낌을 공동체를 향해 표현하는 행동은 사회적 처벌을 완화하고 관계 회복과 용서를 받는 길을 닦는 데 도움이 된다.[60] 이러한 감정은 우리의 인지 소프트웨어에 깊이 뿌리박혀 있으며(이것은 아마도 우리가 침팬지 계통에서 갈라져 나오기 전에 이미 어떤 형태로 자리를 잡았을 것이다), 이타성과 호혜성, 협력, 공정성을 도덕성의 기본 구성 요소로서 장려한다.[61]

도덕성은 사회적 집단을 이루어 조화롭게 살아가는 데 중요한 틀을 제공한다. 전 세계의 대다수 사람들은 남을 돕고 약속을 지키고 배우자에게 충실한 것은 도덕적 행동인 반면, 살인과 강간, 사기는 비도덕적 행동이라는 데 동의할 것이다.[62] 일반적으로 비도덕적 행동은 다른 사람을 희생시키면서 자신의 이익을 추구하는 행동으로 정의할 수 있는데, 여기에는 상대방의 동의 없이 어떤 행동을 하거나 자유로운 선택을 내릴 수 있는 상대의 주체성을 박탈하는 것도 포함된다. 우리가 도덕적 행동으로 간주하는 것은 대부분 사회를 불안정하게 만들지 않도록 사회적 교환에서 비이기적이고, 공정성과 협력에 부합하는 것들이다.[63] 도덕적 행동의 핵심은 "자신이 대접받고 싶은 만큼 남을 대접하라."라는 황금률이다. 그러려면 자신의 행동을 상대방의 관점에서 바라보는 태도가 필요하다.

이타적 행동과 협력 행동을 촉진하는 이러한 선천적 충동과 거기서 생겨난 도덕성 감각은 작은 공동체에서 친사회적 행동을 지속시킨다. 하지만 집단이 커질수록 협력을 감시하기가 더 어려워진다. 직접적 호혜성은 갈수록 효율성이 떨어지는데, 사기꾼이 계속 바꿔가며 새로운 표적을 찾을 수 있어 반복적인 상호 작용을 하면서도 처벌을 피할 수 있기 때문이다. 간접적 호혜성 역시 제대로 작동하기 어려운데, 더 큰 집단에서는 정보가 더 느리게 퍼져나가고 사람들의 행동을 기록하기가 더 어렵기 때문이다. 사기꾼은 큰 집단이 제공하는 상대적 익명성에 편승해 자신의 나쁜 평판에 발목이 잡히기 전에 한 발 앞서서 행동할 수 있다.

사회는 친사회적 행동을 촉진하는 선천적 메커니즘이 불충분해져 사기꾼과 무임승차자의 부담 때문에 협력 노력이 완전히 무너질 위험에 처하기 전까지만 성장할 수 있다.[64] 도시와 문명의 많은 인구가 더 평화롭게 존재하려면, 생물학적으로 진화한 협력의 추동 요인을 대체할 문화적 구성 개념이 나타나야 한다.

종교와 신에 대한 믿음은 그러한 문화적 혁신 중 하나로, 문명이 출현한 이후로 막대한 영향력을 떨쳤다. 신은 지구와 우주의 창조자, 자연 현상의 원인, 좋은 일과 파멸적 사건의 간섭자, 개인적 운명과 행운의 결정자로 인간 문화의 많은 곳에서 수시로 소환되었다. 하지만 위반 행위를 들키지 않고 그냥 넘어갈 수 있는 큰 공동체에서 모든 것을 보는 관찰자이자 전능한 규율주의자(거기다가 용서의 중재자)로서 신의 역할이 친사회적 행동을 촉진하는 강력한 동기가 될 수 있을까? 모든 곳에 존재하고 전지전능한 신은 비도덕적 행동에 대해 궁극적인 제3자 처벌자 역할을 한다. 초자연적 존재와 종교에 대한 믿음이 반드시 크고 복잡한 사회와 문명 형성의 전제 조건은 아니지만, 거기에 도움이 되는 것은 분명한 사실이다.°

문자가 발명된 시기는 최초의 도시국가가 나타난 시기와 일치한다. 기억과 구두 의사소통에 의존해 지식을 사회 전체와 다음 세대로 전달하려고 할 때 맞닥뜨리는 한계를 극복할 수 있는 기술

° 나 자신은 무신론자이지만, 과학자이자 역사학자로서 나는 개인적으로 어떤 정신적 믿음이 없더라도 사회적 구성 개념으로서 종교가 지닌 유익한 기능을 인정한다. 사실, 신이 존재하건 않건 상관없이 믿음은 긍정적(혹은 부정적) 효과를 미친다. 그러나 신앙이 종종 사회적으로 유익한 행동을 장려하긴 해도, 종교는 도덕성의 원천이 아니다. 도덕성 감각은 사람의 선천적 특성으로 보인다.[65]

이 바로 문자이다. 메소포타미아에서 최초로 사용된 문자 체계는 기원전 제4천년기에 도시 행정과 교역을 자세히 기록하는 데 쓰였다. 이집트와 메소아메리카에서는 달력을 만들고 정치적, 경제적 사건의 역사를 연대순으로 기록하는 데 쓰였다. 무엇보다 중요한 것은 성문법을 확립하려고 하던 국가가 선택한 수단이 바로 문자였다는 사실이다. 알려진 최초의 성문법은 메소포타미아에서 기록되었다. 수메르의 도시국가 우르에서 발견된 그 법전의 일부는 기원전 제3천년기에 만들어진 것으로, 여러 가지 범죄에 대한 처벌이 "만약 …라면 …에 처한다."라는 식의 조건 규칙 형태로 기술돼 있다. 농업과 관련된 범죄는 보리로 배상하는 벌금형으로 다스렸다. 신체 상해 범죄는 은으로 배상하는 벌금형에 처했고, 절도와 강간, 살인은 사형에 처해질 수 있는 중대 범죄였다. 바빌로니아왕 함무라비가 기원전 1750년경에 만든 함무라비 법전은 특히 잘보존돼 있는데, 큰 돌기둥에 4000행이 넘는 쐐기 문자로 새겨 공공장소에 전시했다. 이 법전은 가족과 재산, 거래, 폭행, 노예에 관한법을 포함해 다양한 분야를 아우르고 있으며, 이것 역시 "만약 …라면 …에 처한다."라는 조건 규칙 형태로 기술돼 있다. 그중에는 "어떤 사람이 다른 사람의 눈을 멀게 했다면, 그 자신의 눈알을 뺄것이다."와 "어떤 사람이 다른 사람의 집에 침입했다면, 그 집 문앞에서 죽임을 당할 것이다."와 같은 조항이 있다.[66]

전 세계 각지에서 그리고 역사를 통해 법체계가 금지한 행동대부분은 진화를 통해 생겨난 집단 도덕성 감각에서 이미 비난하는 것들이다. 이것들은 타인과 남의 재산을 대상으로 저지르는 범죄로, 예컨대 폭행, 살인, 강간, 절도, 재물 손괴 등이 있다. 비방(즉, 거짓으로 남의 평판에 해를 가하는 행위)과 무분별하거나 태만한 행동도 금지한다. 예를 들면, 함무라비 법전에는 건축가가 집을 지었는데 그 집이 무너져 주인이 죽으면 건축가를 사형에 처한다는 매우 가혹한 조항이 있다. 더 최근에는 세금 미납 같은 불이행 범죄(그럼으로써 사회 자체와 다름없는 공익을 해치는)가 있다. 불이행 범죄는 가끔 구체적으로 피해를 입은 사람을 특정할 수 없다는 의미에서 피해자가 없는 범죄라고 이야기하기도 하지만, 사회 전체 구성원에게 잠재적 피해가 돌아간다.

따라서 기본적으로 법체계는 인간의 행동을 변화시킬 목적으로 사회 환경을 변화시킨다. 게다가 낯선 사람들로 가득 찬 큰 사회에서 사기꾼을 붙잡아 처벌할 가능성을 높임으로써 친사회적 태도를 장려한다. 법은 사람들이 만약 잘못을 저지르고도 빠져나갈 수 있다고 믿는다면 저지를 행동을 저지르지 않게 하는 도구이다.[67] 법원은 유죄를 확립하고, 벌금과 징역, 그리고 최악의 위반 범죄에는 사형 선고 같은 처벌을 내리기 위해 생겨났다. 더 최근에는 위법 행위를 적발하고 법을 집행하기 위해 경찰력이 생겨났다. 사기꾼 적발과 처벌에는 여전히 집단 비용이 들지만, 오늘날에는 사회의 모든 구성원이 세금을 냄으로써 공익에 기여하는데, 세금은 경찰 공무원과 법원 공무원, 교도관의 급여를 지급하는 데 쓰인다.

법이 신뢰할 만한 수준으로 집행되지 않는 상황에서는 개인의 평판을 기반으로 한 오래된 신뢰 체계가 제도화된 평판 체계로 확대되었다. 라이하니는 『협력의 유전자: 협력과 배신, 그리고 진화에 관한 모든 이야기The Social Instinct: How Cooperation Shaped the World』에서 다음과 같은 예를 든다. "11세기의 상인들은 상품을 해외에 팔려고 할 때 딜레마에 봉착했다. 자신이 상품을 갖고 여행하여 외국 시장에서 직접 팔거나 외국인 대리인에게 그 일을 맡겨 상품을 대신 팔게 할 수 있었다. 후자가 더 효율적인 선택이었지만, 거기에는 신뢰 문제가 따랐다. 외국인 대리인이 상품을 가로채지 않으리란 보장이 있는가? 그 해결책으로 나온 것이 마그레비(아프리카 북서부) 상인들이 세운 것과 같은 상인 길드였는데, 이것은 사회에서 가장 신뢰할 만한 사람만 회원으로 받아들인 상인 조합이었다. 마그레비 길드 회원과 거래하기로 선택한 상인은 자신의 파트너가 정직한 거래를 하리라고 믿을 수 있었다. 마그레비 상인은 규칙을 따르지 않으면 길드에서 쫓겨나는, 훨씬 큰 비용을 치러야 했다. 사람들이 직관적으로 런던의 유명한 블랙 캡 운전기사들을 신뢰하는 것도 같은 이유에서이다."[68] 손님에게서 적은 돈을 사취하여 얻는 단기적 이익보다는 명성 높은 면허증을 박탈당하는 손해가 압도적으로 크다. 오늘날 온라인 P2P 경제가 급성장하면서 낯선 사람들 사이의 거래를 촉진하기 위한 평판 제도가 디지털로 전환되었다. 온라인 시장과 서비스 제공 플랫폼(에어비앤비, 우버, 리프트, 태스크래빗 같은)에 대한 사용자 공개 평가와 평점 같은 장치가 이 제도를 뒷받침한다.[69]

이 장에서 탐구한 핵심 질문은 인간 본성의 고유한 측면과 관련이 있다. 그것은 바로 우리의 선천적 본성이 평화적인가 폭력적인가라는 질문이다. 유명한 두 철학자 토머스 홉스와 장 자크 루소는 이 문제에 대해 상반되는 견해를 주장했다. 각각 17세기 중엽과 18세기 중엽에 활동한 두 사람은 우리 조상들이 먼 과거에 어떻게 살았는지 엿볼 수 있는 고고학적 증거나 인류학적 증거를 전혀 이용할 수 없었기 때문에, 문명 이전의 옛날 사람들이 살아간 방식을 자기 나름대로의 가정을 바탕으로 추론할 수밖에 없었다. 홉스는 우리의 자연 조건은 만인 대 만인의 투쟁이 끝없이 펼쳐지는 가운데 우리는 늘 폭력적 죽음의 위험에 노출되어 생존의 벼랑에 내몰린 위태로운 존재였다고 믿었다. 강력한 국가(홉스는 그것을 리바이어던Leviathan이라고 불렀다)가 나타나 이 야만 상태를 통제하기 전까지는 그렇게 살아갈 수밖에 없었다고 했다. 반면에 루소는 폭력은 인간 행동의 고유한 측면이 아니며, 우리 조상들은 서로끼리 그리고 아름다운 환경과 함께 목가적인 조화를 이루어 살았으며, 갈등을 일으킬 필요가 없었다고 주장했다. 루소는 인간의 자연적 본성은 선하며, 우리를 타락시킨 것은 조직된 큰 사회라고 생각했다.

흔히 그렇듯이 진실은 양자의 중간 어디쯤에 있는 것으로 보인다. 앞에서 보았듯이 진화의 역사를 거쳐오면서 우리는 자신을 길들이고 반응성 공격성을 억누르는 방향으로 발달했다. 개인들의 동맹은 독재자를 쫓아내기 위해 위협을 가하거나 필요하면 주도적 폭력을 행사했다. 수렵채집인은 대체로 평등한 공동체를 이루어 살았지만, 집단들 사이에 폭력적 갈등이 자주 일어났다. 정착 농업의 출현으로 재산을 저축할 수 있게 되었는데, 그 결과로 부와 권력의 격차가 커지고 위계가 엄격한 사회 구조가 생겨났으며, 이를 통해 강자가 약자를 착취하게 되었다. 하지만 막 출현한 국가가 행사한 하향식 통제와 폭력의 독점은 더 큰 인구 집단에서는 더 평화로운 삶을 촉진했는데, 비록 국가들끼리는 서로 전쟁을 했지만 더 큰 정치 조직체와 제국으로 합쳐지자 질서 유지가 더 수월해졌고 내부의 갈등이 줄어들었다.[70]

훨씬 크고 복잡한 사회에서 구성원의 협력을 촉진해 결국 문명의 탄생을 낳은 핵심 엔진은 무임승차자가 날뛰지 못하게 제어할 뿐만 아니라 개인들 사이의 이타적 행동과 협력을 장려한 체계들이었는데, 이것들은 갈수록 점점 정교하게 발전해갔다. 친족 선택은 밀접한 관계의 가족들로 이루어진 작은 집단 내에서는 완벽하게 작동한다. 직접적 호혜성은 비친족 사이의 협력을 지지하기 위해 그 범위를 넓힌다. 그리고 간접적 호혜성은 평판 체계와 제3자 처벌자, 더 광범위한 집단의 소셜 네트워크들 사이에서 확립된 신뢰의 도움으로 더 큰 집단에서 협력을 촉진한다. 이 모든 것은 우리 뇌에서 진화한 사회성 소프트웨어 때문에 가능했다. 하지만 그것은 더 큰 사회를 지탱하는 데에는 충분치 않기 때문에, 문명은 우리의 선천적 사회성과 협력 욕구 위에 쌓인 문화적 발명 — 예컨대 종교, 성문법, 국가가 주도하는 범법자 감시와 처벌, 상인 길드처럼 제도화된 평판 체계 — 에 의존해 유지해나가야 한다.

역사 초기에 우리는 동료들 사이의 협력으로 독재자를 제거할 수 있었지만, 문명 내의 사회 구조는 갈수록 계층화가 심화되었다. 개인들은 물질적 재산을 모으고, 중요한 농업 기반 시설과 자원 분배에 통제력을 행사하게 되었으며, 그럼으로써 사람들의 충성을 끌어들이고 반란을 진압할 수 있었다. 처음에 작은 차이에 불과했던 지배력 격차가 갈수록 증폭되고 고착되었다. 금속 무기와 갑옷 제작 같은 다른 문화적 발전들은 추가로 힘의 사용을 집중시켰고, 국가들은 자신의 경계선 안에서 폭력의 독점을 확립하고 백성들을 억제할 수 있었다. 사회적 피라미드의 꼭대기에 있는 사람들은 자신의 위치를 공고히 할 수 있었고, 그 결과로 지도자는 통치자가 되고, 통치자는 독재자가 되었다. 물질적 부와 사회적 지위의 가족 상속이 일어나자, 특권과 권력이 세대를 통해 대물림되었다.

이제 인류 역사에서 가족이 어떤 역할을 하면서 큰 영향을 미쳤는지 자세히 살펴보기로 하자.

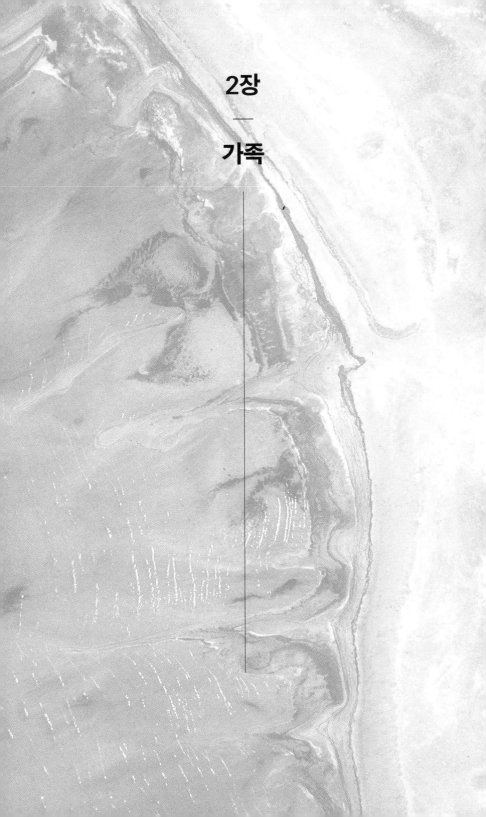

2장

—

가족

가족은 …
인간 사회의 자연적이고 기본적인 세포로 간주해야 한다.

—

교황 요한 23세

살아 있는 동물 중 우리와 가장 가까운 친척인 침팬지와 보노보는 필시 우리의 공통 조상과 매우 비슷한 방식으로 살아가고 있을 것이다. 숲 환경에서 살아가는 이들은 나뭇가지에 매달려 이동하거나 대체로 네 발로 땅 위를 걸어다니면서 시간을 보낸다. 공통 조상으로부터 갈라져 나온 인류 계통은 직립 보행에 점점 더 능숙해졌다(즉, 두발 보행이 발달했다). 인류 진화의 요람인 동아프리카 숲 생물 군계가 건조해지면서 초원으로 바뀌자 우리 조상은 사바나에서 살아가게 되었고, 결국에는 전 세계로 퍼져나갔다.

두발 보행의 발달과 함께 일어난 두 번째 주요 변화는 더 똑똑해지기 시작한 것이다. 시간이 지나면서 호미닌 종들은 뇌가 점점 더 커졌는데, 머리뼈 화석의 머리 안(두개강) 용적이 증가한 사실에서 그것을 알 수 있다. 그 덕분에 갈수록 지능이 높아졌고, 현생 종인 호모 사피엔스는 언어와 협력, 문제 해결, 도구 사용 능력이 발달하게 되었다.

하지만 거기에는 한 가지 문제점이 있었다. 두발 보행과 지능의 발달은 서로 잘 조화되지 않는다. 포유류는 골반 가운데에 있는 구멍을 통해 태아를 자궁에서 내보낸다. 하지만 직립 보행을 위해 우리의 골격과 골반에 일어난 적응은 더 커진 머리뼈가 통과할 수 있도록 산도를 더 넓혀야 하는 필요와 상충된다. 오늘날 사람 종은 상호 배타적인 이 두 가지 설계 원리가 첨예하게 충돌하는 모순을 안고 살아간다.[1]

따라서 출산의 역학은 우리 조상이 똑똑해질 수 있는 수준에 제약을 가하려고 위협했다. 여기서 자연 선택이 발견한 해결책은 자궁에서 나온 후에 거치는 우리의 발달 과정을 길게 연장하는 것이었다. 나머지 대형 유인원을 포함해 다른 포유류와 비교할 때, 사람 아기는 놀라울 정도로 발달이 덜 되고 매우 취약한 상태로 태어난다. 얼룩말은 태어난 지 불과 몇 분 만에 벌떡 일어서서 어미와 함께 걸어다니면서 먹이를 먹고 혼자서 살아갈 수 있지만, 사람은 걷기까지 몇 년이 걸린다. 모든 포유류 새끼는 어미의 젖을 먹고 자라지만(사실, 포유류를 뜻하는 영어 단어 mammal은 '유방'을 뜻하는 라틴어 mamma에서 유래했다), 사람 아기의 의존성은 이것에 그치지 않는다. 우리 뇌는 산도를 빠져나온 뒤에야 자유롭게 자랄 수 있으며, 처음 몇 년의 이 연약한 형성기 동안에 우리는 자신을 조정하고 걷고 말하고 사회적 상호 작용의 복잡한 세부 기능을 사용하는 법을 배운다.

아주 오랫동안 지속되는 발달 기간에 우리는 완전한 의존 상태로 자라면서 이리저리 옮겨지고 먹을 것과 따뜻함을 제공받고 보호를 받는다. 이것은 어머니의 시간에 막대한 부담을 주기 때문에(음식을 구하고 아이를 돌보는 한편으로 자신과 다른 자식을 보호하는 일까지 해야 하므로), 우리 조상들에게는 어머니 혼자서 아기를 키우는 일이 엄청나게 어려운 과제였다. 따라서 우리가 지능이 높아지는 쪽으로 진화하면서 아기 시절의 의존성이 매우 커졌기 때문에, 양 부모가 모두 양육에 적극적 역할을 해야 한다는 선택 압력이 강하게 작용했다.°

암수 한 쌍 결합

양 부모가 협력해 아기를 함께 키운다면, 아기가 취약한 어린 시절에서 살아남을 확률이 크게 높아진다. 하지만 각 부모에게는 상대방이 이 노력에 헌신할 것이라는 보장이 필요하다. 여성은 성관계를 할 때, 임신 기간과 아기가 자라는 동안 상대 남성이 곁에 머물면서 자신과 아기를 도울 것이라는 확신이 필요하다. 반면에 남성은 여성이 자신을 속이고 바람을 피우지 않으리라는 확신

°   물론 그렇다고 해서 오늘날 혼자서 아이를 키우는 어머니나 아버지가 이 역할을 잘 수행할 수 없다는 뜻은 아니다. 하지만 거기에는 막대한 시간과 자원이 필요하며, 거의 항상 가까운 가족과 친구 또는 더 넓은 사회와 복지 국가의 도움이 필요한데, 이것들 중 대부분은 우리 조상이 꿈꿀 수 없는 것이었다.

이 필요하다(아기의 어머니가 누구인지는 늘 확실하지만, 아버지가 누구인지는 덜 확실하므로). 각자는 상대방이 서로의 관계와 그 관계에서 생기는 아이에게 헌신적으로 충실하리란 것을 어떻게 알 수 있을까?

이 난제를 해결하기 위해 진화가 찾아낸 답이 암수 한 쌍 결합이다. 만약 각 파트너가 상대방에게 강한 애착을 느낀다면, 자녀 양육에 협력하지 않을 수 없을 것이다. 사람의 암수 한 쌍 결합을 조절하는 것은 옥시토신이라는 호르몬이다.

옥시토신은 포유류의 생식에서 많은 기능을 한다. 옥시토신은 출산 때 자궁의 근육 수축을 자극하고, 수유 때에는 젖의 분비를 자극하지만, 그에 못지않게 중요한 기능은 어머니와 아기 사이의 정서적 애착을 자극하는 것이다. 모든 포유류 어미는 새끼를 보살피며 양육한다. 젖을 먹이고, 포식 동물로부터 보호하고, 필수 생존 기술을 가르친다. 하지만 출산 직후에 옥시토신 메시지 전달 과정을 차단한 쥐는 새끼에게 정상적인 보살핌이나 관심을 제공하지 않는다는 사실이 실험을 통해 밝혀졌다.[2] 반면에 짝짓기를 한 번도 하지 않은 암양에게 옥시토신을 주사하면, 자신의 새끼가 아닌 새끼 양에게 어미의 행동을 보이기 시작한다.[3]

이러한 어미와 자식 간의 유대 메커니즘은 모든 포유류가 공유하는 특징이지만, 사람에게서는 파트너들 사이에서도 깊은 애착을 만들어내도록 변형되고 확대되었다. 오늘날 우리는 이것을 낭만적 사랑이라는 감정으로 경험한다. 성관계 동안에 남녀 모두 옥시토신이 분비되며, 오르가즘을 느낄 때에는 특히 많이 분비되는데, 그래서 성관계는 먼저 암수 한 쌍 결합을 형성하는 데뿐만 아니라 그 후에 그것을 유지하는 데에도 도움을 준다.[4] 낭만적 사랑의 여러 단계(끌림에서 애착에 이르기까지)에 관여하는 중요한 신호 분자가 또 한 가지 있는데, 그것은 뇌의 보상 경로에서 분비되는 도파민이다. 6장에서 자세히 살펴볼 테지만, 카페인과 니코틴, 헤로인 같은 약물은 뇌에서 동일한 쾌락 중추를 자극한다. 사랑의 신경화학은 중독의 신경화학과 아주 유사하다. 따라서 사랑은 일종의 마약이라고 말할 수도 있다.[5] 진화는 상호 호르몬 유대를 통해 파트너들이 아기를 함께 만들고 또 서로에게 얽매이도록 보장했다.[6]○

남성이 상대 여성이 자신을 사랑한다는 것을 안다면, 그녀가 다른 남성과 잠을 자지 않을 것이고 태어나는 자식은 자신의 자식이라고 확신할 수 있다. 반대로 여성이 상대 남성이 자신을 사랑한다는 것을 안다면, 그가 자기 곁에 머물면서 아기 양육을 도울 것이라고 확신할 수 있다.[7] 진화의 관점에서 투박하게 표현한다면, 암수 한 쌍 결합에서는 파트너들이 친자 관계의 확실성과 자원 제공 보장을 교환한다.

장기적 암수 한 쌍 결합은 사람의 생식에서 필수적인 부분이

○ 어미의 보살핌은 포유류 사이에서는 일반적인 특징이지만, 암수 한 쌍 결합과 자식에 대한 수컷의 투자는 드문 편이다. 전체 포유류 종 중에서 안정적인 암수 한 쌍 결합을 유지하는 비율은 5% 미만이며, 아비가 자식에게 조금이라도 투자하는 행동을 보이는 비율은 10% 미만이다. 이와는 대조적으로 조류는 백조나 흰머리수리에서 보듯이 약 90%가 일부일처제 쌍을 이루어 살아간다.

지만, 그렇다고 해서 충실성이 항상 절대적으로 보장되거나 그런 관계가 영원히 지속되는 것은 아니다. 많은 쌍의 경우, 처음의 강렬하고 열정적인 낭만적 사랑의 유대는 조금씩 약해져가다가 얼마 지나지 않아 더 차분한 애착으로 변하거나 결국에는 완전히 무너지고 만다. 애착의 힘이 약해지기 시작해 암수 한 쌍 결합이 사실상 해체되기까지(적어도 쌍방 중 한쪽에서는) 걸리는 시간은 약 4년이라는 사실이 밝혀졌다. 흥미롭게도 이것은 아이가 더 이상 양 부모의 지원에 절대적으로 의존하지 않아도 될 만큼 충분히 발달하는 데 걸리는 시간과 대략 비슷하다.[8] 통계 조사 결과는 다양한 사회들에서 이혼율이 결혼 4~6년차에서 절정에 이른다는 것을 보여주는데,[9] 이것은 결혼 7년차의 권태기 속설을 뒷받침한다. 진화는 양 부모의 자식 양육 몰입을 보장하기 위해 낭만적 사랑을 발명했지만, 생식 성공에 필요한 만큼만 오래 유지되도록 한 것처럼 보인다.

이렇게 옥시토신이 주도적 역할을 하면서 양 부모와 자식을 결합하는 유대의 그물이 출현한 사건은 우리 역사에서 아주 특수한 것을 만들어냈는데, 그것이 바로 가족이다. 많은 영장류 종이 사회적 집단을 이루어 살아가지만, 사람은 안정적인 가족 구조를 이루어 함께 살아간다는 점에서 대형 유인원 중에서도 독특한 존재이다.[10] 게다가 앞 장에서 보았듯이, 사람은 자식과 성적 파트너에게뿐만 아니라 더 광범위한 친족과 아무 관계가 없는 타인(가까운 친구와 소셜 네트워크)에게도 강한 애착이 생겨날 수 있다. 진화의 역사를 통해 사람이 깊은 연결을 느끼는 타인의 범위는 점점 더 확대되었다. 그리고 이 옥시토신 시스템은 우리가 야생 늑대와 고양이과 동물을 길들여 반려동물로 만들면서 다른 동물들까지 포함하는 쪽으로 더욱 확대되었다. 우리는 유대를 형성하기 위해 태어난 종처럼 보인다.

성적 파트너들 사이에 형성되는 암수 한 쌍 결합은 본질적으로 생식을 위한 상호 배타성 계약이다. 따라서 결혼 제도는 이러한 진화적 토대 위에 세워진 사회적 관행에 지나지 않으며, 이미 사람에게 내재하던 유대를 공식화한 것이다. 세계 각지의 166개 사회를 분석한 연구는 낭만적 사랑이 인간 경험의 보편적 특징이라고 결론 내렸다. 남성과 여성 사이의 공식적인 결혼 제도는 알려진 모든 문화에 존재하며, 전 세계 사람들 중 90%는 평생 동안 적어도 한 번은 결혼을 한다.[11] 종교나 법으로 성문화된 결혼에 관한 문화적 규범은 남녀의 결합에 대한 기대를 구체적으로 명시하고 있다. 그중에는 신랑이나 신부가 다른 가족과 함께 살아야 하는지, 아니면 신혼부부가 독립적으로 새로운 가정을 만들어야 하는지도 포함돼 있다. 또, 결별이나 한쪽 파트너의 사망에 따른 상속과 재산 분할에 관한 규칙도 제시한다. 지참금이나 신부값의 형태로 부의 이전을 규정하기도 하는데, 그렇게 해서 결혼은 신부와 신랑 사이의 계약일 뿐만 아니라 양쪽 가족 사이의 거래가 된다.

하지만 전 세계 모든 문화─탄자니아 북부에 사는 하드자족 수렵채집인의 투박한 약혼식에서 성가와 의례가 넘쳐나는 그리스정교회의 의식과 3일 동안 이어지는 인도의 결혼식에 이르기까지─에서 결혼식은 부부의 상호 약속(혹은 복혼제의 경우에는 여러 배우자 사이의 약속)을 공개적으로 선언하는 의식이다. 결혼 의식은 문화마다 독특하고 시간이 지나면서 변해왔지만, 생식 행동을 규제하기 위해 서로에게 공개적으로 약속을 하는 관행은 언어보다 더 오래된 것은 아니더라도 언어만큼 오래된 것이 분명하다.

가까운 친족을 도우면서 가족 집단 안에서 살아가는 관행은 우리 종이 출현한 순간부터 인간 존재의 핵심을 이루어왔다. 가족은 여러 세대의 일가친척이 같은 집에서 사는 확대 가족부터 서양의 후기 산업 사회에서 보편화된 부모와 자녀만으로 이루어진 핵가족(한 부모 가정도 핵가족의 한 변형 형태이다)에 이르기까지 다양한 형태가 있다.[12] 전체 역사 중 대부분의 기간에 국가 제도가 채 갖추어지지 않은 상태에서 가족은 병들거나 노년기에 접어든 사람을 지원하는 유일한 자원이었다.

농업의 발전과 문명의 출현과 함께 가족생활의 또 한 가지 주요 측면이 등장했다. 수렵채집인 조상이 농사를 지으면서 이동식 생활 방식을 포기하자, 도자기이건 금속 도구이건, 혹은 염소 떼이건 귀금속 통화이건 간에 재산을 축적하는 능력이 비약적으로 발전했다. 농업은 또한 토지 소유 개념도 만들어냈는데, 이것은 작물을 재배하거나 가축을 기르기 위해 동일한 가족(혹은 그 농노)이 돌보고 경작하는 특정 농경지를 독점적으로 차지하는 권리였다.

이러한 재산은 부모에게서 자식에게로 대물림될 수 있어 같은 가족 내에서 자신들의 이익을 지킬 수 있었다(앞 장에서 다루었던 친족 선택의 연장선상에서).° 우리는 신체적 특징만을 부모로부터 물려받았지만, 이제는 물질적 부도 한 세대에서 다음 세대로 전할

74

수 있게 되었다. 비단 자산과 토지뿐만 아니라 영향력과 지위도 물려줄 수 있었다. 사회에서 정상에 위치한 사람들은 전체 땅과 주민 그리고 그 안에 있는 자원에 대한 통제권도 물려주었다. 사회적 위계와 불평등 수준이 가파르게 발달하면서 수렵채집인 조상들이 알지 못했던 개념이 영구히 고착되었는데, 그것은 바로 부자 대 가난한 자, 지배자와 피지배자의 양분이었다.

가장 높은 위치는 국가 전체를 지배하는 통치권을 소유한 왕이 차지했다. 왕들은 훨씬 큰 규모의 강력한 군대를 동원해 다른 국가나 부족을 정복하고 자기 영토에 편입시켰다. 시간이 지나면서 여기저기 흩어져 있던 독립적인 영토들이 한 최고 통치자―왕들의 왕인 황제°° ―의 패권에 편입되었다. 엘리트층 자녀들은 부모의 부와 지위를 물려받은 반면, 사회의 다른 부문들에서는 가업

°   특별히 소중한 물건은 수 세대가 지나는 동안 온전한 형태로 전해졌다. 가보家寶란 뜻의 영어 단어 'heirloom'의 원래 의미는 상속인heir에게 물려주는 소중한 도구나 연장이었다.[13]

°°   최고 통치자를 가리키는 현대적인 이름들 중 몇몇은 카이사르Caesar라는 칭호에서 직접 유래했고, 고대 로마 제국 황제의 위엄과 정복을 연상시키는 데 쓰였다. 중세의 신성로마제국 황제들은 10세기부터 자신을 카이저Kaiser라고 불렀고, 러시아 황제 이반 4세 Ivan IV는 1547년에 차르Tsar라는 칭호를 사용했다.[14] 이들은 모두 자신을 고대 로마 제국 황제들의 계승자로 간주했다. 메흐메트 2세Mehmet II와 그 뒤를 이은 오스만 제국의 술탄들은 '로마의 카이사르'라는 뜻의 카이세리 룸Kayser-i Rum이란 칭호를 사용했는데, 메흐메트 2세가 1453년에 비잔틴 제국을 정복한 사건을 기념하는 칭호였다. 로마 황제들이 카이사르라는 칭호를 사용하는 관행은 기원전 1세기에 로마 공화국을 종식시키는 데 결정적 역할을 한 장군이자 정치인인 가이우스 율리우스Gaius Julius의 별명에서 유래했다. 동시대 사람들은 대머리였던 그를 농담조로 율리우스 '카이사르'라고 불렀는데, 카이사르는 '털이 많은'이라는 뜻이었다. 이 별명이 역사를 거치며 살아남았고, 유라시아 전역의 황제들이 그것을 자랑스럽게 채택했다.[15]

이 대대로 전승되었다. 어릴 때부터 아버지가 사용하는 기술에 노출되어 그것을 배운 아들들은 필요한 도구들을 물려받으면서 사회에서 아버지의 직업과 역할을 계속 잇는 경우가 많았다. 빵집 주인, 정육점 주인, 방아간 주인, 석수, 톱질꾼, 직공, 대장장이 같은 직업은 그런 식으로 대물림되었다. 중세 영국에서는 이러한 가업 중 상당수가 가족의 성으로 채택되었다.[16]

상속 관습과 법은 사회에 따라 차이가 있지만, 상속 재산은 흔히 부동산(토지와 건물)과 동산(가재도구, 개인 소지품, 가축, 현금)으로 구분한다.[17] 유언자가 맞닥뜨리는 핵심 난제는 성공을 보장하기 위한 최선의 상속 전략이 무엇인가 하는 것이었다. 분할 상속(모든 자녀에게 혹은 적어도 모든 아들들°에게 똑같이 재산을 분배하는 방식)이 가족에게 재산과 토지를 가장 공정하게 물려주는 방법일 수 있다. 하지만 토지 상속의 경우, 세대가 지날수록 원래의 토지가 점점 더 작은 조각들로 분할되어 결국에는 생산성이 없을 정도로 너무 작은 땅들로 쪼개지고 만다는 문제가 있다. 귀족의 경우, 이러한 토지 분할은 부와 영향력의 해체를 의미하는 것이기도 했다.

대안은 가족의 부동산 대부분을 한 명의 상속인에게 물려주

° 가부장제와 남성에게 권력과 특권이 집중되는 현상은 대다수 사회에서 볼 수 있다.[18] 남녀 사이에 생물학적 차이가 있긴 하지만, 왜 많은 사회들에서 성 불평등과 가부장제가 보편적으로 나타나는지 명확하게 설명할 수 있는 인류학적 이유는 없다. 가부장제 사회에서 모계를 따라 재산과 지위가 상속되는 모계 사회의 관습이 여전히 관찰된다는 사실도 강조할 필요가 있다. 예를 들면, 모계 상속은 아프리카와 동남아시아, 콜럼버스 이전의 아메리카 일부 지역들에서 발견된다.[19]

는 것이다. 장자 상속(큰아들에게 재산을 상속하는 제도)은 중세 유럽의 봉건 귀족 계층 사이에서(그리고 나중에는 토지를 소유한 농부들 사이에서도), 그리고 전 세계 각지에서 채택되기 시작했다. 장자 상속은 귀족이 소유한 토지와 작위와 특권이 분할되지 않도록 막아주었다.

장남에게 모든 재산을 몰아주다 보니 그 동생들은 군대나 교회에서 경력을 쌓는 길을 모색할 수밖에 없었다. 장자 상속은 바이킹 시대를 연 한 가지 주요 요인이기도 하다. 8세기 말에서 11세기 중엽까지 흉포한 뱃사람들이 좁고 긴 바이킹선을 타고 덴마크와 노르웨이, 스웨덴, 북유럽 전역에서 몰려나왔다. 스칸디나비아 출신의 바이킹은 처음 50여 년 동안은 영국 제도의 해안 지역에 위치한 취약한 수도원들을 급습해 약탈하는 데 치중했지만, 차차 자신들이 점령한 지역에 정착하기 시작했다. 이러한 변화는 스칸디나비아에서 작은아들의 수가 증가한 것이 큰 원인이 된 것으로 보인다. 집안의 재산을 물려받을 가망이 전혀 없었던 이들은 해외로 모험을 떠나 경작할 땅을 스스로 확보하는 수밖에 없었다. 이러한 팽창으로 인해 잉글랜드와 스코틀랜드 북부, 아일랜드 남부, 그리고 발트해 지역과 러시아, 노르망디에 이르는 넓은 지역에 바이킹 정착촌이 생겨났다.(정복왕 윌리엄 1세William I는 바이킹 지도자 롤로Rollo의 후손이다.)[20]

16세기에 중앙아메리카와 남아메리카에서 탐험과 정복을 이끈 콩키스타도르 중 다수도 귀족 가문에서 태어났지만 상속을 기대할 수 없었던 작은아들이었다.[21] 마찬가지로 18세기에 북아메리카로 건너온 정착민 중 다수(특히 남부 식민지들의 플랜테이션으로)도 영국 신사 계층의 작은아들들이었는데, 이들은 고국에서는 물려받을 땅이 전혀 없었지만, 다른 곳에서 자리를 잡을 수 있는 돈은 약간 물려받았다.

17세기 중엽에 뉴잉글랜드 식민지들은 장자 상속을 거부하고 분할 상속을 선호했으며, 독립 선언 이후에는 미국 전역에서 장자 상속이 법으로 폐지되었다.[22] 미국 독립 선언이 있고 나서 20년이 지나기 전에 일어난 프랑스 혁명도 앙시앵 레짐Ancien Régime, 구체제의 폐기와 함께 장자 상속을 철폐했다. 다른 곳들에서는 인구 변천과 함께 사회가 발전하면서 장자 상속이 쇠퇴했는데(자세한 내용은 5장에서 다룬다), 가족들이 아이를 덜 낳기 시작했고, 경제적 성공을 좌우하던 토지의 역할이 줄어들었기 때문이다.[23]

오늘날 많은 국가는 선거를 통해 권력을 얻는 대의 민주주의 정부가 운영한다(부패와 정치적 억압 정도는 국가에 따라 다양하지만[24]). 사람들은 정치 지도자들이 훌륭한 능력과 장점을 보여줄 것이라고 기대하지만, 공직 사회의 족벌주의에는 눈살을 찌푸린다. 하지만 이것은 비교적 최근에 일어난 일이다. 문명이 처음 출현하고 나서 수천 년 동안은 절대적 통치자들이 무소불위의 권력을 휘두르며 군림했다. 그리고 권력은 한 개인의 손에 있었지만, 대개는 동일한 가족 안에서 대물림되었다. 즉, 왕권은 친족과 밀접하게 연결돼 있었다.[25] 혈통과 상속 가능한 지위가 합쳐져 만들어진 결과가 바로 왕조인데, 왕조는 부와 영토와 권력을 한 세대에서 다음 세대로 대물림하는 확대 가족이다. 왕조는 자신의 생존과 발전에

만 몰입해 영토와 명성과 영향력에 집착하면서 그것을 확대하려고 노력하고, 자신의 이익을 위해 다른 가족들과 경쟁하거나 근친결혼을 감행하는 초생물체처럼 행동한다.

왕조가 인류 문명의 일반적인 특징이 되다 보니 그 왕가의 이름이 특정 국가나 제국, 지역의 역사적 시기를 나타내기에 편리한 수단으로 쓰이는 경우가 많다. 튜더 왕조, 명 왕조, 일본의 도쿠가와 막부 시대 등이 그런 예이다.(엄밀하게 따지면, 명明은 왕조이긴 하지만 가문의 이름을 딴 것이 아니다. 또, 도쿠가와 막부는 실질적인 지배 가문의 이름을 딴 것이긴 하지만, 막부는 왕조가 아니다. ─옮긴이) 이 이름들은 단지 지배 가문뿐만 아니라 그 시대를 주도한 주요 문화적, 사회경제적, 군사적, 기술적 경향이나 사건을 가리키는 데 쓰이는 약칭이다.

따라서 결혼은 암수 한 쌍 결합을 형성하려는 인간의 성향을 바탕으로 생겨난 보편적인 사회적 구성 개념이지만, 왕조들 내에서 결혼은 완전히 새로운 중요성을 갖게 되었다. 결혼은 단지 두 개인의 결합이 아니라 강력한 두 가문의 연대를 나타냈다. 그리고 정략결혼은 정치적 동맹을 굳건히 하는 도구로 쓰였다. 이러한 결혼에서 탄생한 자식은 두 왕조의 혈통이 섞여 있어 문자 그대로 강력한 두 가문의 합의를 상징했다. 이렇게 해서 암수 한 쌍 결합과 생식이라는 인간의 조건이 국가 운영의 도구가 되었다.

왕족에게는 탄생과 죽음, 결혼이 모두 정치적 사건이며, 이 사건들은 왕국이나 제국 내에 사는 모든 사람에게 큰 영향을 미쳤다. 그와 동시에 그러한 가족 역학은 국제 관계도 좌지우지했다. 유럽 역사에서 특히 한 왕조의 왕들은 이 웅대한 계획을 기획하고 실행에 옮기는 데에서 거장의 면모를 보여주었다.

합스부르크 왕조

역사상 위대한 왕조를 몇 개 대보라고 하면 많은 사람들은 카롤루스 대제(프랑스어 이름인 샤를마뉴 대제로 널리 알려져 있음)의 중세 카롤링거 왕조나 프랑스의 부르봉 왕조, 영국의 튜더 왕조를 떠올린다. 하지만 합스부르크 왕조만큼 유럽 전역과 전 세계에 큰 영향을 끼친 왕조는 없다. 약 500년 동안 지배적인 왕조로 군림한 이들은 유럽 대륙과 세계 각지에 걸쳐 광대한 제국을 형성했다. 그런데 합스부르크 왕조의 꾸준하고도 지속적인 영토 확장은 군사적 정복을 통해 일어난 게 아니라 세심하게 기획된 왕족 간 정략결혼 계획을 통해 왕관의 수를 늘림으로써 일어났다.[26]

오늘날의 스위스 북부에 위치한 슈바벤의 미미한 지역 세력에서 부상한 합스부르크 가문은 15세기 중엽에 신성로마제국 황제를 선출하는 선제후들 사이에서 유리한 위치를 차지하면서 그 위상이 크게 높아졌다. 신성로마제국은 800년에 교황이 프랑크 왕이던 카롤루스 대제를 로마 제국을 계승하라는 의미로 로마인의 황제로 임명하면서 세워졌다. 신성로마제국은 10세기부터는 대체로 독일 지역의 제국이었지만, 중앙유럽과 지중해, 발트해 연안 지역까지 이르는 많은 왕국까지 포함했다.[27] 신성로마제국 황제는 공식적으로는 선출되었지만, 황제는 자신의 아들이 후계자로 선출되도록 충분한 영향력을 행사할 수 있었기 때문에 그 자리는 사실상 세습되었다. 1438년부터 1740년까지 300년 동안 신성로마제국 황제들은 모두 합스부르크 가문 출신이었고,[28] 이 왕조는 중앙유럽의 여러 왕국들을 자신의 영토로 병합할 수 있었다.

15세기에 합스부르크 가문의 극적인 중흥을 이끈 설계자는 막시밀리안 1세Maximilian I였는데, 그는 유럽에서 자기 가문과 다른 유력 왕가 사이의 결혼을 적극적으로 추진했다.[29] 1477년, 막시밀리안 1세는 부르고뉴 공국의 상속녀와 결혼하면서 프랑스 동해안에 위치한 이 공국뿐만 아니라 저지대 국가들(룩셈부르크, 벨기에, 네덜란드)의 땅까지 손에 넣고 그 항구들을 통해 움직이는 부에서 큰 이익을 얻었다. 막시밀리안 1세는 1496년에 아들 필립Philip(에스파냐어로는 펠리페 1세)을 카스티야 여왕 이사벨 1세와 아라곤 왕 페란도 2세의 딸 후아나Juana와 결혼시켰다. 후아나는 나이가 더 많은 형제들과 조카의 죽음으로 두 왕국을 모두 물려받았고, 후아나와 필립의 아들인 카를 5세Karl V는 통합 에스파냐의 왕이 되었다.° 합스부르크 왕조는 이렇게 상속을 통해 에스파냐를 차지한 데 이어 이탈리아 남부와 사르데냐와 시칠리아까지 손에 넣었으며, 북아프리카 연안의 식민지들에까지 영향력을 확대했다.[31] 그것은 기막힌 타이밍이 가져다준 행운이었다. 필립과 후아나의 결혼이 일어나기 불과 4년 전에 콜럼버스가 대서양을 건너 '신세계'를 발견했다. 그 덕분에 콩키스타도르와 식민지 개척자들이 아메리카 대륙의 광대한 땅을 차지하면서 합스부르크 왕조의 에스파냐 지부는 유럽 반도에서 훨씬 멀리까지 뻗은 영토를 지배하게 되었다. 그리고 1521년에는 해양 탐험가 마젤란이 필리핀 제도(필리핀이란 지명은 카를 5세의 아들 필립 2세에서 딴 것이다)를 에스파냐 영토로 편입했다.[32]

하지만 막시밀리안 1세의 야심은 거기서 멈추지 않았다. 1526년에는 손자 카를 5세를 포르투갈의 이자벨Isabel 왕녀와 결혼시켰다. 이 결혼으로 이베리아반도 전체가 합스부르크 왕조의 영토로 편입되었을 뿐만 아니라, 포르투갈이 브라질과 인도, 향료 제도(말루쿠제도)에서 획득한 영토들까지 굴러들어왔다. 막시밀리안 1세는 또 다른 손자이자 카를 5세의 동생인 페르디난트 1세 Ferdinand I를 헝가리 왕실과 결혼시켰다. 1526년에 헝가리 왕이 오스만 제국과 벌인 전투 도중에 후계자를 남기지 않은 채 사망하자 헝가리와 보헤미아, 크로아티아 왕국도 합스부르크 가문의 수중으로 들어왔는데, 이 지역은 그 후 400년 동안 중앙유럽 제국의 핵

○ 카스티야 왕국과 아라곤 왕국의 통합으로 오늘날 우리가 아는 에스파냐가 탄생했다. 현대 유럽의 정치적 지도에서 볼 수 있는 그 밖의 주요 특징들은 반대로 제국이 상속자들 사이에서 분열되면서 생겨난 결과이다. 샤를마뉴 대제가 통치하던 9세기 초에 그의 제국은 그 영토가 최대일 때 오늘날의 프랑스와 저지대 국가, 이탈리아 북부, 오스트리아, 독일까지 뻗어 있었다. 샤를마뉴 대제와 그 아들 루트비히 1세Ludwig I가 죽고 나서 샤를마뉴 대제의 세 손자는 상속받은 영토를 놓고 치열한 내전을 벌였다. 3년간의 전쟁 끝에 세 형제는 843년에 베르됭 조약을 체결해 제국을 셋으로 쪼개기로 합의했다. 서프랑크 왕국은 오늘날의 프랑스가 되었고, 동프랑크 왕국은 신성로마제국과 훗날의 독일이 되었으며, 그 중간에 위치한 중프랑크 왕국은 이탈리아 북부에서 북해의 저지대 국가들까지 길게 뻗어 있었다. 10세기 초에 중프랑크 왕국의 북부 영토는 대부분 동프랑크 왕국에 흡수되었고, 세 형제의 다툼으로 결정된 샤를마뉴 대제의 제국 분할에 따라 장차 유럽 대륙에서 가장 강력하게 부상할 두 나라(프랑스와 독일)의 경계선이 지도에 영구적으로 새겨졌다. 20세기에 벌어진 양차 대전에서는 수백만 명의 젊은이들이 약 1000년 전에 가족 간 합의로 그어진 경계선을 놓고 싸우다 죽어갔다.[30]

82

심 지역이 되었다.[33]°

합스부르크 가문은 슈바벤의 백작 가문에서 유럽에서 손꼽는 왕조로 변신했다. 그리고 세심하게 계획한 정략결혼을 통해 불과 50년 만에 유럽 대륙의 절반을 손에 넣었다.[35] 게다가 피도 거의 흘리지 않고서 이 일을 해냈다. 그래서 17세기에 "남들은 전쟁을 하게 내버려두어라. 하지만 행복한 오스트리아 그대는 결혼을 하라!"[36]라는 시구가 널리 회자되었다. 비록 일부 땅을 지키기 위해 무력을 사용해야 할 때도 있었지만(그리고 에스파냐인과 포르투갈인의 신세계 침략은 잔혹했지만), 이 놀라운 영향력 확대는 대부분 전략적 왕족 연합과 상속을 통한 왕위와 영토의 점진적 축적으로 일어났다.[37] 합스부르크 가문은 왕좌의 게임에서 진정한 그랜드마스터였다.°°

합스부르크 가문의 성공에는 생물학적 운도 상당히 따랐다. 상속과 승계 체계에서는 생존하는 자식을 남기지 못하거나 자식이 아니더라도 남자 후계자를 남기지 못하는 왕가는 왕위와 영토

° 잠깐 동안이긴 하지만, 합스부르크 가문이 영국의 왕위를 차지한 적도 있었다. 신성로마 제국 황제 카를 5세는 1554년에 자신의 아들 펠리페 2세를 영국 여왕 메리 1세Mary I와 두 번째로 결혼시켜 유레 욱소리스jure uxoris(라틴어로 '아내의 권리로'라는 뜻)에 따라 영국과 아일랜드의 왕으로 만들었다.[34] 하지만 블러디 메리Bloody Mary(메리 1세의 별명)가 4년 뒤에 죽자, 배 다른 동생인 엘리자베스 1세Elizabeth I가 왕좌를 차지하면서 권력이 개신교 측으로 넘어갔다.

°° 유럽 대륙의 영토만을 놓고 따진다면, 최근 역사에서 합스부르크 가문에 필적할 만한 영토를 차지한 사람은 19세기의 나폴레옹과 20세기의 히틀러가 있지만,[38] 기습 공격으로 점령해 넓힌 두 제국의 영토는 불과 몇 년 동안만 유지되었기 때문에, 여러 세대에 걸쳐 공고히 지배한 합스부르크 가문의 영토와 비교하면 하루살이에 불과한 영광이었다.

를 더 먼 친척이나 인척에게 넘겨줄 위험이 있다. 합스부르크 가문은 수백 년 동안 남자 후계자를, 혹은 적어도 남자 조카나 사촌을 신뢰할 만한 수준으로 남기는 데 성공했고, 이들과 결혼한 배우자의 왕국이 남자 후계자를 남기는 데 실패하면 그 왕국까지 접수할 수 있었다. 이러한 혈통의 지속성을 통해 경쟁 가문보다 더 오래 살아남으면서 합스부르크 가문은 경쟁 가문의 영토와 부를 흡수했다. 이것은 영토 확장을 위한 '최후의 승자last man standing' 전략이라고 부를 수도 있다.[39] 역사학자 마틴 레이디Martyn Rady는 이를 셰익스피어의 『햄릿』에 나오는 노르웨이 왕자의 이름을 따 '포틴브라스 효과Fortinbras effect'라고 부르는데, 포틴브라스는 작품이 끝날 무렵 모든 경쟁자가 죽은 뒤 등장해 비어 있던 왕좌를 손쉽게 차지했다.[40]

16세기 중엽에 합스부르크 가문은 유럽뿐만 아니라 대서양과 태평양 너머에까지 지배적인 영향력을 떨쳐 이 가문의 문장이 지구를 한 바퀴 빙 두르며 휘날렸다.[41] 그리고 이 광대한 영토를 다스린 이는 오직 한 사람, 신성로마제국 황제 카를 5세였다. 그렇게 카를 5세는 역사상 처음으로 태양이 지지 않는 제국을 통치한 사람이 되었다. 하지만 카를 5세는 이 모든 영토를 동생이나 아들 중 한 명에게 몰아서 물려줄 수 없다는 사실을 잘 알고 있었다. 그랬다간 어느 쪽도 조용히 물러서려 하지 않을 것이었다. 그래서 영토가 최대한의 크기에 이르렀을 때 합스부르크 제국은 둘로 쪼개졌다. 막시밀리안 1세의 손자들 대에서 합스부르크 왕조는 둘로 갈라졌다. 카를 5세는 에스파냐 합스부르크 왕조의 영토(저지대 국가들과 전 세계의 에스파냐 속령을 포함해)를 아들인 펠리페 2세에게 물려주었다. 반면에 동생인 페르디난트 1세는 오스트리아에 있던 조상의 땅을 받았고, 그의 후손들은 중앙유럽에서 신성로마제국 황제의 지위를 이어갔다.[42]

18세기가 시작될 무렵에 에스파냐 지부를 상실하면서 합스부르크 가문의 세계적 지배력은 큰 타격을 받았지만, 중앙유럽의 왕조는 유럽에서 강대한 세력으로 남았고, 1867년에 오스트리아-헝가리 제국으로 재탄생했다. 합스부르크 가문은 20세기의 국제정세에서 여전히 막강한 영향력을 떨쳤는데, 1914년 6월 28일에 제위 계승자 프란츠 페르디난트Franz Ferdinand 대공이 사라예보에서 암살당하는 사건이 일어났다. 그리고 한 달이 지나기 전에 세계는 일찍이 유례를 찾기 힘든 참혹한 전쟁으로 휩쓸려 들어갔다. 제1차 세계 대전에서의 패전은 합스부르크 가문에 결정타를 가했고, 오스트리아-헝가리 제국은 해체되고 남아 있던 영토마저 잃게 되었다.(합스부르크 가문 자체는 아직도 남아 있다. 오스트리아-헝가리 제국의 마지막 황제 카를 1세Karl I의 손자 카를 폰 합스부르크Karl von Habsburg는 현재 오스트리아에서 정치인으로 활동하고 있다.) 하지만 400여 년 동안 이 확대 가족은 유럽과 세계의 역사에서 중요한 비중을 차지했다.

일부일처제 대 복혼제

합스부르크 왕조, 그리고 사실상 유럽 전역과 전 세계에 널려 있던 그 식민지들에서 살아간 사람들은 일부일처제monogamy라는 문화적 규범을 준수하며 살았다. 하지만 세계사를 전체적으로 살펴보면, 복혼제polygamy가 아주 흔했다. 849개 인류 문화(수렵채집 사회와 농경 사회를 모두 포함해)를 민족지학적으로 연구한 결과에 따르면, 그중 83%가 복혼제 사회였는데, 거의 다 일부다처제polygyny 사회였고 일처다부제polyandry 사회는 매우 드물었다.[43] 서로 비슷해 보이는 이 용어들은 약간 혼란스러울 수 있다. 복혼제는 한 명 이상의 배우자와 결혼하는 제도를 일반적으로 일컫는 용어이다. 일부다처제는 복혼제 중에서도 한 남성이 아내를 여럿 두는 결혼 형태를 가리키고, 일처다부제는 한 여성이 남편을 여럿 두는 것을 가리킨다. 일부다처제가 일처다부제보다 훨씬 흔하고 많은 문화에서 일부다처제가 허용되긴 해도, 대개는 지위가 아주 높아 여러 아내를 부양할 능력이 있는 남성만 그런 혜택을 누릴 수 있고 대다수 남성과 여성은 여전히 일부일처제 형태로 살아간다.[44]

인류학 기록에서 일처다부제가 발견되는 사례는 1% 미만이다.[45] 강력한 여왕이 많은 남편을 거느린 사례―17세기 중엽에 은동고와 마탐바(오늘날의 앙골라)의 전사 여왕이었던 은징가Nzinga처럼[46]―가 있긴 하지만, 일처다부제는 대개 형제가 한 여성과 결혼하는 형태로 나타나며, 그것도 환경적 상황 때문에 부득이하게 선택하는 경우가 많다.[47] 예를 들면, 티베트 고원과 인도 북부의 산기슭에서는 혹독한 환경 때문에 가족을 부양할 만큼 작물을 충분히 경작하기가 어렵다. 그래서 땅이 가족 사이에서 너무 자주 분할되다 보면, 각자 너무 작은 경작지를 갖게 되어 가족을 부양하기 어려울 수 있다. 형제 중심의 일처다부제는 여러 형제가 한 여성과 결혼해 땅을 함께 경작하며 살아가기 때문에, 세대가 바뀌더라도 여러 가족에게 땅을 분할할 필요가 없다.[48] 따라서 이것은 장자상속제가 지닌 문제에 대한 또 다른 해결책인 셈이다. 여러 남성이 한 여성과 결혼하면 인구도 지속 가능한 수준으로 느리게 증가하기 때문에, 일처다부제는 생태학적 제약에 대한 인구학적 해결책을 제시한다.

일부일처제는 수렵채집인 조상 사회에서는 지배적인 조건이었던 것으로 보인다. 오늘날 탄자니아 북부의 사바나 삼림 지대에서 살아가는 하즈다족은 전형적인 수렵채집 생활 방식을 보여주면서 수만 년 전에 인류가 살아간 방식에 대해 통찰력을 제공한다. 하즈다족은 30여 명이 작은 수렵채집 집단을 이루어 살아가는데, 한 곳에서 얻을 수 있는 식량이 고갈될 때까지 머물면서 약 두 달마다 한 번씩 야영지를 이동한다. 이 집단들은 상당히 유동적인데, 개인들이 부근의 야영지들 사이를 오가기도 하고, 전체 집단이 쪼개지거나 집단끼리 합쳐지기도 한다. 획득한 식량은 야영지에 머무는 사람들이 모두 공평하게 나눈다. 하즈다족은 식량을 보존할 수단이 없어 나중을 위해 식량을 비축하거나 잉여 식량을 쌓아둘 수도 없다. 또한 이동식 생활 방식 때문에 물질적 소유물을 거의 지니지 않으며, 생존에 꼭 필요한 것들만 갖고 다닌다. 이들의 사회는 놀랍도록 평등한데, 어른들 사이에 심각한 자원 소유 격차나 유의미한 위계가 존재하지 않으며, 남녀 사이도 대체로 평등하다. 하즈다족 사이에서는 일부일처제가 사회 규범으로 자리잡고 있어 동시에 아내를 둘 거느린 남성은 극히 드물다. 일부다처제 상황이 생기면 대개 한 여성이 불만을 품고 집을 떠난다. 일반적으로 여성은 스스로 식량을 충분히 구할 수 있거나 야영지에 모인 식량을 모든 사람과 함께 나눠 받을 수 있는데, 이러한 자급자족 능력 덕분에 자유롭게 남편과 이혼할 수 있다.[49] 인류학자들은 수렵채집인 조상들도 이와 비슷한 방식으로 살아갔을 것이라고 추측한다.

앞에서 보았듯이, 농업의 시작과 함께 개인들이 부와 지위를 축적하기 시작했고, 위계가 엄격하게 정해진 사회가 발달하기 시작했다. 사회적 피라미드의 꼭대기에 위치한 남성은 여러 아내를 부양할 능력이 있었고, 그래서 일부다처제는 광범위한 사회 규범으로 자리잡았다.[50] 예를 들면 오늘날의 탄자니아에서 하즈다족 거주지 남동쪽 지역에서 농사를 지으며 살아가는 부족인 카구루족은 일부다처제 사회이다.[51] 아시아의 지배 계층과 콜럼버스 이전의 아메리카에서도 일부다처제가 일반적이었다.[52] 반면에 가난한 남성은 전 세계 어디서나 일부일처제 방식으로 살아갔다.[53]

일부다처제는 권력이나 재산이 있는 남성의 성공적인 생식에 분명히 유리하지만, 아내들도 이 관계에서 혜택을 얻을 수 있다. 수렵채집 공동체처럼 자원이 개인들 사이에 대체로 균등하게 배분되는 평등 사회에서는 여성은 많은 투자가 필요한 자식 양육을 함께 하기 위해 한 남성을 다른 여성과 공유하기보다는 한 남성의 전폭적인 관심을 받는 것이 가장 유리하다. 하지만 지위나 재산, 기타 자원을 제공하는 능력에서 남성들 사이에 큰 격차가 있다면, 가난한 남성의 유일한 짝이 되는 것보다는 부유하고 지위가 높

은 남성의 풍요로운 자원 중 일부를 함께 누리는 것이 더 유리할 수 있다.[54]

　오늘날 서양에서 볼 수 있는 특이한 형태의 일부일처제는 고대 지중해 문명에서 유래했다. 기원전 1000년경부터 기원전 600년경까지 그리스 도시국가들은 더 평등하고 민주적인 사회를 발전시키기 위한 노력의 일환으로(모든 남성 시민에게 아내를 구할 수 있는 기회를 제공하여) 일부일처제에 관한 법을 제정했다.[55] 이러한 문화 규범을 로마인이 받아들였고, 일부다처제를 제약하는 동시에 일부일처제 결혼 제도를 강화하는 법을 도입하여 더욱 확대해나갔다. 예를 들면, 기원전 18년부터 기원후 9년 사이에 아우구스투스 황제는 도덕적 타락과 정치적 쇠퇴를 심각하게 생각해 미혼 남성이 받을 수 있는 상속을 제한했고, 연속적 일부일처제를 막기 위해 이혼 과정을 법제화했다. 게다가 기혼 남성은 첩을 두는 것이 금지되었다. 다만 매춘부와 혼외정사를 하거나 노예를 착취하는 것은 허용되었고, 그래서 노예가 낳은 사생아가 많았다.[56] 고대 그리스인과 로마인은 공식적으로는 일부다처제를 미개한 야만인의 퇴폐적 관습으로 간주하고, 일부일처제를 사회적, 법적 규범으로 간주했지만, 실제로는 많은 남성이 사실상의 성적 일부다처제를 영위했다.[57]

　로마 제국의 군사적 팽창과 함께 유럽의 많은 지역에 일부일처제가 강요되었고, 서로마 제국의 멸망 이후에는 기독교 교회가 이 문화 규범을 계속 장려했다.[58] 유대-기독교 전통에는 본래 일부일처제 관습이 전혀 없다. 구약성경의 가부장과 왕은 아내를 여럿 두었다. 그중에서도 솔로몬 왕은 아내 700명과 첩 300명을 두었다고 전한다.[59] 기독교 유럽의 부자와 권력자도 일부일처제를 엄격하게 지키진 않았다. 적자를 낳는 정식 아내는 한 명만 두었지만 정부와 첩을 여럿 거느리는 경우가 많았다. 16세기 초부터 기독교 유럽 국가들이 식민지 팽창 정책을 펼치면서 그들의 일부일처제 문화 규범과 법체계 역시 전 세계로 퍼져나갔고, 이것들이 토착 사회에 강요되었다. 오늘날 일부일처제는 전 세계 각지에서 지배적인 결혼 제도로 정착되었다. 하지만 전체 주권 국가 중 28%는 일부다처제를 허용하는데, 대부분 이슬람교도가 주민 다수를 차지하는 북아프리카와 아라비아반도, 남아시아 국가들이다.[60]

따라서 인류가 일부다처제를 선호하는 성향이 있는 것은 분명하지만, 우리 조상의 조건에서는 수렵채집 사회에서 얻을 수 있는 자원의 제약 때문에 이 성향이 억제되면서 일부일처제가 우세하게 되었다. 하지만 농업이 빚어낸 사회적 불평등은 부와 권력을 가진 남성들 사이에서 일부다처제 충동을 분출시켰다. 유럽에서는 일부일처제를 문화 규범으로 재정립하려는 법체계가 발전했고, 그것은 식민지 팽창과 함께 전 세계 각지에 강요되었다. 사실, 애초에 사람들에게 일부다처제 성향이 없었더라면, 그것을 법으로 금지해야 할 필요성도 없었을 것이다. 역사상 왕과 황제들은 많은 아내를 거느리고 큰 규모의 하렘을 유지하는 것이 허용되었다ㅡ앞에서 보았듯이, 일부다처제는 사회적 위계에서 파생한 한 가지 결과물이다. 빈부 격차는 과거와 마찬가지로 아주 큰데, 엄청나게 부유한 경영주와 인터넷 기업가와 빈곤 속에서 사는 사람들 사이에는 엄청난 차이가 존재한다. 지배적인 문화 규범과 함께 그것을 보강하는 하향식 법이 없었더라면, 그리고 미국이 많은 일부다처제 사회에서 나타난 패턴을 따랐더라면, 미국은 역사상 가장 극심한 일부다처제 국가가 되었을 것이다. 이 글을 쓰고 있는 현재 일론 머스크의 개인 순자산은 약 1조 달러에 이른다. 이 정도 재산이면 수십만 명의 아내를 물질적으로 부양할 수 있어 역사상 손꼽는 독재자의 하렘을 압도하고도 남을 것이다.

왕가의 생식

사람의 생식 행동은 풍부하고 다양한 레퍼토리를 자랑하며, 역사를 통해 우리는 침팬지의 난잡함과 긴팔원숭이의 일부일처제와 고릴라의 일부다처제가 혼합된 형태의 성적 행동을 보여주었다. 우리에게 일부다처제 성향이 있다는 것은 부인할 수 없는 사실이지만, 우리 조상의 조건에서는 일부일처제가 지배적인 관행었다.(비록 많은 사회와 문명에서 부유하고 지위가 높은 개인들은 일부다처제를 실행하긴 했지만, 유럽에서는 수백 년 동안 문화적으로 그리고 법적으로 일부일처제가 강요되었다.) 이 두 가지 생식 체계의 결과는 세계사에 큰 영향을 미쳤는데, 정치권력을 한 세대에서 다음 세대로 물려주는 방식에서는 특히 그랬다.

중세 후기 유럽에서는 대다수 왕족(그리고 귀족들도)이 장자 상속을 채택해 큰아들에게 왕국을 통째로 물려주었다. 카롤링거 왕조의 제국을 이어받은 나라들은 그 영토가 프랑스와 저지대 국가들, 이탈리아 북부, 오스트리아, 독일까지 뻗어 있었는데, 거기서 한 걸음 더 나아가 살리카법을 통해 여성의 왕위 계승권뿐만 아니라 토지 상속권까지 명시적으로 금지했다.[61] 게다가 유럽 군주국들은 적통이 아닌 아들(아버지는 왕이지만 어머니가 정식 왕비가 아닌 아들)을 왕위 계승에서 제외하는 경우가 많았다. 그래서 왕위 계승권은 왕을 통해 물려받은 왕가의 혈통뿐만 아니라 왕과 어머니의 혼인 관계에 따라 결정되었다.[62]

이렇게 명확하게 확립된 승계 규칙의 이점은 왕이 사망했을 때 정당한 후계자와 왕위 계승권을 주장하는 경쟁자의 수에 관한 불확실성을 최소화할 수 있다는 데 있었고, 따라서 매끄러운 권력 이양과 국가 안정을 보장할 수 있었다.[63] 프랑스 정치철학자 몽테스키외가 1748년에 『법의 정신』에서 썼듯이, "계승 순위는 왕가를 위해 정해진 것이 아니라, 왕가의 존재가 국가에 이익이기 때문에 정해진 것이다."[64] 또한 왕세자는 미래에 맡게 될 절대 군주의 역할을 잘 수행하기 위해 미리 수업을 받으며 준비할 수 있다. 하지만 엄격한 계승 순위는 명확성을 보장하긴 하지만, 능력보다 혈통을 우선시하는 제도는 약하거나 무능한 왕을 낳을 위험이 있다. 즉, 이전 통치자의 장남이 지도자로서 가장 적절한 인물이 아닐 수 있다(왕세자가 어린 아이이거나 병약한 경우에는 특히).[65]

일부일처제 전통에서 장자 상속의 또 다른 문제는 왕이 죽기 전에 반드시 적출 남성 후계자를 적어도 한 명 이상 낳아야 한다는 압력이다. 생식 욕구는 다른 종과 마찬가지로 우리에게도 본능적 충동이지만, 통치권을 대물림하는 가문에서 혈통의 연속성은 훨씬 큰 의미를 지닌다. 왕조의 유산과 명성을 계속 잇고 유지하기 위해 '후계자와 예비 후계자'(장남이 일찍 죽는 경우를 대비해)를 낳는 것이 왕의 의무가 되었다. 만약 후계자를 낳는 데 실패하면 큰 문제가 되었는데, 일련의 위기가 발생해 내전으로 치달으면서 온 나라가 소용돌이에 휘말릴 수도 있고, 권력이 다른 가문이나 심지어 경쟁 왕국에 넘어갈 수도 있었다.

하지만 특히 일부일처제에서 후계자를 낳는 일은 인간의 생식에 관련된 생물학적 조건에 제약을 받는다. 왕비는 한 번에 자식을 한 명만 낳을 수 있는데(전체 임신 사례 중 몇 %에 불과한 쌍둥이를 무시한다면), 현대 이전의 높은 아동 사망률을 감안하면 왕이 딸만 남기거나 생존하는 자식을 전혀 남기지 못한 채 세상을 떠날 가능성이 상당히 높았다. 그러면 왕조 전체의 미래가 위태로워진다. 헨리 8세가 잇따라 이혼을 하거나 아내의 목을 벤 배경에는 후계자를 낳아야 한다는 절박감이 있었다. 따라서 헨리 8세가 영국 국교회를 교황의 영향력에서 벗어나도록 조치를 취한 것은 연속적 일부일처제를 허용받기 위한 노력이었다고 말할 수 있는데, 연속적 일부일처제는 기능적으로는 일부다처제와 동일하지만 시차를 두고 아내를 계속 바꾸는 방법이다.[66]

하지만 일부다처제를 허용하는 사회에서는 왕비 한 명만 후계자를 낳을 수 있다는 제약이 없으므로 왕위 계승 위기의 불안이 적다. 헨리 8세와 동시대에 살았던 오스만 제국의 술탄 쉴레이만 대제Suleiman the Magnificent는 자신의 하렘에서 태어난 '적출' 자식이 12명 이상이나 되었다.[67] 그리고 황제의 하렘은 이보다 훨씬 많은 자식을 생산하는 경우가 많았다. 한 여성이 생식 연령 동안 낳을 수 있는 아이는 대개 12명을 넘지 않는 반면,[68]°° 하렘을 거느린 왕은 놀라운 생식 능력을 보여줄 수 있다.°°° 중국에서는 12세기에 북송의 휘종徽宗이 최고 기록을 세웠는데, 북송과 남송 시대의 역사를 기록한 역사서『송사宋史』에 65명(황후와 후궁이 낳은 아들 31명을 포함해)의 자녀 이름이 기록돼 있다. 다만, 실제 자녀 수는 이보다 더 많았을 가능성이 높은데, 휘종은 적어도 일주일에 한 번씩 새로운 처녀와 합궁했기 때문이다.[71] 오스만 제국의 술탄 무라트 3세Murad III는 생존 자녀를 49명이나 남겼고, 거기다가 16세기 말에 세상을 떠날 무렵에 7명의 첩이 아이를 임신하고 있었다.[72] 일본의 최고 기록은 18세기 후반 에도 막부의 쇼군 도쿠가와 이에나리德川家斉가 세웠는데, 50명이 넘는 정실과 측실에게서 52명의

° 헨리 8세의 아버지인 헨리 7세가 왕좌에 올라 튜더 왕조를 수립하기 전에 1455년부터 1485년까지 영국은 30년 동안 내전에 휩싸였는데, 이것이 그 유명한 장미 전쟁이다. 장미 전쟁은 랭커스터가와 요크가 사이에 벌어진 왕위 쟁탈전이었는데, 전자는 붉은 장미, 후자는 흰 장미를 문장으로 삼았기 때문에 이런 이름이 붙었다. 헨리 8세는 그와 비슷한 왕위 계승 위기를 맞지 않으려고 무척 애를 썼다.

°° 신뢰할 수 있는 기록에 따르면 한 여성이 낳은 최대 자식 수는 69명인데, 18세기에 살았던 러시아 여성이 이 기록을 세웠다. 하지만 이 기록은 예외 중의 예외라 할 만하다.

°°° 아랍어로 하림ᶜᵃᵒᵗ, harim은 집에서 접근이 금지된 구역을 가리킨다. 그곳은 궁궐 내부의 신성한 장소이자 황제의 사실私室로, 궁정의 신하나 고위 관리가 접근할 수 없는 장소였다. 그 목적은 단지 황제의 성적 만족을 위해 많은 여성[69]을 가두어두는 것만이 아니었다. 그곳에는 황제의 많은 자녀를 키우기 위한 유모도 거주했고, 황제의 여성 친척과 그 하녀들도 거주했다.[70]

자식을 얻었다.[73]ㅇ

　일부다처제 방식으로 생식을 한 왕가는 왕조의 연속성을 염려할 필요가 없었지만, 명확한 계승 규칙(장자 상속제 같은)이 없다면 잠재적 후계자들 사이의 경쟁이 금방 치열한 혈투로 비화할 수 있었다.[76] 예를 들면 오스만 제국 초기에 황태자의 죽음은 왕자들 사이에 폭력적 경쟁(진정한 배틀 로열Battle Royale이라 부를 만한)을 촉발하는 방아쇠가 되었고, 승자는 권력 다툼 도중에 모든 경쟁자를 죽이거나 제위를 차지한 뒤에 형제들을 살해했다.[77] 예컨대 1595년에 제위에 오른 메흐메트 3세는 남자 형제 19명을 모조리 죽였고, 아버지의 하렘에서 임신한 여성도 모조리 죽였다. 왕가의 나무에서 경쟁자 가지를 모두 쳐냄으로써 잠재적 경쟁자가 권좌에 도전할 위험을 제거했던 것이다. 이렇게 불확실한 계승 패턴과 그로 인한 잠재적 후계자들 사이의 경쟁 때문에 통치자가 죽을 때마다 불안정한 궐위 기간이 뒤따르는 경우가 많았다. 하지만 권좌를 차지하기 위한 경쟁적 쟁탈전은 적어도 엄격한 선발 과정 역할을 했다. 가장 많은 지지를 이끌어내거나 싸움에서 가장 뛰어난 지략과 용기를 발휘하는 사람이 최고 통치자에게 필요한 자질을 만

ㅇ　황제들이 낳은 수많은 자녀는 인구 집단에 오랫동안 지속적인 유전적 자취를 남겼다. Y 염색체(따라서 오직 남성에게서만 발견되는)에 있는 한 특정 연관 유전자들은 오늘날 살아 있는 모든 동아시아 남성들 중 약 3%에서 발견되는데, 이것은 17세기 중엽에 중국을 통치했던 청나라 황제들에게서 유래한 것으로 추정된다.[74] 또 다른 Y 염색체 연관은 광대한 아시아 지역에 살고 있는 남성들 중 약 8%(전 세계적으로는 남성 200명당 한 명꼴로)에서 발견되는데, 이것은 13세기에 유라시아 대륙을 휩쓸면서 몽골 제국을 수립한 칭기즈 칸과 그 형제들에게서 유래한 것으로 추정된다.[75]

95

천하에 입증했다.[78]

17세기 초에 오스만 제국은 생식의 생물학적 문제에 대해 훨씬 덜 잔혹한 해결책을 찾아냈다. 술탄은 모든 남성 친척을 궁전 안에서만 살게 했는데(이 관행은 인도의 무굴 제국과 이란의 사파비 왕조도 채택했다),[79] 그곳에서 그들은 안락하게 살아갈 수 있었지만 자기 자식을 낳는 것은 금지되었다.[80] 그야말로 황금 새장에 갇혀 살아가는 삶이었다. 부계 연장자 상속제도 채택되었는데, 이에 따라 술탄의 자리는 술탄의 동생 중에서 나이가 가장 많은 사람에게 돌아갔고, 그가 죽으면 차순위 연장자가 그 자리를 물려받았으며, 이렇게 모든 형제가 죽은 뒤에야 처음 술탄의 장남에게 순서가 돌아갔다. 오직 술탄만이 후계자를 낳을 수 있었는데, 계승의 안정성을 보전하기 위해 생식적 통제력을 행사한 것이다.[81] 하렘 제도의 결과로 오스만 제국은 놀랍도록 오랫동안 왕조를 이어갈 수 있었다. 각각의 술탄은 자신의 아들이나 전임자 형제의 아들을 통해 대가 끊어지는 일 없이 왕조를 600년이나 이어갔다.[82]

하렘은 통치자에게 생식 잠재력을 최대한 발휘하게 해주었다(그리고 하렘의 소유 자체가 지위를 나타내는 상징이었다). 그래서 풍요롭고 호화롭게 톱카피 궁전에서 살아간 오스만 제국 술탄이나 자금성에서 살아간 중국 황제는 기본적인 생물학적 동기라는 측면에서 본다면 암컷들 사이에 앉아 가슴을 두드리며 경쟁자를 쫓아내는 실버백 고릴라와 다를 바가 없었다.

하지만 왕가의 생식을 위한 하렘 운영은 잠재적 문제점이 있었다. 고릴라나 사자 같은 일부다처제 동물 종의 경우, 지배적인 수컷이 잠재적 경쟁자를 쫓아내면서 경계심을 늦추지 않고 자신의 하렘을 감시한다. 황실에서는 황제가 직접 자신의 하렘을 감시할 수는 없었기 때문에, 경비병을 배치해 감시하게 했다. 하지만 경비병 중 누군가가 후궁과 정을 통하지 않으리라는 보장이 있는가? 어떻게 하면 하렘에서 태어난 아이가 자신의 아이라는 것을, 그리고 그보다 훨씬 중요하게는 자신의 잠재적 후계자라는 것을 절대적으로 확신할 수 있을까? 경비병을 많이 배치해 서로 감시하게 할 수도 있겠지만 그들끼리 공모할 가능성을 완전히 배제할 수 없다. 그래서 나온 해결책은 생식 능력이 없는 남성 혹은 생식 능력을 없앤 남성, 즉 환관을 배치하는 것이었다. 거세(대개는 양쪽 고환을 제거했지만, 때로는 음경까지 제거했다)를 해 환관을 만드는 관행은 문명이 처음 나타난 시기까지 거슬러 올라가지만,[83] 환관을 뜻하는 영어 단어 'eunuch'는 '침대지기'란 뜻의 그리스어 에우노코스 εὐνοῦχος에서 유래했는데, 개인적 하인의 역할과 관련이 있다. 이 관행은 아마도 이 문제에 관해 아무런 선택권이 없던 노예들(하렘의 많은 여성만큼이나 선택권이 없던)을 대상으로 시작했을 것이다. 하지만 중국에서는 환관이 존경받는 지위에까지 오를 수 있었고, 그래서 많은 남성이 환관이 되겠다고 자원하고 나섰다.[84]

남성성이 없는 그런 남성은 황실이나 왕실에서 단지 하렘의 관리자 역할뿐만 아니라, 개인적 조수, 경호원, 행정 업무 담당자 등 많은 역할을 맡았고, 궁전 밖에서도 관찰사나 군인, 군 지휘관 등의 역할을 맡았다.[85] 생식 능력이 없고 대개 결혼도 금지되었기 때문에 이들은 자신의 유산이나 가족에 대한 충성심을 위해 노력할 이유가 없었다.[86] 따라서 환관은 딴마음을 먹을 가능성이 적었고, 왕실에서 헌신적이고 신뢰할 만한 종으로 여겨졌다. 하렘 내부에 머무는 환관은 황제에게 접근할 수 있는 특별한 지위를 누리면서 황제가 속내를 털어놓을 수 있는 친구이자 조언자 역할을 했다. 내궁과 외궁이 엄격하게 분리된 궁전에서는 황제는 주요 고위 관리와 직접 의사소통을 하지 않았다. 이때에는 환관이 중개자 역할을 했다.

10세기에 비잔틴 제국에서는 콘스탄티노플의 행정직 중 약 절반을 환관이 차지했는데, 환관이 '수염이 있는' 관리보다 지위가 더 높은 경우가 많았다.[87] 중국에서는 1520년대에 자금성과 그 주변에서 일한 환관이 약 1만 명이나 되었고, 시간이 지나면서 그 수가 더 늘어나 명 왕조 말기인 17세기 초에는 베이징의 관리들 중에서 환관이 무려 7만 명이나 되었으며, 정부 행정 관리나 지방의 우두머리로 제국 각지에 흩어져 일한 환관도 3만 명이나 되었다.[88]

역사 속의 이러한 궁정들은 벌이나 개미 같은 진사회성eusocial 곤충의 집과 닮았다고 볼 수 있다. 황제는 궁전 안쪽의 내실에서 많은 여성들이 거주하는 하렘을 거느리면서 생식을 지배했고, 그 주위에 배치된 환관들이 시종과 호위병, 행정관, 군 지휘관 등으로 궁전 안과 제국 영토 전체에서 중요한 역할을 수행했다. 하지만 성역할은 반대인데, 진사회성 곤충의 경우에는 무리 중심에 있는 여왕이 일단의 수컷들과 생식에 전념하고, 생식 능력이 없는 암컷들이 시중을 든다.

자, 이제 일부일처제 문화 규범 안에서 작동한 유럽의 군주제국가들로 다시 돌아가보자. 가까운 가족의 범위 내에서 권력을 유지하려고 노력했던 왕조들은 생물학적으로 좋지 못한 사후 부작용을 겪었다.

에스파냐 합스부르크 가문의 저주

앞에서 합스부르크 왕조가 한때 정략결혼의 거장다운 솜씨를 유감없이 발휘하면서 유럽의 다른 명문 가문들과 가족 관계의 연결망을 능숙하게 구축해간 과정을 보았다. 합스부르크 가문은 생물학적으로도 운이 좋았는데, 자기 혈통의 연속성을 확고히 할 수 있는 남성 후계자(혹은 승계권을 강하게 주장할 수 있는 다수의 조카와 사촌)를 지속적으로 낳았을 뿐만 아니라, 결혼으로 결합된 경쟁 가문의 배우자보다 더 오래 살아 그들의 영토를 상속받기까지 했다. 하지만 그러고 나서 합스부르크 가문은 흔들리기 시작했다. 왕조는 단순히 확률의 균형(왕이 후계자를 낳기 전에 일찍 죽거나 왕이나 왕비가 불임이거나 등) 때문에 문제가 생길 수도 있지만, 합스부르크 가문은 자기도 모르게 유전자 패를 자신들에게 불리하게 뒤섞고 있었다.

다른 지배 왕조와의 결혼은 처음에는 자신들의 영향력을 확대하는 데 도움이 되었지만, 막대한 정치권력의 분산을 막고 제국을 온전히 보전하기 위해 합스부르크 가문은 가까운 친척끼리 결혼(사촌끼리 결혼하거나 삼촌과 조카딸이 결혼하는 식으로)을 반복했는데, 특히 왕의 계통에서 그런 일이 자주 일어났다(그리고 다른 왕가에 비해 훨씬 더 많이). 이러한 혈족 간 결혼은 정치권력을 강화하는 데에는 도움이 되었지만, 근친결혼은 가족 내에 결함 유전자가 확고히 뿌리를 내리는 결과를 낳았다. 세대가 지날수록 합스부르크 가문은 유전적 부담이 점점 더 커져갔다. 따라서 펠리페 2세부터 시작된 갈래인 에스파냐 합스부르크 가문의 성공을 낳은 수단에는 재앙과도 같은 몰락을 가져올 씨앗이 들어 있었다.

문제는 유전적 변이에 있었다. 수태되는 아이는 각 유전자의 복제본을 2개씩 물려받는데, 하나는 어머니의 난자에서, 또 하나는 아버지의 정자에서 온다. 대립 유전자라고 부르는 이 두 유전자 복제본에 가끔 결함이 있는 경우가 있다. 돌연변이가 일어난 유전자는 몸에서 기능을 제대로 하지 못하는 단백질을 만든다. 하지만 돌연변이는 드물게 일어나기 때문에, 아이가 물려받은 한 대립 유전자에 결함이 있더라도 쌍을 이룬 대립 유전자는 대개 정상이어서 첫 번째 유전자의 결함을 보완할 수 있다. 이렇게 숨겨져 있는 유전적 비정상을 유해한 열성 돌연변이라고 부른다. 하지만 부모의 혈연관계가 가까울 경우에는 동일한 유전자 변이를 이미 공유하고 있을 가능성이 높아 아이가 결함이 있는 동일한 유전자 복제본을 2개 다 물려받을 확률이 훨씬 높아진다. 그러면 돌연변이의 효과는 더 이상 가려지지 않고 유전 질환이나 선천적 결함의 형태로 나타나게 된다.

근친결혼은 족보에서 중첩되는 부분을 만들어낸다. 그래서 특정 개인이 전형적인 가족 구조에서 두 가지 역할을 맡게 되는 경우가 생긴다. 예를 들면, 사촌끼리의 결혼에서는 조부모와 외조부모가 통상적인 네 쌍이 아니라 세 쌍이 생긴다. 이렇게 조상이 겹치는 상황은 아이의 유전적 조합에 기여하는 대립 유전자의 수가 줄어든다는 것을 뜻한다. 그 결과로 동일한 유전자 결함이 있는 두 대립 유전자가 쌍을 이루어 문제를 일으킬 확률이 높아진다. 이렇게 공통의 조상에서 유래했다는 사실 때문에 아이가 어떤 유전자의 동일한 대립 유전자 2개를 물려받을 확률은 16분의 1, 즉 0.0625이고, 따라서 근친계수는 0.0625이다.° 이러한 유전적 변이의 감소는 6촌끼리의 결혼처럼 관계가 덜 가까운 개인 사이의 결합에서는 덜 두드러지게 나타나지만, 근친결혼이 세대를 거듭하며 반복된다면 근친계수가 크게 증가한다.°°

아이를 위한 이상적인 가계도는 족외혼(근친결혼의 반대)으로 꼭대기에 증조부모 8명이 위치하고 가지들이 깔끔하게 갈라져나가는 다이어그램으로 나타난다. 하지만 합스부르크 가문의 가계도는 가지들이 서로 겹치고 심지어 융합(삼촌과 조카딸이 결혼하는

° 남매 사이나 부모와 자식 사이처럼 혈연관계가 가장 가까운 부부는 유전자를 절반씩 공유할 수 있다. 따라서 같은 세대 내에서 가능한 가장 큰 근친계수(남매 사이의 결합이나 부모와 자식 간의 결합에서 나올 수 있는)는 0.25이다. 이토록 가까운 쌍의 결합은 역사에서 보기 드물지만, 근친상간은 잉카의 왕족 사이에서, 기원전 제2천년기와 제3천년기의 이집트 파라오 계통에서, 그리고 기원전 210년 이후에 프톨레마이오스 왕조 내에서 다시 반복적으로 일어났다. 이집트 제17왕조 말기에 남매 부부에게서 태어난 딸인 아흐모세 네페르타리Ahmose Nefertari의 미라는 턱이 두드러지게 돌출돼 있는데, 조금 뒤에 소개할 합스부르크 가문의 턱을 연상시킨다.[89]

°° 살아남는 자식의 수를 최대화하기 위한 최적의 유전적 유사성은 8촌과 10촌에 해당하는 파트너들 사이인 것으로 보인다. 이보다 더 가까운 부부의 경우, 근친결혼의 단점이 나타나기 시작한다. 그리고 유전적으로 너무 다른 파트너와 자식을 낳으면, 공적응을 거쳐 좋은 결과를 낳아온 유전자 집단이 해체될 수 있다.[90]

경우)하기까지 하면서 뒤엉킨 덤불 같은 모양이 되었다. 1750년까지 합스부르크 왕조의 에스파냐 가지와 중앙유럽 가지에서 일어난 73건의 결혼 중에서 삼촌과 조카딸 사이의 결혼은 4건, 사촌 사이의 결혼은 11건, 5촌 사이의 결혼은 4건, 6촌 사이의 결혼은 8건이었으며, 그리고 더 먼 친척 간의 결혼도 많이 있었다. 가까운 친족 사이의 결혼은 에스파냐 합스부르크 가문에서 특히 많이 일어났다. 왕가의 계통에서 일어난 11건의 결혼 중 9건이 혈족 간 결혼(8촌 사이 혹은 그 이내 촌수)이었고, 그중에는 삼촌과 조카딸 사이의 결혼 2건과 사촌 사이의 결혼 1건이 포함돼 있었다.[91] 이 때문에 펠리페 2세에서 시작해 에스파냐의 마지막 합스부르크 가문 출신 왕인 카를로스 2세에 이르기까지 200년 동안 근친계수가 10배나 증가했다. 카를로스 2세의 근친계수는 0.254로, 부모와 자식 사이 또는 남매 사이에서 직접 태어난 자식의 근친계수보다 높았다.°

이 왕조의 가장 뚜렷한 특징은 합스부르크 가문 특유의 얼굴에 나타났다. 이미 16세기 초에 신성로마제국 황제 카를 5세에게서 두드러지게 나타났고 세대가 거듭될수록 점점 더 크게 부각된 특징은 코끝이 툭 튀어나온 기다란 매부리코와 동글납작한 아랫입술이었다.[92] 17세기 후반에 신성로마제국 황제였던 레오폴트

° 군주들의 이름은 혼동을 불러일으키기 쉽다. 카를로스 2세는 고조부인 카를 5세(에스파냐에서는 카를로스 1세)보다 150년 뒤에 살았다.(영어로는 각각 찰스 1세와 찰스 5세로 표기하기 때문에 영어권 독자들은 헷갈릴 수밖에 없을 것이다. ─옮긴이) 이름 뒤에 붙은 숫자는 그들이 통치한 영토와 관련이 있다. 카를로스 2세는 에스파냐의 군주인 반면, 카를 5세는 신성로마제국 황제(그와 동시에 에스파냐의 카를로스 1세 왕)였다.

102

1세Leopold 1는 기괴하게 부어오른 입술 때문에 빈 시민들 사이에서 '포첸포이들Fotzenpoidl'이라고 불렸다.[93](포체Fotze는 독일어로 여성의 음부를 낮잡아 부르는 단어로, '포첸포이들'은 '보지-얼굴twat-face'로 번역될 수 있다.) 하지만 합스부르크 가문 사람들의 가장 큰 특징은 툭 튀어나온 아래턱이었는데, 그 정도가 심하다 보니 위턱과 아래턱의 치열이 들어맞지 않았다. 이 턱은 합스부르크 턱이라 불리게 되었다.[94]

성형외과 전문의들이 화가가 대상을 직접 보고 그린 것이 틀림없다고(즉, 묘사가 신뢰할 만한 것이라고) 확신할 수 있는 그림 66점에 초점을 맞춰 합스부르크 왕가의 초상화를 분석해 아래턱뼈의 변형 정도를 평가한 결과가 있다. 이 평가를 합스부르크 왕가 사람들의 근친계수와 비교한 결과, 툭 튀어나온 합스부르크 턱은 실제로 근친계수 증가와 상관관계가 있으며, 그것이 열성 유전자의 효과에서 비롯되었다는 사실을 확인할 수 있었다.[95]

하지만 합스부르크 가문의 고통은 기형적인 턱뿐만이 아니었다. 뇌전증과 그 밖의 정신적 문제, 일반적으로 병약한 아이, 잇따르는 유산과 사산 사례가 늘면서 시간이 흐를수록 고통이 커져갔다.[96] 카를 5세에서 카를로스 2세까지 에스파냐 합스부르크 왕가에서 태어난 34명의 아이 중 10명이 태어난 지 1년 이내에 죽었고, 10세 생일을 맞이하기 전에 죽은 아이도 17명이나 되어 전체 아동 사망률이 80%에 이르렀다.[97] 당대 최고의 영양 섭취와 생활 방식, 의료 서비스를 누리면서 세상에서 가장 많은 특권과 보살핌을 받는 가문이었는데도 에스파냐 시골 마을의 농부 가정보다 아동 사

15세기 후반부터 합스부르크 가문의 정략적
왕실 결혼 네트워크를 설계한 신성로마제국
황제 막시밀리안 1세 초상화(1508년 작)와
그의 6대손인 에스파냐 왕 카를로스 2세
초상화(1685년 작)에서도 특유의 '합스부르크
턱'을 볼 수 있다.

망률이 4배나 높았다.[98] 살아남은 사람들 중에서도 다수는 악명 높
은 처진 입술과 툭 튀어나온 합스부르크 턱뿐만 아니라, 다양한 신
체적 기형으로 고통 받았다.

　1665년에 카를로스 2세가 즉위하면서 문제가 매우 심각해졌
다. 여러 가지 건강 문제로 상태가 너무 심각했기 때문에, 그는 엘
에치사도[El Hechizado](마법에 걸린 사람이란 뜻으로 흔히 '광인왕' 또는 '미
치광이 왕'으로 번역한다)라는 별명으로 불렸다.[99] 당대의 기록에 따
르면, 카를로스 2세는 태어날 때부터 허약하고 머리가 아주 컸다

고 한다. 네 살이 될 때까지 말을 하지 못했고, 여덟 살 때까지 걷지도 못해 유모가 허약한 아이를 항상 업고 다녀야 했다. 카를로스 2세는 발과 다리, 복부, 얼굴이 부어 있었고, 혀가 지나치게 커 입안을 가득 채웠다. 주변에 아무 관심이 없었고(의학적으로 '무의지증'이라고 부르는 상태), 뇌전증 발작을 앓았다. 소변에 피가 자주 섞여 나왔고, 장 문제가 있었으며, 설사와 구토로 고통 받았다.[100] 영국 사절이었던 알렉산더 스탠호프Alexander Stanhope는 카를로스 2세가 "게걸스러운 위를 가졌으며, 모든 음식을 통째로 삼키는데, 아래턱이 너무 툭 튀어나와 위아래 치아가 서로 맞물리지 않기 때문이다. 이를 보완하기 위해 목구멍이 아주 넓은데, 그래서 닭 모래주머니나 간이 통째로 목구멍을 넘어가지만, 약한 위가 그것을 제대로 소화시키지 못해 결국 같은 방식으로 그것을 내보내야 한다."라고 썼다.[101] 말년에 카를로스 2세는 제대로 서지조차 못했으며, 환각과 경련으로 고통 받았다.[102]

이토록 많은 증상으로 보아 카를로스 2세의 병은 한 가지 유전 질환에서 비롯된 것이 아니라, 여러 세대에 걸친 근친결혼에 그 뿌리가 있는 많은 유전 질환의 결과로 보인다. 보통 사람은 증조부모와 고조부모를 합친 수가 최대 24명에 이르지만, 카를로스 2세는 겨우 16명에 불과했다.[103] 그의 가계에서는 비슷한 수치가 반복되었다. 카를로스 2세의 어머니는 그의 아버지의 조카딸이었고, 외할머니는 자신의 이모이기도 했다. 합스부르크 가문의 유전자 풀은 매우 얕고 정체된 상태로 변했다.

아버지가 죽었을 때 카를로스 2세는 겨우 13세였고, 그래서 어머니가 섭정이 되어 각료들의 도움을 받아 제국을 대신 통치했다. 법적 성년의 나이에 이르고 나서도 카를로스 2세가 제국을 제대로 다스릴 능력이 없다는 사실이 명확해지자 섭정 통치가 복원되었고, 1696년에 어머니가 죽자 두 번째 아내가 그 책임을 맡았다.[104] 가련한 왕에게 유일하게 중요한 임무는 사람에게서 가장 자연스럽고 본질적인 기능인 생식이었다. 카를로스 2세는 두 번이나 결혼했지만, 단 한 명의 자녀도 낳지 못했다. 첫 번째 아내는 그의 조루를 탓했고, 두 번째 아내는 발기 부전에 대해 불평했다.[105] 카를로스 2세는 선천적으로 아이를 가질 수 없었던 것으로 보인다. 수 세대에 걸친 근친결혼과 열성 장애 질환의 누적은 마침내 붕괴를 가져왔다. 에스파냐 합스부르크 왕가는 마지막 왕이 태어나기도 전에 이미 끝장난 상태였다.

카를로스 2세가 17세기 말에 후계자 없이 죽음에 다가가자, 그의 에스파냐 합스부르크 왕가는 멸종에 직면했고, 200년 동안 에스파냐와 광대한 해외 영토를 지배해온 역사에 종지부를 찍을 위기에 처했다. 프랑스와 영국이 안정과 세력 균형을 유지하기 위해 에스파냐 제국의 분할을 시도했지만, 제국을 온전히 보전하길 원했던 합스부르크 왕가는 이를 거부했다. 카를로스 2세는 "내 조상들이 영광스럽게 세운 군주국이 최소한의 분할이나 축소 없이" 상속되어야 한다고 완강하게 주장했다.[106] 그 결과로 1700년에 카를로스 2세가 죽고 나서 몇 달 지나지 않아 에스파냐 왕위 계승 전쟁이 유럽 대륙 전체를 집어삼키고, 서인도 제도와 프랑스령 캐나다의 식민지들에서도 격렬하게 불붙었다.[107] 1714년에 전쟁이 끝나자, 유럽과 세계의 정치 지형이 크게 변했다. 프랑스의 앙주 공작 필리프Philippe가 에스파냐의 펠리페 5세Felipe V로 왕위에 오르면서 제국의 영토를 대부분 온전히 지켰다. 네덜란드 공화국은 전쟁으로 사실상 파산했고, 영국은 해군의 우세를 확립함으로써 지배적인 상업 강국으로 부상하기 시작했다.°

지난 200년 동안 국가들은 점점 군주제에서 공화국과 대의민주주의 체제로 변해갔고, 권력 이동이 점진적으로 혹은 격렬한 혁명을 통해 일어났다. 오늘날 전 세계의 200여 독립 국가 중 군주제가 남아 있는 곳은 20여 개국뿐이며, 그런 나라들도 군주의 역할이 상징적인 것에 머무는 경우가 많다.[108] 군주의 통치 제도는 한때 혈족과 긴밀한 관계가 있었다. 지금은 상속을 통한 통치 권력 이양이 사실상 사라졌지만, 가족과 왕가의 영향은 현대 민주주의 국가들에도 여전히 남아 있다. 정치적 지위는 더 이상 세습되지 않지만, 정치적 왕조의 구성원들은 정치적 신인에 비해 상당한 이점을 누린다. 이들의 성은 이미 유권자들에게 잘 알려져 있고, 이들은 기존의 지지자와 재정적 후원자 네트워크에서 도움을 받을 수 있

° 에스파냐 합스부르크 왕가의 멸종 이야기가 남의 일 같지 않았던 중앙유럽 합스부르크 왕가는 자신의 생물학적 생존을 확보하기 위해 노력했다. 신성로마제국 황제 카를 6세 Karl VI는 자신이 합스부르크 왕가에서 유일하게 살아남은 남성이라는 사실을 깨닫고는 사려 깊게도 자신의 가계 내에서 권력이 순탄하게 이양되도록 보장하는 예방 조치를 취했다. 그는 1713년에 국사조칙國事詔勅이라는 칙령을 발표했는데, 이를 통해 합스부르크 제국은 딸도 상속받을 수 있게 되었다(앞에서 소개한 살리카법에 어긋나게). 이 선견지명은 매우 지혜로운 것이었는데, 30년 뒤에 세상을 떠날 때 카를 6세의 슬하에 자식은 딸만 셋이었기 때문이다. 그중에서 장녀인 마리아 테레지아Maria Theresia가 1740년에 신성로마제국의 제위에 올랐다.

으며, 축적된 가문의 부도 상당한 경우가 많다.[109]

세상에서 가장 인구가 많은 민주주의 국가인 인도에서는 독립 이후에 유명한 정치 가문들이 정부를 지배해왔다. 2009년에 선출된 의회 의원 중 약 3분의 1은 그 당시에 혹은 바로 직전에 공직에서 일한 친척이 있었다.[110] 일본과 한국, 태국, 인도네시아의 정치에서도 혈족의 영향력이 아주 크다.[111] 미국에서는 부자父子가 대통령이 된 사례가 두 번 있다. 존 애덤스John Adams(재임 기간 1797~1801)와 존 퀸시 애덤스John Quincy Adams(1825~1829), 그리고 조지 부시George Bush(1989~1993)와 조지 W. 부시George W. Bush(2001~2009)가 그들이다. 태프트와 루스벨트, 케네디 가문도 100년 이상에 걸쳐 백악관과 그 밖의 유명한 정부 선출직을 차지했다. 오늘날의 민주주의 국가들도 족벌주의에서 완전히 벗어나지 못했다. 예를 들면 트럼프 행정부(2017~2021)에서는 딸과 사위가 정부에서 요직을 맡았다.[112]

가업을 상속하는 경우도 역사상 흔하게 찾아볼 수 있고, 왕가를 통해 세습된 기업들은 오늘날의 경제에서도 상당히 중요한 부분으로 남아 있다. 오늘날 같은 가문이 여러 세대 동안 소유하거나 이끌고 있는 큰 기업 중에는 주요 은행들(베어링스, 로스차일드, 모건), 자동차 회사(포드, 토요타, 미쉐린), 하이네켄, 이케아, 리바이 스트라우스, 로레알을 비롯한 유명 기업이 많이 포함돼 있다.

세대 간 가업을 계승하는 과정은 고령의 CEO가 자리에서 물러나길 거부하거나 후계자가 되기 위해 형제 사이에 경쟁이 벌어지는 경우처럼 역사 속의 왕위 계승에서 보는 것만큼 치열해질 수

있다.[113]

인간 가족의 기원은 오래되었지만, 가족이 오늘날 우리의 삶에 미치는 영향은 과거 그 어느 때 못지않게 아주 크다.

인간의 삶에서 또 하나의 상수는 감염병에 대한 취약성인데, 다음 장에서는 이것이 역사의 물줄기를 바꾸는 데 어떤 영향을 미쳤는지 살펴보기로 하자.

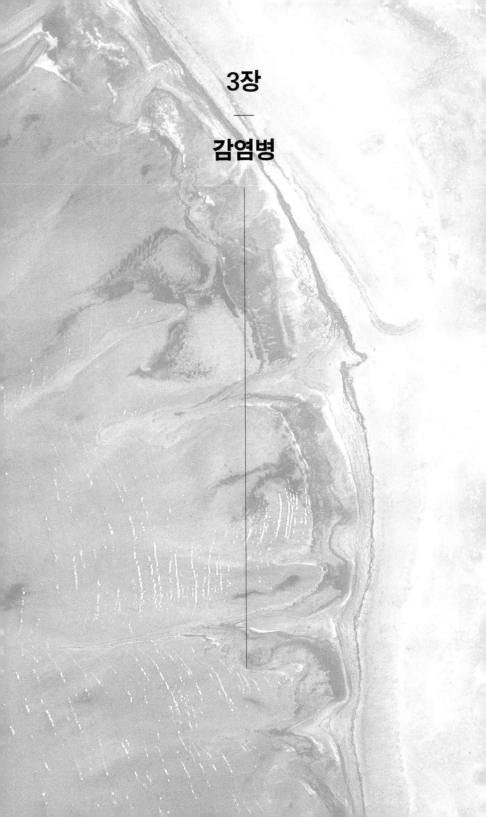

3장

—

감염병

하지만 우리의 죄 때문에 혹은 불가해한 신의 심판 때문에,
신이 우리가 항해하는 이 거대한 에티오피아의 모든 입구에
치명적인 열병으로 이글거리는 검을 든 천사를 배치하여,
우리가 이 낙원의 샘 내부로 들어가지 못하게 막는 것처럼 보인다.

—

주앙 드 바후스João de Barros,
『아시아의 첫 번째 10년Primeira Década da Ásia』

질병은 본질적으로 정상적이고 건강한 인체의 기능이 왜곡될 때 나타난다. 질병은 우리의 내부 계들이 제대로 작용하지 못하게 함으로써 장애와 쇠약과 심지어 죽음까지 초래한다. 많은 질병은 세포들을 통제 불능 상태로 증식하게 하여 암을 일으키는 복제 오류처럼, 부모로부터 물려받은 DNA 부호에 생긴 돌연변이나 살아가면서 획득한 돌연변이 때문에 생긴다.

많은 질병은 아주 작은 미생물이 우리 몸에 침입하는 것이 원인이 되어 생긴다. 이러한 병원성 미생물은 다양한 방식으로 사람에게 옮겨질 수 있다. 한센병이나 에이즈AIDS처럼 직접 접촉으로 전염될 수도 있고, 독감이나 코로나19처럼 공기 중에 떠다니다가 목과 폐를 통해 몸속으로 침투할 수도 있다. 콜레라 같은 질병은 사람의 배설물로 오염된 식수를 마심으로써 전염된다. 매개체, 즉

'벡터vector'를 통해 전염되는 질병도 있는데, 모기(말라리아, 황열병, 뎅기열)나 체체파리(수면병), 벼룩(가래톳페스트), 이(발진티푸스), 진드기(라임병) 같은 거미류를 비롯해 피를 빠는 기생성 곤충이 그런 매개체가 되는 경우가 많다.[1]

전파 방식이야 어떻건, 병원체의 공통점은 숙주의 신체 내부 환경에서 살아남고 그 숙주의 특정 생물학적 특징을 이용해 자신의 생활사를 완성하는 능력이다. 어떤 병원체는 심지어 눈에 잘 띄는 재킷을 입고 클립보드를 든 채 하청업자로 위장하고서 보안 데스크를 쓱 통과하는 사기꾼처럼 신체의 감시 및 방어 메커니즘인 면역계를 완벽하게 회피하는 능력이 있다. 따라서 병원체의 생물학적 특징은 숙주의 그것과 아주 긴밀한 관련이 있는 경우가 많은데, 병원체가 숙주의 몸속에서 생식하고 증식하기 위해 긴 진화 시간 동안 온갖 공방전을 벌이면서 생겨난 결과이다.°

고도로 잘 조율된 적응의 필요성 때문에 지구상에 존재하는 미생물 중 극히 일부만이 사람을 감염시키고 몸속에서 증식할 수 있다. 지구상의 수많은 미생물 종 중에서[3] 사람을 감염시키는 것은

° 세계적 팬데믹을 일으킨 코로나19의 병원체 SARS-CoV-2 바이러스가 아주 좋은 예이다. 코로나바이러스는 돌출한 흡반들이 달린 공(스파이크 단백질이라 부르는)처럼 생겼는데, 이것은 기도 안벽의 세포 표면에 있는 특정 분자에 들러붙기에 아주 좋은 구조이다. 그다음에 바이러스는 세포 내부로 침투한 뒤, 그 유전 기구를 탈취해 세포 자체의 생산 지시 대신에 새로운 바이러스 입자를 복제하라는 지시를 실행하게 만든다. 이렇게 해서 생산된 수많은 바이러스 입자들은 세포를 뚫고 나와 폐 곳곳으로 퍼져간다. 바이러스가 세포에 더 효율적으로 침투하여 더 많은 숙주들로 옮겨갈 수 있도록 진화를 거듭하면서 생겨난 코로나19 바이러스의 변형들 중에는 스파이크 단백질에 돌연변이가 생기는 경향이 있다.[2]

1128종만 알려져 있는데, 그중에서 약 절반은 세균이고, 5분의 1은 바이러스이며, 나머지 약 3분의 1은 균류와 기생성 원생동물이다.[4] 그 밖에도 사람에게 질병을 일으키는 생물이 287종 더 있는데, 이것들은 미생물이 아닌 기생충이다.[5]

병원성 미생물 중 다수(약 60%)는 인수 감염(사람과 동물에게 공통으로 발생할 수 있는 감염) 능력이 있어 동물에게서 사람으로 질병을 옮길 수 있다. 그래서 문명이 시작된 이래 창궐한 악성 유행병과 전염병의 원인 중에는 우리가 가축으로 길들여 가까이에서 함께 산 짐승들도 포함돼 있다. 여기저기 흩어져서 살아간 수렵채집인은 기생충 문제 말고는 일반적으로 건강했으며, 어린 시절을 무사히 넘기기만 하면 많은 사람들은 60세 이상까지 살았다.[6] 수렵채집인을 괴롭힌 질병은 서로에게 옮겨지는 감염병이 아니라, 대부분 관절염과 류머티즘 같은 '마모성' 질환이었다.[7] 말라리아와 한센병처럼 농업 발전 이전에 나타난 오래된 질병이 일부 있는데,[8] 이 질병들은 여기저기 흩어져 살아가는 작은 인간 집단 사이에서, 혹은 감염시킬 사람이 드물면 동물 숙주 사이에서 생존하면서 살아남을 수 있다. 하지만 사람들이 농사를 지으면서 마을에, 그리고 그다음에는 도시에 많이 모여서 정착하기 시작하자, 감염병이 사람과 사람 사이에서 퍼져가는 것은 말할 것도 없고 종의 장벽을 뛰어넘기에 완벽한 조건이 만들어졌다. 그 결과로 '대중성 질환'이 급증하기 시작했다.

병원체가 새로운 집단에 처음 침투하면, 개인들의 면역계가 아직 그 공격에 준비되어 있지 않은 상황이어서 초기 치명률이 높은 유행병으로 아주 빠르게 확산할 수 있다. 하지만 많은 질병은 시간이 지나면 위험도가 낮아지는데, 인구 집단이 저항력을 갖게 되거나 병원체가 돌연변이를 통해 변형되기 때문이다. 그래서 인구 집단 사이에서 순환하면서 지속적으로 존재하다가 이따금 돌발적으로 크게 번지기도 한다. 즉, 갑자기 확 타오르는 화염 폭풍보다는 보이지 않는 곳에서 부글부글 끓고 있는 배경 부담으로 남게 된다. 어떤 질병은 완전히 사라지기도 한다. 예를 들면 영국 다한증은 1485년에 영국에서 발생했는데, 장미 전쟁이 끝날 무렵 리처드 3세에게서 왕위를 빼앗으려던 헨리 7세를 도우러 온 플랑드르 용병이 옮긴 것으로 추정된다. 영국다한증은 전국을 휩쓸었는데, 특히 여름에 농촌 지역에서 더 부유한 사회 계층의 중년 남성 사이에서 많이 발생했으며,[9] 갑작스런 발병과 높은 치명률(불과 몇 시간 만에 사망하는 경우가 많았다)로 공포를 자아냈다. 그 후 70년 동안 불가사의한 감염이 갑자기 폭증하는 사례가 반복되다가 17세기 중엽에 완전히 사라진 뒤 다시는 나타나지 않았다.[10]

과거에는 돌발적으로 광범위하게 창궐하는 질병을 전염병plague이나 악성 유행병pestilence이라고 불렀다. 오늘날 사용하는 전문 용어는 '유행병epidemic'인데, 그리스어로 '사이에서'란 뜻의 에피epi와 '사람들'이란 뜻의 데모스demos를 합쳐서 만든 단어이다. 아주 극심한 유행병은 '범유행병'이란 뜻으로 '팬데믹pandemic'이라고 부르는데, 아주 광범위한 지역에서 매우 많은 사람들에게 퍼지는 질병을 가리킨다. 특정 지역에서 발생하는 질병을 가리키는 '풍토병endemic'의 영어 단어는 '사람들 내에서'라는 뜻의 그리스어에서 유래했다. 풍토병과 유행병은 둘 다 전 세계의 많은 사회와 문명에 광범위한 영향을 미쳐왔기 때문에, 나는 인류의 역사에 미친 그 영향을 살펴보는 데 두 장을 할애하기로 했다. 하지만 둘의 구분은 단순히 분류학적 문제가 아니다. 동일한 병원체가 부분적 저항력을 가진 집단 사이에서 경미한 영향을 미치며 돌아다니다가 새로운 인구 집단으로 옮겨가면서 치명적인 전염병으로 변할 수 있다. 한 지역의 풍토병이 다른 지역에서는 유행병이 될 수 있다. 하지만 나는 이 두 가지 질병 패턴이 인류의 역사에 서로 아주 다른 영향을 미쳤다는 사실을 감안하면, 여전히 둘을 분명히 구분하는 게 타당하다고 생각한다.

먼저 풍토병에 대한 인간의 감수성(병원체에 감염되어 발병하는 성질)이 세계사에서 얼마나 중요한 역할을 했는지 살펴보기로 하자.

다리엔 계획

17세기 후반에 스코틀랜드는 고난의 시간을 보내고 있었다. 거의 전적으로 농업에 기반을 둔 경제는 수년 동안 흉작과 기근으로 큰 위기에 빠졌다. 1603년부터 잉글랜드와 스코틀랜드는 동일한 군주가 통치해왔지만(엘리자베스 1세가 후계자를 낳지 못하고 세상을 떠나자 먼 친척인 스코틀랜드의 제임스 6세가 잉글랜드 왕위를 물려받았다), 스코틀랜드는 남쪽의 강력한 이웃으로부터 독립을 유지하려고 강하게 저항했다. 그러자 잉글랜드는 스코틀랜드에 억압적인 경제 제재를 가했는데, 그중에는 프랑스와 북아메리카 식민지들과의 무역 금지도 포함돼 있었다. 더 확고한 경제적 기반을 마련하고 잉글랜드와 달갑지 않은 연합으로 끌려들어가는 걸 피하기 위해 스코틀랜드인은 더 먼 곳을 바라보기 시작했다. 잉글랜드는 대외 무역으로 부를 쌓았기 때문에, 스코틀랜드인도 큰 이익을 가져다줄 무역 파이를 한 조각 얻길 갈망했다. 이전에 식민지를 건설하려던 시도-캐나다 노바스코샤, 이스트뉴저지, 사우스캐롤라이나에서-는 성공을 거두지 못했지만, 스코틀랜드의 경제적, 정치적 운을 확 바꿀 해결책은 여전히 해상 교역로를 활용할 수 있는 해외 식민지 건설에 있는 것처럼 보였다. 그래서 스코틀랜드 출신의 금융업자(그리고 잉글랜드은행의 창립자 중 한 명)인 윌리엄 패터슨William Paterson의 주도로 야심적인 계획이 세워졌다. 스코틀랜드인은 북아메리카 대륙과 남아메리카 대륙을 연결하는 좁은 통로인 파나마 지협에 식민지를 건설하려고 했다. 이곳에 항구와 교역 기지를 세우면 카리브해의 많은 섬들을 잇고 대서양 너머 아프리카까지 뻗어 있는 활발한 상업망에 참여할 수 있을 것이라고 생각했다. 하지만 패터슨은 식민지 건설을 위해 훨씬 야심 찬 계획을 품고 있었다.

그 당시에 유럽이나 북아메리카의 대서양 연안에서 출발해 서쪽으로 중국과 향료 제도로 가는 배들은 남아메리카 연안을 따라 저 아래 남쪽 끝까지 내려간 뒤에 혼곶을 돌아 다시 위로 올라오면서 태평양을 건너야 했다. 아메리카 대륙을 빙 둘러 가는 아주 긴 여정이었다. 그렇다면 폭이 80km밖에 안 되는 파나마 지협의 힘줄을 가로지르는 길(지구의 두 대양을 연결하면서 상품을 나르는 지름길)을 건설하면 되지 않겠는가? 그러면 동양으로 가는 시간과 비용이 절반 이상 단축될 것 같았다.[11] 결국 패터슨은 선박들이 두 대양 사이를 직접 오갈 수 있는 인공 수로, 즉 파나마 운하를 건설하는 계획을 세웠다. 대서양과 태평양 사이의 이 관문을 스코틀랜드인이 통제한다면 화물 통과에 부과하는 관세에서 막대한 수입을 얻을 것으로 기대되었다. 이 교역 식민지를 위해 패터슨이 신중하게 선택한 장소는 작은 반도에 있는 만으로, 파나마 지협의 다리엔 지역에 위치해 있었다. 그래서 스코틀랜드의 운명을 바꿀 이 대담한 계획을 다리엔 계획이라 부르게 되었다.

이 식민지 건설 계획 추진은 새로 설립된 스코틀랜드아프리카인도무역회사가 맡았는데, 스코틀랜드인은 이 회사가 영국의 동인도회사와 어깨를 나란히 할 만큼 성장하길 기대했다. 이 회사는 국회의원에서 농부에 이르기까지 각계각층의 스코틀랜드인 투자자 1400여 명을 금방 확보했다. 그 당시 스코틀랜드의 모든 유동자산 중 4분의 1 내지 2분의 1이 이 대담하고 진취적인 모험사업에 투입된 것으로 추정되었다.

1698년 7월, 다섯 척의 배가 식민지 이주민 1200명과 국가의 희망을 싣고서 에든버러에서 출항했다. 선창에는 항해하는 동안과 도착하고 나서 처음 몇 개월을 버티는 데 필요한 보급 물자뿐만 아니라, 백지상태에서 새로운 식민지를 건설하는 데 필요한 온갖 물자와 도구, 장비가 가득 차 있었다. 이주민은 식민지에 필요한 갖가지 기술과 재주를 감안해 신중하게 선발했다. 그들은 10월 말에 그곳에 도착해 뉴칼레도니아 식민지를 세우고, 뉴에든버러를 수도로 삼았으며, 자연의 풍파를 훌륭하게 막아줄 방어 요새를 건설했다.

식민지가 성공적으로 수립되어 번성하고 있으며, 이주민이 토착 원주민과 평화로운 관계를 유지하고 있다는 소식이 본국으로 전해졌다. 하지만 처음에 보낸 편지들은 선박과 보급 물자 지원을 추가로 이끌어내기 위해 진실을 호도한 것이었다. 실제로는 뉴칼레도니아는 이미 심각한 곤경에 처해 있었다.

이주민은 내륙의 지형이 너무나도 험해서 동쪽 해안에서 서쪽 해안까지 육로로 여행하기가 매우 어렵고, 운하를 파 두 대양을 연결하는 데 성공할 가망도 전혀 없다는 사실을 금방 알아챘다. 그래도 그 지역의 북적거리는 교역로에 수익성 높은 화물 집산지를 건설하는 것은 충분히 승산이 있어 보였다. 하지만 훨씬 심각한 문제가 있었으니, 이들은 도착하자마자 그 지역에 만연한 질병들에 속수무책으로 무너지기 시작했다. 1502년에 네 번째이자 마지막 아메리카 탐험 여행에 나선 콜럼버스와 그 선원들은 파나마 지협을 지나는 동안 곤충에게 물리며 너무나도 큰 고통을 받은 나머지 이 지역을 '모기 해안Mosquito Coast'이라고 이름 붙였다.[12] 스코틀랜드인은 모기가 극성을 부리는 계절에 도착하는 바람에 곧 모기가 매개하는 질병─말라리아와 황열병─에 시달렸다.

말라리아는 역사상 가장 오랫동안 인류를 괴롭히면서 가장 많은 사망자를 낸 질병으로 이야기된다. 말라리아에 걸리면 심한 오한과 주체할 수 없는 떨림으로 시작해 체온이 급상승하면서 심

120

한 발한과 피로 증상이 나타나는데, 이 패턴이 며칠마다 한 번씩 반복된다. 병원체는 말라리아 원충이라는 단세포 기생충인데, 환자의 피를 빤 모기가 다른 사람을 물 때 옮겨진다. 말라리아는 날아다니는 매개체를 통해 전염되기 때문에 대중성 질환과 달리 지속적 전염을 위해 밀집된 인구 집단이 필요하지 않으며, 따라서 농업이 시작되기 전부터 이미 출현한 것으로 보인다. 사실, 말라리아는 그 역사가 아주 오래된 질병으로 보이는데, 우리를 감염시키는 말라리아 원충은 아프리카 열대우림에서 진화적으로 우리와 가장 가까운 사촌인 대형 유인원을 괴롭히던 기생충에서 진화한 것으로 보인다.[13] 말라리아는 사하라 이남 아프리카의 많은 지역에서 오랫동안 풍토병이었지만 아메리카에 전해진 것은 유럽인과의 접촉을 통해서였는데, 아마도 아프리카에서 출발한 초기의 노예선을 통해 전파되었을 것이다.[14]

　바이러스 질환인 황열병은 말라리아와 마찬가지로 아프리카에서 생겨났는데, 약 1500년 전에 영장류에서 사람에게 옮겨졌다.[15] 아메리카 대륙에서 최초로 분명히 유행병으로 분류된 황열병 발병은 1647년에 과들루프섬에서 일어났지만,[16] 바이러스 자체는 그 전 세기에 아프리카에서 출발한 노예선에 실려와 카리브해와 두 대륙 사이에 널리 확산되었으며, 북쪽으로는 멀리 퀘벡주까지 퍼졌다.[17] 황열병은 초기에 고열과 근육통, 두통을 동반하며, 심한 경우에는 간과 콩팥 손상으로 이어지고, 치명률이 매우 높다. 황열병yellow fever이란 이름은 간 손상으로 나타나는 황달 때문에 붙었는데, 출혈열 증상으로 죽지 않는 사람은(황열병을 에스파냐어로 '검은 토사물'이란 뜻의 '보미토 네그로vomito negro'라고 부르는데, 마지막 단계에 내출혈로 인해 피가 섞인 검은색 토사물이 나오기 때문이다[18]) 완전히 회복하여 평생 동안 면역력을 지니게 된다.[19]

뉴칼레도니아 정착민은 이 두 가지 치명적인 질병에 이중으로 타격을 받았다. 6개월이 지나기 전에 전체 주민 중 약 절반이 죽었고, 작은 정착촌에서 날마다 많게는 12명씩 죽어갔다.[20] 식민지 정착 시도는 파멸을 맞이했고, 1699년에 생존자들은 배로 돌아가면서 식민지를 포기했는데, 너무 쇠약해서 옮길 수 없는 사람들은 그냥 버려둔 채 떠났다. 하지만 탈출한 사람들도 바다에서 계속 죽어갔다. 처음에 도착한 1200명 중 이 고난에서 살아남은 사람은 300명에 불과했다.

하지만 뉴칼레도니아 식민지를 포기했다는 소식이 본국에 도착하기 전에 두 번째 보급선단이 추가 보급품과 300명의 이주민을 싣고 출발했다. 다리엔에 도착한 그들은 텅 빈 오두막집과 제멋대로 자란 작물로 뒤덮인 농경지와 함께 유령 도시로 변한 정착촌을 발견했다. 그들은 곧바로 발길을 돌려 고국으로 돌아갔다. 하지만 실패 소식이 아직도 스코틀랜드에 제대로 전해지지 않아 1200명 이상의 이주민을 실은 큰 선단[21]이 또다시 다리엔을 향해 출발했다. 이들은 정착촌에 머물렀지만, 뉴칼레도니아 식민지를 성공시키려는 두 번째 시도 역시 첫 번째 시도보다 더 나은 결과를 얻지 못했고, 몇 달 지나지 않아 매주 약 100명씩 말라리아와 황열병으로 죽어갔으며, 게다가 이제 에스파냐인의 습격마저 이주민을 괴롭혔다. 1700년 4월, 생존자들은 에스파냐인에게 항복했다. 이 두 번째 이주 물결에서 고국으로 돌아간 사람은 100명 미만이었다. 스코틀랜드인은 뉴칼레도니아를 영원히 포기하고 말았고, 그와 함께 아메리카 식민지와 해외 교역을 통해 부를 얻으려는 꿈도 물 거품이 되었다.

다리엔 계획은 처참하게 실패했다. 뉴칼레도니아로 떠난 스코틀랜드인 이주민 2500명 중에서 많게는 80%가 말라리아와 황열병으로 죽었고, 영국 식민지들로부터 고립된 상황과 에스파냐인의 노골적인 적대감이 그들의 비참한 상황을 더욱 악화시켰다.° 만약 스코틀랜드의 식민지가 대서양과 태평양을 연결하는 데 성공했더라면, 혹은 적어도 전략적 요충지에 위치한 화물 집산지를 유지해 영국과 에스파냐의 지역적 교역 패권에 도전할 수 있었더라면, 역사의 물줄기가 크게 바뀌었을지도 모른다. 결국 뉴칼레도니아 식민지가 실패한 후 대서양과 태평양을 연결하는 인공 수로를 건설하는 꿈은 200년이 지나도록 실현되지 않았다.°°

식민지 상실과 함께 그 모험적인 계획을 뒷받침하기 위해 스코틀랜드에서 모았던 엄청난 투자금도 증발하고 말았다. 다리엔 계획의 실패는 스코틀랜드를 재정적 파산 직전으로 몰아넣었고, 잉글랜드와의 정치적 연합을 피할 수 없게 된 결정적 요인이 되었

○　스코틀랜드인이 열대병의 참화에 특별히 불운했던 것은 아니다. 이 지역의 에스파냐 식민지들 역시 큰 피해를 입었지만(1510년부터 1540년까지 모기 해안에서 죽어간 에스파냐인 이주민은 약 4만 명으로 추정되는데, 대부분 두 가지 열대병으로 죽었다[22]), 에스파냐인은 계속된 충원으로 손실을 메우고 식민지를 유지할 수 있었다.

다. 1603년의 왕국 연합 이후 100년 동안 스코틀랜드는 독자적인 의회를 가진 독립 왕국을 유지해왔다. 이제 심각한 재정 위기가 이러한 자주성을 위협했다. 잉글랜드는 스코틀랜드회사 주주들의 투자금을 상환하고 교역과 관련된 경제적 제재를 끝내는 것으로 지원을 제공하겠다고 약속했다.[25] 이것은 스코틀랜드의 엘리트층(다리엔 계획이 실패로 끝나며 아주 큰 손실을 입은 귀족과 상인 계층)에게는 거부할 수 없을 만큼 유혹적인 제안이었고, 그들은 자신들의 미래를 영국 무역 제국과 그 국제적 힘에 맡기는 것이 최선의 선택이라고 여겼다. 뉴칼레도니아를 잃은 지 6년 뒤, 스코틀랜드 의회는 잉글랜드와의 연합에 동의하는 수밖에 달리 선택의 여지가 없었다.

스코틀랜드는 주권을 포기했고, 이로써 영국Great Britain이 탄생했는데, 이 모두가 머나먼 파나마에서 모기가 매개하는 질병 때

○○ 사실, 파나마 운하를 건설하겠다는 제안은 역사상 여러 차례 있었다. 에스파냐는 1530년대에 에스파냐 말라가와 페루 사이의 여행 시간을 단축해 포르투갈을 압도하기 위해 그 계획을 생각했고, 1780년대에도 다시 계획을 구상했다. 영국은 1843년에 운하 건설 계획을 세우려고 했다. 프랑스는 얼마 전에 수에즈 운하에서 거둔 성공에 들떠 1881년에 파나마 지협을 가로질러 증기 굴착기로 땅을 파려고 혼신의 노력을 기울였다. 하지만 1880년대가 끝나기 전에 약 2만 2000명의 노동자가 사망하는 바람에 실패로 끝나고 말았는데, 말라리아와 황열병, 그 밖의 열대병이 사망 원인 중에서 압도적 다수를 차지했다.[23] 프랑스인이 극복할 수 없는 지리적 장애물이나 공학적 문제에 맞닥뜨렸던 것은 아니다. 그들이 운하 건설 계획을 포기한 이유는 뉴칼레도니아 식민지가 실패한 이유와 같았는데, 바로 그 습지 지역에 창궐하는 살인적인 질병 환경 때문이었다. 파나마 운하는 결국 미국이 나서 1904년부터 1914년까지 공사한 끝에 완공되었다―뉴에든버러의 폐허에서 불과 200km 떨어진 곳을 지나가면서. 운하 건설에 성공할 수 있었던 것은 마침내 황열병과 말라리아의 전파 방식이 밝혀져 공사 기간 내내 공격적인 모기 억제 조처(배수와 등유 살포를 포함해)를 실행했기 때문이다.[24]

문에 일어난 일이었다.[26]

미국 혁명에 결정적 도움을 준 풍토병

16세기부터 신세계를 정복할 때 유럽인은 유행병에 대한 비교 우위 때문에 처음에는 큰 이득을 얻었다. 다음 장에서 보게 되겠지만, 유럽인이 가져온 병원체 때문에 많은 원주민이 몰살당했다. 하지만 그 후 수백 년이 지나는 동안 전세가 역전되었다.

풍토병을 일종의 저주로 여기는 경우가 많다. 피할 수 없고 늘 존재하는 질병이 악령처럼 그 땅을 돌아다니면서 주민, 특히 어린이의 건강을 해친다. 하지만 많은 풍토병의 경우, 살아남아 어른이 된 사람들은 평생 동안 면역력을 갖게 되거나 적어도 상당히 높은 수준의 저항력을 갖게 된다. 따라서 풍토병은 그곳에서 산전수전을 다 겪은 원주민 집단을 외래 침입자로부터 보호할 수 있다. 자신들에게 익숙한 질병 환경에서 방어자는 풍토병에 감염되기 쉬운 침입자에 비해 홈그라운드의 이점을 누릴 수 있다. 아메리카 대륙의 식민지 땅에서 일어난 반란을 진압하러 온 유럽인 군대는 매우 불리한 처지에 놓였다. 반란 세력보다 풍토병에 감염되는 비율이 훨씬 높았는데, 특히 환금 작물 농장 시스템이 많이 도입된 열대 기후 지역에서 더욱 그랬다. 그리고 이 질병 생물학은 역사의 물줄기에 아주 큰 영향을 미쳤다.

미국 혁명은 대서양 연안의 영국 식민지들 사이에서 영국이 그들의 자주권을 억압하고 대표 없는 과세를 강요하면서 다년간

누적된 긴장과 불만이 곪아터진 결과로 일어났다. 1774년 후반에 13개 식민지가 대륙 회의를 결성해 영국의 지배에 대해 조직적인 저항을 꾀했고, 그다음 해 봄에 저항이 공개적으로 분출되었다. 식민지들은 대동단결해 영국에 저항했고, 곧 독립을 선언했다. 이제 남은 것은 전쟁에서 승리하는 것뿐이었다.

미국 독립 전쟁이 시작될 무렵에 영국군은 세계에서 가장 잘 훈련되고 최고의 장비를 갖춘 군대였다. 붉은 제복의 영국군 중 다수는 10여 년 전에 벌어진 7년 전쟁 동안 전 세계 각지에서 프랑스군과 에스파냐군과 싸우면서 실전 경험까지 다졌다. 비록 영국은 제국주의의 패권을 놓고 벌어진 이 경쟁 때문에 재정적으로 어려운 상황에 놓이긴 했지만, 13개 식민지보다는 경제적 기반이 훨씬 튼튼했다. 게다가 영국 해군이 대서양을 지배하고 있었기 때문에, 북아메리카 해안 지역을 공격하고 미국의 소함대를 항구에 봉쇄하면서 식량과 전쟁 물자 수입을 막을 수 있었다. 이와는 대조적으로 혁명 세력은 스스로 훈련한 시민으로 구성된 민병대로 시작했고, 전쟁이 시작되고 나서 두 달이 지난 뒤에야 정식 미국군이 조직되었다.

영국은 전쟁 초기에 군사적 우위를 점할 수 있었다. 보스턴과 뉴욕을 비롯한 주요 항구들을 금방 점령했지만, 미국군을 상대로 반란을 종식시킬 만한 결정적 승리를 거두진 못했다. 혁명군은 더 많은 미국인의 지원을 이끌어내거나 외국의 개입을 확보하기 전에 총력전에 휘말려 전멸되는 참사를 막기 위해 전면전을 교묘하게 피하면서 전국을 이리저리 돌아다니며 저항했다. 미국군이 처음으로 큰 승리를 거둔 것은 전쟁이 시작되고 나서 2년 반이 지난 1777년 10월에 뉴욕주 새러토가에서 벌어진 전투였다. 새러토가 전투의 승리는 미국에 승산이 있다는 사실을 전 세계에 알렸고, 그러자 프랑스와 에스파냐가 미국 편을 들면서 개입했다. 프랑스 전함들은 영국군의 봉쇄를 풀게 했고, 에스파냐는 뉴올리언스 항구를 통해 무기와 보급품을 공급했다. 그리고 전쟁 후반에 도착한 프랑스군은 균형의 추를 미국 쪽으로 기울게 하는 데 큰 도움을 주었다.

북부의 전황이 교착 상태에 빠지자, 영국군은 1778년 말에 타개책으로 남부에서 새로운 전략을 전개했다. 얼마 전에 세운 조지아와 캐롤라이나 식민지들에서 영국 지지자들을 최대한 모집하고 수익성이 높은 농장들을 확보해 반란을 최종적으로 종식시킬 계획이었다.

처음에 성공을 거둔 뒤에 영국군 총사령관 헨리 클린턴Henry Clinton 장군은 찰스 콘월리스Charles Cornwallis 장군에게 9000명의 남부 지역 군대 지휘권을 넘겨주고, 예상되는 반격에 대비해 뉴욕을 방어하러 돌아갔다. 그러나 이미 전황은 영국군에게 불리하게 돌아가고 있었다. 남부 지역에서의 군사 작전을 위해 상당수 병력을 모기가 들끓는 아열대 지역에 배치함으로써 말라리아와 황열병(영국군이 제대로 대비하지 못한 적)의 맹공격에 그들을 노출시켰다.[27]

평생 동안 말라리아와 황열병에 노출되면 어느 정도 면역력이 생기지만, 의약품으로도 감염을 치료하거나 예방할 수 있다. 기나나무 껍질이 말라리아에 효과가 있다는 사실이 알려져 있었지만, 공급이 부족했다.° 전쟁이 일어났을 때, 미국군 총사령관이던 조지 워싱턴George Washington은 대륙회의에 기나나무 껍질을 최대한 많이 구입하라고 촉구했다.[31] 반면에 영국군은 이 소중한 예방약이 극심하게 부족했다. 그 당시에 유일한 기나나무 공급원은 에스파냐가 지배하던 페루의 안데스산맥 지역이었는데, 에스파냐는 미국 혁명을 지원하기 위해 프랑스와 함께 전쟁에 개입한 직후인 1778년에 영국을 공급 대상에서 완전히 차단해버렸다. 게다가 영국은 비축해 두었던 키니네(기나나무 껍질에서 추출해 말라리아 치료제로 쓰이는 알칼로이드 물질) 중 상당량을 인도에서 질서 유지를 위해 주둔하고 있거나 카리브해에서 제국주의 확장을 위해 싸우고 있던 자국 군대에 써버렸다. 그 결과로 남부 지역의 군사 작전 동안 콘월리스의 많은 장교들과 병사들이 말라리아에 속수무책으로 쓰러져갔다.[32] 미국군 병사들은 말라리아에 면역력이 있었던 것은 아니지만, 이전부터 이 지역의 질병에 노출돼 살아온 덕에 영향을 덜 받았다. 풍토병에 관한 한 홈그라운드의 이점을 누렸던 것이다.

° 현지에서 '열나무fever tree'라는 별명으로 불리는 기나나무는 남아메리카의 안데스산맥 중 일부 고립된 지역에서만 자생적으로 자라는데, 그 껍질에 키니네라는 활성 성분이 들어 있다.[28] 현지 원주민인 케추아족은 껍질을 가루로 만들어 약초로 사용했는데, 말라리아 치료제로 한정해서 쓰기보다는 심한 오한의 열성 떨림을 치료하는 목적으로 썼다.[29] 17세기 중엽에 예수회 선교사들이 기나나무 껍질을 유럽으로 가져갔고, 그곳에서 기나나무 껍질은 말라리아를 앓던(도시 남동쪽 해안을 따라 뻗은 충적 평야의 폰티네 습지에 모기가 번성했다) 로마 교황을 치료하는 데 쓰였다. 그 후 기나나무 껍질 가루는 말라리아로 고통 받던 유럽의 식민지들에서 사용되었지만, 공급은 늘 제한적이었다. 지금은 키니네가 병원체인 말라리아 원충에게 독성이 있기 때문에 말라리아를 예방하거나 치료하는 효과가 있다는 사실이 밝혀졌다.[30]

콘월리스는 군대를 이끌고 '독기 질환'에서 벗어날 수 있는 지역을 찾아 캐롤라이나 전역을 이리저리 계속 옮겨 다녔는데, 모기가 극성을 부리는 계절인 6월 중순부터 10월 중순까지는 특히 그랬다.[33] 콘월리스가 1780년 10월 중순에 캠든 전투에서 승리했을 때, 많은 병사가 '열병과 학질'로 큰 손상을 입고 너무 쇠약해져서 복무를 계속할 수 없게 되었다.[34] 1781년의 처음 몇 달 동안 콘월리스는 캐롤라이나 주변에서 미국군을 뒤쫓았다. 그동안 미국군은 소규모 접전을 벌이다가 후퇴하길 거듭하면서 끊임없이 남부 지역의 영국군을 괴롭혔고, 영국군은 제대로 휴식을 취하지 못해 탈진 상태에 이르렀다. 미국군이 치고 빠지기 게릴라 전술로 영국군을 괴롭히는 동안 현지의 모기들도 현지의 조건에 적응하지 못한 영국군을 계속 못살게 굴었다. 4월이 되자 콘월리스의 병사들 중에서 제대로 군 복무를 할 수 있는 사람의 수는 거의 절반으로 줄어들었다.[35]

1781년 늦여름에 프랑스와 미국 연합군 주력 부대가 버지니아로 진격하자, 클린턴은 콘월리스에게 남부 지역의 군대를 체서피크만 해안에 위치한 요크타운으로 철수시킨 뒤 방어 진지를 구축하고 영국 해군의 도움을 받아 퇴각할 준비를 하라고 지시했다. 클린턴은 여전히 워싱턴이 뉴욕을 공격할 것이라고 믿었고, 북부 지역의 군대를 재배치할 필요가 있을 경우에 대비해 남부 지역 군대를 해군의 도움이 닿는 곳에 두고자 했다. 콘월리스는 강어귀의 습지 지역에서 점점 더 많은 병사가 열병에 쓰러져가는 상황에서 "질병에 시달리는 방어 진지를 이 만에 유지"하라는 지시에 거듭

이의를 제기했다.[36]

프랑스와 미국 연합군은 요크타운을 포위했고, 1781년 9월 초에 뉴욕에서 보낸 영국 해군이 도착했지만 체서피크만 입구를 지키고 있던 프랑스 함대가 이를 격퇴했다. 콘월리스는 최악의 상황에 빠졌다. 그의 군대는 모기가 극성을 부리는 계절에 해안에서 발이 묶였고, 영국 해군은 아직도 접근하지 못하고 있었다.[37] 남은 병사 중 3분의 1 이상이 병에 걸려 싸울 수 없는 상태에 빠지자[38] 콘월리스는 1781년 10월 19일에 항복했다. 이 항복으로 전쟁도 끝났다. 미국은 독립을 쟁취했다.

프랑스와 에스파냐가 그들 편에서 개입하지 않았더라면 미국은 독립 전쟁에서 승리하지 못했을 것이다. 프랑스와 에스파냐는 무기와 보급품과 증원병을 제공했을 뿐만 아니라, 함대로 영국 해군과 맞서 봉쇄를 깨뜨림으로써 미국 혁명이 성공하는 데 결정적 역할을 했다. 하지만 남부 원정에 나선 영국군이 풍토병에 시달리며 약해진 것도 그에 못지않게 중요한 요인이었다. 말라리아에 대한 영국군의 감수성에 키니네 공급 부족이 기름을 부었다. 반면에 미국인은 평생 동안 그곳에서 살아오면서 현지의 풍토병에 단련된 덕에 홈그라운드의 이점을 누릴 수 있었다.[39]

저항력

풍토병 때문에 독립 전쟁에서 승리를 거둔 것은 13개 식민지뿐만이 아니었다. 얼마 후 카리브해의 히스파니올라섬에 있던 프랑스의 생도맹그 식민지에서 노예들이 주인들에 대항해 반란을 일으켰을 때에도 비슷한 시나리오가 펼쳐졌다.[40]

히스파니올라섬은 카리브해에서 쿠바 다음으로 큰 섬으로, 세계사를 바꾼 콜럼버스의 항해 때 유럽인이 아메리카에 최초로 정착지를 세운 곳이었다. 하지만 금이나 은이 없다는 사실을 안 에스파냐인은 이 섬에 흥미를 잃었다. 프랑스인은 1697년에 9년 전쟁을 종식시킨 평화 조약으로 이 섬의 3분의 1에 해당하는 서쪽 지역을 공식적으로 획득하기 전에 이곳에 정착지를 세웠다. 프랑스인은 이 식민지를 생도맹그(지금은 아이티라고 부른다)라고 불렀는데, 1775년 무렵에 이 섬은 세상에서 가장 수익성이 높은 곳이 되었다.[41] 생도맹그의 농장 8000여 곳에서 전 세계 커피 공급량의 약 절반이 수확되었다. 생도맹그는 또한 세계 최대의 설탕 생산지이자, 목화와 담배, 코코아, 인디고 염료의 주요 수출 지역이기도 했다. 프랑스와 전체 해외 식민지 사이의 교역 중 3분의 1 이상을 생도맹그가 차지했고, 그 생산량은 아메리카 본토에 있는 영국의 13개 식민지를 모두 합친 것보다 많았다.[42]

하지만 생도맹그는 대서양 횡단 노예무역에 의존했다. 뜨거운 열대 지역에서 환금 작물을 재배하는 일은 매우 고되었고, 노예 사망률이 지나치게 높아 새로운 노예를 계속 공급해야 했다. 18세기 후반에는 매년 3만 명의 노예가 새로 도착했고, 약 50만 명에 이르는 전체 수를 유지하려면 노예가 지속적으로 유입되어야 했다. 식민지 전체 주민 중 노예가 약 90%를 차지했다.

1791년 8월, 일단의 노예들이 농장 주인의 잔인한 억압에 맞서 들고 일어났고, 폭력적인 반란이 식민지 전체로 급속하게 퍼져 갔다. 몇 주일 만에 반란에 가담한 노예의 수는 10만 명으로 불어 났고, 다음 해에는 이들이 식민지의 3분의 1을 장악했다.

영국인은 노예 반란에 불안을 느꼈다. 만약 이 반란이 성공하 도록 내버려둔다면 다른 식민지 노예들도 반란을 일으킬 마음을 먹을 테고, 카리브해 전체에 반란이 확산되는 도미노 효과가 일어 날 게 뻔했다. 프랑스와 전쟁 중이었던 영국은 또한 이것을 수익성 이 아주 높은 프랑스 식민지를 손에 넣을 절호의 기회라고 판단했 다. 하지만 이 판단은 재앙을 낳았다. 이전에 열대병에 노출된 적 도 없고 아무 저항력도 없는 영국군은 섬에 도착하자마자 무더기 로 쓰러져갔다. 생도맹그에 도착한 영국군 2만 3000명 중 약 65% 가 황열병이나 말라리아로 죽어갔다.[43]

에스파냐와 영국의 군사적 개입 이후에 노예 출신인 투생 루 베르튀르Toussaint L'Ouverture가 헌법을 제정하고 생도맹그를 흑인 독 립 국가로 선포하면서 아이티 혁명의 가장 유력한 지도자로 떠올 라 식민지를 장악했다. 루베르튀르라는 성은 '열기' 또는 '돌파'라는 뜻인데, 적진을 뚫고 나가는 방법을 잘 찾아내는 능력 때문에 붙었 다. 친구들과 적은 그를 흑인 스파르타쿠스 또는 흑인 나폴레옹이 라고 불렀다.

1802년, 나폴레옹은 노예 반란을 진압하고 수익성이 높은 식 민지의 지배권을 되찾기 위해 사위인 르클레르Leclerc 장군을 2만 5000명 이상의 병사와 함께 파견했다.[44] 처음에는 잘 훈련되고 좋 은 무기를 갖춘 프랑스군이 노예들과의 교전에서 승리를 거두었고, 루베르튀르는 생포되었다. 하지만 20년 전에 미국인이 그랬던 것처럼 반군은 내륙의 산악 지역에서 치고 빠지기 게릴라 전술로 프랑스군을 괴롭혔고, 프랑스군의 활동 범위는 해안의 저지대 지역에 국한되었다.[45] 이 자유의 투사들 역시 섬의 모기떼와 모기가 옮기는 풍토병(말라리아와 황열병)에 큰 도움을 받았다. 게다가 아프리카인 반군과 유럽인 병사들 사이의 또 한 가지 중요한 생물학적 차이가 큰 효과를 발휘했다.

앞에서 보았듯이, 인체는 반복적인 감염 끝에 말라리아 기생충에 대한 내성이 발전했고(감염자가 살아남는다면), 말라리아 창궐 지역에서 살아남은 어린이는 다섯 살 무렵에 상당한 획득 면역력을 지니게 된다.[46] 조금 부적절하긴 하지만 프리드리히 니체의 말을 인용한다면, "나를 죽이지 못하는 것은 나를 더 강하게 만든다."[47] 말라리아는 노출된 인구 집단에 아주 큰 부담을 가했기 때문에, 여러 인간 집단은 말라리아에 선천적 내성을 제공하는 유전적 돌연변이가 진화하게 되었다. 이러한 방어 메커니즘은 주로 말라리아 원충이 성장하는 장소인 적혈구에 영향을 미친다.[48] 어쩌면 당연한 일일 수 있지만, 그러한 돌연변이는 말라리아가 풍토병으로 창궐하고 인류가 진화의 역사 중 상당히 많은 시간을 보낸 아프리카에서 주로 발견된다. 말라리아에 보호를 제공하는 돌연변이 중 가장 중요한 것은 낫적혈구 빈혈의 원인이 되는 돌연변이이다.° 낫적혈구 형질은 헤모글로빈(적혈구의 색을 붉게 하고 몸속에서 산소를 실어 나르는 일을 담당하는 적혈구의 핵심 분자)을 만드는 유전자의 돌연변이 때문에 생긴다. 모든 사람은 양 부모로부터 각각

133

하나씩 물려받은 이 유전자 복제본을 2개 갖고 있다. 정상 유전자 1개와 낫적혈구 돌연변이 대립 유전자 1개를 물려받은 개인은 이 질병의 보인자(유전병이 겉으로 드러나지는 않지만 그 인자를 가지고 있는 사람)가 되는데, 이런 사람을 '이형 접합' 보인자라고 부른다.

정상 적혈구는 가운데가 움푹 꺼진 두꺼운 원반 모양이다. 하지만 산소 농도가 낮은 환경에 처하면, 돌연변이 유전자가 만들어 낸 헤모글로빈 분자가 서로 들러붙으면서 일부 적혈구가 낫 모양으로 변형된다. 낫적혈구는 좁은 혈관에 끼여서 혈액의 흐름을 막는다. 낫적혈구 빈혈 보인자는 보통은 많은 부작용을 겪지 않는다 ─격렬한 운동을 하거나, 현대에 들어서는 여압실이 갖춰지지 않은 비행기를 타고 날 때처럼 심한 산소 결핍 상태에 놓이지 않는

○ 말라리아에 대항하는 다른 유전적 방어 메커니즘으로는 더피 마이너스 혈액형, 지중해 빈혈, G6PD 효소 결핍증 등이 있다. 더피 항원은 적혈구 바깥쪽에 위치한 수용체 분자로, 말라리아 원충이 적혈구에 침입하는 통로가 된다. 따라서 돌연변이로 인해 더피 항원이 없으면, 말라리아 원충이 적혈구에 침입하는 통로가 봉쇄되어 원충이 그 생활사를 완성할 수 없다. 더피 마이너스 혈액형Duffy negativity은 서아프리카 주민과 중앙아프리카 서부 지역 주민 중 약 97%가 가지고 있어 이들은 특정 종류의 말라리아에 내성이 있다(다만 이 혈액형은 최근에 아프리카를 덮친 에이즈의 원인 바이러스인 HIV에 감염될 위험을 높인다는 사실이 밝혀졌다).[49] 지중해빈혈은 혈액에서 적혈구 생산을 감소시키는 질환으로, 중동과 북아프리카, 남유럽 주민 사이에서 특히 흔하게 나타난다. G6PD 효소 결핍증은 적혈구가 파괴적인 산화 물질을 제거하도록 돕는 G6PD 효소가 부족해 나타나는 증상으로, 지중해와 중동 지역에서 특히 흔하다. 방아쇠 역할을 하는 어떤 요인이 적혈구의 기능을 갑자기 망가뜨리지 않는 한, 보인자에게 어떤 부정적 증상이 나타나진 않는다. 특정 식품에 들어 있는 화합물이 그러한 방아쇠 역할을 할 수 있는데, 그런 식품으로 누에콩이 있다. 기원전 6세기에 그리스의 철학자이자 수학자인 피타고라스가 누에콩 섭취의 위험을 경고한 것은 이 때문일지 모른다.[50] 지중해빈혈과 G6PD 효소 결핍증이 어떻게 말라리아를 막아주는지 그 이유는 명확하게 밝혀지지 않았지만, 말라리아 원충이 성장하거나 더 많은 적혈구를 감염시키는 것을 방해하거나 면역계가 감염 세포를 더 빨리 제거하도록 하는 것으로 보인다.[51]

한.°

하지만 낫적혈구 대립 유전자가 1개 있으면, 보인자를 심각한 형태의 말라리아로부터 보호하는 데 놀라운 효과가 있는데, 적혈구에서 말라리아 원충이 성장하지 못하도록 방해하거나 감염된 세포를 면역계가 잘 파괴할 수 있게 해준다.[54]

문제는 돌연변이 유전자를 부모로부터 2개(동형 접합 상태) 물려받는 사람은 아주 심각한 결과를 맞이한다는 점이다. 적혈구의 변형이 훨씬 많이 일어나 낫적혈구병에 걸리게 되는데, 그 결과로 빈혈이 생기고 기관으로 가는 혈액의 흐름이 막힌다. 현대 의학의 도움이 없다면, 낫적혈구 동형 접합자를 가진 사람은 성인이 될 때까지 살아남을 수 없다. 따라서 낫적혈구 돌연변이는 양날의 검과 같다. 이형 접합 보인자는 말라리아로부터 안전하지만, 동형 접합자를 가진 사람은 더 심하지는 않더라도 그에 못지않게 심각한 질환을 앓게 되며, 이른 나이에 죽게 된다.

말라리아가 들끓는 사하라 이남 아프리카 지역에서 자연 선택은 양 방향에서 끌어당기는 힘을 받았다. 낫적혈구병과 말라리아 사이에서 벌어진 이 진화 줄다리기의 결과는 인구의 평형으로 나타났다. 말라리아가 들끓는 아프리카 지역 인구 중 20~30%는

○ 그래서 아프리카계 사람들은 낫적혈구 빈혈 때문에 군사 훈련이나 스포츠 활동 도중에 극심한 통증을 느끼거나 심지어 갑작스런 죽음을 맞이할 위험이 있다.[52] 이 형질은 경찰서에서 구금 중이던 흑인이 갑작스럽게 죽었을 때 관련 경찰관의 책임을 면제하는 데 사용돼왔는데, 피의자를 제압하는 기술이 의도치 않게 호흡을 제약해 낫적혈구 빈혈 증상을 촉발시켰다는 논리를 펼쳤다.[53]

낯적혈구 보인자이다.[55] 낮적혈구병(그 자체로 매우 위험한 질병)을 초래하는 돌연변이 유전자가 아주 강하게 선택되었다는 사실은 자연 선택과 말라리아의 전쟁이 얼마나 치열했는지 말해준다.[56] 오늘날 매년 태어나는 신생아 중 약 30만 명(대부분 아프리카계 부모 사이에서 태어나는)이 낮적혈구병에 걸리는 상황[57]은 진화가 인류 역사에서 가장 파괴적인 질병에 대항해 인류를 보호하기 위해 치러야 하는 비용이다.°

다시 아이티 혁명과 유럽인 압제자에 비해 유리했던 노예들의 생물학적 이점 이야기로 되돌아가기로 하자. 아프리카에서 오랫동안 진화해온 역사의 결과로 생도맹그의 많은 노예들은 선천

° 수천 년 동안 인류를 괴롭혀온 질병들에 유전자나 세포가 반응하는 방식의 차이를 보여주는 흥미로운 사례들이 또 있다. 혈액형이 O형인 사람은 심각한 형태의 콜레라에 감염될 가능성이 더 높다. 그래서인지 수천 년 동안 콜레라가 풍토병이었던 방글라데시 사람들은 O형 비율이 세상에서 가장 낮다.[58] 과거의 유행병에 내성을 제공했던 유전자 차이가 새로 나타난 질병에 보호를 제공하는 데 유용하게 쓰이는 사례도 있다. 예를 들면, 백혈구 바깥쪽에 있는 한 단백질(면역계의 신호 분자를 받아들이는 일을 하는)의 돌연변이는 그것을 보유한 일부 유럽인에게 에이즈에 강한 저항력을 제공한다. 그런데 이 돌연변이는 원래 가래톳페스트나 천연두에 큰 저항력을 가져 강하게 선택된 것으로 보인다.[59] 낭성섬유증 뒤에 숨어 있는 유전학은 낮적혈구병 뒤에 숨어 있는 유전학과 아주 비슷하다. 세포 안팎의 염과 물의 움직임을 조절하는 수송 단백질 분자를 만드는 유전자가 있다. 한 대립 유전자만 결함이 있는 이형 접합 보인자는 대개 건강한 반면, 결함 유전자를 2개 다 물려받은 아기(따라서 이 유전자의 정상 복제본이 없어 그 기능을 전혀 발휘할 수 없는)는 폐와 창자에 점액이 쌓이면서 심각한 낭성섬유증을 앓게 된다. 현대 의학의 개입이 없으면, 아기는 대개 태어나는 그날 죽게 된다. 이렇게 치명적인 돌연변이는 금방 인구 집단에서 제거되는 게 보통이지만, 흥미롭게도 유럽인 중 약 2%는 이 돌연변이의 보인자인데, 최근의 역사에서 이 돌연변이의 세대 간 확산을 선호한 어떤 선택 압력이 있었던 것으로 보인다. 최선의 설명은 역사적으로 낭성섬유증 돌연변이 보인자가 장티푸스나 결핵에서 어느 정도 보호를 받았다는 것인데, 둘 다 소화계나 폐를 공격하는 세균 때문에 발생하는 질병이다.[60]

적으로 말라리아에 대항하는 유전적 방패를 지니고 있었다. 게다가 매년 식민지에 새로 유입되는 노예들이 아주 많다 보니 대다수 노예는 아프리카에서 태어나 아주 어린 시절부터 말라리아와 황열병에 노출된 사람들이었다. 요컨대 그들은 이미 말라리아에 충분히 단련돼 있었고, 어린 시절의 감염에서 살아남은 뒤로는 평생 동안 획득 면역력을 지녔을 가능성이 높았다.

반면에 프랑스군은 그러한 생물학적 방패가 전혀 없어 두 질병에 훨씬 심각한 타격을 입었다. 얼마 지나지 않아 프랑스군 병사 중 3분의 1 이상이 병에 걸렸다. 황열병에서 살아남은 사람들 중 다수는 다시 말라리아로 죽은 것으로 보인다. 르클레르 장군 자신도 황열병으로 죽었다. 보충 병력이 왔지만, 그들 역시 모기가 옮기는 질병에 수없이 쓰러져갔다.[61] 원정에 나선 프랑스군 중 약 5만 명이 죽어갔는데, 사인은 대부분 말라리아와 황열병이었다. 1803년에 나폴레옹이 식민지를 되찾겠다는 시도를 포기했을 때 살아남아 고국으로 돌아간 병사는 수천 명에 불과했다.[62] 자유를 찾은 노예들은 모기의 공중 지원을 받아 세상에서 가장 잘 훈련되고 좋은 장비를 갖춘 군대를 하나가 아니라 둘이나 패배시켰다.[63]

생도맹그는 1804년에 독립을 선포했고, 자유를 찾은 국가는 이름을 아이티로 바꾸었다.[64] 그러나 노예 제도와 제국주의의 통제라는 사슬에서 벗어나긴 했지만, 아이티는 국제적으로 따돌림받는 처지에 놓였다. 유럽의 제국주의 열강은 신생 독립 국가의 발전을 막기 위해 아이티를 외교적으로 고립시키고 경제적으로 질식시키려고 온갖 수단을 다 동원했다. 아이티에서 수출되는 품목

137

의 통상을 금지했고, 프랑스는 수입 손실의 보상(자유를 얻은 노예들은 이전 주인에게 배상금을 지불해야 한다고 부당하게 요구하면서)을 위해 포함 외교를 펼쳤다. 그 부채는 1950년대까지 상환되지 않았다. 한때 세상에서 가장 번성한 식민지였던 아이티는 오늘날 최빈국 중 하나로 남아 있다.

하지만 노예 반란의 성공은 전 세계적으로 노예 폐지 운동에 불을 지폈고, 아이티가 독립을 얻을 무렵에는 미국의 모든 북부 주에서 노예 제도가 폐지되었다. 그리고 3년 뒤에 영국은 대서양 횡단 노예무역을 금지했다.[65] 하지만 황열병과 말라리아의 도움을 받아 아이티의 노예 반란이 성공한 것은 훨씬 광범위한 영향을 미쳤다. 수익성이 아주 높았던 카리브해의 식민지 생도맹그는 프랑스에 막대한 수입을 가져다주는 데 그치지 않았다. 나폴레옹은 이곳을 북아메리카로 군사력을 전개하는 데 중요한 정기 기항지로 삼으려고 했다. 17세기 후반에 프랑스 탐험가들은 전체 미시시피강 유역을 프랑스 영토로 선언하면서 그곳을 루이 14세의 이름을 따 루이지애나 식민지라 부르고 뉴올리언스를 그 수도로 삼았다. 교역 수입원이자 전략적 해군 기지였던 생도맹그를 잃자, 나폴레옹은 북아메리카에서 제국주의의 꿈을 펼치려는 생각을 버리고 대신에 유럽 전역戰域에 집중하기로 했다. 그래서 유럽 전쟁에 필요한 자금을 확보하기 위해 뉴올리언스 항구뿐만 아니라 루이지애나 식민지 전체를 처분하길 원했다.[66]

미국은 미시시피강과 뉴올리언스 항구에서 일어나는 교역에 의존하고 있었고, 전체 수출품 중 3분의 1 이상이 멕시코만을

138

통해 운송되었다.[67] 그래서 토머스 제퍼슨Thomas Jefferson 대통령이
뉴올리언스를 1000만 달러에 사려고 프랑스와 접촉했을 때, 전체
루이지애나 식민지 땅을 단돈 1500만 달러(오늘날의 가치로는 3억
6600만 달러)에 사지 않겠느냐는 역제안을 받고서 깜짝 놀랐다.[68]
루이지애나 식민지 매입은 1803년 5월에 완료되었고,[69] 미국은 미
시시피강에서 로키산맥까지, 그리고 멕시코만에서 멀리 캐나다까
지 뻗은 광대한 땅을 손에 넣게 되었다. 미국은 펜으로 서명을 한
번 하는 것만으로 국토 면적이 두 배로 늘어났는데, 1평방킬로당
오늘날의 가치로 불과 170달러만 지불하고서 그 넓은 땅을 차지한
것이다. 생도맹그의 풍토병과 흑인 혁명가들의 생물학적 저항이
세계사의 물줄기를 바꾸는 데 지대한 영향을 미친 셈이다.

질병과 발전

16세기부터 유럽인이 식민지로 삼은 열대와 아열대 지역의
풍토병은 대규모 정착을 방해했다. 그곳에 사는 유럽인의 치명률
이 아주 높자, 식민국들은 설탕과 커피, 담배처럼 수익성이 높은
상품을 최대한 빨리 생산한 뒤에 수출하는 것을 주된 목표로 삼은
수탈 전략을 채택할 수밖에 없었다. 그들은 이 자연의 부를 약탈하
는 데 필요한 최소한의 시설 외에는 식민지의 장기적 발전이나 기
반 시설 구축에는 관심이 없었다. 노동력은 주로 노예에 의존했고,
이익을 지속적으로 짜내기 위해 혹독한 억압과 강압적 수단을 사
용했다. 이러한 식민지에 거주한 소수의 유럽인은 주로 행정관이

나 군인으로 일하면서 수탈 사업을 감독하고 저항을 억압했다. 이런 탓에 식민지는 독립을 쟁취하고 나서 한참이 지난 뒤에도 기반 시설 부족에 더해 재산 침해와 국가 권력의 남용을 막는 사법 및 정부 체계의 부재 때문에 발전에 어려움을 겪었다. 자원 수탈 식민지로 착취당하는 역사를 겪은 아프리카와 아시아, 라틴아메리카의 많은 국가는 지금도 발전 수준이나 경제적 안정 수준이 가장 낮은 축에 속한다.

반면에 치명적인 풍토병이 적은 온대 지역 식민지들에서는 유럽인 이주민이 살아남을 수 있었다. 그런 식민지들에는 자신과 가족을 위해 새로운 기회를 찾아 떠나온 이민자들이 상당히 많았다. 그들은 공정한 정부와 법의 지배를 통한 보호도 함께 기대했다. 재산법은 자신의 땅을 경작하거나 채굴권을 주장하거나 교역으로 생계를 유지할 수 있도록 개인의 권리를 보호했다. 그들은 정부 권력의 남용에 저항했고, 더 공평한 사회를 위해 대의 민주주의를 구축했는데, 그 제도는 본국의 행정, 입법, 사법, 교육 제도를 모방한 것이었다. 요컨대 이주민은 머나먼 식민지에서 작은 유럽 사회를 재현하려고 노력했다. 유럽인 이주민이 살아남아 번성할 수 있었던 식민지들에서는 오래 지속되는 제도들이 자리를 잡았다(비록 이주민과 그 후손들의 이익을 위한 것이긴 했지만). 이것은 다시 더 안정적인 사회 조건을 만들어냈고, 그 덕분에 식민지가 본국에서 독립한 뒤에도 지속적인 투자와 기반 시설의 발전과 경제 성장이 일어날 수 있었다. 식민지에서 미국과 캐나다, 뉴질랜드, 오스트레일리아가 된 나라들은 모두 장기적 발전을 위한 이러한 요인들에서 혜택을 받았는데, 이 모든 것은 유럽인 이주민이 이 지역들에서 풍토 병 때문에 심한 고초를 받지 않았기 때문에 가능했다.

따라서 세계 각지에서 발전한 식민지 형태(자원 수탈 식민지와 이주민 식민지)는 대체로 생물학적 요인에 의해, 즉 유럽인 이주민 이 풍토병에 얼마나 취약한가에 따라 결정되었다. 이 초기 조건에 따라 장기적 경제 발전을 돕거나 방해하는 상반된 발전 패턴이 나 타났고, 그것은 식민지들이 독립을 쟁취하고 나서 한참 지난 오늘 날까지도 지속되고 있다. 오늘날 많은 국가들 사이의 경제적 격차 는 강력한 제도를 수립하려 했던 유럽인 이주민의 개인적 이해관 계에 그 뿌리가 있다. 오늘날 이 국가들의 GDP는 유럽인 정착민의 풍토병 치명률과 강한 상관관계가 있다.[70]

아프리카 착취전

유럽인의 정복과 식민지 건설 시대에 첫 번째 희생 제물이 된 곳은 16세기가 시작될 무렵에 중앙아메리카와 남아메리카에 존 재한 문명들이었다. 17세기부터 19세기까지 유럽인은 북아메리카 대륙에 정착하면서 수많은 원주민을 몰살시키고, 자신들의 자명 한 운명으로 여긴 것을 손에 넣었다. 18세기와 19세기에 서양 제국 주의 국가들의 관심은 인도로 향했고, 19세기 중엽에는 중국까지 표적으로 삼았지만, 19세기 후반까지는 광대한 아프리카 대륙의 깊은 내륙까지 침투할 시도는 하지 않았다.

앞에서 보았듯이 현지의 풍토병은 아메리카의 식민지화(그리고 그 역사) 과정에 큰 영향을 미쳤다. 하지만 신세계와 처음 접촉한 유럽인 탐험가들은 비교적 유순한 질병 환경에 맞닥뜨렸다. 유럽인에게 치명적인 타격을 가한 말라리아와 황열병이 원래는 아메리카에 없던 질병이고, 유럽인과의 접촉 이후에 아프리카에서 온 노예선과 함께 들어온 질병이라는 사실을 기억할 필요가 있다. 다음 장에서 다룰 역사적인 이유 때문에 아메리카 원주민 사회에는 자체적인 대중성 질환이 거의 없었고, 최초의 정착민은 풍토병에 아무런 방해도 받지 않았다. 반면에 유럽인이 자기도 모르게 옮긴 감염병은 아메리카 원주민에게 종말론적 재앙을 초래했다. 구세계의 질병들은 치명적인 살육으로 토착 문명 전체를 붕괴시켰으며, 침략군의 무기보다 훨씬 광범위한 죽음과 파괴를 낳았다. 뒤따라온 정착민 앞에는 대체로 텅 빈 땅이 널려 있었다.

하지만 유럽 열강은 인도와 중국, 그리고 그 밖의 아시아 사회들과 접촉할 때에는 그러한 감염병의 이점을 누리지 못했다. 수천 년 동안 유라시아를 가로지르며 작동해온 교역망 덕분에 감염병이 철저히 뒤섞이고 배분되어 공통의 단일 질병 풀이 만들어졌다. 유럽인과 아시아인은 동일한 질병들에 대해 획득 내성을 얻게 되었다. 그래서 유럽의 제국주의 열강은 인도와 중국을 침탈할 때 월등한 무기와 강력한 군대와 해군력에 의존했다.

아프리카에서는 힘의 균형이 역전되었다. 수천 년 동안 치명적인 열대병을 견뎌낸 아프리카인은 낫적혈구 형질 같은 유전적 저항력과 평생 동안 단련된 저항력 덕분에 풍토병에 더 유리한 위치에 있었다. 그래서 아프리카의 풍토병인 말라리아와 황열병은 외부인에게는 치명적이었지만 아프리카인 성인 사이에서는 치명률이 비교적 낮았다. 그리고 사람 간에 직접 전파되는 유라시아의 많은 대중성 질환(천연두, 독감, 홍역 같은)과 달리 많은 열대병은 곤충 매개체를 통해 전파된다. 이 매개체는 더 추운 환경에서는 살아남지 못하는데, 따라서 이 질병들은 특정 기후대에 국한되어 나타난다.[71] 아프리카에 도착한 유럽인은 말라리아에 대한 유전적 내성이나 단련된 저항력, 그리고 황열병에 대한 면역력도 없어 금방 많은 수가 사망했다. 사실, 이 질병에 노출된 적이 없는 성인 사이에서 황열병의 치명률은 최대 89%에 이른다.[72] 유럽인은 원주민에 비해 군사적으로 절대적 우위에 있었을지 몰라도, 토착 미생물 앞에서는 번번이 패배했다. 적어도 처음에는 풍토병이 매우 효과적인 생물학적 억지 수단으로 작용하면서 원주민과 침입자 사이의 운동장을 평평하게 하는 것처럼 보였다.

물론 그렇다고 해서 유럽 열강이 아프리카에서 추구한 가장 가혹한 형태의 수탈 시도를 멈추게 하진 못했다. 오늘날의 지도에는 유럽 열강이 아프리카에서 무엇을 가치 있게 여겼는지 알려주는 흔적이 아직 많이 남아 있다. 후추 해안Pepper Coast, 코트디부아르Cote d'Ivoire('상아 해안'이란 뜻으로, 영어로는 아이보리코스트Ivory Coast), 황금 해안Gold Coast, 노예 해안Slave Coast 등이 그런 예이다. 아프리카에서 유럽인은 연안 요새('공장'으로 불린)에 머문 소수의 군대와 교역상뿐이었다. 이들은 현지 추장들과 거래를 협상하고, 더 안쪽의 내륙 지역에서 가져오는 자원 수탈을 감독하는 일을 했는데, 그러한 자원 수탈에는 가장 혐오스러운 형태의 수탈인 인간 노

동력 사냥도 포함돼 있었다.[73]

아프리카의 풍토병 환경은 효과적인 방화벽 역할을 해 유럽인 침입자들을 대체로 저지하고, 아메리카 대륙과 오세아니아에서 일어난 것과 같은 광범위한 식민지화를 막아냈다. 유럽인 식민지 개척자들의 활동 범위는 해안의 좁은 발판 지역에 국한되었고, 심지어 공장에서도 유럽인의 사망률은 매년 50%를 넘었다.[74] 포르투갈인이 서아프리카 해안선에 교역 기지를 처음 수립한 것은 15세기 후반이지만, 그 후 400년 동안 아프리카 내륙 지역은 유럽인에게 알려지지 않은 채 '암흑 대륙Dark Continent'으로 남아 있었다. 유럽인에게 아프리카는 사형 선고와 같았다.[75] 영국인은 아프리카 대륙을 '백인의 무덤'이라고 불렀다.[76] 1870년까지만 해도 해안에서 내륙 쪽으로 하루나 이틀 이상 여행하려는 유럽인은 거의 없었다.[77] 케이프타운 부근의 아프리카 남단처럼 질병 환경이 특별히 좋은 지역에서만 유럽인이 영구 정착촌을 세울 수 있었다.[78]

19세기 후반부터 이 모든 것이 변하기 시작했다. 의학은 여러 감염병의 기본을 이해하기 시작했고(각각의 질병을 일으키는 병원체를 분리하고 확인함으로써), 그럼으로써 치료나 예방 방법을 찾아내기가 용이해졌다. 연구자들은 새로운 백신을 개발했고, 나중에는 항생제도 발견했다. 질병에 효과가 있는 것으로 알려진 천연 식물 제품의 생산이 증가했고, 화학자들은 활성 성분을 추출하고 정제하는 방법뿐만 아니라 인공적으로 대량 합성하는 방법까지 발견했다. 인류와 질병 사이의 오랜 관계에 근본적인 변화가 일어나 수많은 인명을 구할 수 있게 되었다. 하지만 식민지를 경영하는 강대국들은 이 새로운 의학 기술을 전 세계에서 자신들의 세력권을 넓히는 데 활용했다.

19세기 초부터 키니네는 영국이 인도에서 말라리아가 창궐하는 지역을 통제하는 데 도움을 주었다. 1860년대에 영국인은 기나나무와 그 씨를 남아메리카에서 밀반출해 자급을 위해 영국령 인도와 스리랑카 농장에서 재배했다. 키니네 가루는 쓴맛이 강하기 때문에 설탕을 탄 탄산수에 녹여 마셨는데, 이를 '인디언 토닉 워터'라 불렀다. 추가로 쓴맛을 가리고 맛을 돋우기 위해 이것을 진과 섞어 마시기도 했는데, 이렇게 해서 G&T(진토닉) 칵테일이 탄생했다.[79] (여담으로 덧붙이자면, 나이트클럽에서 G&T 칵테일을 마셔 본 사람들은 잘 알겠지만, 키니네는 토닉 워터에 자외선을 비추었을 때 어둠 속에서 빛을 내는 성분이기도 하다.) 키니네 가격이 크게 떨어지기 시작한 것은 1880년대에 네덜란드인이 인도네시아에서 고품질의 열나무 껍질을 대량 생산하면서부터였다.[80]

이로써 전 세계적인 키니네 공급 문제가 해결되었다. 이전에 아프리카 대륙을 보호하던 질병 장벽이 무너지자, 치명적인 질병에 대한 극도의 공포가 사라지면서 광대한 내륙 깊숙이 제국주의 식민지가 팽창할 수 있는 관문이 열렸다.[81]

1880년대 초에 영국은 이미 기니 해안과 남아프리카에 거점을 구축했고, 인도로 진출하는 해상로를 확보하기 위해 몸바사와 베르베라(오늘날의 케냐와 소말리아)의 동해안 항구 주변 땅을 자국 영토로 편입했다. 프랑스는 콩고 북부 기슭에 위치한 한 지역을 점령했고, 독일은 다르에스살람(오늘날의 탄자니아)과 토고, 카메

145

룬, 탕가니카, 나미비아 일대를 자국 영토로 선언했다.[82] 1870년대에 독일을 통일시킨 주역인 오토 폰 비스마르크Otto von Bismarck는 아프리카에서 벌어진 제국주의 열강의 영토 분쟁을 해결하기 위해 1884년에 베를린 회담(탈취한 토지를 분할하는 것에 관한 일종의 국제 외교적 신사협정)을 개최했는데, 이것은 일반적으로 '아프리카 쟁탈전'의 출발을 알리는 총성으로 일컬어진다. 상대방보다 앞서 나가고 전략적 우위를 차지하려고 애쓰는 열강들 사이의 치열한 경쟁은 아프리카 쟁탈전을 더욱 가속화했다. 그들은 '암흑 대륙'과 그 주민과 자원을 약탈하는 행위를 개화와 인도주의를 확산하는 문명화 사명이라고 칭하며 도덕적으로 정당화했다.[83]

한 세대가 지나기 전에 사실상 아프리카의 모든 지역이 영국과 프랑스, 독일, 이탈리아, 벨기에, 포르투갈, 에스파냐에 의해 분할 점령되었고, 지리나 종족 간 차이를 전혀 고려하지 않고 경계선이 마구 그어졌다.°

운송과 통신 분야에서 일어난 기술 발전(증기선과 철도, 전신을 포함해)도 아프리카 쟁탈전을 가속화하는 데 힘을 보탰지만, 유럽인이 아프리카 대륙을 탐험하고 착취하는 데 가장 크게 기여한 발전은 그때까지 아프리카를 죽음의 덫으로 만들었던 열대 지역의

° 유럽의 지배를 받지 않고 독립국으로 남은 나라는 라이베리아와 에티오피아뿐이었다. 라이베리아는 미국과 카리브해 지역에서 해방된 노예들이 이주해 만든 국가이고, 에티오피아는 1896년에 침입해온 이탈리아군을 격퇴함으로써 제국주의 열강의 식민지 지배 야욕을 꺾었다.

풍토병에 대항할 수 있는 의학적 해결책이었다.

지금까지 우리는 세계 각지의 풍토병이 인류의 역사에 미친 영향을 살펴보았다. 이번에는 전체 인구 집단에 급속하게 퍼지는 유행병에 초점을 맞춰 이로 인한 갑작스러운 재앙에 가까운 사망률 급증이 그 사회에 어떤 장기적 변화를 가져왔는지 살펴보기로 하자.

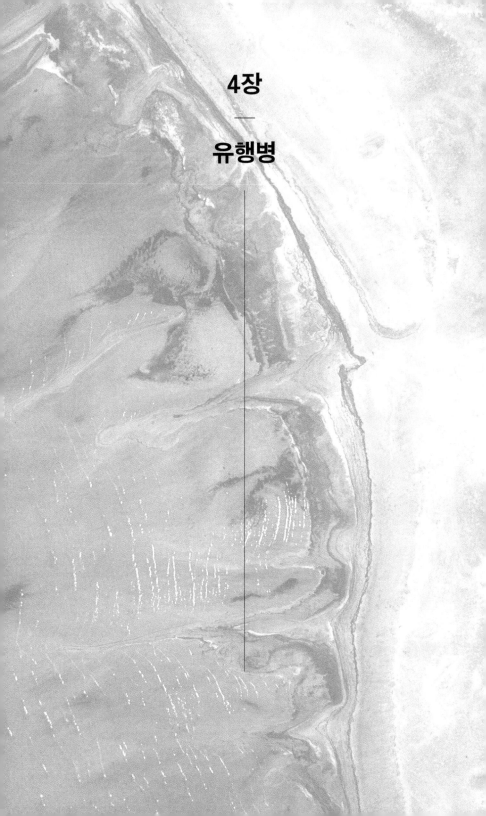

4장

—

유행병

언제 이런 일을 듣거나 본 적이 있는가?
어떤 연대기에서 집들이 텅 빈 채 남아 있고, 도시들이 버려지고,
나라가 방치되고, 들판이 죽은 자들을 묻기에 너무 좁고,
공포스럽고 보편적인 고독이
온 땅을 뒤덮었다는 기록을 읽은 적이 있는가?
오, 이러한 불행을 알지 못하는 미래의 행복한 사람들은
아마도 우리의 증언을 우화로 분류할 것이다.

—

프란체스코 페트라르카Francesco Petrarca,
1348년에 사랑하던 연인 라우라가 유럽을 휩쓴 페스트에 죽었다는 소식을 듣고서

약 1만 년 전에 세계 여러 곳에서 각자 독립적으로 농업이 발명된 사건은 인류의 역사에서 최악의 실수였다고 이야기돼왔다.[1] 인류가 영구 정착지에서 농사를 짓고 살아가면서 잉여 식량이 생산되고 여성의 생식 능력이 높아졌는데, 이 두 가지는 인구 성장에 도움이 되었지만 의심할 여지 없이 인간의 건강에는 좋지 않았다. 수렵채집 생활에서 작물 재배와 가축 사육으로 전환하자, 식품의 다양성이 줄어들고 영양 결핍이 더 자주 발생하게 되었다. 또한 사람들은 필요한 칼로리를 생산하느라 더 많은 시간과 에너지를 투입해야 했다. 농업으로의 전환은 의도하지 않았던 결과를 또 하나 초래했는데, 그것은 바로 악성 유행병의 창궐이었다.

야생에서 사냥해 잡은 동물을 즉시 난도질해 먹는 수렵채집인과 달리 목축업자는 신뢰할 수 있는 고기와 가죽 공급원을 확보할 수 있다. 또한, 풀밭에서 가축에게 풀을 뜯게 하면, 사람이 먹을 수 없는 식물 물질을 단백질이 풍부한 고기로 전환하는 데 아주 효율적이다. 가축 사육은 또한 2차 산물의 형태로 사냥꾼이 얻을 수 없는 소중한 자원을 제공한다. 그러한 2차 산물에는 영양분이 풍부한 젖과 털, 근육의 힘 등이 있다. 짐 나르는 짐승은 무거운 짐을 운반하고 쟁기와 마차와 전차를 끈다. 하지만 이 모든 일에는 사람과 동물 사이의 친밀한 관계가 필요하다. 사람과 동물은 따뜻한 온기를 얻기 위해 한 장소에서 자주 함께 살았는데, 이 때문에 병원체가 종의 장벽을 뛰어넘어 사람도 감염시키도록 진화할 수 있는 최적의 기회를 얻었다. 우리가 걸리는 감기는 말에서, 수두와 대상포진은 가금에서, 독감은 돼지나 오리에서, 홍역은 개나 소에서 유래했다.[2] 볼거리, 디프테리아, 백일해, 성홍열도 모두 동물 질환이 사람에게 전파된 것이다.[3] 우리의 식품 저장고와 집에 흥미를 느끼고 다가온 해충에서 유래한 질병들도 있는데, 생쥐에서 유래한 한센병이 그런 예이다.[4]○

인간의 질병 중에는 말라리아(앞에서 보았듯이 인류는 진화를 통해 말라리아와 아주 오랜 관계를 맺어왔다)처럼 아주 오래된 것도 있지만, 대다수 질병은 우리가 농사를 짓고 가축과 함께 살기 시작한

○　인구가 팽창하면서 우리가 동물의 자연 서식지를 침범할 때, 종의 장벽을 뛰어넘어 야생 동물에게서 사람으로 옮겨오는 질병도 있다. 이를 종간 전파 사건이라 부르는데, 오늘날 에이즈, 에볼라, 라사열, 지카 바이러스 감염증, 코로나19를 포함해 새로 생겨나는 감염병은 대부분 이를 통해 일어난다.[5]

후에 인간 집단으로 유입되었다.

농업 덕분에 우리는 인구 밀도가 높은 정주성定住性 사회를 이루어 살게 되었다. 잠재적 숙주들이 이렇게 밀집해 살아가는 환경은 병원체가 대중성 질환으로 급속하게 퍼지기에 완벽한 조건이다. 게다가 읍락과 도시는 사람들이 썩어가는 쓰레기와 하수 사이에서 살게 하는 비위생적 환경을 만들었고, 그러면서 식수원을 오염시켰다.(반면에 수렵채집인과 유목민은 그런 문제가 없었다. 한 곳에서 잠시 살다가 다른 곳으로 옮겨가면 그만이었다.) 이 모든 상황은 인간 집단에 침투하는 감염병이 급증하는 결과를 낳았다.

따라서 농업은 우리에게 화려한 도시와 상업의 번성, 그리고 문자를 비롯한 갖가지 문명의 과실을 물려주었지만, 이 특별한 선물들에는 대가가 따랐다. 그것은 선사 시대 파우스트의 계약과 같은 것이었는데, 농업과 문명의 발전에 따른 전염병의 출현이었다.

메소포타미아와 이집트, 인도 북부, 중국의 초기 문명 도시들에서 주기적으로 대규모 전염병이 발생했을 가능성이 높지만, 그러한 최초의 유행병에 대한 기록은 남아 있지 않다. 유라시아 전역에서 인구가 증가하면서 인구 밀도가 높은 읍락과 도시가 여기저기 생겨나자, 지역에 따라 독특한 감염병들이 생겨났을 것이다. 하지만 늘 새로운 숙주를 찾으려는 병원체가 광범위한 지역으로 확산된 것은 교역망이 확대되고 주요 인구 중심지들과 항구들과 화물 집산지들이 연결되기 시작하면서부터였다.

전쟁은 늘 질병의 확산과 떼려야 뗄 수 없는 관계에 있다. 제각각 다른 지역에서 온 병사들이 불결한 야영지에서 함께 모여 지내는 환경은 그들에게 딸려온 병원체의 혼합과 전파에 최상의 조건을 제공했다. 먼 지역으로 원정을 떠나면, 병사들은 현지의 새로운 질병에 노출되는 한편으로 자신의 질병을 현지 주민에게 옮겼다. 그리고 원정에서 돌아올 때에는 새로운 질병을 가져와 고국의 주민에게 전파했다.[6]

질병은 전반적인 피로와 영양실조에 더해 행군이나 포위 공격을 하는 군대에 치명적 타격을 주었지만, 정확한 피해 수치가 기록된 것은 19세기부터였다. 1850년대에 일어난 크림 전쟁(자세한 내용은 8장에서 다룰 것이다) 때 영국군은 전투에서 잃은 병사보다 이질과 발진티푸스로 잃은 병사가 10배나 많았다. 19세기 말에 일어난 보어 전쟁에서 영국은 남아프리카를 차지하기 위해 네덜란드인 정착민과 싸웠는데, 전투에서 죽은 병사보다 미생물 병원체에 죽은 병사가 5배나 많았다.[7] 사실, 질병으로 인한 사망자보다 서로에게 죽임을 당한 병사가 더 많았던 최초의 주요 전쟁은 1904~1905년에 일어난 러일 전쟁이었다.(그리고 이것은 일본군에게만 해당한다.) 하지만 심지어 제1차 세계 대전 때에도 서부 전선에서는 수백만 명의 젊은이가 산업화된 살육장의 고기 분쇄기에 갈려나가듯이 무참하게 죽어간 반면, 동부 전선에서는 양측 모두 총탄과 포탄보다는 질병에 더 많은 병사가 희생되었다. 제2차 세계 대전에 이르러서야 마침내 다른 인간이 미생물보다 더 큰 위협이 되었는데, 광범위한 위생 조치와 감염 통제, 백신 접종, 항생제 사용이 낳은 결과였다.[8]

「요한 묵시록」의 네 기사(말을 탄 자)는 흔히 하느님이 보낸 징

벌로 해석하는데, 각각 전염병, 전쟁, 기아, 죽음을 나타낸다. 전쟁이 사회에 초래하는 혼란(젊은이들이 농사를 짓다가 끌려와 머나먼 땅에서 죽어가고, 침략군이 곡식과 가축을 약탈하는 등)은 흔히 식량 부족과 기아를 낳았다. 고향에서 멀리 떨어진 땅에서 영양 결핍으로 허약해진 사람들은 질병에 훨씬 취약하다. 따라서 역사적으로 볼 때 전쟁은 단지 군인들만 죽이는 데 그치지 않고, 일반 시민 사회 전체에 악성 전염병을 퍼뜨리고 유행병을 촉발했다. 예를 들면, 17세기 전반에 주로 신성로마제국 내에서 벌어진 30년 전쟁의 군인 사상자는 50만 명을 조금 넘었는데, 그중 최대 3분의 2는 질병이 사인이었다.[9] 하지만 이 전쟁의 참혹한 비극이자 아마도 인류 역사상 가장 큰 의학적 재난은 최대 800만 명에 이르는 민간인이 사망했다는 사실이다. 여기서도 직접적 군사 행동으로 사망한 사람은 극히 일부에 불과했고, 대다수는 전쟁의 혼란 때문에 발생한 굶주림(12%)과 질병(75%)으로 죽어갔다.[10]

그런데 역사적으로 교역도 전쟁과 군대의 진격만큼 질병 확산과 유행병 촉발에 중요한 역할을 했다.[11] 기원전 제1천년기에 유라시아 문명들은 많은 인구 밀집 도시들이 광대한 교역망을 통해 연결되면서 중요한 전환기를 맞이했다.[12] 그와 함께 파괴적인 대중성 질환과 맹렬한 유행병 시대가 막을 올리게 되었다.

아테네 역병은 역사에 기록된 최초의 유행병인데, 스파르타와 벌인 펠로폰네소스 전쟁이 막 시작되던 무렵인 기원전 430년에 아테네를 덮쳤다. 이 역병은 동지중해 지역 주변까지 퍼졌으나 이곳들은 인구가 밀집된 도시보다 피해가 덜했는데, 도시 지역에서는 전체 주민 중 4분의 1 내지 3분의 1이 죽어갔다.[13] 그리스 역사학자 투키데데스Thucydides가 이 역병에 관한 기록을 남겼는데, 자신이 직접 병에 걸리고 살아남은 투키데데스는 고열, 검푸른 피부 반점, 구토, 심한 설사와 경련을 포함해 그 증상을 자세히 묘사했다. 시민들은 어차피 사형 선고를 받은 거나 다름없다고 믿고서 "모든 종교 규칙이나 법에 무관심해져"[14] 광범위한 방탕과 범죄에 빠져들면서 아테네 사회가 붕괴했다.[15]

그 후로 전염병은 역사에 반복적으로 등장했다.

키프리아누스 역병

전성기이던 2세기에 지중해 주변 지역에 뻗어 있던 로마 제국의 중심에 위치한 수도 로마는 유행병이 발병하기에 딱 좋은 조건을 갖추고 있었다. 그 당시 로마는 위생 관리와 공공 상수도를 오염에서 보호하는 조치는 모범적이었지만, 약 100만 명의 인구(그 당시로서는 세계에서 가장 많은)가 밀집해 매우 혼잡한 도시였다. 교역상들은 광대한 지역을 자유롭게 돌아다녔고, 군대는 알려진 세계 구석구석으로 진군하면서 미생물을 위한 초고속도로망을 깔아주었다. 그리고 모든 길은 로마로 통했다.[16] 광범위한 지역에서 병원체가 수도로 유입될 잠재력이 높았을 뿐만 아니라, 혼잡한 도시는 병원체가 유행병을 통해 빠르게 확산되기에 완벽한 조건을 제공했다.

안토니누스 역병은 165년 말에 메소포타미아에서 오랜 숙적인 파르티아 군대와 싸우던 로마군을 덮쳤고, 다음 해에 로마로 돌아온 로마군은 그 역병도 함께 가져왔다.[17] 안토니누스 역병은 삽시간에 유라시아 전체로 퍼졌고, 멀리 인도와 중국까지 퍼져갔으며, 190년대 초까지 여러 차례 반복적으로 창궐했다.[18] 그 당시 의학자 갈레노스Galenos는 그 증상으로 딱지로 뒤덮인 피부 발진, 고열, 혈변, 구토 등을 기록했지만,[19] 이 질병의 정확한 정체는 알려지지 않았다. 그것은 천연두나 홍역 혹은 발진티푸스였을 가능성이 있다.[20] 하지만 이 역병이 치명적이었다는 사실은 잘 알려져 있다. 로마의 전체 인구 중 10~30%가 안토니누스 역병으로 죽어간 것으로 추정된다.[21]

그다음에 몰아닥친 키프리아누스 역병은 이 병을 목격하고 기록을 남긴 카르타고의 주교 이름에서 땄다. 249년에 에티오피아에서 처음 발생한 이 유행병은 북아프리카를 가로질러 로마 제국 전체와 북유럽까지 퍼졌고, 그 후 20년 동안 여러 차례 반복해 발생했다. 이번에도 그 원인 병원체는 불분명하지만, 안토니누스 역병처럼 천연두나 홍역 혹은 에볼라 비슷한 출혈성 바이러스였을 가능성이 있다.[22] 이 역병으로 황제였던 호스틸리아누스Hostilianus 와 클라우디우스 2세Claudius II도 목숨을 잃었고, 로마 제국 전체 인구 중 약 3분의 1(많게는 약 500만 명)이 죽었다.[23]

이 유행병은 이른바 '3세기의 위기(3세기의 위기는 군인 황제 시대라고도 부르며, 로마 제국이 거의 붕괴할 뻔한 시기로, 235년부터 284년까지의 기간을 가리킨다—옮긴이)'를 촉발한 주요 원인 중 하나로, 250년부터 275년까지 제국에 급격한 변화를 가져왔다.[24] 금융 시스템이 붕괴되고, 정치적 혼란이 지배 엘리트를 불안정하게 뒤흔들었다. 질병으로 약해진 군대는 제국의 긴 국경을 따라 가늘게 배치되어 끊임없는 야만족의 습격과 경쟁자이던 사산 제국(사산조 페르시아)의 영토 침범을 막아내기에 역부족이었다. 하지만 키프리아누스 역병이 오랫동안 미친 가장 중요한 효과는 특정 종교의 급속한 전파였다.

이 역병의 치명률과 그것이 불러온 존재론적 위기 때문에 많은 로마인은 괴팍하고 교활한 신들이 판테온을 가득 채우고 있던 전통적 다신교에 대한 믿음을 잃었다.[25] 그 당시에 기독교는 다소 급진적이고 그다지 잘 알려지지 않은 신흥 종교였지만,[26] 공동체를 중시하는 관용과 병자 간호를 의로운 의무로 설파했다는 점에서 전통 종교와 확연히 차이가 났다.[27] 제국 전역에 흩어져 있던 기독교 교회들은 신자들에게 설령 자신이 병에 걸릴 위험이 있더라도 병으로 고통 받는 사람들을 돌보라고 권장하면서 역병의 위기에 대응했다. 현대 의학의 치료법이 사용되기 전에는 간호(몸을 따뜻하게 하고 음식과 물을 먹고 마시도록 돕는 행위)가 환자의 회복과 생존에 큰 차이를 빚어낼 수 있었다. 그 결과로 기독교 공동체들은 역병에서 살아남는 비율이 조금 더 높았을 것이다. 그보다 더 중요하게는 기독교의 자선에서 혜택을 받고 간호를 받으며 건강을 되찾은 이교도는 자신의 목숨을 구해준 종교에 큰 고마움과 헌신적 의무를 느꼈을 것이다. 그리고 기독교도의 설교처럼 고결하고 자선적인 삶을 살면 사후에 천국에 갈 수 있다는 희망도 심각한 유행병으로 죽음이 만연한 시대에 특별히 매력적인 요소로 작용했을 것이다.[28] 많은 제도가 실패하는 동안 기독교 교회는 전염병이 모든 것을 파괴하는 참혹한 상황에서 오히려 더 많은 지지를 얻게 되었다.

로마 당국은 기독교 신자들을 여전히 박해했는데도, 기독교는 이렇게 제국 전체로 급속하게 퍼져가기 시작했다. 콘스탄티누스Constantinus 대제가 313년에 밀라노 칙령을 발표하면서 기독교 박해가 끝났다. 그리고 380년에는 테오도시우스 1세Theodosius I가 기독교를 로마의 유일한 국교로 선포했다. 그 결과로 기독교는 그 후 1500년 동안 유럽과 서양 세계에서 지배적인 종교가 되었다.

유스티니아누스 역병

5세기 말에 서로마 제국은 야만족의 침략을 버텨내지 못해 멸망했고, 수도를 콘스탄티노플에 둔 동로마 제국은 비잔틴 제국으로 명맥을 이어갔다. 유스티니아누스 1세Justinianus I(527~565 재위) 시절에 비잔틴 문화와 학문과 건축이 크게 번성했고, 웅장한 아야 소피아(성 소피아 대성당)도 건립되었다. 유스티니아누스 1세는 로마의 법을 집대성하여 유스티니아누스 법전을 완성했는데, 이것은 1200년 뒤에 나폴레옹 법전의 기반이 되어 대륙 유럽과 전 세계 대다수 지역의 입법에 큰 영향을 미쳤다. 하지만 유스티니아누스 1세의 가장 야심 찬 계획은 통일 로마 제국의 영광을 재현하기 위해 서쪽에서 잃은 영토를 되찾는 것이었다.

이 계획은 적어도 한동안은 대체로 성공을 거두었다. 그의 군대는 북아프리카의 반달 왕국을 쳐부수고 그 땅을 수복했고, 이베리아반도 남부도 점령하여 스파니아 지방을 수립했으며, 달마티아 해안과 시칠리아, 로마를 포함한 이탈리아 지역을 제국에 재편입하기 위해 동고트 왕국을 정복했다. 또한 동쪽의 강력한 이웃인 사산 제국에도 여러 차례 원정을 단행했다.[29]

하지만 이러한 성공들은 생물학적 재난이 닥치는 바람에 오래 가지 못했다. 541년에 인류 역사상 가장 치명적이고 공포스러운 질병 중 하나로 꼽히는 가래톳페스트가 창궐했다.[30] 이 시기의 유골에서 추출한 DNA를 분석한 결과, 유스티니아누스 역병의 병원체는 벼룩을 통해 전파되면서 중세의 흑사병과 19세기 중엽의 페스트를 일으킨 것과 동일한 세균인 페스트균*Yersinia pestis*으로 밝혀졌다.[31]

최초의 페스트 유행은 티베트 고원 근처의 중앙아시아 고지대에서 발생해 해상 교역로를 따라 인도양과 홍해를 건너 위쪽으로 이동한 것으로 보인다.[32] 페스트는 이집트의 펠루시움 항구에 도착한 뒤에 지중해 주변의 번잡한 교역망을 가로질러 비잔틴 제국 전체로 퍼져갔으며, 콘스탄티노플에는 542년에 도착했다.[33] 유스티니아누스 1세의 적들 역시 무사하지 못했는데, 사산 제국 전역에도 페스트가 퍼졌다.[34] 그 참혹한 현장을 목격한 역사학자 프로코피우스Procopius는 다음과 같이 기록했다. "이 무렵에 악성 전염병이 창궐했는데, 전 인류가 절멸 직전으로 내몰렸다. … 그것은 전 세계를 휩쓸면서 모든 인간의 삶을 파괴했다."[35]

불과 2년 만에 콘스탄티노플의 전체 인구 중 4분의 1 내지 절반이 죽어갔고,[36] 유럽과 지중해 주변 지역에서 죽은 사람의 수는 2500만~5000만 명에 이르렀다.[37] 이렇게 많은 희생자를 낸 유스티니아누스 역병은 1340년대의 흑사병과 1918년의 독감 팬데믹 다음으로 인류 역사상 세 번째로 많은 희생자를 낸 유행병이 되었다.[38]

최초의 역병 물결은 550년경에 지나갔다. 전체 인구 집단을 휩쓸고 지나간 뒤에 새로 감염시킬 숙주가 얼마 없자 화마처럼 활활 타오르던 기세가 꺾였다. 하지만 시간이 좀 지난 뒤에 페스트는 다시 폭풍처럼 나타났는데, 이것은 유행병의 공통적인 특징으로, 인구 집단의 획득 내성이 약해지거나 감염되기 쉬운 새로운 세대의 사람들이 태어나면 그 지역으로 되돌아와 다시 맹위를 떨친다. 페스트는 역사에서 반복적으로 나타나 기승을 부리다가 18세기에 가서야 마침내 유럽과 지중해와 중동 지역에서 완전히 물러났다.[39]

유스티니아누스 역병으로 인한 대규모 인구 감소는 비잔틴 제국 전역에 심각한 사회경제적 격변을 가져왔다.[40] 지중해 주변 지역의 교역이 급감해 경제적 불안정 상태가 장기간 지속되었다.[41] 역병 창궐 기간의 재정 기록은 세수가 급감했음을 보여주는데,[42] 그 결과로 국가의 지출, 특히 군사 부문 지출이 큰 타격을 받았다.[43] 588년에 군인 봉급이 4분의 1이나 삭감되자 동쪽 국경선 지역에 주둔하던 병사들 사이에서 반란이 일어났다.[44] 제국의 재정과 군사력에 미친 타격은 수 세대 동안 계속되었고,[45] 얼마 지나지 않아 서쪽에서 수복한 영토―북아프리카, 이탈리아, 그리스, 발

161

칸반도—를 다시 잃게 되었다.[46] 반복되는 역병으로 인한 비잔틴 제국의 쇠락은 고대 세계(위대한 그리스와 로마 문명의 고전 고대)의 종말과 함께 중세의 시작을 알렸다.[47] 유럽 문명의 중심지는 지중해 가장자리에서 서유럽과 북유럽으로 옮겨갔다.[48]

비잔틴 제국과 사산 제국의 갈등은 7세기까지 계속 이어졌지만, 연속적인 페스트의 물결에 똑같이 큰 타격을 받으면서 양측 모두 세력이 약해졌다. 이 때문에 이 지역은 새로 떠오르는 강자, 이슬람 세력의 군대 앞에서 취약한 상태에 놓이게 되었다.[49]

무함마드Muhammad(마호메트의 아랍어 이름)는 570년경에 메카에서 태어났는데, 62세의 나이로 세상을 떠날 즈음에는 아라비아반도의 부족들을 모두 통일했다. 비잔틴 제국은 무함마드가 아직 살아 있던 620년대 후반에 진격해온 이슬람 군대와 처음 충돌했지만, 비잔틴 제국이나 사산 제국 모두 크게 저항할 힘이 없었다.[50]

인구 밀도가 낮은 유목민으로 살아가던 아라비아 사람들은 인구 밀도가 높은 로마 제국과 페르시아 제국의 읍락과 도시에 살던 사람들보다 반복적인 페스트 발생에 타격을 덜 받았다.[51] 새로운 종교 아래 부족들을 통일한 무함마드는 632년에 죽었지만, 그의 후계자들은 비잔틴 제국의 많은 영토를 정복하고, 651년에 사산 제국을 완전히 멸망시켰다. 750년까지 처음에는 라시둔 칼리파 왕조(무함마드가 사망하고 나서 4명의 칼리파가 제국을 통치한 시대) 아래에서, 그다음에는 우마이야 칼리파 왕조(661년부터 750년까지 존속했던 첫 번째 이슬람 세습 칼리파 왕조) 아래에서 칼리파국의 영토는 아라비아반도에서 서쪽으로는 북아프리카를 건너 이베리아반도까지, 동쪽으로는 페르시아를 지나 인더스강까지 뻗어갔다. 이슬람 제국은 연속적인 페스트 창궐과 서로간의 전쟁으로 약해진 그 지역의 두 초강대국이 몰락하면서 생긴 힘의 공백을 빠르게 메워 갔다.[52]

흑사병

유스티니아누스 역병이 창궐하고 나서 800년 뒤, 페스트균이 다시 맹렬하게 서유라시아로 돌아왔는데, 이를 흔히 흑사병Black Death이라 부른다.

중세에 창궐한 흑사병은 하서주랑河西走廊(산맥들과 사막을 지나 중국 평원으로 이어지는 통로)을 지나 진격한 몽골군의 군사 원정이 원인이 된 것으로 보이는데, 이들은 아마도 고기와 모피를 얻기 위해 설치류를 사냥했을 것이다.[53] 이곳에서 페스트균을 몸에 담은 벼룩들이 몽골군과 함께, 그리고 그다음에는 상인들과 그 물품들과 함께 실크로드 교역망을 따라 서쪽으로 중동과 흑해로 갔다가 마침내 유럽에 상륙해 흑사병을 일으킨 것으로 추정된다. 이 시기에 초기의 생물학전을 벌인 사례가 기록되었다. 크림반도의 카파(지금은 우크라이나의 페오도시야)는 몽골의 칸이 자신의 제국 내에서 활동을 허용한 제노바 공화국의 주요 교역항 중 하나였다. 하지만 관계가 악화되자 몽골의 황금 군단이 1346년에 카파를 포위했다. 요새화된 항구를 함락하기가 쉽지 않자, 몽골군은 그들의 진영에서 페스트로 죽은 사람의 시체를 투석기를 사용해 성벽 너머로 날려보냈다. 결국 요새는 함락되었고, 이때 도망친 주민들이 페스트를 유럽으로 전파한 것으로 추정된다.[54]

정확한 경로가 무엇이건, 어쨌든 페스트는 1347년 가을에 유럽에 당도했는데, 동양에서 와 시칠리아 항구에 정박하고 있던 배들이 그 시발점이 되었다. 선원들은 기이한 신종 질환으로 이미 죽었거나 죽어가고 있었다. 선원들은 고열과 구토, 심한 두통, 섬망 증상이 나타났고, 목과 겨드랑이, 사타구니에 검은색 종기가 돋아났는데,[55] 종기는 매우 예민했을 뿐만 아니라 꾸르륵거리는 기묘한 소리까지 냈다.[56] 이 독특한 종기는 페스트균에 감염된 림프절이 부어올라 생긴 것이었다. 가래톳페스트(림프절페스트라고도 함)를 뜻하는 영어 단어 bubonic plague의 'bubonic'은 그리스어로 '사타구니'를 뜻하는 boubón에서 유래했다.[57]○

흑사병은 시칠리아에서 이탈리아 본토로 전파되었다가 지중해 해안을 따라 프랑스와 이베리아반도로 빠르게 퍼져갔으며, 비잔티움에는 배를 통해 도착했다. 피렌체가 특히 큰 피해를 입었는데, 전체 주민 중 60%가 죽었다. 다른 유행병과 마찬가지로 흑사병도 읍락과 도시의 비좁고 불결한 환경에서 맹위를 떨쳤는데, 페스트균을 머금은 벼룩이나 이가 우글거리는 쥐들을 통해 빠르게 확산되었다.[59] 하지만 시골 지역도 심한 피해를 입기는 마찬가지

○ '흑사병Black Death'이라는 이름은 수백 년 뒤에 생겨났는데, 라틴어 *atra mors*(끔찍한 죽음)의 오역에서 유래했을 가능성이 있다. atra는 '끔찍한'이란 뜻과 함께 '검은'이라는 뜻도 있다.[58]

였다. 1348년 봄에는 남유럽 전체에 흑사병이 창궐했고, 육로를 통해 북쪽으로 그 범위가 확대되고 있었다.[60] 그리고 마침내 그해에 영국 해협을 건너 런던을 덮치면서 6만 명의 주민 중 약 절반의 목숨을 앗아갔다.[61] 일단 감염되면 환자는 대개 며칠 안에 죽었다.[62] 흑사병은 남녀노소와 부자와 빈자를 가리지 않고 모두를 무차별적으로 공격해 죽였다. 시체가 넘쳐나다 보니 묘지에 자리가 없어 구덩이를 파 시체들을 합동 매장하기까지 했다.

기세가 누그러지기 시작한 1353년까지 흑사병은 유럽 전역과 북아프리카, 중동 일대까지 죽음의 베일을 드리우면서[63] 전체 인구의 3분의 1 내지 3분의 2를 죽였다. 불과 몇 년 만에 모두 합쳐 5000만~1억 명이 사망했다. 인구가 흑사병 이전 수준으로 회복되기까지는 200년 이상이 걸렸다. 흑사병은 인류 역사상 가장 큰 인구학적 재앙이었다. 1918년의 독감 팬데믹이 더 많은 사망자를 낳았을지 몰라도, 그때에는 세계 인구가 크게 증가해 있었다. 감염 환자의 치명률(50~60%)로 따진다면 흑사병이 역사상 가장 치명적인 질병이었다.[64]

흑사병이 단기적으로 미친 영향은 아주 컸다. 재앙에 가까운 인명 손실은 가족을 포함해 공동체에서 수많은 사람이 죽어가는 모습을 목격한 생존자들에게 말할 수 없는 심리적 트라우마를 남겼다. 종말론적 사건에 충격을 받아 사회가 마비되었고, 생존자들은 미래 따위에는 아랑곳하지 않고 현재 이곳에서 누릴 수 있는 쾌락에 몰두했다. 사람들은 경제 활동의 심각한 붕괴에서도 큰 타격을 입었다.

하지만 장기적으로는 유럽이 엄청난 충격을 받았던 사회적, 경제적 구조를 회복하면서 오히려 이로운 결과를 가져다준 측면이 있었다. 그것은 흑사병이라는 폭풍 구름에 어른거린 한 줄기 밝은 빛이었다.

14세기에 유럽 전역을 지배한 사회 제도는 봉건 제도였다. 영주가 광대한 토지를 소유했고, 그 토지는 가족 사이에 세습되었다. 농부들은 영주의 땅에 노동을 제공하는 대가로 작은 땅뙈기에서 자신의 농작물을 재배할 수 있었고, 왕의 소집령이 떨어지면 병사로 출정해야 했다. 그런데 흑사병으로 인한 대규모 인구 감소는 이 제도를 뿌리째 뒤흔들었다. 하층민이 너무나도 많이 죽는 바람에 영주의 토지에서 일할 비숙련 노동자뿐만 아니라 마을과 읍락에서 장인과 상인으로 일할 숙련 노동자까지 크게 부족하게 되었다. 노동력이 소중해지자, 농부와 장인은 협상력을 얻게 되었다. 노동자들은 더 나은 일을 찾아 영주의 영지를 떠났다. 귀족과 정부는 임금을 제한하고 농노의 이동을 금지함으로써 상황을 통제하려고 시도했지만, 이러한 조치들은 대체로 실패했다. 그러한 제약은 봉건 영주들의 이익을 위한 것이었지만, 다른 데로 옮기길 원하는 노동자들을 눈감아주거나 받아주는 것 또한 영주들에게 이익이었는데, 그들에게 절실히 필요한 노동자를 이웃에게서 가로챌 수 있었기 때문이다.[65] 사람들이 더 나은 일자리를 찾아 여행을 하자, 영주의 영지에 매여 살아야 했던 봉건 제도의 구속이 약해졌다.

또 너무나도 많은 사람이 죽다 보니 많은 땅이 주인이 없는 상태가 되었고, 그래서 이 땅들은 살아남은 상류층 친척들에게 돌아갔다. 적은 수의 소유주가 많은 땅을 보유하다 보니 땅값이 떨어졌다. 그 결과로 이전에 부동산을 한 번도 소유한 적이 없던 농부들이 땅을 사기 시작했다.

전반적으로 심각한 사망률 위기는 사회의 불평등을 완화하는 결과를 가져올 수 있다. 노동력이 귀해지면 실질 임금이 상승해, 사회에서 가장 부유한 사람들과 가장 가난한 사람들 사이의 소득 격차를 줄이는 데 도움이 된다. 흑사병 이후에 바로 이런 일이 일어났다는 확실한 증거가 있다.[66] 부의 불평등 감소는 자본 소득의 불평등 감소로 이어졌는데, 이제 사회에서 더 많은 사람들이 자기 소유의 부동산을 획득할 수단(더 높은 임금을 받아)과 기회(더 많은 땅을 더 값싸게 살 수 있게 되어)를 얻었기 때문이다.[67] 게다가 이동과 임금의 증가로 전반적인 생활수준도 높아졌다.

봉건 제도가 무너지기 시작했다. 토지를 사용하는 대가로 노동력을 지불하던 제도는 임금 노동과 지대 지불로 바뀌기 시작했다. 이전의 농노 고용 계약에서 금전적 거래로 변화가 일어난 것이다. 이것은 시장 중심 경제[68]와 더 자유롭고 이동이 많은 사회로 나아가는 결과를 낳았다. 흑사병이 영주와 농노의 봉건 제도를 일거에 종식시킨 것은 아니지만(영국에서는 16세기까지 봉건 제도가 사라지지 않았고, 유럽 대륙에서는 더 오래 지속되었다), 대규모 인구 감소의 여파로 생겨난 사회적 조건은 서유럽과 북유럽 지역에서 봉건 제도의 종식을 가속시키는 데 분명히 큰 역할을 했다.[69]°

인구 감소는 개개 농부의 위상을 높였을 뿐만 아니라, 유럽의 농업 자체에 큰 변화를 가져왔다. 14세기 초에 중세의 작물 품종

167

과 도구와 영농 기술을 사용하던 유럽 인구(오늘날에 비하면 10분의 1에 불과했지만)는 경작 가능한 토지의 부양 능력carrying capacity 한계에 근접하고 있었다. 이용 가능한 토지는 대부분 전체 인구를 먹여 살리기 위해 밀 같은 주곡 작물 재배에 이용되었다. 기본 식품의 시장 가격이 높았고, 식품의 다양성도 부족하여 영양실조에 걸린 사람이 많았다. 휴경 중인 농경지에서도 꼭 필요한 곡물을 재배하기 위해 윤작이 자주 중단되었다. 이 때문에 토양의 양분 부족과 고갈이 악화되었고, 작물 수확량이 더욱 떨어졌다. 흑사병이 발생하기 전 오랫동안 흉작(그리고 기근)이 점점 심해졌는데, 아마도 더 추워지고 강수량이 증가하는 쪽으로 변한 기후 변화도 한 가지 원인이었을 것이다.[72] 따라서 14세기 유럽은 대부분 맬서스의 덫 Malthusian Trap[73]이라는 악순환에 빠져 있었다. 즉, 인구가 농업 생산의 한계에 부닥치는 수준까지 증가하는 바람에 대다수 사람들은 겨우 연명하는 수준의 빈곤 상태에서 살아갔다. 흑사병 이전의 유럽은 정체된 인구 과잉 대륙이었다.

○ 동유럽 지역은 1350~1351년에 맨 마지막으로 흑사병 피해를 입었는데, 분명하지 않은 이유로 사망률이 나머지 유럽 대륙의 절반에 불과했다.[70] 그래서 동유럽은 대규모 사망으로 인한 최악의 직접적 효과를 피할 수 있었던 반면, 흑사병 이후에 나머지 유럽과는 다른 길을 걷게 되었다. 동유럽에서 봉건 제도는 흑사병 이후에야 자리를 잡았는데, 사실 흑사병은 '두 번째 농노제'와 농부들의 장기적인 생활 조건 악화에 기여했을지도 모른다. 흑사병으로 인한 서유럽의 인구 감소로 인구 밀도가 낮은 동쪽으로의 이동도 줄어들었다. 역사학자들은 이 때문에 중앙유럽과 동유럽의 귀족 영주들이 주민에 대한 통제력을 강화하고 농부들을 자신의 영지에 예속시켰다고 주장했다.[71] 이 지역의 많은 곳에서는 19세기 초까지 농노제가 남아 있었고, 러시아에서는 1860년대까지 지속되었다.

흑사병이 이 교착 상태를 깨뜨렸다.[74] 인구 붕괴로 인해 이제 모두를 먹여 살리기 위해 경작 가능한 땅에 곡물만 재배할 필요가 없어졌고, 그 결과로 농산물의 종류가 다양해졌다. 식품이 더 풍부해지면서 가격도 일반적인 농부나 도시 거주자가 구입하기에 훨씬 싸졌고, 생활수준이 높아졌다. 이에 못지않게 중요한 것은 그동안 경작에 이용되었던 한계 토지가 삼림 지대나 가축을 위한 풀밭으로 돌아갔다는 사실이다. 양 목축은 토지가 더 많이 필요했지만 노동 효율성이 더 높아서 적은 인구를 먹여 살리기에는 좋은 수단이었다. 그저 몇 사람의 양치기만 있으면 거대한 양 떼를 돌볼 수 있었다. 모직 산업의 성장은 지역 경제에 활력을 불어넣었고,[75] 모직물 수출은 특히 중세 후기에 영국 경제를 크게 변화시켰다.

흑사병으로 인한 인구 붕괴가 장기간에 걸쳐 미친 역사적 영향―임금 상승, 식품 가격 하락, 생활수준 향상, 사회적 이동성 증가―은 서유럽에서 더 다양한 사회와 경제를 만들어내는 데 기여했다. 흑사병은 14세기의 유럽을 황폐화시켰지만, 회복의 새싹이 더 강하게 자라났다.

유라시아에 닥친 이 두 번째 페스트 유행은 그다음 300년 동안 큰 위협으로 남아 있다가 17세기 후반에 마침내 사그라들었다. 이 기간에 페스트는 서로 다른 지역에서 불규칙적으로 돌발 발생했고, 피해 정도도 제각각 차이가 있었다. 예를 들면 1629~1631년과 1656~1657년에 크게 발생한 마지막 두 페스트 유행 때에는 남유럽이 북유럽보다 훨씬 큰 피해를 입었는데,[76] 이탈리아에서 400만 명, 프랑스에서 220만 명, 에스파냐에서 125만 명이 사망했다. 이 기간에 영국에서 사망한 사람은 50만 명 미만이었다(다만 1665~1666년에 일어난 런던 대역병 때에는 런던 시민 중 약 4분의 1이 죽었다).[77]

일부 역사학자들은 흑사병과 그 이후에 일어난 페스트 유행이 서양 세계가 16세기부터 경제적, 기술적, 산업적 발전 면에서 인도와 특히 중국 같은 동양 문명을 추월하게 된(이른바 '대분기大分岐, Great Divergence'라고 부르는 사건) 주요 요인이라고 생각한다. 이들은 서유라시아에서는 페스트로 인해 높은 사망률과 고소득 패턴이 지속된 덕분에 일련의 사회경제적, 정치적 개혁에 유리한 환경이 조성되었고, 이것이 다시 더 빠른 발전을 촉진함으로써 서양 세계를 앞서 나가게 했다고 주장한다. 중국은 14세기에서 17세기 사이에 페스트에 타격을 덜 받았고, 따라서 맬서스의 덫에 갇힌 채 전체 인구가 경작 가능한 토지의 부양 능력에 제약을 받으면서 겨우 연명하는 수준으로 살아갔다.[78]

하지만 중국 역시 페스트의 영향에서 완전히 벗어날 수는 없었고, 1633~1644년에 발생한 페스트는 약 300년 동안 중국을 지배한 명나라의 몰락을 초래한 한 가지 요인으로 보인다. 명나라는 17세기 초에 이미 쇠락의 길을 걷고 있었지만, 페스트의 충격은 흔들리던 마지막 지지대마저 무너뜨렸다. 베이징과 양쯔강 북쪽 지역에서 심각한 페스트 유행이 발생했다. 작물 재배와 수확이 제대로 이루어지지 않았고, 상업 경제가 무너지면서 식량 공급이 감소하고 곡물 가격이 급등했다. 백성들이 세금을 낼 여력이 없어 나라의 곳간이 텅 비었다. 정부는 군대에 지급할 돈이 없었고, 그래서 지방에서 일어난 농민 반란이나 만리장성을 넘어 공격해온 만주족을 진압할 수 없었다. 1644년 4월, 이자성李自成이 이끄는 농민 반란군이 베이징을 점령했고, 명나라 마지막 황제는 자금성 외곽에서 나무에 목을 매달아 자결했다. 그 후에 만주족이 명나라를 정복하고 청나라를 세웠다.[79]

원주민 대량 학살을 초래한 병원체

1492년에 콜럼버스가 아메리카 대륙에 발을 디디면서 유럽인의 신세계 정복과 식민지화와 약탈의 시대가 시작되었다. 에스파냐인과 포르투갈인의 대륙 탐험은 전 세계적인 천연 자원의 재분배를 촉진했는데, 이를 콜럼버스의 교환Columbian Exchange이라 부른다. 아메리카 대륙에 고유한 작물과 가축(옥수수, 감자, 토마토, 고추, 담배, 칠면조 등)이 유라시아 사람들의 식단에 오르게 된 반면, 밀과 쌀, 소, 돼지, 양, 닭, 말을 비롯해 구세계 작물과 가축이 아메리카 대륙으로 유입되었다. 그런데 콜럼버스의 교환에서는 이뿐만이 아니라, 인류 역사상 가장 큰 규모의 미생물 재분배도 일어났다.

콜럼버스가 처음 발을 디딘 후, 에스파냐인은 카리브해 섬들과 중앙아메리카와 남아메리카 동해안 지역을 계속 탐험하면서 새로 자국 영토로 편입한 곳들에 정착지를 세웠다. 내륙에 거대한 제국들(에스파냐인이 그토록 열망하던 황금 노다지가 있는 문명)이 있다는 소문이 나돌았고, 민간인의 자금 지원을 받은 용병 군대가 내륙 깊숙이 탐험을 진행했다.

1519년에 에르난 코르테스Hernán Cortés가 유카탄반도 해안에 상륙해 기병 16명과 보병 600여 명을 이끌고 아즈텍 제국의 수도 테노치티틀란(오늘날의 멕시코시티)으로 진격했다.[80] 에스파냐인은 처음에는 평화적으로 환대를 받았으나, 목테수마Moctezuma 황제를 인질로 잡고 나서 수도에서 도망치지 않을 수 없었는데, 그 과정에서 많은 병사를 잃었다. 감당할 수 없을 정도로 큰 수적 열세에 놓인 에스파냐인은 곧 다가올 아즈텍인의 맹렬한 공격에 대비하면서 잔뜩 긴장했다. 하지만 공격은 없었다. 유럽인이 신세계로 들여온 천연두가 이미 취약한 원주민 사이에서 맹위를 떨치고 있었다. 에스파냐인은 테노치티틀란으로 되돌아가 75일 동안 포위 공격을 감행했다.[81] 마침내 아즈텍 제국의 수도에 입성했을 때, 방책과 집과 거리 곳곳에 송장들이 널린 유령 도시가 그들을 맞이했는데,[82] 그 송장들은 유럽인이 가져온 악성 전염병에 희생된 사람들이었다.[83]

천연두는 마을에서 마을로 번지면서 유카탄반도 전체를 휩쓸었고, 너무나도 많은 사람이 죽는 바람에 살아남아 밭을 갈 사람이 모자랄 지경이었다. 기아가 뒤따랐고, 얼마 지나지 않아 아즈텍 문명은 무너지고 말았다. 생존자들은 항복해 에스파냐인의 지배를 받았다. 1521년에 아즈텍 제국이 멸망할 무렵에 천연두는 이미 교역로를 따라 남아메리카 곳곳으로 퍼지고 있었고, 얼마 지나지 않아 안데스산맥과 잉카 제국의 중심부까지 확산되었다.[84]

10년 뒤인 1531년, 이번에는 또 다른 에스파냐인 프란시스코 피사로Francisco Pizarro가 기병 62명과 보병 106명만 이끌고[85] 페루

해안에 상륙해 잉카 제국으로 진격했다. 이미 천연두가 크게 번져 전체 주민의 3분의 1이 죽어나간 상태였다. 황제도 죽는 바람에 계승 위기가 발생해 내전이 일어났다.[86] 피사로는 별다른 군사적 저항을 받지 않고 새 황제 아타우알파Atahualpa를 사로잡아 여덟 달 동안 인질로 데리고 있으면서 몸값으로 엄청난 양의 황금을 요구했다. 잉카인이 제국 전역에서 황금을 긁어모아 가져왔지만, 피사로는 그것에 개의치 않고 황제를 처형해버렸다.

유럽인 정복자들은 아메리카 토착 문명의 전사들보다 기술적으로 우위에 있었다. 원주민의 청동 무기와 활과 화살, 볼라는 에스파냐인의 총과 대포, 기병의 말, 예리한 강철 검 앞에서 상대가 되지 않았다.[87] 하지만 구세계와 신세계의 충돌에서 승부를 가른 결정적 요소는 군사적 기술이 아니라 전염병이었다.[88] 인구 약 600만 명의 아즈텍 제국을 정복한 것은 코르테스가 아니었고, 인구 1000만 명의 잉카 제국을 무너뜨린 것도 피사로가 아니었다.[89] 두 제국은 모두 새로운 질병 때문에 멸망했다.

천연두는 수천 년 전부터 구세계에서 이따금씩 크게 유행했는데, 아마도 3500년 전부터 이집트, 인도, 중국에서 발생했을 것이다.[90] 천연두는 아메리카에서 원주민을 수많이 죽이고 문명을 멸망시켰지만, 주민이 훨씬 큰 저항력을 지니고 있던 유럽의 역사에도 큰 영향을 미쳤다. 엘리자베스 1세는 왕위에 오른 지 불과 4년 만에 천연두에 걸려 머리가 반쯤 대머리가 되고 얼굴에 마맛자국이 남아 가발을 쓰고 화장품에 의존해 얼굴을 하얗게 뒤덮은 채 살아가야 했다.[91] 17세기의 유럽은 '파우더와 패치의 시대'라 불렸는데, 마맛자국을 감추기 위해 흰색 화장품과 검은색의 작은 애교점을 광범위하게 사용했기 때문이다.[92]○

유럽 전역에서 왕과 여왕, 황제도(그리고 일본과 미얀마의 왕들도) 천연두로 많이 죽었고,[94] 그 때문에 왕조가 끝나거나 계승 방향이 바뀌면서 프랑스와 에스파냐, 독일, 오스트리아, 러시아, 네덜란드, 스웨덴 왕가들 사이의 동맹에 지장을 초래했다.[95]

아메리카에서는 홍역과 독감이 침략자 유럽인과 원주민에게 미치는 영향에 큰 차이가 있었다. 유럽인은 여전히 천연두로 많이 죽어갔지만,[96] 홍역과 독감, 그리고 볼거리와 백일해, 감기 같은 구세계 질병들은 어른에게는 그다지 치명적이지 않았다.[97] 하지만 이전에 이런 질병들을 겪은 적이 없고 그래서 유전적 내성이나 획득 면역력이 전혀 없는 아메리카 원주민 사이에서 이 질병들의 치명률은 약 30%에 이르렀다. 이 질병들은 취약한 원주민 사이에서 이른바 '미개간지' 전염병으로 맹위를 떨치면서 전체 인구를 거의

○ 엘리자베스 1세는 천연두에서 살아남았지만, 그 뒤를 이은 스튜어트 왕조 사람들은 그만큼 운이 좋지 못했다. 잉글랜드 내전과 공위 시대 이후 1660년에 찰스 2세Charles II가 군주제를 복원하기 위해 프랑스에서 돌아왔을 때, 남동생과 여동생은 이미 천연두로 죽은 뒤였다. 그리고 자신이 죽을 때에는 적자를 한 명도 남기지 않아 동생인 제임스 2세James II가 왕위를 물려받았다. 가톨릭교도였던 제임스 2세는 1688년의 명예혁명으로 폐위되고, 왕위는 프로테스탄스교도이던 딸 메리 2세Mary II와 네덜란드인 남편이자 사촌인 오라녜공 윌리엄 3세William III에게 돌아갔다. 메리 2세는 얼마 후에 후계자를 낳기도 전에 천연두로 사망했다. 어린 시절에 천연두를 앓고도 살아남았지만 양 부모를 천연두로 잃은 윌리엄 3세는 홀로 통치를 하다가 죽었고, 메리 2세의 여동생 앤Anne이 왕위를 물려받아 1702년에 여왕 자리에 올랐다. 앤의 아들이자 왕세자가 11세 때 천연두로 죽는 바람에 계승 위기가 발생했다. 찰스 2세로부터 한 세대 만에 스튜어트 혈통이 천연두로 인해 단절되었고, 영국의 왕위는 하노버 왕조가 이어받게 되었다.[93]

174

몰살시키는 결과를 초래했다.[98] 그리고 앞에서 보았듯이, 유럽인이 아프리카에서 노예를 카리브해와 아메리카 대륙으로 데려오기 시작하자, 이들을 통해 모기가 매개하는 질병인 말라리아와 황열병도 상륙했다.[99]

유럽인 탐험가들이 아메리카 내륙으로 더 깊숙이 들어갔을 때, 마치 세계의 종말이라도 닥친 듯이 여기저기 버려진 마을과 작물이 제멋대로 자란 농경지가 널려 있는 풍경에 맞닥뜨리는 경우가 많았다. 아메리카 원주민의 대규모 죽음이 얼마나 극심했던지 그 영향으로 지구의 기후에도 변화가 일어났다. 16세기와 17세기 초의 대기 중 이산화탄소 농도에 측정 가능한 감소가 일어났는데, 광범위한 지역(약 5600만 헥타르에 이르는)에서 농경지가 방치되고 숲이 다시 자라나면서 생긴 결과였고, 그 때문에 전 세계의 기온이 약간 내려갔다.[100]

16세기 초에 유럽인이 가져온 병원체에 첫 희생양이 된 것은 아즈텍 제국과 잉카 제국이었지만, 얼마 후 포르투갈인이 브라질을 정복하고 식민지로 만들 때에도 구세계 질병이 큰 도움을 주었다. 100년 뒤에 포르투갈인은 훨씬 북쪽에 살고 있던 원주민 부족들도 파멸로 몰아가기 시작했다. 1620년에 메이플라워호가 코드곶(매사추세츠주 동남쪽에 있는 곳)에 도착했을 때, 앞서 도착한 유럽인 탐험가들이 들여온 맹렬한 전염병이 이미 그곳 원주민을 한바탕 휩쓸고 지나간 뒤여서[101] 필그림 파더스는 대체로 텅 빈 대륙에 왔다는 인상을 받았는데, 비옥하지만 사람이 살지 않는 땅이 쟁기질을 기다리며 사방에 널려 있었다. 이것은 19세기의 명백한 운명

Manifest Destiny(마치 그들을 기다리고 있었던 것처럼 텅 빈 땅을 유럽인 이주민이 채워나갔기 때문에, 서쪽을 향한 미국의 팽창은 정당할 뿐만 아니라 불가피한 운명이었다는) 개념에 영향을 미쳤다.

17세기 말에 이르자,[102] 유라시아에서 건너온 온갖 질병은 아메리카에서도 풍토병이 되었고, 구세계에서와 마찬가지로 사람들이 어린 시절부터 노출되는 배경 부담으로 존재하면서 인구 집단 내에서 일상적으로 발병하게 되었다.°

유라시아의 병원체에 처음 노출된 아메리카 원주민이 유행병으로 얼마나 많이 죽었는지 정확한 수를 알기는 불가능할 것이다. 전체 인구 중 사망자 비율 추정치는 논란이 많지만, 적게는 40%[106]에서 많게는 95%[107]에 이르는데, 가장 최근의 계산은 최대 추정치에 근접한다.[108] 유럽인과 접촉하기 전인 1492년에 아메리카에 살고 있던 인구는 5500만~6000만 명이었을 가능성이 높

° 콜럼버스와 그 선원들은 실제로는 아메리카 대륙을 처음 방문한 구세계 여행자들이 아니다. 약 500년 전인 10세기 후반에 노르웨이인 선원들이 스칸디나비아에서 북대서양을 건너는 모험에 나서 처음에는 아이슬란드에 정착했고, 그다음에는 그린란드에 정착했으며, 마지막에는 그들이 빈란드Vinland라고 부른 곳까지 나아갔다.[103] 북아메리카 본토인 뉴펀들랜드 북단에 위치한 랑스오메도즈에서 노르웨이인이 세운 정착지가 고고학적 유적으로 발견되었는데, 최근의 방사성 탄소 연대 측정에 따르면 1021년경에 세운 것으로 드러났다.[104] 이들은 스크랠링Skræling이라고 부른 현지 원주민 부족과 접촉했고 적대적 관계로 지냈다. 하지만 바이킹 시대에 이미 북유럽에 천연두가 광범위하게 퍼져 있었는데도 불구하고, 노르웨이인은 유행병을 초래할 만한 질병을 북아메리카에 옮긴 것으로는 보이지 않는다.[105] 아이슬란드에 정착한 집단이 워낙 작았던 데다가 추운 날씨에 위쪽이 탁 트인 롱보트를 타고 바다를 건넜기 때문에 선원들은 그런 질병에 감염될 위험이 적었던 것으로 보인다.[106] 아메리카를 방문한 노르웨이인 모험가들은 스칸디나비아는 물론이고 나머지 유라시아나 아메리카에 의미 있는 영향을 전혀 미치지 못했다.

176

은데, 1600년에는 그 수가 500만 명이 조금 넘는 수준으로 급감했다.[109] 처음에는 유럽에서, 그다음에는 나머지 세계에서 온 이주민, 그리고 노예무역으로 들어온 아프리카인의 유입에도 불구하고, 구세계 질병의 대학살극이 벌어지기 이전의 아메리카 인구를 회복하기까지는 약 350년이 걸렸다.[110]

여기서 나는 구세계 질병이 취약한 아메리카 원주민에게 미친 파괴적 효과에 초점을 맞추었지만, 유럽인 탐험가와 식민지 개척자와의 접촉은 이전에 나머지 세계로부터 고립돼 있던 또 다른 인구 집단에도 비극적인 결과를 낳았는데, 오스트레일리아 원주민과 뉴질랜드의 마오리족, 남아프리카의 코이산족, 피지를 비롯한 태평양 섬들의 원주민이 그 피해자들이다.[111] 찰스 다윈은 1836년 1월에 일기장에 유럽인과의 접촉 이후에 재앙적 인구 감소를 겪은 원주민 집단을 언급하면서 다음과 같이 썼다. "유럽인의 발길이 닿는 곳이면 어디든지 죽음이 원주민을 따라오는 것처럼 보인다. 아메리카와 폴리네시아, 희망봉, 오스트레일리아 등의 광대한 땅을 바라보면, 언제나 똑같은 결과를 목격한다."[112]

여기서 한 가지 중요한 질문이 떠오른다. 구세계와 신세계 사이에 접촉이 처음 일어났을 때, 왜 신세계 주민은 구세계 질병에 파멸적인 결과를 맞이한 반면, 그 반대의 일은 일어나지 않았을까? 이 점에서 콜럼버스의 교환은 일방적으로 일어난 것처럼 보인다.°

아프리카를 떠나 전 세계로 퍼져나간 인류는 약 1만 5000년 전에 베링 육교를 건너 북아메리카에 도착했다.[116] 베링 육교는 시베리아와 알래스카 사이의 널따란 해저 통로인데, 마지막 빙하기 때 해수면이 크게 낮아지는 바람에 마른 땅으로 드러났다. 여기서 그들은 남쪽으로 파나마 지협 쪽으로 내려갔다가 남아메리카로 흘러들어갔다. 약 1만 1000년 전에 전 세계의 빙하와 얼음이 녹으면서 해수면이 상승하자, 베링 육교는 파도 아래로 사라졌고, 지구의 동반구와 서반구는 생물학적으로 서로 분리되었다.[117] 작은 인류 집단이 알래스카로 건너간 이 사건은 농업이 발달하고 동물을 길들이기 전에 일어났고(개는 예외), 따라서 얼마 후에 유라시아에서 나타난 많은 대중성 질환이 알려지기 전이었다.(그리고 말라리아처럼 그 밖의 오래된 질병들은 얼어붙은 베링 육교를 건너갈 수 없었다.) 그래서 유라시아와 아메리카가 다시 분리되자, 아메리카의 인간 세계는 사실상 감염병의 위험에서 벗어나 있었다. 그리고 아메리카 원주민 사이에서 그곳 고유의 대중성 질환이 발달하지 않았다는 점도 중요하다. 그들도 야생 식물을 농작물로 길들였고 농업과

○ 하지만 아메리카에 고유한 것이었다가 접촉 이후에 유라시아로 전파된 중요한 질병이 하나 있다(비록 치명적 수준에서는 아메리카 원주민을 파멸시킨 천연두와 홍역, 독감에는 훨씬 못 미쳤지만). 유럽에서 매독 발생이 처음 보고된 것은 프랑스군이 나폴리를 포위 공격하던 1493년으로, 콜럼버스가 첫 번째 항해를 하고 돌아온 직후였다. 프랑스군에서 싸우던 용병들 중에 콜럼버스의 대서양 횡단 탐험에 동참했다가 원주민과의 성적 접촉을 통해 감염된 사람이 있었던 것으로 추정된다.[113] 불과 몇 년 만에 매독은 유럽 전역으로 퍼졌고, 그다음에는 전 세계로 퍼져갔다. 각 나라에서는 이 질병에 국가 간 경쟁 관계를 반영한 이름을 붙였다. 이탈리아인은 그것을 '프랑스 질환'이라고 불렀고, 프랑스인은 '나폴리 질환', 러시아인은 '폴란드 질환', 폴란드인은 '독일 질환'이라고 불렀다. 중동 전역에서는 '유럽 고름 물집'이라 불렸고, 인도에서는 '프랑크 질환'(프랑크는 서유럽인을 가리키는 표현), 일본에서는 당창唐瘡(唐은 당나라를 가리키는데, 매독이 중국에서 유래했다고 생각해 붙은 이름이다)이라고 불렸다.[114] 하지만 매독이 콜럼버스를 통해 유라시아에 들어왔다는 이 가설은 최근에 들어 비판을 받고 있는데, 1492년에 이전에 유럽인 사이에 매독이 퍼졌다는 증거가 드러났기 때문이다.[115]

문명을 발전시켰지만 길들일 만한 큰 동물은 거의 없었다.

아즈텍족과 잉카인은 정교한 문명을 만들었고, 잘 발달된 운송망과 행정 체계와 인구 밀도가 높은 도시 중심지를 갖춘 문명은 광대한 지역으로 퍼져나갔다. 사실, 16세기 초에 아즈텍 제국의 수도 테노치티틀란은 세상에서 가장 인구가 많은 도시 중 하나였다. 그 당시 인구는 런던보다 5배나 많았고, 파리와 베네치아, 콘스탄티노플과 맞먹을 정도였다.[118] 이 신세계 문명들은 로마 제국이나 중세 유럽과 마찬가지로 유행병 창궐에 매우 취약했을 것이다. 단지 콜럼버스 이전의 아메리카에 대중성 질환이 존재하지 않아 그런 유행병이 창궐하지 않았을 뿐이다.

그렇다고 해서 유럽인이 도착하기 전에 아메리카 원주민이 질병 걱정이 전혀 없는 에덴동산에 살았던 것은 아니다. 그들도 이질과 장내 기생충, 라임병[119]처럼 곤충이 매개하는 질환, 결핵[120] 등을 앓았다. 하지만 광범위한 전염병의 재앙에서는 벗어나 있었는데, 그들은 많은 수의 가축과 가까이에서 산 적이 없었기 때문이다.[121]

구세계 질병에 대한 자연 면역력이 전혀 없는 원주민이 아주 많이 살고 있던 아메리카 대륙은 마른 삼림 지대가 넓게 펼쳐진 들판과 같았다. 거기에 유럽인의 배들에 실려 온 몇몇 질병의 불꽃이 튀자 맹렬한 들불이 일어나면서 온 들판을 삽시간에 집어삼켰다.

대서양 횡단 노예무역

구세계에서 건너온 질병은 아메리카 원주민에게 재앙을 초래했지만, 그로 인한 인구 감소에 대한 유럽인 식민지 개척자의 반응이 더 많은 희생자를 빚어냈다. 이 질병들은 원주민을 유럽인의 정복에 저항하지 못하게 만든 반면에 식민지 개척자들도 곤경으로 몰아넣었는데, 농장과 광산에서 강제로 일을 시킬 노동력을 충분히 확보할 수 없었기 때문이다. 그러자 그들은 아프리카로 시선을 돌렸다.

아메리카 식민지로 끌려온 최초의 노예들은 에스파냐인이 1502년에 히스파니올라섬으로 데려가 새로 조성한 담배와 사탕수수 농장에서 일하게 하거나 금맥을 찾기 위해 수직 갱도를 파는 일을 시켰다. 이들은 이전에 에스파냐에서 일하다가 끌려왔고, 모두 기독교로 개종한 상태였다. 식민지의 경제적 수탈을 위해 더 많은 노동력이 필요해지자, 에스파냐 왕 카를로스 1세(신성로마제국 황제 카를 5세와 동일인)는 1518년에 서아프리카 해안에서 붙잡은 노예들을 곧바로 아메리카로 보내라는 명령을 내렸는데, 이를 계기로 대서양 횡단 노예무역이 시작되었다.[122] 얼마 지나지 않아 발명된 인종 개념은 아프리카 흑인의 인간성을 부정하기 위한 식민지 구성 개념으로 강화되었고, 그 개념을 바탕으로 '다른 사람'을 일종의 동산動産으로 붙잡아 노예로 만들고 강제 노동을 시키는 행위를 정당화했다.

식민지와 농장의 팽창과 함께 아프리카인 노예 수요가 증가했는데, 특히 17세기 중엽에 말라리아와 황열병처럼 곤충 매개 질환이 카리브해와 남북아메리카의 열대 지역에 널리 퍼지면서 수요가 더욱 증가했다.[123] 유럽인 식민지 개척자들과 본국에서 온 계약 노동자들도 아메리카 원주민과 마찬가지로 이 열대 질병들에 취약했다. 앞장에서 보았듯이, 아프리카인 성인은 황열병과 말라리아 감염에 단련이 돼 있었고, 특히 말라리아에는 낫적혈구와 더피 마이너스 혈액형 같은 유전적 적응이 진화해 이 질병들에 어느 정도 내성이 있었다. 유럽인은 면역계나 적혈구 돌연변이의 복잡한 작용을 몰랐지만, 자신들이 무력하게 무너지는 열대 질병에 아프리카인이 잘 견딘다는 사실을 알았다.[124] 그래서 유럽인 이주민이 기꺼이 정착해 농사를 지으려고 한 북아메리카(그리고 나중에는 오세아니아)의 온대 지역과 달리 열대 지역 아메리카 식민지들은 플랜테이션 경제를 위해 아프리카에서 수입해온 노동력에 의존하게 되었다. 노동력의 시장 가격에는 열대 질병에 대한 저항력이 반영되었다. 아프리카에서 직접 수입해온 노예는 유럽인 계약 노동자보다 세 배나 비쌌고, 원주민 노예보다 두 배나 비쌌다. 그리고 현지의 질병에 내성이 있는 것으로 이미 입증된 아프리카인 노예는 아프리카에서 막 데려온 노예보다 두 배나 비쌌다.[125]

이 농장들에서 생산된 농산물은 주로 식민지 내에서 혹은 식민지들 사이에서 거래되거나 아니면 유럽에서 비싼 가격에 팔 수 있는 환금 작물—사탕수수, 담배, 차, 커피, 그리고 나중에는 목화°—이었다. 밀이나 쌀, 감자 같은 주곡 작물과 달리 이 작물들은 많은 사람을 먹여 살리는 능력이 아니라 인체와 뇌에 미치는 효과 때문에 높은 가치를 인정받았다. 우리가 이러한 중독성 물질을 생물학적으로 열망하는 현상에 대해서는 6장에서 자세히 다룰 것이다.

1918년 독감 팬데믹

단일 유행병으로 사망한 사람의 수로 따지면 1918년에 발생한 전 세계적인 독감 팬데믹이 흑사병 이래 최고의 자리를 차지하는데, 어쩌면 인류 역사 전체를 통틀어 보더라도 그런 기록을 찾기 어려울 것이다.[126] 하지만 1918년 독감 팬데믹은 역사책에서 대개 제1차 세계 대전의 권말 주석으로 간단히 언급되고 만다. 전 세계 사람들이 이미 제1차 세계 대전의 참상으로 감각이 무뎌져 있었기 때문에, 독감 팬데믹은 "온 세상 사람들이 망각한 세계적 재앙"[127]으로 묘사되었다.

처음에 어디서 시작되었는지는 알려지지 않았지만, 고열을 동반한 특이한 호흡기 질환 사례가 맨 처음 보고된 곳은 1918년 3월에 캔자스주의 한 육군 병영이었다.[128] 그리고 4월에는 프랑스에서도 보고되었는데, 아마도 대서양을 건너온 군대가 도착하던 주요 항구인 브레스트에서 미군 병사들을 통해 퍼졌을 것이다.[129] 한 달이 지나기 전에 프랑스군 부대들에서 독감이 발생했고, 에타플에 주둔한 영국군 사이에서도 환자가 발생했다. 새로운 호흡기

○ 영국에서 산업 혁명이 시작되고 조면기가 발명되기 전까지는 미국의 남부 주들에서 목화 생산이 본격적으로 시작되지 않았다. 초기의 이 산업 장비는 목화 섬유를 씨에서 분리하는 속도를 크게 높였고, 그러자 원재료에 대한 수요도 크게 늘어났다.

질환의 증상으로는 고열과 빠른 맥박, 기침에 피가 섞여 나오는 것 등이 있었다. 더 심해지면 호흡 곤란과 함께 산소 부족으로 얼굴이 거무스름한 파란색으로 변하는 증상이 나타났다. 사망자를 부검 했더니 폐가 걸쭉한 노란색 고름과 내출혈로 인한 피로 가득 차 부풀어 있었다. 사망자는 자신의 내부 체액에 익사한 것이나 다름없었다.[130] 전시의 비밀 엄수 때문에 신종 질환에 대한 소식은 이 질환이 중립국이던 에스파냐를 통해 확산된 1918년 5월에야 전 세계에 처음 알려졌는데, 에스파냐에서는 대중 사이에 큰 공포를 불러일으키면서 헤드라인 뉴스를 장식했다. 그래서 이 팬데믹은 다소 부당하게 '스페인 독감'으로 알려지게 되었다.

독감 팬데믹은 처음에는 비교적 경미하게 시작했으나, 인간 숙주들 사이에서 더 치명적으로 진화하면서 갈수록 중증도가 점점 심해지고 더 광범위하게 퍼졌다. 전쟁이 끝나기 직전과 직후 몇 개월 동안 이 유형의 독감은 치명률이 일반 독감에 비해 10배나 높았다.[131] 그런데 1918년 독감 팬데믹이 예외적인 이유가 한 가지 더 있다. 대다수 독감은 어린이와 노인(면역력이 약한 집단)의 사망률이 높은 편이기 때문에 사망자를 나이별로 나타낸 그래프는 U자 곡선을 그린다. 하지만 1918년 독감은 기묘하게도 W자 곡선을 그렸다. 즉, 한창때인 20~40세의 사람들도 많이 죽어나갔다.[132] 그 이유는 수수께끼로 남아 있다. 한 가지 가능성은 건강한 개인들의 경우, 인체의 면역계가 감염에 과잉 반응하는 바람에 과도한 자가 면역 반응(사이토카인 폭풍cytokine storm이라 부르는)이 일어나면서 광범위한 폐 손상을 초래해 죽음에 이른다는 것이다. '항원 원죄

original antigenic sin'라는 별명이 붙은 또 다른 가설은 이전에 마주친 적이 있는 병원체를 면역계가 기억하는 방식에 문제가 있어서 약간 다른 변종 바이러스 감염에 효과적으로 대응하지 못한다고 주장한다.[133] 비좁은 병영과 공장을 비롯해 전시의 환경도 비정상적으로 높은 중년의 치명률을 초래하는 데 일조했을 것이다.[134] 전체적으로 독감 팬데믹의 희생자 중 약 절반은 20세에서 40세 사이의 젊은이들이었다.[135]

전쟁이 1918년 독감의 원인은 아니지만(조류의 바이러스가 인간 집단으로 흘러오는 일은 어쨌든 일어났을 것이다), 군대의 이동과 전쟁의 혼란이 독감을 전 세계로 빠르게 확산시키는 데 일조한 것은 분명하다. 그리고 참호 환경이 비정상적으로 높은 이 독감의 독성을 악화시켰을 가능성이 있다. 보통은 병원체는 시간이 지나면 숙주를 더 오래 살아남게 해 더 많은 사람을 감염시킬 수 있도록 독성이 약해진다. 하지만 군인들이 부자연스러울 정도로 서로 다닥다닥 붙은 채 몇 주일이고 쪼그리고 앉은 자세로 지내야 하는 데다가 이미 다른 원인으로 인한 사망률도 아주 높은 참호 환경에서는 바이러스의 독성을 줄이게 할 선택 압력이 작았을 것이다. 그래서 바이러스는 감염자들 사이에서 훨씬 높은 치명률을 나타냈다. 독감에 걸려 움직일 수 없게 된 병사들은 주변 동료들에게 계속 그것을 전염시켰고, 최악의 변종에 감염된 환자들을 참호에서 끌어내 혼잡한 야전 병원으로 데려가자, 질병은 다른 부상병과 의료진 사이에서도 널리 퍼지게 되었다. 참호에는 항상 새로운 병사들이 들어왔기 때문에 바이러스는 언제든지 취약한 새 숙주에 접근할 수

있었다.[136]

　종전과 동원 해제는 독감 팬데믹의 두 번째 대유행이 한창 진행 중이던 1918년 11월에 일어났다. 세계 각지에서 가족의 품으로 돌아간 병사들 앞에는 길거리를 가득 메운 군중의 열광적인 환영 행사가 기다리고 있었는데, 이 때문에 바이러스가 더 널리 확산되었다.[137] 1919년 초에 덜 치명적인 세 번째 대유행이 전 세계를 휩쓸었고, 그러고 나서 팬데믹이 마침내 물러났다.

　1918년 독감 팬데믹은 모두 합쳐 약 5억 명(그 당시 세계 인구의 약 3분의 1에 해당하는[138])을 감염시켰고, 사망자는 적어도 5000만 명[139], 많게는 1억 명[140]으로 추정된다.[141] 사망자 중 대다수는 1918년 9월 중순부터 12월 중순까지 불과 몇 주일 사이에 죽음을 맞이했다. 사망자 수로 따진다면, 독감 팬데믹의 희생자는 아마도 제1차 세계 대전과 제2차 세계 대전의 희생자를 합친 것보다 많을 것이다.[142]

　1918년 독감 팬데믹은 엄청난 인명 손실을 초래했다. 그런데 급속하게 확산된 이 악성 전염병은 이 장에서 살펴본 다른 유행병처럼 역사적 사건에 큰 영향을 미쳤을까?

제1차 세계 대전 종전

　볼셰비키 혁명이 일어나고 나서 1년 뒤에 러시아가 전쟁에서 물러나자, 독일은 많은 병력을 동부 전선에서 이동시킬 수 있었다. 경험 많은 50개 사단 병력과 대포 3000문이 서부 전선에 재배치되었고,[143] 그 결과로 1918년 4월에 독일군은 보병 전력에서 32만 4000명이나 더 앞서게 되었다.[144] 서부 전선 여러 곳에서 독일군은 영국군과 프랑스군에 비해 4배나 많은 수적 우위에 있었다.[145] 3월에 독일군 최고사령부는 새로 참전한 미군이 완전히 배치돼 전황에 큰 변화가 일어나기 전에 결정적 승리를 거두려고 춘계 공세(루덴도르프 공세라고도 하며, 독일어로는 카이저슐라흐트Kaiserschlacht, 즉 '카이저 전투'라고 부른다)에 돌입했다. 특별히 훈련시킨 돌격대를 동원해 신속하게 전선을 돌파하면서 영국군의 측면을 공격해 패퇴시킴으로써 프랑스를 강화에 나서도록 압박할 계획이었다.

춘계 공세는 처음에는 성공하는 듯했다. 독일군은 프랑스 북부에서 60km 이상 진격했다. 프랑스 수도가 대포의 사정거리에 들어오자 독일군은 파리를 향해 포격을 시작했고, 100만 명 이상의 파리 시민이 피난에 나섰다.[146] 하지만 6월이 되자 춘계 공세에 지장이 생기기 시작했다. 병참 문제도 중요한 문제였지만, 독감 팬데믹이 연합군보다 피로에 지친 독일군에 더 큰 타격을 주었을 가능성이 높다. 영국 해군이 독일의 식량 수입을 봉쇄하는 작전을 잘수행한 결과로 독일군 병사들은 제대로 먹지 못했고, 그 때문에 상대적으로 잘 먹은 연합군 병사들에 비해 질병에 대한 저항력이 낮았을 것이다.[147] 또한 독감은 연합군보다 독일군 진영에서 3주일이나 먼저 발생했는데, 3월에 나타나 6월 초에 정점에 이르렀다. 이 첫 번째 팬데믹 물결은 가을에 찾아온 두 번째 물결보다 훨씬덜 치명적이었지만, 독감에 걸린 병사는 며칠 동안 누워 있어야 했고, 많은 병사는 그 후에도 쇠약한 상태로 남아 있었다.[148]

춘계 공세의 설계자였던 에리히 루덴도르프Erich Ludendorff 장
군은 전쟁 후에 쓴 글에서 대체로 자신의 실패를 변명하려고 시도
하긴 했지만, 카이저 전투의 결정적 시기에 병사들을 앓아눕게 하
고 사기를 떨어뜨린 독감을 실패의 원흉으로 지목했다. "매일 아침
마다 지휘관들에게 독감 환자 수와 자기 부대의 전력 약화에 대한
불평을 거듭해 듣는 것은 매우 고통스러운 일이었다."[149] 1만 명의
사단 병력 중 독감 환자가 2000명이나 나왔고, 독일군 지휘관들은
공격 당일에야 동원 가능한 병력 수를 정확히 파악할 수 있었다.[150]
여름 동안 13만 9000~50만 명의 독일군이 독감 때문에 일시적으
로 활동 불능 상태에 빠졌다.[151]

　　독일의 국내 상황도 좋지 않았다. 영국의 봉쇄로 심각한 식량
부족 사태가 이어졌고, 여기에 더해 석탄과 따뜻한 의류 부족까지
겹쳐 전쟁 동안 약 42만 4000명의 시민이 추가로 사망한 것으로
추정된다. 독감 팬데믹으로 죽은 민간인도 20만 9000명이나 되었
다(희생자들은 굶주림으로 이미 몸이 허약해진 상태였을 것이다).[152] 군
인과 민간인 모두 사기가 곤두박질쳤고, 점점 더 많은 독일인이 종
전을 요구하기 시작했다. 많은 병사는 최전선에서 싸우다가 완전
히 사기가 떨어져 독감을 핑계로 전선에서 무단이탈했다.[153]

　　독일군의 춘계 공세가 주춤한 가운데 연합군은 대서양을 건
너와 서부 전선에 새로 투입된 미군 병력 덕분에 그 수가 점점 불
어나고 있었다. 7월이 되자 수적 우위는 연합군 쪽으로 기울어졌
다. 8월에는 연합군의 반격으로 동맹국(연합국의 반대 진영에 섰던
나라들. 독일, 오스트리아-헝가리, 오스만 제국, 불가리아가 이에 포함된

다)이 뒤로 물러나면서 춘계 공세 때 점령했던 땅을 도로 잃었고, 10월에는 연합군이 독일 국경선을 넘었다. 가을에 더 치명적인 두 번째 팬데믹 물결이 몰려올 무렵에 독일군은 이미 패배한 거나 다름없었다. 전장에서의 참담한 패배와 함께 국내에서 혁명까지 일어나자 카이저였던 빌헬름 2세는 물러나지 않을 수 없었고, 새로 수립된 바이마르 공화국은 11월 11일에 정전을 요청했다.

독감이 독일군의 사기를 떨어뜨리고 전력을 약화시키면서 독일 제국의 항복을 이끌어내는 데 기여한 반면, 또 다른 대국에서는 팬데믹의 공포가 국민의 단결을 불러왔는데, 그 덕분에 인도는 자치 능력을 세상에 입증할 수 있었다.

인도

인도는 1918년 독감 팬데믹에 특히 큰 피해를 입었는데, 1200만 명[154] 내지 1800만 명[155]이 사망한 것으로 추정된다. 이것은 제1차 세계 대전 동안 사망한 전투원의 수를 다 합친 것보다 많다.

독감 팬데믹이 인도에 도착한 것은 1918년 5월로, 서부 항구 도시 뭄바이에서 시작되었다. 나머지 세계에서 나타난 것과 같은 패턴으로 첫 번째 물결은 특별히 우려할 만한 수준이 아니었으나, 훨씬 치명적인 두 번째 물결이 9월에 덮치자 재앙에 가까운 참사가 벌어졌다.[156] 사신은 도시와 시골 마을을 가리지 않고 마구 휩쓸었고, 매장지와 화장터는 넘쳐나는 시체를 감당하기 힘든 지경에 이르렀다. 인도 북부와 서부가 가장 먼저 그리고 가장 심한 피해를 입었는데, 치명률이 4.5~6%에 이르렀다. 하지만 인도 식민지 지배자들은 참혹한 죽음의 현장에서 대체로 격리돼 있었다. 영국인은 큰 저택에서 지내며 전염을 피할 수 있었고, 설령 병에 걸리더라도 돌봐줄 하인과 직원이 있었으며, 더 서늘한 고지대에 있는 산간 별장으로 옮겨 갈 수도 있었다.[157] 그래서 영국인의 사망률은 비위생적이고 혼잡한 환경에서 살아가던 인도인에 비해 8분의 1 수준에 불과했다. 바이러스 팬데믹도 특권을 존중한 셈이다.

인도의 독립을 옹호하던 사람들은 사망률을 줄이지 못한 영국인 식민지 통치자들의 무능 혹은 태만을 또 하나의 불공정으로 여겼다. 인도에서 두 번째 독감 대유행 물결의 효과는 가뭄과 식량 부족과 겹쳐 더욱 악화되었지만, 기아가 확산되는데도 인도에서 수확한 식량은 여전히 영국이 벌이는 전쟁을 지원하기 위해 유럽으로 실려갔다. 영국인 통치자들이 인도 국민의 필요보다 자신의 이익을 우선시한다는 것은 누구의 눈에도 명백해 보였다.[158]

인도의 독립 운동가들(카스트 구분을 넘어 이미 지역 공동체들에서 활동하고 있던)은 구호 센터를 조직하고, 약초 의약품과 기타 보급 물자를 나누어주고, 시신 수습을 도왔다. 이러한 풀뿌리 운동 노력과 조직은 이전에도 한동안 존재했지만, 독감 팬데믹이 계기가 되어 이들은 전국적으로 하나로 뭉쳤다. 각 지역 지도자들은 식민지 정부가 대체로 무시하는 듯한 태도를 보인 건강 위기에 대처하기 위해 최선을 다했다.[159]

1918년 11월에 유럽에서 전쟁이 끝나자, 민족주의자들은 영국이 인도의 자치를 더 많이 허용하리라고 기대했는데, 100만 명이 넘는 인도인 병사들이 대영 제국 편에서 싸우며 큰 희생을 치렀기 때문에 특히 기대가 컸다. 인도 국무장관 에드윈 몬터규Edwin Montagu는 1917년에 인도가 조만간 캐나다와 오스트레일리아처럼 자치 정부로 발전할 수 있을 것이라고 시사했지만, 1919년에 내놓은 실제 개혁안은 이러한 기대에 찬물을 끼얹었다.[160] 게다가 1919년 3월의 롤래트법은 제1차 세계 대전 동안 소요를 선동하거나 교사한 사람을 재판 없이 무한정 구금할 수 있게 한 비상조치를 연장해[161] 사실상 평화 시의 인도에서 계엄령을 계속 연장했다. 인도인은 더 많은 자유를 기대하고 있었는데, 오히려 더 심한 억압으로 배신을 당한 셈이었다.

전국적으로 긴장이 고조되고 있을 때, 한 인물이 나서 반식민지 정서를 효과적인 시민 불복종 운동으로 이끌었다. 모한다스 간디Mohandas Gandhi는 남아프리카에서 인권 운동가로 일하다가 민족주의자들이 만든 정당인 인도국민회의의 지도자가 되어달라는 요청을 받고 1915년에 고국으로 돌아왔다. 오랫동안 앓던 질병(두 번째 대유행 물결이 정점에 이르렀을 때 걸린 독감이었을 가능성이 높다)에서 회복한 뒤에 간디는 영국인의 억압에 비폭력 저항으로 맞설 것을 촉구했다.[162] 끓어오르던 불만과 사회적 동요는 1919년 봄에 일련의 파업과 시위로 분출됐다. 1919년 4월 13일, 펀자브주 암리차르에서 영국인 군대가 평화적인 시위대를 향해 발포를 해 수백 명의 사망자가 발생했다.[163]

태만한 팬데믹 대응과 관리, 롤래트법, 암리차르 학살, 이 모든 것에 대한 분노는 반식민지 정서를 부추겼고, 인도 주민 전체를 독립 요구를 향한 단일 대오로 결집시켰다. 1920년에 간디는 비협력 운동을 시작했는데, 모든 인도 주민에게 영국의 사법 제도와 교육 제도를 보이콧하고, 정부 직책에서 사임하고, 세금 납부를 거부하라고 촉구했다. 독립 운동은 그전부터 다년간 진행돼왔지만, 간디 같은 운동가들은 이제 광범위한 풀뿌리 지지에 의존할 수 있게 되었다. 바이러스에 대한 식민지 당국의 대처 실패는 인도 전역의 지역 공동체가 환자를 돕는 행동에 나서게 했는데, 이 공동체들이 이제 독립 투쟁을 위해 조직되었다. 그럼에도 불구하고, 인도가 마침내 식민지 지배에서 완전히 벗어나기까지는 30여 년의 세월과 또 한 차례의 세계 대전이 필요했다.[164]

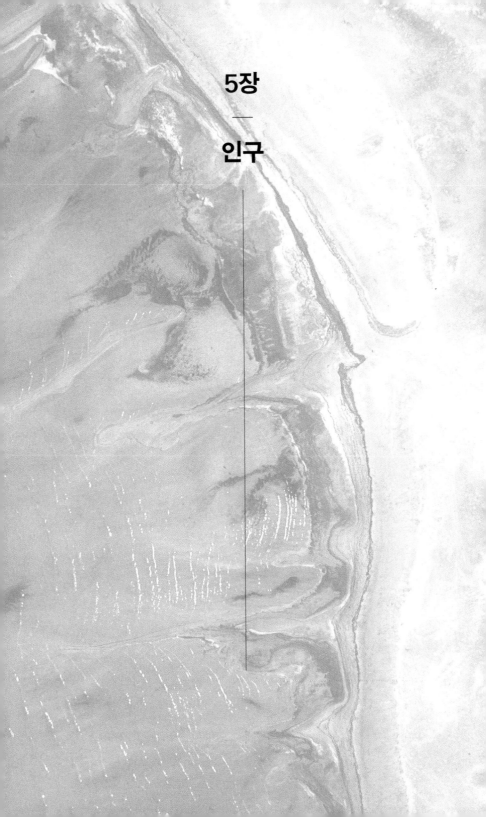

5장

—

인구

인구 크기는 국력의 가장 중요한 결정 요소이다.
충분한 인구만 있으면,
국력을 결정하는 다른 요소들의 부족을 극복할 수 있다.
인구가 부족하면,
강한 국력의 지위를 얻기가 불가능하다.

—

오간스키A. F. K. Organski,
『세계 정치학World Politics』

우리는 앞에서 인간 생식의 기본 요소들을 살펴보았고, 또 큰 뇌와 두발 보행의 진화가 어떻게 암수 한 쌍 결합과 낭만적 사랑과 가족의 발달을 낳았는지도 보았다. 이 장에서는 더 큰 그림을 살펴볼 것이다. 즉, 인구가 우리의 역사에 어떤 영향을 미쳤는지 살펴볼 것이다.

진화적으로 가장 가까운 사촌인 나머지 대형 유인원—침팬지, 보노보, 고릴라, 오랑우탄—과 비교하면, 사람의 생활사는 놀랍도록 느리게 진행된다. 2장에서 사람 아기는 태어난 후 더 이상 생존을 부모에게 의존하지 않아도 될 만큼 자라려면 오랜 발달 기간이 필요하다는 것을 보았다. 사람은 아동기를 지난 뒤에도 성적으로 성숙한 단계에 이르러 생식을 시작하기까지 오랜 시간이 걸린다. 사람은 이 청소년기(10대 시절)가 나머지 대형 유인원에 비해 훨씬 길다. 수렵채집 사회에서 평균적으로 여성은 19세에 생식을 시작하는 반면, 고릴라는 10세에, 침팬지는 13세에 시작한다.[1]

우리는 생식을 매우 늦게 시작하지만, 여성이 출산을 할 수 있는 횟수만큼은 다른 대형 유인원에 비해 훨씬 많다. 전통적인 수렵채집 사회에서 평균적인 출산 간격은 약 3년으로, 고릴라, 침팬지, 오랑우탄의 4년, 5년 반, 8년에 비해 훨씬 짧다.[2] 따라서 우리의 친척 유인원들은 인구학적 딜레마에 빠져 있다. 출산율이 사망률보다 아주 약간 높을 뿐이어서 개체군 크기의 성장 속도가 아주 느리다.[3] 사람은 상대적으로 생식 잠재력이 클 뿐만 아니라, 사람 아기는 사촌인 침팬지에 비해 생식 연령까지 살아남을 확률이 훨씬 높다.[4] 그렇다면 우리가 인구학적 성공을 거둔 비밀은 무엇일까?

2장에서 보았듯이, 사람은 지속적으로 서로 협력하는 종이다. 이것은 양육 방식에서도 분명하게 드러난다. 사람은 협력 양육이라는 사회 제도를 통해 자식들을 키우는데, 집단 구성원들이 자신의 친자식이 아닌 아이들도 함께 돌본다. 이것은 자연계에서 아주 보기 드문 생식 전략이다. 조류나 포유류 중에서 부모가 아닌 개체가 새끼 양육을 돕는 종은 3%에 불과하다. 일부 영장류 종도 이런 행동을 보이지만, 대형 유인원 중에서는 사람 외에는 어떤 종도 이런 행동을 보이지 않는다. 전통적인 인간 사회에서는 아이 양육을 형제들뿐만 아니라 더 먼 가족들도 분담한다. 특히 여성은 폐경기 후에도 오래 살기 때문에 생식 연령대를 지난 할머니가 손주를 돌보는 일을 적극적으로 지원할 수 있다.

사람은 아이 돌보는 일을 돕는 데 시간을 쓰는 것뿐만 아니라 음식을 나누는 데에도 관대하다. 아기가 딸린 어머니는 이중의 고충을 겪는다. 수유를 하는 동안 더 많은 칼로리 섭취가 필요할 뿐만 아니라, 음식(자신과 나이가 더 많은 아이들을 위해 추가로 필요한 영양을 공급하기 위해)을 구할 시간과 에너지가 부족하다. 따라서 음식을 나누는 행동은 여성의 생식 능력에 큰 차이를 빚어낼 수 있다. 어른은 음식을 직접 채집해 자급할 만큼 충분히 자라지 않은 같은 무리의 어린이에게도 기꺼이 음식을 나누어준다. 다른 유인원(그리고 대다수 포유류 종)의 경우, 부모의 보살핌은 젖을 떼는 것과 함께 멈춘다. 그 후부터 어린 새끼는 스스로 먹이를 구하면서 독립적으로 살아가야 한다. 사람은 다른 전략을 발전시켰다. 아기는 일찍 젖을 떼지만, 주변 사람들에게 몇 년 더 도움을 받으며 영양을 섭취한다. 전통적인 수렵채집 사회에서는 아기는 세 살 무렵에 젖을 뗀다(하지만 산업화 사회에서는 더 이른 한 살 무렵에 젖을 뗀다).

어머니가 아기를 양육하는 일을 많이 돕는 사람은 아버지나 할머니 같은 어른들뿐만이 아니다. 나이 많은 어린이도 열매나 작은 동물처럼 쉽게 얻을 수 있는 식품을 구하거나 농경 사회에서 덜 힘든 일에 손을 보태 가족을 부양하는 일을 돕는다. 그리고 두들기거나 물에 담그거나 조리를 함으로써 날것 상태의 식품을 처리하는 일(소화하기 쉽게 만들거나 더 오래 보존할 수 있도록 만드는 일)을 돕기도 한다. 혹은 땔감을 모으거나 물을 길어오는 일을 할 수도 있는데, 이것들은 매일 몇 시간을 투입해야 하는 허드렛일이다. 그래서 나이 많은 아이가 두세 명 생기면 어머니가 추가로 자녀를 키우기가 한결 쉬워진다.

독립할 때까지 새끼를 한 번에 한 마리만 키울 수 있는 유인원 사촌들과 비교할 때, 우리는 협력 양육과 음식 나누기와 특히 양 부모의 양육 기여 덕분에 아이들을 줄줄이 연쇄적으로 키움으로써 어머니의 생식 결과를 크게 높일 수 있는데, 이때 나이 많은 아이들도 어린 아기를 먹이고 보살피는 일을 돕는다. 사람이 정말로 놀라운 유인원이 된 것은 바로 이 인구학적 초능력(인구가 빠르게 성장하는 속도) 때문이다.[5]

그런데 비록 우리가 다른 대형 유인원 종에 비해 생식 속도가 훨씬 빠르긴 하지만, 사람 집단에 따라 인구 성장 잠재력에 큰 차이가 있다. 무엇보다 주목할 만한 것은 1만 년 전에 일어난 농업의 발전이 인구 성장에 엄청난 변화를 초래했다는 사실이다.

(현대적인 기계와 인공 비료, 살충제, 제초제가 등장하기 이전의) 문명의 역사에서 대부분의 시기에 농업은 늘 허리를 휘게 할 만큼 많은 노동력이 필요했다. 농부는 숲을 개간해 농경지를 만들고, 쟁기질로 논밭을 갈고, 관개 수로를 유지하고, 씨를 뿌리고, 작물에 영양분을 공급하고, 잡초를 제거해야 했다. 추수 때에는 수확과 탈곡, 키질 과정이 필요했고, 그렇게 얻은 알곡을 저장했다가 마침내 도정이나 제분 과정을 거쳐 섭취할 수 있는 상태로 만들었다. 가축을 기르는 목축업자는 자연 상태로 자라는 식물을 가축의 먹이로 이용할 수 있었지만, 그래도 가축을 돌보고 포식 동물로부터 보호하고 겨울철 사료를 준비하느라 많은 시간을 투입해야 했다.[6]

또한 농업에 종사하는 사람은 여러 가지 건강 문제와 생존 위기에 맞닥뜨린다. 곡물을 많이 먹으면 치아가 잘 마모되며, 탄수화물이 풍부한 식품에 많이 의존하다 보면 충치가 생기기 쉽다.[7] 또, 몇몇 재배 작물과 가축에 의존해 살아가면 영양실조가 생길 위험이 높다. 더 심각한 것은 수렵채집인은 광대한 지역을 떠돌아다니면서 연중 시기에 따라 다양한 야생 식용 식물(뿌리, 덩이줄기, 장과, 잎 등)에 접근할 수 있어 유연한 섭식을 할 수 있는 반면, 농사를 지으며 정착 생활을 하는 사람들은 주곡 농사를 망치기라도 하면 금방 기아에 직면하게 된다. 게다가 4장에서 보았듯이, 농경 사회 사람들은 가축 가까이에서 살아가고 많은 사람들과 얼굴을 맞대고 생활하기 때문에 전염병에 더 취약하다.[8]

그럼에도 불구하고 농업은 채집으로 얻는 것보다 훨씬 많은 식량을 생산할 수 있다. 땅과 작물을 돌보는 데 투입된 그 모든 노력 덕분에 일정 면적의 농경지에서 산출되는 식량은 같은 면적의 숲이나 초원에서 얻는 식량보다 훨씬 많고, 가축을 기르면 야생 동물을 사냥해서 얻는 것보다 고기와 여러 가지 부산물을 훨씬 효율적으로 얻을 수 있다. 농업의 잉여 산물은 다음 해까지 저장할 수 있고, 그 덕분에 특정 분야의 장인처럼 식량 생산 이외의 직업에 종사할 노동력을 해방시킬 수 있으며, 그 결과로 더 복잡한 기술과 사회 조직이 발전할 수 있다.[9]

농경 사회가 수렵채집 사회보다 더 빠른 출산 간격을 지원할 수 있고, 그래서 인구가 더 빨리 성장한다는 사실은 일반적으로 인정되었다. 예를 들면, 정주성 농경 사회에서는 여러 야영지를 떠돌아다니는 수렵채집인과 달리 아기를 데리고 먼 거리를 이동할 필요가 없으므로 아기를 더 빠른 간격으로 계속 낳을 수 있다는 주장이 제기되었다. 하지만 더 최근의 고고학 연구 결과는 일부 수렵채집 사회의 장기적 인구 성장률이 구세계와 신세계의 선사 시대 농경 사회의 그것과 거의 비슷했을 수도 있다고 시사한다.[10] 하지만 이것은 오로지 땅의 부양 능력에 달려 있는데, 일반적으로 수렵채집 사회의 생활 방식은 농경 사회의 생활 방식에 비해 땅의 부양 능력 효율이 낮다.

따라서 설령 농경 사회의 식량 생산이 반드시 더 빠른 인구 성장률을 보장하지는 않는다 하더라도, 농업이 수렵채집보다 동일한 면적의 땅에서 더 많은 식량을 생산한다는 사실은 농경 사회가 더 많은 인구를 부양할 수 있음을 의미한다. 그리고 특정 지역에 농부나 목축업자가 넘쳐나 토지의 부양 능력이 최대한도에 도달하면, 많은 사람들이 주변 지역에 정착하기 위해 바깥쪽으로 퍼져나가기 시작한다. 특정 지역에 자리를 잡고 살아가는 생활 방식에 의존하는 농경 사회의 아이러니는 점점 인구 밀도가 높아지는 인구학적 압력 때문에 농부들이 점점 바깥쪽으로 이동하게 되고, 이들이 수렵채집 사회들을 점점 더 먼 곳으로 몰아낸다는 것이다.

반투어 팽창

아프리카는 실로 거대한 대륙이다. 그 면적은 유럽 대륙과 북아메리카 대륙을 합친 것과 비슷하고, 엄청나게 다양한 환경과 민족이 존재한다. 사실, 아프리카인 사이의 유전적 다양성은 나머지 세계 모든 사람들 사이의 유전적 다양성보다 더 풍부하다. 이것은 우리가 아프리카 대륙에서 아주 오랫동안 진화해오다가 마지막 빙하기 때 일부 집단이 아프리카를 탈출해 나머지 세계로 퍼져나 갔기 때문이다. 이런 사실을 감안하면, 사하라 이남 아프리카 지역 에서 사용하는 구어가 놀랍도록 균일하다는 사실은 아주 놀랍다. 이 광대한 대륙 지역은 아시아나 콜럼버스 이전의 아메리카에 비해 언어학적 다양성이 훨씬 빈약하다.

오늘날 사하라 이남 아프리카에 사는 사람들 중 대다수(2억 명 이상)는 서로 밀접한 관계에 있는 500여 개 언어로 이루어진 반투BANTU 어군 언어를 사용한다.[11] 이 특정 어군은 약 5000년 전에 오늘날 나이지리아와 카메룬 사이의 국경에 걸친 중앙아프리카 서부 지역에서 나타난 것으로 보이며, 그곳에서 빠르게 아프리카 대륙의 중부와 동부, 남부 지역으로 퍼져갔다. 퍼져나가는 와중에 점차 별개의 언어들이 발달하고 변형이 일어나(발음과 어휘와 문법의 변화와 함께) 오늘날에는 사하라 이남 아프리카 지역 전체에 걸쳐 반투어가 여러 갈래로 가지를 치며 뻗어나간 나무와 같은 형태로 나타나는데, 그 줄기는 열대 서아프리카 지역에 뿌리를 두고 있다.

반투 어군이 사하라 이남 아프리카 지역에서 급속하게 퍼져 간 사건을 반투어 팽창Bantu Expansion이라고 부른다. 그것이 얼마나 엄청난 규모로 일어났는지 이해하려면 다른 언어와 비교를 해보는 것이 좋다. 반투 어군은 더 큰 언어 분류 단위인 니제르-콩고 어족에 속한 117개 어파와 어군 중 하나에 불과하다.[12] 예를 들면, 이것은 오늘날 두 개의 널따란 띠(유럽과 러시아를 가로지르며 뻗어 있는 띠와 이란에서 인도 북부까지 뻗어 있는 띠)를 이루며 뻗어 있는 인도-유럽 어족에 속해 있는 북게르만 어군(덴마크와 스웨덴, 아이슬란드 사람들이 사용하는 언어)에 비교할 수 있다.[13] 하지만 북게르만 어군은 수많은 유럽 언어 중 아주 작은 일부 지역에서만 사용되는 반면, 반투 어군 사용 지역은 사하라 이남 아프리카에서 900만km^{2}에 이르는 광대한 지역에 걸쳐 뻗어 있다.[14] 비교하자면, 이것은 유럽 전체가 한 언어의 변형 언어들을 사용하는 것과 같은 상황이다.

그렇다면 왜 이토록 광대한 지역에서 이토록 많은 사람들이 동일한 어군에 속한 언어들을 사용하게 되었을까? 이 어군이 급속하게 팽창한 원인은 무엇일까? 원래 반투어를 사용하던 사람들이 군사적 힘이 아주 강대하여 대륙 전체를 정복해나간 것일까(예컨대 오늘날 라틴아메리카에서 에스파냐어가 널리 사용되는 것과 같은 이유로)?[15] 혹은 만약 인구 집단들 사이의 상호 작용이 폭력적이지 않았다면, 반투족 이주민이 대거 몰려와 기존의 집단을 대체하거나 교잡하여 기존 집단과 섞인 것일까? 그것도 아니라면, 반투어가 인구 이동을 통해 퍼져간 것이 아니라, 관습이나 기술이 한 집단에서 이웃 집단으로 점진적으로 전달되듯이 문화적 확산 과정을 통해 퍼져간 것일까?

4000여 년 전의 어느 시점에 오늘날의 나이지리아와 카메룬 사이의 국경 지역에서 반투어를 쓰며 살던 사람들이 고향을 떠나 퍼져나가기 시작했다.[16] 이 이주는 크게 두 가지 경로를 따라 일어났다. 하나는 고향 땅에서 남쪽으로 향하다가 동쪽으로 방향을 틀어 적도 지역의 열대우림을 지나 동아프리카로 나아간 뒤, 다시 아래쪽으로 방향을 꺾어 대륙 남단을 향해 내려갔다. 약 2500년 전에 반투어를 쓰는 사람들이 동아프리카의 빅토리아호에 도착해 철제 도구 제작 기술을 발전시켰고,[17] 그리고 나서 내륙 쪽으로 더 깊숙이 팽창해갔다.[18] 두 번째 주요 이주 경로는 해안 평야를 따라 남서쪽으로 내려갔고,[19] 약 1500년 전에 반투어를 쓰는 사람들이 멀리 남아프리카까지 퍼지게 되었다.[20] 유전자 연구는 이 팽창이 순탄하고 연속적인 이동으로 일어난 게 아니라, 팽창 단계가 간헐적으로 반복되면서 이주의 잔물결이 서로 겹치는 방식으로 일어났다고 시사한다.[21]

게다가 새로운 장소에 도착한 반투족은 단지 새로운 언어만 가져온 게 아니라 새로운 기술도 도입했다. 적도 지역의 열대우림을 따라 팽창한 초기 단계들에서는 마을과 정주성 생활 방식이 확산되었고, 그와 함께 도기와 큰 마제 석기(특히 도끼와 괭이)도 나타났다.[22] 이 초기 단계 이후에 반투어 팽창은 농업과 야금술도 확산시켰다. 반투어를 쓰는 문화는 진주조 같은 주곡과 콩류, 얌, 바나나를 포함해 생산성이 매우 높은 작물을 재배했다. 그리고 뿔닭과 염소[23]도 길들였는데, 이 가축들은 많은 인구를 먹여 살리는 데 큰 도움이 되었다.°

사하라 이남 아프리카 지역에 사는 인구 집단의 유전적 분석을 통해 과거에 이 대규모 이동이 일어나는 동안 반투족 사람들이 어떻게 이동했는지 드러났다.[26] 특히 오늘날 반투어를 쓰는 인구 집단들에서는 아버지에게서 아들로만 전달되는 Y 염색체 DNA의 다양성이 어머니에게서 딸로만 전달되는 미토콘드리아 DNA보다 크게 부족하다. 이 사실은 반투어가 주로 남성의 이주를 통해 퍼졌고, 그들이 토착 수렵채집 사회의 여성과 결혼을 함으로써(아마도 일부다처제 관계를 통해) 반투어를 확산시켰을 가능성을 시사한다.[27] 단지 토착 집단과 반투족 이주민 사이의 유전자가 섞이는 일만 일어난 것이 아니다. 현지 수렵채집 사회의 언어들 중 일부 측면도 반투어에 흡수되었다. 예를 들면, 남아프리카의 여러 반투어는 코이산족의 흡착음 자음들을 받아들였다.[28]

따라서 최근 몇 년 동안 분명해진 사실은 반투어 팽창은 단지 언어만 확산된 게 아니라, 반투족 농부들의 물리적 이동을 통해 전체 문화 패키지(언어와 농업에 기반을 둔 생활 방식과 기술)가 확산되었다는 것이다. 농업은 풍부한 식량을 생산했고, 도기는 잉여 식량을 저장하고 조리할 수 있게 해주었으며, 철제 도구는 훨씬 효율적으로 토지를 개간하게 해주었다. 작물과 가축에 의존하는 정주성 생활 방식은 빠른 인구 증가를 낳았고, 이것은 다시 그들을 수렵채집인이 차지하고 있던 땅으로 팽창해가게 만들었다.

따라서 오늘날 아프리카 전역에 퍼져 있는 반투어의 놀라운

○ 팽창의 최초 단계는 농업의 고고학적 증거가 나오기 전에 일어났지만, 반투어를 쓰던 이주민들이 야생 얌을 준재배(야생 식물을 자연 환경에서 그대로 기르는 것)했을 가능성이 있다.[24] 약 2500년 전에 중앙아프리카 서부의 열대우림이 기후 때문에 줄어들었는데, 이 사건이 반투족의 이주를 촉진하는 계기가 되었을지 모른다는 증거가 나타났다.[25] 하지만 대부분의 이주 물결은 농업으로 먹고 살던 반투족의 인구 증가로 인한 인구학적 압력 때문에 일어난 것으로 보인다.

사용 범위는 인류 역사에서 일어난 가장 극적인 인구학적 사건 중 하나가 남긴 유산이다.[29] 오스트로네시아어를 쓰는 농부들이 폴리네이아와 미크로네시아로 퍼져간 것처럼 지난 1만 년 동안 다른 곳에서도 이와 같은 대규모 언어 확산이 몇 차례 일어났지만, 반투어 팽창은 그 규모와 속도 면에서 타의 추종을 불허한다. 카메룬 중앙부에서 남아프리카를 향해 4000km 이상 퍼져간 두 번째 단계의 반투어 팽창은 2000년이 채 걸리지 않았는데, 이것은 아주 놀라운 인구 확산 속도이다.[30,31]

1만 년 전에 세계 각지에서 야생 식물과 동물 종을 길들이는 일이 일어난 후, 농경 사회들이 새로운 땅으로 팽창해가면서 이주민과 원주민 사이의 교잡이 일어났고, 원주민의 수렵채집 생활 방식이 농업이나 목축으로 대체되었다. 결국은 세계 대다수 지역에서 농업이 수렵채집을 몰아냈는데, 여기에는 인구학적 요인이 큰 역할을 했다. 농업은 인구 밀도가 더 높은 집단을 부양할 수 있었고(그리고 필시 인구 성장 속도도 높였고), 밖으로 팽창해가는 이주 물결의 원동력이 되었다. 농경 사회 이주민이 다른 곳으로 퍼져갈 때에는 단지 농업에 기반을 둔 생활 방식뿐만 아니라 언어와 기술도 함께 가지고 갔다.

군사력

유목 생활에 의존하지 않는 농경 사회가, 그리고 그다음에는 도시가 자리를 잡자, 인구학적 추세가 문명의 역사와 정착 사회들 사이의 패권 다툼에 계속 큰 영향을 미치게 되었다. 한동안 베네치아와 네덜란드처럼 작은 나라들도 수익성이 높은 해상 교역 제국을 운영하고 용병을 고용해 전쟁을 대신 수행하게 함으로써 경제력과 군사력을 인구에 의존하는 구조에서 벗어나 번영을 누릴 수 있었다. 하지만 일반적으로 옛날부터 국가의 군사력은 인구와 전투에 참여할 수 있는 남성의 수와 직접적 관계가 있었다.

그렇다고 해서 전쟁에서 군사 훈련과 전장의 지형, 장군의 전술을 비롯해 다른 요인들의 역할을 부정하는 것은 아니다. 때로는 새로운 군사 기술이 '전력 승수'(전력을 배가시키는 요인) 역할을 해 한쪽 군대의 전투 수행 효율을 크게 증가시킴으로써 균형을 기울게 할 수 있다. 때로는 그런 혁신이 강대국들 사이의 평형을 무너뜨려 오랫동안 지속된 문명과 제국을 몰락시키고 세계 질서를 재편하는 결과를 가져오기도 했다. 하지만 언제나 그렇듯이 경쟁자들도 새로운 기술적 발전(그것이 전차이건 강철 검이건 화약 총기이건 간에)과 그것으로 얻을 수 있는 전술적 이점을 얻게 되고 힘의 균형이 회복된다. 그러면 또다시 인구가 군사적 갈등의 향방을 좌우하는 주요 변수가 된다.

수천 년 동안 군사적 성공의 열쇠는 단순히 전장에 더 많은 군대를 동원하는 능력에 달려 있었다. 물론 소수의 병력으로 압도적으로 많은 적에게 승리를 거둔 예외가 가끔 있긴 했다. 다윗과 골리앗의 싸움에 비유할 수 있는 그런 전투의 예로는 마라톤 전투(기원전 490년)와 아쟁쿠르 전투(1415년), 그리고 최근에는 6일 전쟁(1967년) 등이 있다. 하지만 역사적으로 전력상 열세에 있는 쪽

이 승리를 거둔 경우는 아주 드물다.°

인구가 많을수록 많은 군대를 유지할 수 있다는 것은 말할 필요도 없다. 같은 논리로 무력 충돌이 발생했을 때, 침략하는 쪽이되었건 방어하는 쪽이 되었건 대체로 인구가 많은 국가가 승리하는 경향이 있다. 작은 국가는 큰 국가에 무력으로 압도당해 흡수되는 경향이 있다. 그리고 물론 이 과정은 눈덩이처럼 불어날 수 있다. 많은 군대를 보유한 국가는 이웃 국가를 공격해 그 영토를 자국 영토로 편입할 수 있다. 더 많은 땅과 사람을 지배하면서 더 강해진 국가는 차례로 이웃 국가들을 정복해 흡수할 수 있다. 만약이 국가가 국내의 안정을 유지하고 하나의 깃발 아래 크게 불어난군대를 부양할 수 있다면, 점점 더 넓은 지역들로 계속 팽창해갈수 있다. 이렇게 해서 제국이 탄생한다.

부족끼리 서로 충돌하던 시절부터 군대를 모집해 동원한 고대 문명과 중세 왕국을 거쳐 현대의 전면전에 이르기까지 전체 인구의 크기가 승부를 가르는 결정적 요인이 될 때가 많았다. 전장으로 진군하는 병사들은 창끝에 불과하다. 군대를 유지하고 지원하는 것은 전체 사회의 몫이다. 원정에 나선 병사들과 함께 동행하는 목수와 요리사뿐만 아니라, 국내에 남아 있는 사람들도 무기와갑옷을 만들고, 말을 먹이고 훈련시키고, 마차나 전차를 제작하고,

<hr>

° 만약 그런 예들이 머릿속에 금방 떠올라 열세에 놓인 군대가 승리를 거두는 현상이 그렇게 드물지 않다고 생각한다면, 여러분의 뇌는 8장에서 자세히 다룰 인지 편향의 한 종류인 가용성 편향에 빠진 셈이다.

군대를 먹이기 위해 논밭에서 열심히 일을 했다. 물론 대부분의 역사에서 군대에 징집된 젊고 건강한 남성들은 논밭에서 일하는 데 필요한 바로 그 인력이었다. 그래서 수천 년 동안 전쟁의 리듬에는 계절적 패턴이 나타났다. 원정은 겨울철의 혹독한 날씨 조건을 피해서 단행하는 경향이 있었고, 대개 봄이나 가을에 출발했는데, 추수처럼 농사 주기에서 노동력이 가장 많이 필요한 단계에 유능한 노동자들을 논밭에서 일하도록 하기 위해서였다.[32] 20세기에는 전면전 시대가 도래하면서 대규모 징집과 함께 군수 공장에서 일할 여성과 노인을 포함해 전체 시민 사회가 전쟁 노력에 총동원되었다.

군사 전략가와 철학자도 전쟁에서 인구의 결정적 역할에 주목했다. 기원전 6세기에 중국의 장군이자 전략가였던 손무孫武는 『손자병법』에서 "적이 강하면 피하라."라고 충고했다. 1세기에 로마 역사학자 타키투스Tacitus는 국경 너머에서 빠르게 번식하는 게르만족 야만인 부족에 비해 로마인 가족의 크기가 작다는 사실을 염려했다.[33] 19세기 초의 속담 중에는 "신은 항상 병력이 많은 쪽의 편을 든다."[34]라는 것도 있다. 그리고 프로이센의 장군이자 군사 이론가인 카를 폰 클라우제비츠Carl von Clausewitz는 『전쟁론』(1833)에서 수적 우위는 "가장 일반적인 승리의 비결"이라고 썼다.[35]

전장에서 무기를 든 사람의 수는 20~30년 전에 요람에 있던 아기의 수에 좌우된다.[36] 국가의 군사력은 출산율처럼 기본적인 인구학적 요소에 달려 있다. 따라서 국가들이 인구 성장에 신경을 쓰고 출산율이 감소하면 크게 염려하는 것은 전혀 놀라운 일이 아니다. 19세기 프랑스에서 바로 그런 일이 일어났다. 수백 년 동안 프랑스는 유럽에서 최대 인구를 자랑했지만, 나폴레옹이 남긴 유산 때문에 변화가 일어났다.

나폴레옹이 프랑스 인구에 미친 효과

나폴레옹은 분명히 뛰어난 군사 전술가이자 탁월한 정치가였다. 가난한 집안에서 태어나 미래가 불확실했던 나폴레옹은 명성에 집착했다. 1799년에 그는 무혈 쿠데타를 통해 프랑스 혁명으로 탄생한 지 얼마 안 된 공화국 지도자들로부터 권력을 빼앗고, 훨씬 독재적인 정권의 최고 지도자가 되었다. 1804년에는 황제 자리에 올라 프랑스의 군사, 금융, 사법, 교육 제도의 대대적인 개혁에 착수했다. 나폴레옹은 단지 프랑스뿐만 아니라 유럽 전역과 온 세계에 방대한 유산을 남겼다. 결국은 자신의 끝없는 야심과 자만 때문에 몰락의 길을 걷게 되는데, 1812년에 불운한 러시아 침공을 단행한 것이 그 시발점이었다. 그때까지 인류 역사상 최대의 병력을 자랑한 그의 대육군Grande Armée은 모스크바에서 퇴각하다가 광대한 러시아 내륙의 살인적인 추위에 처참하게 무너지고 말았다.[37]

1803~1815년에 벌어진 나폴레옹 전쟁 동안 모두 합쳐 약 100만 명의 프랑스군이 죽었고, 전쟁으로 인한 굶주림과 질병으로 죽은 민간인도 약 60만 명이나 되었을 것으로 추정된다.[38] 이것은 1790~1795년에 징집된 군인의 약 40%에 해당하는데, 전체 병력

과 비교한 비율로 따진다면, 100년 뒤 제1차 세계 대전 때 독일과 싸우다가 죽어간 프랑스군 젊은이들 수보다 훨씬 큰 손실이었다.[39]

수많은 프랑스 젊은이가 고국으로 돌아오지 못했고, 이 상황은 전쟁의 전반적인 혼란과 겹치면서 일시적으로 상당한 출산율 감소를 초래했다. 하지만 전쟁의 즉각적 영향이 미치는 시기에서 한참 지난 뒤에도 19세기 내내 프랑스는 다른 유럽 국가들에 비해 인구 성장 속도가 아주 느렸다. 프랑스가 산업화 과정이 느려 생활 수준이 낮은 농촌 인구가 압도적으로 많은 국가로 남아 있었던 게 한 가지 원인이었다.[40] 혁명 이후에 로마 가톨릭 교리를 준수하는 사람의 수가 감소한 것도 가족 크기가 줄어드는 데 영향을 미쳤을 수 있다.[41] 하지만 느린 인구 성장의 가장 큰 이유는 나폴레옹의 통치가 남긴 또 다른 유산 때문일지 모른다.

앙시앵 레짐 시절에 프랑스의 법은 각 지방의 다양한 관습과 규칙이 뒤섞인 것이었다. 왕과 영주가 귀족에게 부여하는 특별 면제와 특권도 많았다. 혁명 후에는 봉건 제도의 이 마지막 잔재가 모두 폐지되고, 새 공화국의 핵심 사상인 자유, 평등, 박애를 기반으로 한 새로운 법이 시행되었다. 1799년에 권력을 잡은 나폴레옹은 프랑스의 법체계를 단일 성문법 체계로 개편하는 작업에 착수했다. 나폴레옹의 감독하에 법학자들로 이루어진 위원회가 만든 프랑스 민법전이 1804년 3월에 제정되었다. 프랑스 민법전은 1807년에 그 작업을 주도한 사람의 이름을 따 나폴레옹 법전으로 이름이 바뀌었다.

혁명 이후의 입법자들이 특별히 신경을 쓴 것은 왕조가 봉건 귀족 제도 내에서 부와 권력을 대물림할 수 있게 해준 낡은 상속법(2장 참고)의 재정비였다. 앙시앵 레짐의 이 유물은 새 공화국의 이상과 양립할 수 없는 것이었다.[42] 평등주의를 바탕으로 한 상속 원리는 나폴레옹 이전에 이미 확립되었다. 1791년에 국민의회는 장자 상속제 폐지를 결정했고, 1794년에는 유언자는 자기 재산의 10%만 선택한 상속인에게 줄 수 있고, 나머지 재산은 성과 출생 순서에 상관없이 모든 자식에게 공평하게 나누어주어야 한다는 관례를 확립했다.[43] 하지만 성문화된 민법에서 분할 상속을 명문화한 사람은 바로 나폴레옹이었다. 또한 나폴레옹 법전은 유언자가 전체 유산 중에서 누구에게 줄지 자유롭게 선택할 수 있는 상속분을 늘렸다. 이 법전 제913조에 따르면, 자식이 한 명만 있는 아버지는 유산 중 절반을 어떻게 분배할지 선택할 수 있고, 나머지 절반은 법에 따라 자식에게 돌아간다. 자식이 두 명이라면 전체 유산 중 3분의 1을 유언자가 어떻게 처분할지 선택할 수 있고, 자식이 세 명 이상이라면 4분의 1만 어떻게 처분할지 선택할 수 있다.[44]

그런데 인구학적 문제의 뿌리는 바로 여기에 있었다. 평등 사회를 만들려는 동기는 충분히 칭찬할 만하지만, 나폴레옹 법전의 상속 조항(모든 자녀에게 공평하게 유산을 분배하는 강제 분할 상속 방식에 자녀의 수를 바탕으로 자유롭게 처분할 수 있는 부분을 덧붙인)은 의도치 않게 사람들에게 가족 수를 줄이게 하는 동기를 제공했다. 자녀 수가 적으면, 유언자는 전체 유산 중 자유롭게 처분할 수 있는 몫이 더 많아져 집안의 자산이 다음 세대에서 희석되는 것을 완화할 수 있었기 때문이다.

프랑스는 오랫동안 유럽에서 인구가 가장 많은 국가였다. 중세 동안에는 유럽 대륙의 전체 인구 중 약 4분의 1이 프랑스인이었다.[45] 나폴레옹이 권력을 잡은 18세기 말에 프랑스는 인구가 약 2800만 명으로, 여전히 러시아 다음으로 유럽에서 두 번째로 인구가 많은 국가였다.[46] 이것은 나중에 독일로 통일될 모든 국가들을 합친 것보다 10% 정도 더 많은 수였고, 영국 인구보다는 두 배 이상 많았다.[47]

1800년 이전에 프랑스의 결혼 출산율은 나머지 유럽 국가들과 비슷했지만, 19세기가 지나가면서 급감했는데,[48] 1800년에 정상 출산율이 1000명당 30명이던 것이 19세기 중엽에는 20명으로 줄어들었다. 같은 기간에 독일의 출산율은 1000명당 약 37명 수준에서 출렁거렸고, 영국은 1820년에 40명을 돌파하며 정점에 이른 뒤 1880년까지 약 36명 수준을 유지했다.[49] 19세기에 유럽의 전체 인구는 두 배 이상 늘어난 반면, 프랑스는 겨우 40% 늘어나는 데 그쳤다. 프랑스가 북서유럽에서 기혼 여성 비율이 가장 높은 나라 중 하나인데도 불구하고 이런 일이 일어났다. 프랑스인 부부가 그만큼 자녀를 훨씬 덜 낳았기 때문이다.[50] 출산율 감소 현상은 부유한 계층에만 국한된 게 아니라 사회 전반에 걸쳐 두루 나타났다. 프랑스에서는 많은 유럽 국가와 달리 대다수 농부가 자신의 토지를 소유하고 있었다. 19세기 초에 전체 프랑스 인구 중 약 63%가 토지를 소유한 가구에 속했고(영국의 경우는 겨우 14%), 따라서 이들은 자녀 수를 줄임으로써 재산의 분산을 예방해 이득을 얻으려고 했다.[51]

프랑스의 출산율이 심각하게 감소하는 동안 영국을 필두로 나머지 유럽에서는 다른 과정이 빠르게 진행되고 있었다.

문명의 역사에서 대부분의 시기에 여러 사회가 높은 사망률에 시달렸는데, 영양 결핍이나 질병으로 인한 죽음이 압도적으로 많았다. 그래서 적어도 일부 자녀가 성인이 될 때까지 살아남도록 하려면, 자녀를 많이 낳아야 했다. 영국에서는 18세기 중엽부터 이런 상황에 변화가 생겼는데, 식량 공급 증가와 공중위생 개선, 의료 기술의 발전으로 사망률이 줄어들기 시작했기 때문이다. 특히 기계화된 농업과 증기 기관을 이용한 값싼 농산물 운송은 식품의 안전성을 높였다. 영국은 산업화와 함께 도시 인구가 점점 늘어남에 따라 출산율과 사망률 사이의 격차가 크게 벌어지면서 인구가 급성장하는 시기를 맞이하게 되었다. 이 현상은 가족들이 자녀를 덜 낳는 것으로 낮은 사망률에 대응하면서 1880년경부터 출산율이 감소할 때까지 지속되었다.

영국은 현대에 들어와 지속적인 인구 폭발을 경험한 최초의 국가였고, 그 덕분에 세계 무대에서 경쟁국에 비해 상당한 이점을 누릴 수 있었다. 19세기 내내 일어난 이 생물학적 확산은 특히 영국이 국내 인구 감소 없이 많은 정착민을 해외 식민지로 내보냄으로써 식민지를 빠르게 성장시키는 원동력이 되었다.° 영국이 세계적인 초강대국으로 부상한 데에는 산업화와 무역, 제해권도 중요한 요인이었지만, 유럽의 한쪽 모퉁이에 위치한 이 작은 국가에 인구 폭발이 일어나지 않았더라면 제국의 기반을 공고히 다지는 과정이 쉽지 않았을 것이다.[52] 이것은 16세기부터 19세기 초까지 에스파냐 제국에 일어난 일과는 완전히 대조적이다. 앞에서 보았듯이 에스파냐는 세계 각지의 광대한 영토를 식민지로 편입했지만, 원주민 대다수를 말살하는 데(의도한 것이건 아니건) 성공한 뒤에도 정복한 땅들에 인구학적 영향을 지속적으로 미칠 만큼 충분히 많은 에스파냐인을 보낼 수 없었다.[53]

이렇게 사망률과 출생률이 높은 상태에서 낮은 사망률과 높은 출생률 단계를 거쳐 사망률과 출생률이 모두 낮은 상태로 인구 동태가 변하는 것을 인구 변천demographic transition이라고 부른다. 나머지 유럽 대다수 지역과 북아메리카도 영국의 뒤를 따라 이러한 인구 변천을 겪었는데, 산업화가 인구 폭발과 함께 손을 잡고 나아가다가 가족들이 아이를 덜 낳기 시작했다. 하지만 프랑스만큼은 독특하게도 19세기 초부터 이미 출산율이 현저히 감소했고, 게다가 산업화 과정도 19세기 후반에야 시작되었다.[54]

당연히 프랑스의 낮은 출생률과 상대적으로 느린 인구 성장 문제는 공개 토론 주제가 되었다.[55] 많은 사람들은 프랑스 인구가 유럽 대륙의 이웃 국가들에 비해 상대적으로 감소함에 따라 전쟁이라도 일어나면 매우 취약해질 것이라고 경고했는데, 인구가 많

○ 이들 정착민 중 다수는 국내에서의 궁핍을 피해 탈출한 경제적 이주자였다. 19세기는 영국 제도의 인구가 급성장한 시기였지만 큰 사회적 갈등과 혼란의 시기이기도 했는데, 농촌 지역의 많은 사람들은 토지에 접근할 기회나 생계를 유지할 수단을 잃었고, 아일랜드의 경우에는 파멸적인 기근이 덮쳤다. 가진 것이 없고 절박한 처지에 내몰린 사람들 중 일부는 혼잡하고 오염이 심한 산업 도시로 탈출했지만, 많은 사람들은 해외의 새 땅으로 떠났다. 때로는 국가가 식민지까지 가는 운임을 대주면서 이민을 지원하기도 했다.

은 나라가 병력을 더 많이 동원할 수 있기 때문이었다. 1세기에 타키투스가 그랬던 것처럼 프랑스인은 특히 동쪽에 있는 이웃 국가들(장차 통일 독일을 이룰 여러 국가들)의 높은 출생률을 우려했다.

빠르게 성장하던 독일 인구는 마침내 1865년에 프랑스를 추월했고, 5년 뒤에 프로이센-프랑스 전쟁에서 프랑스는 굴욕적인 패배를 당했는데, 나폴레옹 3세 황제가 포로로 잡히고 파리를 점령당하고 알자스-로렌 지방을 잃는 결과를 맞이했다. 그리고 1871년 1월에 비스마르크는 프로이센과 나머지 독일어권 국가들을 합쳐 새로운 독일 제국을 탄생시켰고, 독일은 유럽에서 지배적인 육상 강대국으로 떠올랐다. 19세기 말에 이르자, 프랑스 인구는 약 4000만 명 선에서 정체 상태에 머물렀다. 그동안 영국 인구는 거의 4배나 늘어나 이제 프랑스를 추월했으며, 독일 인구는 5600만 명으로 크게 증가했다.[56] 프랑스는 수적 우위를 완전히 상실했다. 수 세대 동안 이어진 느린 인구 성장은 프랑스를 불리한 처지로 내몰았다. 프랑스인은 동쪽 이웃을 바라보면서 실존적 편집증에 사로잡혔다. 독일의 출생률이 계속 높게 유지된다면, 다음 전쟁은 지난번 전쟁보다 훨씬 큰 재앙이 될 것이라는 두려움을 떨칠 수 없다.[57]

제1차 세계 대전을 향해 국제적 긴장이 점점 고조되던 시절에 유럽의 강대국들은 마치 술집에서 난투극을 벌이기 전에 상대의 힘을 가늠하는 권투 선수처럼 자신들의 상대적 산업 능력과 인구 성장을 강박적으로 비교했다. 영국과 프랑스는 모두 빠르게 성장하는 독일을 두려워한 반면, 독일은 러시아의 부상을 불안하게 바라보았다. 결국 오스트리아-헝가리 제국의 제위 계승자 프란츠 페르디난트 대공의 암살이 촉발한 국제 위기가 화약에 불을 붙였다. 독일은 어차피 러시아와의 한판 대결이 불가피하다면, 뒤로 미루기보다는 일찍 붙는 것이 유리하다고 판단했다. 그것은 복잡하게 얽힌 동맹의 거미줄을 작동시키면서 1914년 7월에 유럽 전체를 전쟁으로 휘몰아간 도박이었다.

양 진영의 기술적 격차가 크지 않은 상황에서 유럽은 전략적 교착 상태에 빠져들었다. 계속 이어지는 젊은이들의 물결이 참호전의 고기 분쇄기로 보내졌고, 이 전쟁은 전형적인 소모전 양상으로 흘러갔다. 단순히 수의 크기가 무엇보다도 중요했고, 승리의 추는 더 많은 인구를 동원할 수 있는 쪽으로 기울게 돼 있었다. 하지만 전쟁의 경과와 결과를 좌우하는 것은 개개 국가의 국력만이 아

○ 동일한 국가나 지방 내에서 하위 인구 집단들 사이의 출생률 차이도 중요할 수 있다. 만약 어느 소수 집단이 상대적으로 높은 출생률을 계속 유지해 전체 인구에서 차지하는 비율이 커진다면(심지어 지배적인 집단이 된다면), 기존의 정치 질서에 균열이 생길 수 있다. 예를 들면, 1921년에 아일랜드는 민족주의 성향이 강한 남아일랜드(1949년에 아일랜드 공화국이 된다)와 북아일랜드(영국의 일부로 남길 원한 연합주의자들이 다수인 6개 주로 이루어진)로 분리되었다. 연합주의자들은 대체로 아일랜드로 이주한 영국인 정착민의 후손이었고 따라서 일반적으로 신교도였던 반면, 북아일랜드에는 가톨릭교도이면서 통일된 독립국 아일랜드를 원한 민족주의자 소수 집단도 있었다. 그런데 아일랜드가 분할된 뒤 20세기 내내 가톨릭 공동체는 자녀를 더 많이 낳아 높은 인구 성장률을 유지했고(최근 수십 년 사이에 감소하긴 했지만), 2021년에 실시한 인구 조사에서는 전체 인구 중 46%가 가톨릭 집단에서 자랐다고 보고해 신교도보다 높은 비율을 기록했다. 이러한 추세는 인구 차이 때문에 민족주의를 지지하는 쪽이 다수가 될 수 있다는 추측을 부추겼다.[58] 2022년 5월 총선에서 신페인당은 처음으로 북아일랜드 의회에서 제1당이 되었지만,[59] 이러한 인구학적 추세와 정치적 변화가 아일랜드의 통일을 선택하는 국민 투표로 이어질지는 좀 더 두고 보아야 한다.

니다. 독일은 많은 인구 덕분에 동부 전선과 서부 전선에 대군을 배치할 수 있었던 반면, 영국이 자국에서 동원할 수 있는 군대는 훨씬 적었다. 하지만 19세기에 제국 곳곳에 많은 정착민을 이주시킨 덕분에 영국은 캐나다, 오스트레일리아, 뉴질랜드뿐만 아니라 인도와 아프리카에서도 상당수의 병력을 지원받을 수 있었다. 그리고 프랑스는 독일보다 인구가 40%나 적어 두려워할 이유가 충분히 있었지만, 1914년에 프랑스는 홀로 독일과 맞선 것이 아니었다. 영국, 러시아, 이탈리아, 일본, 그리고 나중에는 미국과 동맹을 맺었기 때문에, 결국에는 인구학적 균형의 추를 자신에게 유리한 쪽으로 기울게 할 수 있었다. 미국이 참전하지 않은 상황에서도(미국 원정군이 대규모로 서부 전선에 도착하기 시작한 것은 1918년 여름부터였다) 연합국은 약 3800만 명의 병력을 동원할 수 있었다. 독일과 오스트리아-헝가리, 오스만 제국 등 동맹국의 병력은 2500만 명을 밑돌았다. 결국 제1차 세계 대전의 승리는 전장에 더 많은 군대를 동원할 수 있었던 연합국 측으로 돌아갔다. 1890년대의 요람 수가 전쟁의 승부를 가르는 결정적 요인이 된 것이다.

전쟁이 인구에 미친 영향

역사가 보여주듯이, 전쟁에서는 인구 크기, 그중에서도 특히 전투에 투입할 수 있는 징집 연령 남성의 수가 무엇보다 중요했다. 반면에 전쟁은 사회와 경제에 몇 세대 동안 지속적인 영향을 미치면서 인구에 중요한 결과를 초래한다. 보급 물자 확보를 위해서건 다른 목적을 위해서건 약탈을 통해 농업의 정상적 주기를 붕괴시키고 기아와 질병을 확산시키는 등 광란에 가까운 군대의 파괴 행위가 사회 전반에 얼마나 광범위한 죽음을 초래하는지는 이미 보았다. 지난 세기에 소련은 특히 심각한 인구학적 재앙을 겪었다.

1941년 6월, 히틀러의 소련 침공으로 세계사에서 가장 참혹한 전쟁 중 하나가 시작되었다. 처음 6개월 동안 소련은 광대한 영토(미국의 약 3분의 1에 해당하는 면적)를 잃고, 전쟁 전 전체 군대 병력과 맞먹는 약 500만 명의 병력 손실을 입었다.[60]

병력이 크게 부족하자, 소련은 18세 미만과 55세 이상의 남성까지 포함해 징집 연령을 대폭 확대했다.[61] 모두 합쳐 3450만 명이 징집되었고, 그중에서 약 870만 명이 사망했다.[62] 제2차 세계대전 동안 군인과 민간인을 합친 소련의 전체 사망자 수는 2600만~2700만 명으로 추산되는데, 전쟁 전 인구의 약 13.5%에 해당하는 수치였다.[63] 이에 반해 독일의 전체 사망자 수는 전쟁 전 인구의 6~9%였고, 프랑스와 영국은 2% 미만이었다.

즉각적인 인명 손실과 더불어 전쟁이 추가로 인구에 미친 영향은 1940년대에 소련에서 태어난 신생아 수의 급감이다. 동원이 해제되고 살아남은 군인이 집으로 돌아가기까지는 전쟁이 끝나고 나서도 최대 3년이 걸렸다. 그 결과로 출생률은 1940년에 인구 1000명당 35명에서 1946년에는 26명으로 급감했다. 비록 그 후에 출생률은 다시 증가하기 시작했지만, 이 25%의 출생률 감소는 전쟁의 파괴적 영향으로 이 기간에 태어났어야 할 신생아 1150만 명이 태어나지 못했다는 것을 뜻한다.[64] 이것이 소련의 인구 구조에 미친 영향은 아주 컸다.

한 국가의 인구 구조를 시각화하는 보편적인 방법은 인구 피라미드이다. 인구 피라미드는 연령별로 남성과 여성의 수를 나타내는 수평 방향의 막대들이 차곡차곡 쌓인 모양으로 나타난다. 맨 밑에는 신생아들이 위치하고, 맨 위에는 나이가 가장 많은 연령층이 위치한다. 인구가 성장할 때(죽는 사람 수보다 태어나는 신생아 수가 더 많을 때) 그 사회는 젊은 사회이고, 막대그래프는 피라미드 모양으로 나타난다. '인구 피라미드'란 이름이 붙은 것은 이런 이유 때문이다.

제2차 세계 대전 동안 엄청난 사망자 수와 출생률 급감의 효과는 러시아의 인구 피라미드에 분명한 흔적을 남겼다. 전쟁 기

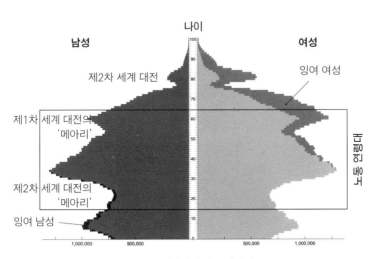

2022년 러시아의 인구 피라미드

간의 막대들은 눈에 띄게 짧고, 특히 남성 인구를 나타내는 왼쪽이 더 짧다. 사실, 오늘날 러시아의 인구 피라미드는 대략 25년(대략 한 세대에 해당하는)을 주기로 짧은 막대가 반복되는 독특한 패턴을 보여준다. 이 막대들은 전쟁의 참화가 빚어낸 인구학적 메아리이다. 이것은 전쟁 동안과 전쟁 직후에 태어난 사람들의 코호트 cohort(특정 기간에 태어나거나 결혼한 사람들의 집단처럼 특정 통계적 인자를 공유한 집단)가 자라서 아이를 낳기 시작한 1968년 무렵에 태어난 아이들이 아주 적다는 것을 보여준다. 그리고 이 아이들이 자라서 자신의 자녀를 낳기 시작한 1999년 무렵에도 출생한 아기의 수가 다시 줄어들었다. 이렇게 인구 감소가 반복되는 주기는 사람들이 아기를 낳는 연령대가 더 폭넓게 분산됨에 따라 점점 늘어난다.

물결 모양을 한 러시아의 인구 피라미드 구조(제2차 세계 대전에 영향을 받은 나머지 나라들보다 훨씬 두드러진 형태인)는 러시아 경제에도 영향을 미쳤다. 시간이 지나면서 이 물결들이 피라미드에서 위쪽으로 이동함에 따라(전체 인구가 나이를 먹으면서) 계속 이어지는 마루와 골은 노동 연령대(대략 15~65세)를 지나가게 된다. 한 나라의 경제력을 좌우하는 한 가지 주요 요인은 부양비dependency ratio(은퇴자와 어린이를 포함한 피부양자 수를 일을 하면서 세금을 내는 생산 가능 인구로 나눈 비율)이다. 부양비가 높으면, 경제에 미치는 부담이 커지고 생산성 성장이 줄어든다. 제2차 세계 대전이 인구에 미친 영향 때문에 지난 75년 동안 러시아에서는 인구 피라미드에서 더 많은 마루와 골이 노동 연령대를 지나감에 따라 그 어떤 나라보다 부양비가 크게 요동쳤다. 1990년대 중엽부터 2000년대 후반까지 러시아의 부양비는 크게 감소했는데(인구 피라미드에서 불룩 튀어나온 막대들이 노동 연령대를 지나감에 따라), 이것은 이 시기에 러시아 경제가 호황을 누린 실질적 주요 요인 중 하나였다. 세계은행은 이 기간에 러시아의 1인당 GDP 성장 중 약 3분의 1이 이러한 인구학적 효과에서 발생했다고 평가했다.[65]

그런데 이제 다시 골들이 노동 연령대를 지나가면서 부양비 물결의 흐름이 또 한 번 바뀌었는데, 이 비율은 2030년대 전반까지 크게 증가할 것으로 예상되어(부양비 증가를 겪는 나머지 나라들보다 훨씬 크게) 러시아 경제에 점점 더 부담을 가할 것이다.[66] 따라서 전후 러시아 인구의 연령 분포에 나타난 이 특징이 러시아 경제에 계속 결정적 영향을 미치고 있다.

전체 인구 중 전쟁으로 가장 큰 타격을 받은 특정 집단이 있는데, 젊은이부터 중년에 이르는 남성들이 압도적으로 많이 군대에 징집되어 죽어갔다. 사실, 제2차 세계 대전으로 소련의 전체 인구 집단이 참혹한 피해를 입었지만(나치 점령군에게 죽임을 당하거나 광범위한 영양실조와 질병으로 죽어가면서), 2600만~2700만 명의 사망자 중에서 약 2000만 명은 18~40세의 남성이었다.[67]

전체 인구에서 젊은 남성이 이렇게 많이 죽다 보니 심한 성비 불균형이 발생했다. 대다수 동물 종은 개체군 내 암수의 비가 자연적으로 거의 균형을 이룬다. 수컷을 많이 낳는 것이 개체의 유전자에는 진화상 이득이 될지 몰라도(2장에서 보았듯이, 수컷은 암컷보다 자손을 더 많이 낳을 수 있는 잠재력이 있기 때문에), 다음 세대에서는 집단 내에서 수컷이 대다수를 차지하기 때문에 극소수 암컷 중 하나가 되는 편이 짝짓기에서 분명히 이득이 된다. 따라서 암컷과 수컷의 수를 동일하게 낳는 것이 '진화적으로 안정한 전략'이다.[68] 사람 개체군도 정상적인 경우에는 남녀의 성비가 대체로 균형을 이룬다.[69]° 오늘날 전 세계 인구 중 남성은 50.25%, 여성은 49.75%를 차지한다.[70] 하지만 지역적 수준에서는 극단적인 사건의 결과로 1:1 성비가 크게 왜곡될 수 있고, 이것은 장기적으로 사회에 큰 영향을 미친다.

제2차 세계 대전으로 인한 소련의 성비 불균형은 20세기에 어느 나라도 겪지 못한 극단적 사례였다. 1941년 이전에도 소련의 성비는 제1차 세계 대전과 1917년 혁명과 그에 이은 내전으로 사망한 남성 때문에 이미 1보다 낮았다. 하지만 제2차 세계 대전 동안의 극심한 인명 손실 때문에 성비 불균형이 더욱 심해졌는데, 특히 전투가 가장 치열하고 장기간 많은 사망자가 나온 서부 지역에서 그 정도가 더 심했다.[71] 전쟁이 시작된 해와 전후에 첫 번째 인구 조사를 한 1959년 사이의 20년 동안 소련에서 징집 연령 남성의 수는 44%나 급감해 같은 연령대의 여성은 남성보다 1840만 명이나 많았다.[72] 그 결과로 성비는 0.64까지 추락했다. 소련은 여성

° 하지만 여성이 남성보다 더 오래 사는 경향이 있어 오늘날 노령화가 진행되는 선진국에서는 전체적으로 여성의 성비가 조금 높아지는 경향이 있다. 남아 선호 사상이 강한 인도나 중국 같은 나라에서는 지참금 제도나 한 자녀 정책 같은 문화적 관행이나 법이 남아 선호 경향을 더욱 부추겨 전체 인구에서 남성의 비율이 약 52%에 이른다(이러한 성비 왜곡은 여아 낙태나 심지어 영아 살해 같은 방법을 통해 일어난다).

국가가 되었다.

많은 여성이 전쟁에서 남편을 잃었는데, 이렇게 심한 성비 불균형 상황에서는 재혼할 남성을 찾거나 미혼 여성이 배우자를 찾기가 매우 힘들었다. 그런데 소련에서 남성 부족 사태는 장기적으로 성과 결혼을 둘러싼 소련 남성의 행동에 큰 변화를 가져왔다. 우리는 앞에서 육아를 위해 암수 한 쌍 결합을 형성하려는 인간의 선천적 성향을 살펴보았는데, 그것은 결혼이라는 문화적 제도의 기반이 되었다. 하지만 남성과 여성의 생식 전략은 완벽하게 일치하지 않는다. 남성은 어머니와 똑같은 방식으로 자식에게 생물학적으로 매여 있지 않기 때문에, 여성은 잠재적 배우자를 선택할 때 까다롭게 구는 것이 유리하다. 유전적 적합도, 자원, 사회적 지위, 그리고 공동 육아에 대한 헌신적 태도 같은 측면에서 높은 점수를 받는 짝을 선택하는 것(배우자 선택에서 양보다 질을 우선시하는 전략)이 여성에게 이익이다. 반면에 남성은 이론적으로는 씨를 뿌릴 수 있는 자녀의 수에 큰 제한이 없으며, 따라서 많은 여성과 아이를 낳음으로써 자신의 생식 결과를 최대화할 수 있다(그러고도 무사할 수만 있다면). 생식 전략을 둘러싼 남녀 사이의 이 갈등은 전후의 소련처럼 성비 불균형이 아주 심한 집단에서 더욱 두드러지게 나타난다.

거칠게 표현하면, 짝짓기나 결혼에서 남성과 여성 사이의 역학은 과잉과 부족, 공급과 수요 법칙에 따라 좌우되는 시장의 역학과 비슷하다. 여성의 공급이 부족한 집단에서는 여성이 결혼 시장에서 더 큰 협상력을 지녀 마음대로 남편을 고를 수 있다. 그리

223

고 남성은 다른 곳에서 거의 기회를 찾을 수 없기 때문에 그 관계에 헌신하는 것이 자신에게 이익이다. 하지만 여성이 남성보다 훨씬 많은 집단에서는 이 관계가 역전된다. 남성에게 헌신과 자녀 양육에 높은 수준의 투자를 요구하고 그것을 결국 확보하려고 하는 여성은 약자의 지위에 서게 된다.[73] 희소한 남성은 관계에 헌신해야 할 동기를 덜 느끼고, 다른 여성과 바람을 피우는 행동의 결과를 덜 두려워한다. 게다가 기꺼이 혼외 자식을 낳으려고 하는 여성이 많다.[74]

따라서 전후 소련에서는 잃어버린 세대의 남성들이 시장의 조건을 크게 바꾸어놓았다. 이들의 행동이 사회에 미친 영향은 1959년 인구 조사에서 분명하게 드러났는데, 기혼 여성의 수가 줄어들고, 이혼율이 크게 증가했다. 신랑과 신부의 나이 차가 많이 나는 결혼이 증가했고, 혼외자로 태어나는 아이도 크게 증가했다.°

제2차 세계 대전 이후에 전쟁으로 인한 남성 부족 현상은 독일에서도 분명하게 나타났다. 비록 독일의 남성 사망자 비율은 소련보다는 훨씬 낮았지만, 1946년에 생식 능력의 전성기에 해당하는 20~40세 여성의 수는 같은 연령대의 남성에 비해 10 대 6의 비율로 많았다. 그래서 독일에서도 남편을 구하는 데 어려움을 겪어

° 심각한 성비 불균형이 사회의 이런 변화를 촉진했지만, 1944년에 공산당 정치국이 가족법으로 입법화한 출산 장려 정책이 그 효과를 더욱 증폭시켰을 가능성이 있다. 이 법에 따라 혼외자로 태어난 아이에게도 국가의 지원을 제공함으로써 미혼모에 대한 비난을 감소시키는 사회적 환경을 조성했다. 혼외자를 낳은 아버지도 법적, 경제적 책임을 면제받았다. 심지어 출생증명서에 아버지의 이름을 올리지 않아도 되었다.

미혼으로 남은 여성이 많았다.[75] 출산율이 급감했고, 혼외자 비율이 16% 이상으로 두 배 이상 급증했다. 가톨릭교도가 절대 다수를 차지하는 독일 남부의 바이에른주에서는 신생아 5명 중 1명이 혼외자로 기록되었는데, 이것은 20세기에 나머지 유럽 지역에서 기록된 것보다 높은 수치에 해당했다.[76]

이렇게 소련과 독일은 제2차 세계 대전에서 너무 많은 남성이 희생된 탓에 심각하고 지속적인 성비 불균형이 생겨났다. 지금도 러시아의 성비는 0.87이다.[77] 이러한 인구학적 충격은 단지 출생률에 큰 영향을 미치는 데 그치지 않고 성과 결혼에 관한 행동에 변화를 가져왔고, 심지어 성 역할에 대한 태도도 바꾸어놓았다. 영국과 미국을 비롯해 다른 나라들에서는 전시 동원 체제로 인해 여성의 권한이 강화되고 경제적 독립도 증가했는데, 이 추세는 사회와 경제가 평화 시의 규범과 전통으로 돌아가면서 오래가지 못한 반면,[78] 소련에서는 여성 과잉 상황이 유지되며 이혼과 혼외 출산, 혼전 성관계를 둘러싼 태도에 진보적인 문화적 변화가 일어나 오랫동안 지속되었다.[79]

빼앗긴 세대

인구의 성비를 크게 왜곡시킬 수 있는 인간 세계의 참사는 전쟁뿐만이 아니다.

16세기 초부터 19세기 중엽까지 유럽 식민지들의 농장에서 부리기 위해 노예로 붙잡혀 대서양 건너편의 아메리카로 실려간 아프리카인은 약 1250만 명에 이른다.° 그중 약 200만 명은 대양 항해의 참혹한 조건을 버텨내지 못해 죽었고, 고향에서 일어난 습격과 전쟁, 그리고 유럽인 노예 거래상에게 팔려나간 장소인 연안 공장들로 옮겨가는 동안 죽어간 사람도 수백만 명에 이른다(이들 은 선박 운송 기록에 기재되지 않았다).

노예무역 시스템은 이것 말고도 사하라 종단 노예무역, 홍해 노예무역, 인도양 노예무역 등이 있었다. 규모 면에서나 역사적 결과 면에서 중요도가 떨어지긴 했지만, 이들 노예무역 시스템은 모두 합쳐 600만 명 이상의 노예를 수출했다.[80]

인류 역사의 끔찍한 오점인 노예무역은 아프리카에 장기적으로 큰 영향을 미쳤다. 아프리카 대륙의 많은 지역에서 아프리카인은 수백 년 동안 자신과 가족이 언제 노예로 잡혀갈지 모른다는 두려움에 떨며 살았다. 많은 사람들이 붙잡혀가다 보니 이 지역들은 인구 성장이 느려졌다. 풍토병, 흉작과 기근을 포함해 인구 성장을 저해하는 요인은 많지만, 대서양 횡단 노예무역이 미친 인구학적 영향(아주 오랜 기간에 걸쳐 수많은 사람을 노예로 삼아 아주 먼 곳으로 끌고 감으로써 발생한)은 인류 역사에서 유례를 찾아보기 어렵다. 19세기 초에 사하라 이남 아프리카 지역의 추정 인구는 약 5000만 명이었다. 역사학자들은 만약 노예무역이 없었더라면 그 수가 1억

° 대서양 횡단 삼각 무역과 범선 시대에 중요한 역할을 한 그 밖의 대양 통상로에 관한 자세한 이야기는 전작인 『오리진-지구는 어떻게 우리를 만들었는가』 8장을 참고하라.

명에 이르렀을 것이라고 주장했다.[81]○

대서양 횡단 노예무역은 전반적으로 인구 성장을 억제한 것 외에 더 구체적인 영향도 미쳤다. 대서양 횡단 노예무역을 부추긴 수요는 주로 아메리카 식민지의 농장에 필요한 일손 때문이었다. 농장 소유주는 건강하고 튼튼한 노동자를 원했는데, 그래서 (여성 하녀와 첩의 수요도 높았던 인도양 노예무역과는 대조적으로) 남성 노예에 대한 선호가 아주 강한 것이 대서양 횡단 노예무역의 한 가지 특징이었다. 유럽인 노예 상인들은 아프리카에서 노예를 수출할 때 남성을 여성보다 두 배 많이 실어 보낸다는 목표를 세웠는데, 남은 기록들도 대서양 횡단 노예무역 기간에 운송된 노예들의 성비가 1.8:1로 남성이 많았음을 보여준다.[87]

노예사냥이 극심했던 지역들은 남성이 크게 부족하게 되었다.[88] 대서양 횡단 노예무역이 절정에 이른 18세기 말에 서아프리

○ 역사학자들은 또한 대서양 횡단 노예무역이 장기적으로 미친 그 밖의 사회경제적 영향도 다수 확인했다. 아프리카 대륙 중 상당수 지역은 남아메리카와 아시아의 다른 개발도상국들과 비교하더라도 여전히 경제적으로 낙후된 상태에 머물러 있는데, 노예 제도에 큰 타격을 받은 지역과 오늘날 가장 가난하고 경제적으로 가장 낙후된 지역 사이에는 아주 강한 상관관계가 있다.[82] 사실, 오늘날 아프리카와 나머지 세계 사이의 평균 임금 격차 중 70% 이상은 노예무역의 파괴적 효과에 그 원인이 있는 것으로 평가된다.[83] 이러한 경제 성장 지체의 일부 원인은 이웃과 심지어 친족이 서로를 납치하거나 속이는 일(친구나 가족의 배신으로 노예로 붙잡혀간 사람이 전체 노예 중 많게는 20%에 이르는 것으로 추정된다)이 비일비재했던 노예무역의 상황 때문에 대인 간 신뢰가 크게 훼손된 데 있을지도 모른다. 이러한 불신의 문화가 낳은 장기적 결과 중 하나는 제도 발전과 경제적 번영의 기반 약화였다.[84] 또한 이 때문에 민족과 종족의 정체성이 강화되면서 더 큰 사회로의 통합을 방해했고, 이것은 다시 오늘날 여전히 목격되는 아프리카 사회의 분열을 낳았다는 주장도 있다.[85] 과거에 일어난 노예무역의 강도와 오늘날 만연한 내부 갈등 사이에는 강한 지역적 상관관계가 있는 것으로 보인다.[86]

카 지역의 성비는 여성 100명당 남성은 70명 미만이었다. 대륙 전체에서 가장 피해가 컸던 앙골라에서는 성비가 0.5 혹은 심지어 0.4까지 떨어졌다.[89] 많은 공동체는 여성이 남성보다 두 배나 많았다.

자연 성비에서 크게 벗어나는 상황은 가족 구조에 변화를 가져왔고, 사회에서도 노동의 분업 구조에 변화가 일어났다. 사라진 남성을 여성이 대체해야 했고, 농업과 상업, 심지어 군사 부문에 이르기까지 온갖 분야에서 전통적으로 남성의 전유물로 간주돼온 활동과 책임을 여성이 떠맡게 되었다. 심지어 공동체에서 지도자와 권력자의 지위까지 여성이 맡게 되었다.[90] 이것은 다시 문화 규범과 여성의 사회적 역할에 대한 태도에 변화를 가져왔다.

19세기에 대서양 횡단 노예무역이 폐지된 후, 가장 큰 타격을 입었던 지역들은 자연 성비를 회복하기 시작했다. 하지만 성 역할에 대한 태도와 관행의 변화는 계속 유지되었고, 지금까지도 계속 이어지고 있다. 변화한 문화 규범이 부모에게서 자식에게 전해졌고, 처음에 그것을 초래한 인구학적 조건이 사라진 뒤에도 오랫동안 살아남았다.

노예무역의 부담이 유난히 컸고 그것을 견뎌내야 했던 아프리카 지역들은 오늘날 노동력 시장에서 여성이 비교적 채용이 잘되고 중요한 일자리를 차지하기도 한다. 이 지역들에서는 남녀 모두 성 역할에 더 평등한 태도를 보이며, 여성에 대한 가정 폭력을 용납하지 않고, 공직과 정치 부문에서 성 평등을 지지하는 경향이 강하다.[91]

성비 불균형이 장기적으로 사회에 미친 이런 결과는 오직 대서양 횡단 노예무역으로 큰 타격을 받은 아프리카 지역에서만 발견된다는 사실이 중요하다. 그 지역들은 주로 중앙아프리카 서부 지역(특히 앙골라)과 사하라 사막 이남의 서아프리카, 그리고 그 정도는 조금 덜했지만 남서해안에 위치한 모잠비크와 마다가스카르이다. 하지만 인도양 노예무역(남녀를 비슷한 비율로 잡아간)이 일어난 동아프리카에서는 성비에 큰 왜곡이 일어나지 않았고, 그래서 문화 규범에도 큰 변화가 일어나지 않았는데, 예컨대 여성의 노동력 참여가 증가했다는 증거를 발견할 수 없다.[92]

또한 오늘날 이 지역들은 일부다처제가 아주 흔하다.[93] 성비 불균형 때문에 남성은 아내를 여럿 취하는 것을 당연하게 여기고, 여성도 그것을 받아들이는 것처럼 보인다. 따라서 동아프리카보다 서아프리카에서 일부다처제가 더 성행하는 것은 대서양 횡단 노예무역과 인도양 노예무역이 공급한 노예의 성비 차이가 한 가지 이유일지 모른다.[94] 그런데 인구 교란의 장기적 영향은 여기서 그치지 않는다.

일부다처제 관습은 문란한 형태의 성 행동과 함께 에이즈 같은 성병 확산을 촉진할 수 있는데, 배우자가 바람을 피울 경우에는 특히 그 위험이 높아진다. 서아프리카 지역은 일부다처제만 흔한 게 아니라, 결혼에 불만을 품은 아내들이 불륜을 저지르는 경우가 많다. 따라서 오늘날 서아프리카 지역에서 높은 에이즈 감염 비율(특히 여성 사이에서)은 성 행동의 변화에서도 그 원인을 찾을 수 있는데, 그런 변화를 초래한 단초는 대서양 횡단 노예무역이 가져온

성비 불균형에 있다.[95,96]

남성들이 비처럼 쏟아지는 땅

반대로 남성이 남아도는 성비 불균형을 초래하는 상황은 흔하지 않지만, 눈길을 끄는 사례가 하나 있다.

미국 혁명 직전의 수십 년 동안 영국은 매년 북아메리카 식민지들에 매년 죄수를 약 2000명씩 보냈다.[97] 모두 합쳐 약 6만 명의 영국인이 그곳으로 추방되었다.[98] 절도나 불법 침입처럼 오늘날이라면 비교적 가벼운 범죄를 저지른 사람도 있었고, 혹은 집시와 동거하거나 피임을 하거나 첼시 펜셔너(퇴역 군인들을 위해 런던에 마련한 보금자리. 혹은 그곳에 거주하는 퇴역 군인)를 사칭하는 등의 기괴한 행동을 했다는 죄목으로 추방된 사람도 있었다.[99] 하지만 1775년에 미국 식민지들과 전쟁이 발발하자, 죄수 추방이 갑자기 중단되었다. 얼마 지나지 않아 영국 교도소는 재소자로 넘쳐나게 되었는데, 교도소를 더 짓는 것보다는 재소자들을 해외로 보내는 게 더 비용이 싸게 먹힌다고 판단한 의회는 바람직하지 못한 사람들을 추방할 대체지를 찾느라 혈안이 되었다. 그리고 지구 반대편에 위치한 땅에서 그 해결책을 찾았다.

1770년에 제임스 쿡James Cook 선장은 오스트레일리아 동해안의 지도를 작성하고, 이 대륙의 절반을 영국 영토로 편입했다. 의회는 여기서 절호의 기회를 발견했다. 머나먼 이국 오스트레일리아로 재소자들을 보내면, 교도소 부족 문제를 해결하고 다른 범죄자들의 범행 의지를 억제할 수 있을 뿐만 아니라, 재소자들에게 정착촌 수립에 필요한 노동력을 제공하게 함으로써 남반구의 새 식민지를 개척하는 선발대로 삼을 수 있기 때문이었다. 1788년 1월, 제1선단이 오스트레일리아에 도착해 약 1500명의 정착민이 시드니만에 정착촌을 세웠는데, 그중 778명이 재소자였다.[100] 이렇게 해서 영국의 오스트레일리아 식민지 건설이 시작되었다.

나폴레옹 전쟁이 끝난 뒤에 오스트레일리아로 유배를 간 재소자 수가 크게 증가했는데, 절정에 이른 1830년대에는 영국 지방 법원들에서 유죄 판결을 받은 사람 중 약 3분의 1이[101] 오스트레일리아 유배형과 함께 몇 년 동안 계약 노동자로 일하라는 선고를 받았다. 하지만 그다음 수십 년 동안 이러한 강제 이주 관행이 줄어들기 시작했는데, 유배 제도에 대한 반대가 거세졌기 때문이다. 마지막 호송선은 1868년에 오스트레일리아에 도착했다.[102] 그때까지 오스트레일리아로 유배된 재소자는 15만 7000명이 넘었고(대부분 뉴사우스웨일스주와 태즈메이니아섬에 세운 유형 식민지로 갔다), 그중 84%가 남성이었다.[103] 1830년대부터 정착민들이 자유의사로 이주하기 시작했을 때에도 오스트레일리아에 도착하는 사람들은 여성보다 남성이 훨씬 많았는데, 일자리 기회가 대부분 농업과 광업처럼 힘든 노동이 필요한 분야였던 것이 주요 이유였다.

오스트레일리아에서 살아간 여성들 - 재소자로 왔다가 해방되었건(형기를 계약 노동으로 채우는 기간은 일반적으로 7년이었다), 자유의사로 이민을 왔건, 이곳에서 태어났건 - 은 성비 불균형이 매우 심한 환경에 놓였다. 오스트레일리아 식민지 역사 중 상당 기간

231

은 평균적인 성비가 여성 1명당 남성 3명이었다. 일부 유형 식민지에서는 그 비율이 1:30에 이르기도 했다.[104] 오스트레일리아 식민지는 약 150년 동안 남성들이 비처럼 쏟아지는 땅이었다. 성비가 균형을 찾은 것은 1920년 무렵에 이르러서였다.

그 결과로 성비가 균형 잡힌 인구 집단에 비해 이곳에서는 여성의 가치가 훨씬 높아졌고, 남성은 운이 아주 좋아야 아내를 얻을 수 있었다. 여성의 입장에서는 매도자 우위 시장이었다. 그리고 이런 상황은 남녀 모두에게 중요한 의미를 지닌 결과를 초래했다.°

역사 기록은 식민지 시절에 오스트레일리아 여성이 같은 시대에 유럽에 살았던 여성보다 결혼할 확률은 훨씬 높고 이혼할 확률은 낮았음을 보여준다. 남성이 과잉 상태인 인구 집단에서는 남성이 확보할 수 있는 관계라면 어떤 것이라도 혼외 관계에 빠지는 일 없이 헌신을 다하려는 동기가 아주 강하다는 증거가 있다. 그들은 또한 아내에게 다른 남편을 찾을 구실을 주지 않기 위해 자녀 양육에 더 적극적으로 참여하고 아내에게 잘하려고 노력한다. 그 결과로 오스트레일리아 여성은 굳이 밖에 나가 일할 필요를 느끼지 못했고, 대신에 집 안에 머물게 되었다.[105]°°

식민지 시대 오스트레일리아에서 이렇게 남성이 넘쳐나는 조

° 이 이야기는 오스트레일리아의 식민지 개척자와 그 후손들에 초점을 맞춘 것이다. 수만 년 전부터 이곳에서 살아온 오스트레일리아 원주민은 식민지 이주민이 도착하면서 아주 큰 고통을 겪었는데, 이주민은 종종 폭력적인 충돌을 통해 원주민을 살던 땅에서 쫓아내고 새로운 질병을 들여오기까지 했다. 하지만 원주민 공동체는 대체로 균등한 성비 균형을 유지했다.

건은 사회에 지속적인 영향을 미쳤다. 놀라운 것은 성비가 균형을 이루고 나서 100년이 지난 뒤에도 높아진 여성의 협상력이 성 역할 기대와 남녀의 사회적 지위에 여전히 남아 있다는 사실이다.

시드니 주변 지역과 북해안 지역, 태즈메이니아섬처럼 유형 식민지 시절에 매우 편향된 성비를 경험한 오스트레일리아 지역에서는 지금도 여성의 사회적 역할에 대한 보수적 견해가 남녀 모두에서 우세하고, 여성은 집에서 머물러야 한다고 생각하는 경향이 강하다. 이 지역의 여성은 과거에 남성의 비율이 그렇게 크게 높지 않았던 지역의 여성에 비해 노동 시장에 덜 참여하고, 노동시간도 더 적으며, 파트타임 일에 종사하는 경우가 많고, 고위직에 오르는 일도 드물다. 반면에 이들은 가사나 육아에 시간을 더 많이 쓰지 않는다. 오히려 그런 활동에 쓰는 시간이 더 적다. 이것은 한때 남성이 넘쳐났던 지역에 현재 살고 있는 여성은 일주일 내내 여가 시간을 훨씬 많이 누린다는 뜻이다.[108]

인구 집단의 거시적 특징들—인구 성장률, 인구 크기, 성비 등—은 역사를 통해 많은 것에 큰 영향을 미쳤다. 그런 예로는 농경사회의 확산, 국가들 사이의 군사력과 전쟁, 경제에 오랫동안 미치는 사회적 변화와 영향 등이 있다. 인간 생물학에서 또 한 가지 기

○○ 하지만 남성이 과잉인 인구 집단에서 나타나는 패턴 중에는 어두운 면도 있다. 심한 성비 불균형은 성폭력 발생률 증가와 연관이 있는데, 범행을 저지르는 사람은 대부분 결혼 시장에서 소외된 독신남이다.[106] 식민지 시절에는 주로 원주민 여성을 대상으로 백인 정착민이 저지른 성적 착취와 학대가 빈번했다.[107] 이러한 부정적 측면은 오늘날 '인셀 incel(비자발적 독신자)' 반문화의 가장 유해한 측면과 비교할 수 있다.

본적인 측면은 의식적 경험을 변화시키는 물질 섭취를 좋아하는 경향이다. 다음 장에서는 그러한 정신 작용 물질이 우리의 마음을 변화시킴으로써 어떻게 세상을 변화시켰는지 살펴보기로 하자.

6장

—

마음을 변화시키는 물질

만약 저녁 시간의 비생산적인 나른함을 떨쳐버리고 싶다면,
그때 필요한 '음료'는 차를 의미한다. …
차를 오래 복용하면 힘이 솟고 기분이 즐거워진다.

—

육우陸羽 (중국 당나라 문인),
『다경茶經』

인간은 식품을 만들거나 천을 짜거나 의약품을 만드는 등 식물을 다양한 목적으로 사용한다. 그런데 우리는 식물계를 단지 우리의 생존을 돕는 용도뿐만 아니라 뇌의 기능을 변화시키는 용도로도 활용한다. 즉, 뇌를 자극하거나 진정시키거나 환각을 유발하는 용도로도 사용한다. 의식을 가진 존재인 우리는 오로지 마음 상태를 변화시키려는 목적으로 특정 물질을 의도적으로 섭취한다. 사실, 자신의 마음에서 벗어나는 경험을 즐기는 것은 전 세계 모든 인간 문화의 보편적 특징이다.

정신 작용제는 중추 신경계의 기능에 영향을 미쳐 기분이나 의식 또는 외부 세계에 대한 지각을 변화시킨다. 우리는 특정 효과를 얻기 위해 다양한 약물을 자가 투여하는 법을 배웠다. 이 장에서는 우리 뇌가 기능하는 방식을 변화시킴으로써 세상을 변화시킨 네 가지 물질을 살펴볼 텐데, 그 네 가지 물질은 알코올과 카페인, 니코틴, 아편이다. 알코올과 아편은 억제제인 반면, 카페인과 니코틴은 자극제(흥분제)이다. 각각의 약물은 기분 전환용 약물(즉, 의학적 목적보다는 사교나 즐거움을 위해 사용되는 약물)로 널리 사용돼 왔다. 이것들은 우리의 신경세포에 서로 다른 방식으로 영향을 미치지만, 모두 뇌의 보상 중추를 자극해 기분을 즐겁게 만들거나 들뜨게 만든다. 이 인지 동전의 뒷면에는 부정적 효과도 있는데, 이 약물은 중독성이 있어 계속 섭취하게 만든다.

이 네 가지만 선택했다고 해서 우리의 지각에 영향을 미치는 그 밖의 식물 산물이 특정 문화와 사회에서 중요한 역할을 하지 않았다는 뜻은 아니다. 예를 들면, 아마존 분지의 원주민은 적어도 1000년 동안 사교 의식이나 샤먼 의식에서 자연계의 정령과 교감하기 위해 아야와스카를 우려낸 물을 마셔왔다. 북아메리카 원주민은 비슷한 목적을 위해 정신 작용제인 메스칼린의 원료로 쓰이는 페요테 선인장(가시가 없는 작은 선인장)을 적어도 5000년 동안 섭취해왔다. 하지만 이 약물들은 우리가 살펴보려고 하는 네 가지 물질만큼 전 세계적으로 널리 사용되거나 큰 영향을 미치지 못했다.

알코올

인류의 역사에서 인간의 의식 상태를 변화시키는 데 가장 흔하게 쓰인 방법은 알코올 섭취였다. 정신 작용제 성질을 지닌 특정 식물들은 그것이 자생하는 지역 부근의 사회에서만 이용할 수 있지만 알코올은 아주 다양한 재료로 만들 수 있다. 원칙적으로 당류를 포함한 식품(과일처럼)이나 녹말을 포함한 식품(곡물이나 덩이줄기)은 모두 발효를 통해 알코올로 만들 수 있다.°

발효는 미생물을 이용해 식품의 성질을 변화시키고 영양분의 보전을 돕는 과정을 가리키는 용어이다. 요구르트, 치즈, 간장, 그리고 김치와 콤부차 같은 발효 식품을 만드는 데에는 반드시 발효 과정이 관여한다.[1] 하지만 인간이 발효를 사용해 맨 처음 만든 것은 알코올로 추정된다.[2]

전 세계 각지의 문화들은 각자 나름의 알코올음료를 개발해 왔다. 당분을 많이 포함한 기질基質(효소와 작용해 화학 반응을 일으키는 물질)로 만든 알코올음료로는 포도즙으로 만든 포도주(와인)와 사과로 만든 사과주가 있고, 꿀을 물에 섞어 희석시킨 뒤 발효시켜 만든 벌꿀 술이 있다. 아메리카 북서부에 살았던 이로쿼이족은 단풍나무 수액을 발효시켰고, 메소아메리카에서는 카카오 열매 꼬투리의 달콤한 펄프를 발효시켰다. 멕시코에서는 용설란 수액을 발효시켜 풀케(용설란 술)를 만들었다. 녹말 함량이 높은 곡물도 원료로 흔히 쓰이는데, 일본의 전통 술인 사케와 안데스산맥의 치차(옥수수를 발효시킨 술)[3], 북아메리카 남서부 지역의 티스윈(옥수수

° 녹말은 포도당 분자로 이루어진 긴 사슬 구조의 중합체인데, 미생물을 통해 발효 가능한 당으로 분해될 수 있다. 심지어 녹말을 입속에서 씹어도 그런 분해가 일어나는데, 침 속에 포함된 효소가 그 과정을 돕는다.

알갱이를 발효시킨 술)도 이런 방식으로 만든다. 인도에서는 오래전부터 쌀이나 수수를 발효시켜 술을 만들었다. 남아메리카 북동해안 지역에서는 카사바 뿌리를 발효시켜 카시리를 만들었다.

양조는 인류의 거의 보편적인 취미였다. 가장 이른 와인 양조 증거는 기원전 3000년 무렵까지 거슬러 올라가는 점토 항아리에서 발견된 침전물(레드 와인에 붉은색을 내는 색소인 안토시아닌을 포함한)인데, 이것은 오늘날의 이란 서부 지역에 있었던 고대 메소포타미아의 교역 기지 고딘테페에서 발견되었다. 식물을 길들이던 초기 시절의 포도 씨가 발견되었는데, 이것은 멀게는 기원전 4000년경에 마케도니아 동부에서 와인이 생산되었다고 시사한다.[4] 와인은 중동에서 문화의 중요한 요소가 되었다가 고대 그리스인의 디오니소스 축제에 채택되었고, 그다음에는 로마인에게 전해졌다.

심지어 일부 식물학자들은 발효 가능한 곡물을 안정적으로 확보하는 것이 곡물을 재배하게 된 주요 동기였다고 주장하면서 농업은 빵이 아니라 맥주 때문에 시작되었다고 말한다.[5] 이것은 흥미로운 주장이긴 하지만, 고고학적 증거는 의도적인 발효가 곡물 작물을 길들인 이후에 일어났다고 시사한다. 따라서 알코올은 최초의 곡물 재배와 저장의 원인이라기보다는 행복한 결과였을 가능성이 높다.[6] 그럼에도 불구하고 곡물로 맥주를 만든 사건은 분명히 메소포타미아 지역에서 문명이 태동한 시기로 거슬러 올라간다. 그리고 근본적으로 맥주와 빵은 같은 동전의 양면이다. 즉, 맥주는 액체 빵이고, 빵은 고체 맥주인 셈이다.[7] 맥주 제조는 메소포타미아에서 이집트로 퍼졌다가 유럽 전역으로 퍼졌는데, 포도를 재배하기에 너무 추운 북쪽 지역에서 선호되었다.

알코올은 인간 사회에서 많은 역할을 했다. 적당히 마시면 알코올은 마음을 변화시키는 효과 때문에 축하와 즐거움 분위기를 고조시키는 데 도움이 된다. 알코올은 사회적 불안과 억제를 줄여준다. 와인을 신들에게 바친 고대 이집트인에서부터 신들과 교감하기 위해 치차를 양껏 들이킨 잉카인과 성체성사를 행한 기독교도에 이르기까지 알코올은 종교 의식에서도 중요한 역할을 했다.[8] 하지만 알코올은 실용적으로도 중요한 기능이 있었다. 맥주와 와인 같은 발효 음료나 물에 섞은 증류주에 포함된 알코올은 수인성 전염병을 일으키는 많은 미생물을 죽인다.[9] 맥주 양조 과정에서 한 가지 중요한 단계는 보리나 다른 곡물을 발아될 때까지 물속에 푹 담가두었다가 이 맥아즙을 발효시키기 전에 끓이는 것인데, 이 과정에서 원재료에 들어 있던 병균이 모두 죽는다. 중세부터 19세기까지 유럽에서는 약한 알코올음료를 일상적으로 마셨고, 그 관행이 북아메리카 식민지들로 퍼져갔는데, 강과 우물이 오염된 경우가 많았기 때문에 어린이들도 안전한 수분 섭취 수단으로 알코올음료를 마셨다.° (다른 문화들에서는 중국인처럼 끓인 물에다 찻잎 등을 우려서 마시는 방법을 택했다.)

° 따라서 절주와 금주 운동이 도시 지역에 깨끗한 식수를 공급하기 위한 대규모 계획을 추진하기 시작한 19세기 후반에 가서야 일어난 것은 결코 우연이 아니다.[10]

알코올이 뇌에 미치는 영향

알코올은 혈류 속으로 쉽게 흡수되고, 몇 분 지나지 않아 뇌 속에서 흥분 신경 전달 물질 분비를 억제하는 수용체에 들러붙어 억제 신경 전달 물질의 효과를 증가시킨다. 따라서 알코올의 전반적인 효과는 진정 효과이다. 일반적으로 술이 기분을 돋우고 사교성을 높인다고 알려져 있기 때문에, 이 이야기는 놀랍게 들릴 수 있다. 하지만 이것은 첫 번째 잔을 마시자마자 알코올의 억제 효과가 이마엽앞 겉질(전전두엽 피질) 같은 뇌 영역에서 나타나기 때문인데, 이곳은 사회적 행동 조절과 충동 억제 같은 고등 기능을 담당한다. 이 뇌 영역이 진정됨에 따라 이곳이 담당하던 제어 기능도 느슨해져서 우리는 긴장이 풀리고 불안감이나 자의식이 감소하면서 더 외향적으로 변한다. 따라서 소량의 알코올은 간접적 자극제 역할을 해 기분을 고조시키고 긴장을 푸는 데 도움이 된다. 하지만 술을 계속 마시면 점점 더 많은 뇌 영역이 무감각해진다. 술을 아주 많이 마시면, 알코올이 뇌를 마비시켜 차차 감각과 운동 제어와 인지 능력이 위험할 정도로 무뎌진다. 그 결과로 시야가 흐릿해지고, 균형 감각을 잃고, 말투가 어눌해지는가 하면, 정신 혼란과 필름 끊김, 기억 상실, 욕지기 등의 증상이 나타난다. 술을 지나치게 많이 마시면 의식 상실이나 혼수상태 또는 사망으로 이어질 수도 있다.

우리 몸은 알코올 탈수소 효소라는 일단의 효소를 사용해 에탄올을 분해한다. 우리와 대형 유인원 사촌들이 지닌 알코올 탈수소 효소는 다른 종들에서 발견되는 알코올 탈수소 효소보다 약

40배나 빨리 에탄올을 분해한다. 이렇게 빨리 작용하는 탈수소 효소는 약 1000만 년 전에 진화한 것으로 보인다. 물론 이 시기는 식물 물질을 의도적으로 발효시킨 시기보다 훨씬 이전인데, 우리 조상이 나무에서 내려와 땅 위에서 더 많은 시간을 보내면서 땅에 떨어져 자연적으로 발효가 시작된 과일을 먹던 시절에 이 효소가 생겨났을 것이다.[11]

우리 몸에는 독성 화합물인 아세트알데하이드 같은 에탄올 분해 산물에 작용하는 효소들도 다수 있다. 아세트알데하이드 축적은 숙취의 주요 원인이다. 이런 화합물 중 일부가 변형되면 불쾌한 반응이 일어난다. 예를 들어 동아시아 인구 집단에서 흔한 한 유전자 변이는 술을 마시면 홍조와 욕지기, 두통을 유발하는데, 오늘날 중국과 일본, 한국의 전체 인구 중 약 3분의 1이 그 영향을 받는다.[12] 역사적으로 이들 문화권에서는 알코올을 덜 섭취했고, 그래서 오늘날에도 이들 인구 집단은 알코올 남용에 빠지는 비율이 훨씬 낮다.[13] 이러한 유전적 차이는 지난 1만 년 동안 세계 각지의 문화적 관습 차이 때문에 생겨난 것이 거의 확실한데, 술을 더 자주 마시는 인구 집단에서는 혈류에서 알코올을 제거하는 데 훨씬 효율적인 효소들의 변이가 선택되었기 때문이다.

그 이유는 나중에 자세히 다루겠지만, 알코올의 정신 작용제 효과는 중독성이 있다. 이러한 중독과 행동을 변화시키는 효과 때문에 알코올 섭취는 술을 마신 사람에게 직접적으로 미치는 영향 외에 주변 사람에게도 피해를 줄 수 있다. 알코올 남용으로 인한 사회적 해악은 아주 많다. 알코올은 어떤 약물보다도 더 많은 사고와 부상과 폭력을 유발한다. 흡연도 중독성이 매우 높고 해롭지만, 담배를 많이 피웠다고 해서 술집에서 싸움을 벌이거나 도로에서 다중 충돌 사고를 일으키지는 않는다.[14]○

증류

알코올의 효과는 농도가 높은 알코올음료일수록 더 강하다. 양조 과정에서 효모균은 당을 분해해 에탄올로 바꾸는데, 너무 높은 알코올 농도 때문에 더 이상 성장하지 못하고 죽기(사실상 자신이 배출한 노폐물 산물에 중독되어) 시작할 때까지 계속 발효 과정을 통해 증식한다. 효모균이 죽는 단계는 알코올 농도가 약 14%에 이르렀을 때 일어나는데, 이것이 발효 음료가 도달할 수 있는 최대치이다. 더 높은 알코올 농도를 얻으려면 새로운 기술인 증류 과정이 필요하다. 이 과정은 에탄올의 끓는점이 물보다 낮은 78°C라는 사실을 이용한다. 발효에서 얻은 물과 에탄올 혼합물을 가열하면, 에탄올 증기가 먼저 증발해 나오는데, 이것을 모아 냉각시키면 농도

○ 알코올의 위험을 줄이기 위한 정부의 노력은 의도치 않은 결과를 낳을 수 있다. 미국에서는 1920년대에 금주 운동이 미국 수정 헌법 제18조 시행과 함께 금주령으로 이어졌다. 하지만 알코올음료의 제조와 운반, 판매를 불법화한 이 조치는 사회에서 알코올 수요를 제거하는 데에는 아무 효과가 없었다. 밀주 제조와 주류 밀매점이 빠르게 확산되었고, 몇 년 지나지 않아 알코올 소비량은 금주령 이전에 비해 약 3분의 2 수준을 회복했다.[15] 가혹한 법은 암시장만 부추겼고, 잘못된 정책이 폐기될 때까지 주류 밀매와 조직범죄가 전국에서 기승을 부렸다. 결국 1933년에 수정 헌법 제21조로 전국적인 금주령이 폐기되었다.

가 높은 액체로 응결된다. 증류는 수천 년 전부터 중국과 중동에서 장미꽃 잎에서 방향유를 추출해 향수를 만들거나 주정과 의약품을 만드는 데 사용되었다. 하나의 팔만 사용해 에탄올 증기를 모아 냉각시키는 단순한 증류기는 효율이 그리 높지 않았지만, 구리관 코일을 수조 속에서 냉각시키고 증류 용기의 온도를 정확하게 조절할 수 있는 더 복잡한 장비를 사용하면 농축된 에탄올을 얻을 수 있었는데, 증류 과정을 여러 번 반복하면 농도를 더욱 높일 수 있었다. 증류액은 에탄올 농도가 약 50%를 넘으면 불이 붙을 수 있는데, 그래서 50% 알코올을 '100프루프proof' 알코올이라고 부른다.(물은 0프루프, 100% 알코올은 200프루프이다. ―옮긴이) 예를 들어 와인을 증류하면 네덜란드어로 브란데베인brandewijn(문자 그대로 번역하면 '불에 태운 와인'이란 뜻이다)이라는 농축된 알코올음료가 되는데, 이것을 영어로 '브랜드와인brandewine' 또는 간단히 '브랜디brandy'라고 부르게 되었다.

증류주는 농축된 형태의 알코올을 제공할 뿐만 아니라, 맥주나 와인처럼 변질되지 않아 먼 거리까지 운반할 수 있다.° 그래서 증류주는 유용한 고가 거래 품목이 되었다. 예를 들면, 담배와 페요테 선인장 같은 중독성 물질에 이미 익숙해 있던 아메리카 원주

° 맥주를 안전하게 보관하는 방법은 19세기 초에 인도의 영국군에게 맥주를 공급하기 위해 개발되었다. 인도까지 항해하는 데에는 6개월 이상이나 걸렸고, 도중에 뜨거운 적도 지역을 지나가야 했는데, 그런 탓에 동인도 무역선의 선창에 실린 맥주는 변질된 채 도착하는 경우가 많았다. 런던의 양조업체는 신선한 홉을 보존제로 첨가하기 시작했는데, 이렇게 해서 특유의 맛이 나는 인디아 페일 에일, 즉 IPA가 탄생했다.[16]

민에게는 알코올, 특히 증류주가 유럽인 식민지 개척자에게서 선물로 받는 주요 교환 품목이었고, 나중에는 중요한 거래 품목이 되었다.[17]

증류주는 대서양 횡단 노예무역에서도 중요한 역할을 했다. 사로잡은 노예를 유럽인에게 공급한 아프리카의 노예 상인들이 교환 품목으로 귀중하게 여긴 상품이 여러 가지 있었는데, 그중에는 직물과 금속, 그리고 특히 브랜디 같은 증류주도 포함돼 있었다. 그들은 증류주를 자기 고장에서 곡물을 재료로 만든, 알코올 도수가 낮은 맥주와 와인보다 더 귀하게 여겼다. 증류주와 노예 제도 사이의 연관 관계는 사탕수수가 재료인 도수가 더 높은 증류주가 발명되면서 더욱 강화되었다. 럼은 16세기 초부터 브라질에서 포르투갈인이 사탕수수 즙으로 만들었지만, 17세기 중엽에 영국인이 바베이도스에서 그때까지 설탕 생산의 쓸모없는 부산물이었던 당밀을 사용해 그 제조 과정을 개선했다. 그래서 럼은 값이 쌀 뿐만 아니라, 증류주로서 농도가 아주 높고 저절로 보존되는 형태의 알코올을 제공함으로써 대서양 횡단 경제에서 중요한 부분을 차지하게 되었다. 돈 대신 럼을 주고 노예를 사 올 수 있었는데, 노예에게 사탕수수를 재배하게 하고, 사탕수수로 설탕을 만드는 과정에서 생긴 부산물을 럼으로 바꾸어 다시 더 많은 노예를 사 올 수 있었다.

증류주는 또한 오랜 항해를 가능케 하는 데에도 중요하게 쓰였다. 물은 통에 넣어 보관했지만 얼마 지나지 않아 미생물이 번식하면서 변질되었는데, 이렇게 변한 물맛을 좋게 하기 위해 맥주나 와인을 첨가했다. 하지만 오랜 항해에서는 맥주나 와인도 상하고 말았다. 도수가 높은 증류주를 널리 이용할 수 있게 되자, 식수의 맛을 돋우는 데 맥주나 와인 대신에 증류주가 쓰이게 되었다. 1655년부터 처음에는 카리브해에서, 그다음에는 모든 영국 해군 함선에서 선원에게 매일 배급하던 맥주가 럼으로 대체되었다. 하지만 선원들이 여러 차례 배급받은 럼을 모았다가 한꺼번에 마셔 취하는 버릇이 생기자, 1740년에 에드워드 버넌Edward Vernon 해군 중장은 럼 0.5파인트를 4배의 물과 희석시켜 배급하라고 지시했고, 그렇게 해서 그로그grog(럼에 물을 탄 술)가 생겨났는데, 그것을 정오에 절반, 그리고 하루 일과가 끝난 후에 절반을 배급했다.°

도파민과 뇌의 쾌락 중추

뇌줄기(뇌에서 가장 오래된 부분 중 하나이자 척수와 대뇌를 연결하는 부분) 맨 위에는 배쪽 덮개ventral tegmentum(복측 피개)라는 신경세포 집단이 있다.[19] 배쪽 덮개는 도파민을 분비하는 신경세포들의 관(중뇌 변연계 경로)을 통해 뇌에서 행동을 조정하는 지역인 측좌핵nucleus accumbens과 메시지를 주고받는다. 배쪽 덮개의 신경세

° 그로그라는 이름은 버넌의 별명인 '올드 그로그Old Grog'에서 유래했는데, 이 별명은 버넌이 그로그램grogram이라는 거친 모직 재료로 만든 코트를 선호했기 때문에 붙었다.[18] 하루에 두 번씩 그로그를 배급하는 관행은 나중에 미국 대륙 해군(독립 전쟁 당시의 미국 해군)도 채택했다.

포들은 뇌의 전체 신경세포들 중 극히 일부(0.001% 미만)에 불과하지만, 생존과 생식을 위한 우리의 행동에 동기를 부여하는 데 아주 중요한 역할을 한다.[20] 음식을 먹거나 갈증을 해소하거나 성관계를 하는 등의 행동은 모두 중뇌 변연계 통로에 도파민을 분비하는 결과를 낳는다. 포르노를 보거나 심지어 성관계를 생각만 해도 도파민 분비를 촉발할 수 있다.[21] 복수를 하거나(1장에서 살펴보았듯이) 컴퓨터 게임에서 승리를 하는 것처럼 만족감을 주는 경험을 통해서도 도파민 체계가 활성화될 수 있다.[22]

보상 신호는 즐거움을 주는 감각으로 지각되고, 따라서 도파민은 종종 뇌의 쾌락 물질이라고 일컬어진다. 이 도파민 분비 메커니즘은 사람에게만 작동하는 게 아니다. 중뇌 변연계 보상 경로는 모든 포유류가 공유하며(이것은 뇌의 기능에서 아주 오래된 기본적인 부분이다), 이와 비슷하게 도파민이나 관련 신경 전달 물질이 행동을 이끄는 체계는 동물계 전체에서 보편적으로 나타난다.[23]

중뇌 변연계 경로는 먹고 마시는 것처럼 즐거운 결과에 반응해, 그리고 특히 예상치 않았던 그런 결과에 반응해 도파민이 분비된다. 반대로 부정적 경험을 하거나 예상한 보상이 실현되지 않았을 때에는 도파민 수준이 떨어진다. 따라서 자연 서식지에서 성공하기 위해 행동을 조율하려면, 뇌는 우리에게 지난번에 도파민 체계를 활성화시킨 행동을 반복하도록 하고, 도파민 체계를 억제한 행동을 피하도록 해야 한다. 따라서 즐거움과 보상의 신경화학 체계는 학습 체계와 불가분의 관계로 얽혀 있다. 도파민 경로는 또한 배쪽 덮개를 이마엽앞 겉질과 연결시킨다. 이마엽앞 겉질은 뇌 바로 앞쪽에 위치한 주름진 부분으로, 사람의 경우 다른 동물에 비해 아주 크다. 이마엽앞 겉질은 결정을 내리거나 특정 목표를 위한 계획을 짜는 것처럼 높은 수준의 '실행' 기능을 조율하는 일을 하며, 그래서 결국은 도파민 보상 경로를 통해 정보를 받는다.

도파민이 매개하는 이 메커니즘은 우리에게 자연계에서 이득을 가져다주는 종류의 행동을 하도록 하는 데 아주 효과적이다. 하지만 사람이 생물학적 적합도를 높이는 것과 관련이 없는 자극으로 보상과 쾌락 체계를 촉발하는 방법, 즉 마약을 발견하면서 문제가 생겨났다.

알코올과 카페인, 니코틴, 아편은 뇌의 보상 체계를 효과적으로 방해한다. 이 물질들은 중뇌 변연계 경로에 도파민 분비를 유발하고(혹은 도파민 제거를 억제하거나 신경세포 표면의 수용체를 더 민감하게 만든다), 어떤 경우에는 자연계에서 경험하는 그 어떤 것보다 훨씬 강렬한 즐거움이나 심지어 극도의 행복감을 유발할 수 있다. 그리고 음식 섭취처럼 자연스러운 도파민 분비 방아쇠와 달리 포만감을 절대로 주지 않는다.

마약은 중뇌 변연계 경로에 큰 생존 이득을 얻었다는 가짜 신호를 만들어내고, 이 체계에 휩쓸린 학습 메커니즘은 뇌를 재편해 이 쾌락을 반복적으로 추구하게 만든다. 이것이 중독의 기본 메커니즘인데, 그 결과로 자연계에서 지불해야 하는 도파민 보상과 관련된 비용(예컨대 먹잇감을 사냥하기 위해 시간을 쓰는 것처럼)을 지불하지 않고 즉각적인 만족을 얻으려는 갈망과 강박적 행동에 사로잡히게 된다.

1950년대에 실험 쥐의 뇌 깊숙이 전극을 집어넣고, 쥐가 레버를 누를 때마다 측좌핵이 자극을 받도록 한 실험을 한 적이 있다. 그러자 쥐들은 순수한 즐거움 느낌을 계속 누리려고 먹지도 마시지도 자지도 않고, 심지어 그 밖의 어떤 정상적인 행동도 하지 않고 탈진해 쓰러질 때까지 강박적으로 이 행동을 계속했다(한 시간에 최대 2000번까지).[24] 슬픈 진실은 사람도 비슷한 덫에 빠질 수 있다는 것인데, 여기서는 뇌를 직접 자극하는 전극 대신에 비슷하게 중뇌 변연계 보상 경로를 자극하는 화학 물질이 작용한다. 천연 식물 산물을 정제해 정신 작용 화합물을 농축하거나 심지어 화학적으로 변형시켜(예컨대 생아편을 원료로 헤로인을 합성하는 것처럼) 그 효능을 증가시키면 문제가 더욱 심각해진다. 또, 입으로 삼키는 대신에 연기를 마시거나 코로 흡입하거나 특히 직접 혈류 속으로 주사하는 방법으로 활성 화합물을 뇌에 더 빠르게 투입하면, 황홀감을 느끼는 효과와 중독성이 더 커진다.

도파민 체계는 스스로를 재보정하는 성질이 있는데, 큰 보상이 반복되다 보면 도파민 분비가 점점 줄어들어 기본 수준으로 되돌아간다. 이것은 습관화 과정인데, (커피에 중독되건 코카인에 중독되건) 중독자가 동일한 효과를 느끼려면 갈수록 더 많은 양이 필요한 이유는 이 때문이다. 신경내분비학자인 로버트 새폴스키Robert Sapolsky가 말했듯이, "어제는 예상치 못했던 즐거움을 오늘 우리가 누릴 자격이 있다고 느끼지만, 내일은 충분히 느끼지 못할 것이다."[25] 한때 마약이 가져다주었던 즐거운 감각은 얼마 지나지 않아 사라지고, 대신에 불쾌한 금단 효과를 피하기 위한 것이 마약 사용의 주요 동기가 된다. 이런 식으로 마약은 생존을 위해 행동을 조절하는 우리 뇌의 보상 체계를 매우 효과적으로 망가뜨리며, 그래서 약물 남용은 인간의 보편적인 취약성이다.

알코올은 인류의 역사에서 우리의 의식 상태를 변화시키기 위해 가장 널리 사용된 방법인데, 도파민 경로를 활성화시키는 능력 때문에 술에 취하면 따뜻해지는 느낌과 함께 의존성이 커진다. 알코올 다음으로 인류가 가장 많이 애용해온 마약은 카페인이다.

카페인

카페인은 세상에서 가장 광범위하게 사용되는 정신 작용 자극제이며, 커피는 개발도상국들이 수출하는 가치가 높은 상품 중 하나이다.[26](역사상 모든 문화권에서 더 광범위하게 소비된 것은 알코올이지만, 앞에서 언급했듯이 알코올은 자극제가 아니라 억제제이다.) 전 세계 인구 중 약 90%가 카페인을 이런저런 형태로 자주 섭취하는데, 카페인을 포함한 청량음료를 생각하면 어린이도 예외가 아니다. 차와 커피 외에 카카오(초콜릿)와 콜라kola, 과라나, 예르바 마테, 야우폰을 비롯해 일부 식물도 카페인 성분이 들어 있는데, 이것들이 자생하는 지역 주민들은 이 식물들을 물에 우려내 카페인 음료로 만들어 섭취했다.[27] 오늘날 차와 커피는 일곱 대륙 모두에서(남극 대륙 기지에서 연구하는 과학자들을 포함해) 열정적으로 소비되고 있으며, 심지어 국제우주정거장ISS에도 에스프레소 머신이 있는데, 농담 삼아 이스프레소 메이커ISSpresso maker라고 부른다.[28]

진위가 의심스럽긴 하지만, 커피 섭취의 기원에 관한 이야기는 다음과 같다. 9세기에 에티오피아에서 염소를 치던 남자가 염소가 특정 덤불에서 선홍색 열매를 먹고 나면 기운이 넘치면서 통제 불능 상태로 변한다는 사실을 알아챘다. 호기심에서 직접 그것을 먹어본 남자는 몸에 활력이 넘치는 것을 느끼고 깜짝 놀랐다. 시간이 지나면서 가공 방법이 발전해 그 열매를 볶아서 가루로 만든 뒤에 끓는 물에다 우려서 마시게 되었다. 이렇게 해서 커피를 마시는 관습이 생겨났다. 커피를 발견한 사람이 누구이건 간에, 커피 음료를 일찍부터 마시기 시작한 사람들은 에티오피아에서 홍해 건너편에 위치한 예멘의 수피파 신비주의자들이었다.[29] 이 이슬람교도들은 늘 밤늦게까지 기도를 했는데, 한밤중까지 자지 않고 정신을 또렷하게 유지하는 데 커피가 도움을 주었다. 종교 의식을 행하던 데르비시dervish(극도의 금욕 생활을 하는 이슬람교도)들이 쉬지 않고 계속 빙빙 돌며 춤을 출 수 있었던 것은 바로 커피의 각성 효과 덕분이었다. 예멘의 모카(알마카라고도 한다) 항구는 아프리카의 뿔Horn of Africa(아프리카 동북부에서 아라비아해로 돌출한 반도)에서 오는 커피의 교역 중심지가 되었는데, 모카커피(오늘날에는 우유와 초콜릿을 함께 섞어서 마시는 경우가 많다)라는 이름은 이 지명에서 유래했다. 커피는 16세기에 콘스탄티노플에 전해졌고, 금방 오스만 제국 전체와 지중해 주변 지역으로 퍼졌다. 커피라는 이름은 튀르키예어 '카흐베kahve'에서 유래했는데, 이것이 이탈리아어로 '카페caffe'로 변했다가 영어의 커피가 되었다. 이슬람 세계가 커피를 받아들인 것은 각성 효과 외에도 일반적으로 커피는 술과 달리

『쿠란』이 금지하는 음료로 해석되지 않았기 때문이다. 커피는 '아라비아의 와인'으로 불리게 되었다.[30]°

커피는 1575년에 해상 교역 중심지인 베네치아에 전해진 것으로 보이며, 17세기 중엽에는 북유럽 전역에서 쉽게 접할 수 있었다. 런던 최초의 커피 하우스는 1652년경에 문을 열었으며, 수십 년이 지나기 전에 런던 한 도시에서만 수천 군데의 커피 하우스가 영업을 했다. 커피 하우스의 급성장에는 카페인의 중독성이 큰 역할을 했을 것이다. 일단 커피를 한 잔 마시고 그 효과를 경험한 고객은 계속 반복적으로 그곳을 방문했다. 하지만 커피 유행이 이렇게 빠르게 확산된 데에는 섭취와 관련한 문화도 중요한 역할을 했다. 술집에서 마시는 알코올음료는 감각을 무디게 하고 졸리게 만드는 반면에 커피는 정신을 맑게 하고 활력을 솟구치게 했다. 그래서 커피 하우스는 친구들이 만나서 잡담을 나누며 휴식을 취하는 장소일 뿐만 아니라, 새로운 상업 계층의 사업가들이 만나서 거래를 협상하고, 계몽 시대의 여명기에 지식인들이 만나 새로운 사상과 생각을 토론하는 장소로 떠올랐다. 커피 하우스는 새로운 종류의 공공장소였고, 각계각층 사람들이 함께 모여 주변의 대화에 귀를 기울임으로써 새로운 것을 배울 수 있어서 훌륭한 민주적 평

° 물론 커피는 무함마드가 살던 시대와 『쿠란』이 완성된 시기 이후에 발견되었기 때문에 명시적으로 금지될 수 없었다. 예수 그리스도 후기 성도 교회의 『모르몬경』은 알코올과 담배, 카페인 음료를 금지하는데, 이 음료들은 이 종교가 생겨날 때 이미 존재하고 있었다. 하지만 오늘날 젊은 모르몬교도는 광란의 파티에서 MDMA(엑스터시)를 즐겨 복용한다.[31]

등 교육을 구현하는 장소였다. 그래서 커피 하우스는 '페니 대학교 penny university'라고 불리게 되었다. 커피 하우스는 또한 신문과 인쇄된 팸플릿도 제공함으로써 최신 소식과 정보를 궁금해하고 동료들과 소문을 공유하길 원하는 고객들을 끌어들였다. 커피 하우스가 토론과 자유사상과 정치적 이견의 온상이 되자, 1675년에 찰스 2세는 커피 하우스를 폐지하려고 시도했는데, 특히 국왕 자신과 왕정복고의 운명이 잡담의 주제가 되는 경우가 많았기 때문이다.[32] 파리의 커피 하우스들 역시 정치적 토론과 심지어 폭동 선동의 온상이었고, 1789년의 프랑스 혁명 때 일어난 사건들에 중요한 역할을 했다. 카페 프로코프에는 로베스피에르Robespierre를 비롯해 유명한 혁명가들이 자주 들렀고, 카미유 데물랭Camille Desmoulins이 바스티유를 습격하라고 군중을 선동한 것은 카페 드 포이의 야외 테이블에서였다. 그리고 폭도를 불타오르게 한 것은 알코올이 아니라 카페인이었다.

일부 특별한 커피 하우스들은 제각기 특정 분야의 사업과 밀접한 관련이 있었는데, 고객들은 사업과 관련된 최신 소식을 놓치지 않기 위해 적절한 커피 하우스를 자주 방문하지 않는다면 동종 업계의 경쟁자에 비해 경쟁력을 잃을 수 있다는 사실을 잘 알고 있었다. 예를 들면, 런던의 로이즈는 상인들과 선박업계의 거물들 사이에 인기 있는 커피 하우스로 시작했는데, 그래서 입출항하는 배들과 그 화물에 관한 최신 소식을 접할 수 있는 중요한 정보 중심지였다. 그러다가 로이즈는 해상 보험 가입 중심지가 되었고, 19세기 후반에는 영국에서 최대 보험사 중 하나가 되었다. 이와 비슷하게 런던증권거래소도 처음에 커피 하우스로 출발했다. 따라서 커피는 지적 발전과 계몽 운동의 중심이었을 뿐만 아니라, 자본주의와 현대의 많은 금융 기관을 탄생시킨 온상이기도 하다.

차와 커피에 대한 열정은 장거리 해상 교역을 촉진하고 세계 경제의 틀을 형성하는 데에도 중요한 힘이 되었다. 18세기 초까지만 해도 유럽에 도착하는 커피는 모두 예멘에서 재배되었고 모카에서 출발했다. 그런데 네덜란드 동인도 회사가 1690년대부터 동인도 제도의 식민지들에서 커피를 재배하기 시작했고(예멘에서 밀반출한 커피나무로), 1720년대에는 암스테르담이 세계의 커피 수도가 되었는데, 네덜란드가 소유한 자바섬에서 온 커피콩 중 약 90%가 그곳 거래소들을 지나갔다. 유럽의 다른 제국주의 열강들도 국내 수요를 충족시키기 위해 자국 식민지에서 커피를 재배하기 시작했는데, 대부분 노예 노동력에 의존했다. 프랑스는 마르티니크와 생도맹그에서 커피를 재배했는데, 1770년대에 이르러서는 전 세계의 커피 생산량 중 절반 이상이 아이티에서 생산되었다. 18세기 말에 일어난 노예 반란으로 많은 커피 농장이 황폐화되었고, 유럽 국가들이 최초의 흑인 공화국을 인정하거나 협상하길 거부하면서 수익성이 매우 높았던 이 교역은 끝나고 말았다(3장 참고).

남아메리카의 포르투갈 식민지들에서는 화전 농법을 사용해 커피를 재배했는데, 토양의 양분이 고갈되면 다른 곳으로 옮겨가 재배를 했기 때문에 브라질에서 대서양 해안 지역의 삼림이 파괴되는 결과를 낳았다. 이 거대한 농장들은 노예 노동력에 의존해(브라질의 커피 농장들은 1888년까지 노예를 사용했다[33]) 고품질의 커피를 대량 생산해 싼 값에 공급할 수 있었고, 19세기 내내 꾸준히 증가한 아메리카의 커피 수요를 충족시킬 수 있었다. 19세기 말에 브라질의 커피 수출은 브라질이 독립한 1822년에 비해 무려 75배나 증가했는데, 이 무렵에는 나머지 전 세계의 생산량을 합친 것보다 약 5배나 많은 커피를 생산했다. 커피 가격이 폭락해 오늘날 커피가 대중 시장의 상품이 된 것은 다 브라질의 어마어마한 공급 덕분이었다.[34·35]

차를 마시는 관습은 커피보다 역사가 더 오래되었다. 차는 처음에는 기원전 1000년 무렵에 중국 남서부의 윈난성 지역에서 약재로 쓰였다. 하지만 당나라 시절인 8세기 중엽부터 녹차가 중국 전역에서 원기를 북돋우는 뜨거운 음료로 널리 인기를 얻었고, 곧이어 동남아시아까지 퍼졌다.[36] 수피파와 마찬가지로 차도 처음에는 불교 승려들이 오랜 명상 동안 깨어 있으면서 정신을 집중하기 위해 마셨다.[37]

찻잎은 네덜란드 동인도 회사가 17세기 초에 처음 유럽으로 가져왔고, 1650년대부터 영국의 커피 하우스들에서 차를 제공하기 시작했다. 이 국제 무역에서는 발효되고 산화된 홍차를 선호했는데, 홍차는 녹차보다 보존하기가 더 쉬웠다. 커피 무역을 네덜란드 동인도 회사가 지배하고 있었기 때문에, 영국 동인도 회사는 중국에서 재배되는 차에 집중하기로 했다.

17세기 후반에 영국에서 판매된 차의 가격으로 미루어보아 그 당시에 차는 주로 의학적 목적으로 소비되었거나 귀족의 지위를 나타내는 상징으로 소비되었음을 알 수 있다. 하지만 18세기 중엽에 영국 동인도 회사가 중국에서 차를 대량으로 수입하면서 가격이 크게 떨어지자 차를 마시는 것이 중산층 가정에서 일상적인 관습이 되었고, 얼마 지나지 않아 노동자 계층에서도 널리 소비되었다. 이제 차는 왕궁에서부터 시골 노동자와 도시 빈민층 가정에 이르기까지 전 사회 계층이 즐기는 뜨거운 국민 음료가 되었다.[38] 영국인은 차에 한 가지 혁신을 더했는데, 우유와 설탕을 첨가하는 것(중국에서는 알려지지 않은 방식)이었다. 이 새로운 혁신은 카리브해의 사탕수수 농장에서 노예 제도 확산에 기여했는데, 설탕 수요가 더 늘어났기 때문이다. 중국의 찻잎 독점을 어떻게든 깨뜨리고 싶었던 동인도 회사는 19세기 초에 인도 북동부의 아삼 지역에서 자생하는 차나무를 대규모로 재배하기 시작했다. 그리고 1850년에 스코틀랜드 식물학자 로버트 포춘Robert Fortune이 중국에서 차나무를 밀반출해(초기의 산업 스파이 행위에 해당하는 역사적 사례) 인도 다르질링 지역에 대규모 농장들이 조성되었다.

아메리카에서는 차 이야기가 아주 다르게 전개되었다. 차는 영국과 거의 같은 시기에 13개 식민지에 도입되었고, 영국과 비슷하게 점점 더 널리 확산돼갔다. 동인도 회사는 이 수요에 맞춰 공급하려고 노력했으나, 1760년대 후반에 이르자 식민지들에서 소비되는 차는 대부분 밀수입된 네덜란드 차였다. 사실, 자유의 아들들Sons of Liberty(아메리카 식민지에서 영국의 통치를 반대하고 미국 혁명에 큰 역할을 한 사람들의 집단)을 비롯해 미국 애국자들은 밀수입된 차를 마시라고 권장했다. 동인도 회사의 런던 창고들에서는 팔지 못해 남은 차가 갈수록 쌓여갔다. 재정적으로 궁지에 몰린 회사를 도우려는 노력으로 영국 의회는 1773년에 차조례를 통과시켰는데, 밀수입되는 차보다 더 낮은 가격으로 동인도 회사가 차를 팔 수 있도록 하기 위해서였다. 차조례 덕분에 동인도 회사는 영국의 수입 관세를 물 필요 없이 중국에서 아메리카로 직접 차를 보낼 수 있었고, 아메리카에서 차 판매 독점권을 얻었다. 차에 대한 세금은 식민지에서만 부과되었다.

하지만 식민지 주민은 이것을 영국인의 세금을 자신들에게 전가하려는 시도로 보았다. 그래서 그들은 동인도 회사의 하물 수탁자들을 괴롭혔고, 차를 인수하길 거부해 부두에서 썩어가게 했고, 동인도 회사 직원들이 제품을 항구에 하역하지 못하게 방해했다. 그러다가 차조례에 반발한 가장 유명한 사건이 보스턴 항구에서 일어났다. 1773년 12월에 불만을 품은 식민지 주민들이 보스턴 항구에 정박해 있던 배에 올라가 실려 있던 홍차 상자 340개 이상을 바닷속으로 던져버린 것이다. 보스턴 차 사건은 뉴욕을 포함해 다른 항구들에서도 비슷한 행동을 촉발했다. 1774년에 영국 의회가 강압법(아메리카에서는 '참을 수 없는 법'이라고 불렀다)을 통과시키면서 상황은 더욱 악화되었다. 본보기를 보이려고 보스턴 차 사건이 일어난 매사추세츠 식민지를 응징하기 위한 법이었는데, 매사추세츠 식민지의 자치권을 박탈하고, 파괴된 하물의 배상이 이루어질 때까지 보스턴 항구를 폐쇄하기로 했다. 하지만 이 가혹한 보복은 식민지들을 영국에 대항해 더 단단히 단결시키는 부작용을 낳았고, 그렇게 긴장이 점점 고조되다가 마침내 다음 해 봄에 독립전쟁이 시작되었다.

오늘날 미국에서 차보다 커피가 더 사랑을 받는 이유는 독립 전쟁 이전의 차조례나 영국 차에 대한 거부감 때문이 아니다. 독립 선언서가 처음 낭독된 곳이 필라델피아의 머천트 커피 하우스 밖이었다는 사실이 눈길을 끌긴 하지만, 차의 인기는 여전히 지속되었다.[39] 커피는 독립 이후에 수십 년 동안 인기가 꾸준히 상승했고 (커피는 미국인이 카리브해의 프랑스와 네덜란드 식민지에서 직접 수입할 수 있었다[40]), 특히 1832년에 커피의 수입 관세가 폐지되면서 가격이 더 저렴해지자 인기가 더욱 높아졌다.[41]

카페인이 뇌에 미치는 효과

카페인은 분자 흉내쟁이다. 깨어 있는 매 순간 아데노신이라는 화합물이 뇌에 쌓이면서 마치 모래시계에서 떨어지는 모래처럼 우리가 눈을 뜬 이후에 흐른 시간을 기록한다. 이것은 서서히 우리의 정신적 과정을 느리게 하면서 잠을 잘 준비를 시키는데(이른바 수면 압력을 높이면서[42]), 그래서 깨어난 지 12~16시간이 지나면 우리는 다시 누워서 자고 싶은, 거역하기 힘든 충동을 느낀다.[43] 카페인 분자는 공교롭게도 아데노신이 들러붙는 수용체에 딱 들어맞는 모양을 하고 있지만, 들러붙더라도 수용체를 활성화시키지는 않는다. 대신에 카페인은 아데노신이 입항하는 항구를 사실상 화학적으로 봉쇄하는 기능을 한다. 그래서 만약 뇌에 카페인이 넘치면, 아데노신은 들러붙어야 할 수용체로 갈 수가 없어 정상적인 신호가 작동하지 않게 된다. 카페인은 약리학적으로 졸음을 억제하고 뇌를 깨어 있게 하면서 집중력을 유지하게 만든다. 아데노신은 여전히 뇌에 계속 쌓이지만, 카페인이 그 신호 체계가 작동하지 못하도록 방해한다. 우리 몸이 카페인을 분해하면, 댐 뒤에서 계속 쌓여가던 아데노신이 마침내 댐을 허물면서 압도적인 졸음의 물결이 마구 쏟아지는데, 이로 인한 엄청난 피로감을 카페인 크래시caffeine crash(카페인 허탈감이라고도 함)라고 부른다.[44]

식물은 카페인을 천연 살충제 성분으로 합성해 곤충이 자신의 잎이나 씨를 먹지 못하도록 막거나 심지어 곤충을 죽이기까지 한다.[45] 하지만 흥미롭게도 일부 커피와 감귤류를 포함해 여러 종류의 식물이 만드는 꽃꿀(수분을 위해 곤충을 유인하려고 꽃이 분비하는 달콤한 액체)에는 카페인이 들어 있다. 실험 결과에 따르면, 카페인은 꿀벌의 후각 학습 능력을 높이는 것으로 드러났다. 꿀벌은 꽃꿀 보상과 관련이 있는 꽃의 냄새를 더 잘 기억해 카페인이 포함된 꽃으로 다시 돌아오는 경향이 있다. 이것은 마치 식물이 자극제 마약을 사용해 꿀벌의 뇌를 해킹함으로써 꿀벌을 충실한 수분 매개자로 부리는 것처럼 보인다. 카페인이 꿀벌을 흥분시켜 윙윙거리게 만든다고 말할 수도 있다.[46]

카페인의 또 다른 효과는 측좌핵의 도파민 수치를 증가시키는 한편으로 도파민 수용체의 민감도도 높이는 것이다. 이것은 앞에서 소개했던 차나 커피의 성질, 즉 중핵 변연계의 보상 경로를 작동시켜 기분을 좋게 하거나 기운을 돋우는 기능과 같지만, 동시에 그 중독성도 높인다.[47] 우리가 커피와 차 같은 음료를 마시게 된 것은 그것이 뇌에서 자극제로 작용하면서 졸음을 억제하는 효과 때문이었는데, 일단 마시기 시작하자 카페인 중독의 강박 행동이 그 습관을 지속시켰다. 그리고 카페인은 역사에도 지속적인 영향을 미쳤다.

커피가 계몽 시대에 커피 하우스에서 유럽인 지식인들의 마음과 담론을 자극했다면, 영국 노동자들의 몸과 마음이 변화하는 산업 세계에 적응하는 데 도움을 준 것은 차였다. 산업 혁명은 직조 기술자와 대장장이 같은 전통적인 전문 수공예 기술자를 밀어냈고, 거대한 기계가 그들을 대체했다. 인공조명과 최초의 가스등, 그리고 전구가 발명되자, 공장은 밤늦게까지 가동되었다. 카페인은 노동자의 뇌를 깨어 있게 하면서 공장의 단조로운 작업에 집중하게 했을 뿐만 아니라, 영양을 제대로 섭취하지 못한 노동자의 공복통도 억제했다. 차에 든 설탕은 긴 작업 시간 동안 노동자의 신체가 버틸 수 있는 칼로리를 제공했다. 카페인은 인간 노동자를, 지칠 줄 모르고 돌아가는 기계를 돕기에는 더 나은 부속물로 변화시켰다.°

따라서 산업 혁명의 공장들에서 증기 기관을 돌아가게 한 것은 석탄이지만, 기계를 다루는 노동자들에게 연료를 공급한 것은 동인도 회사가 공급한 차와 거기에 단맛을 추가한 서인도 제도의 설탕이었다.[49] 이렇게 차의 역사는 노동력 착취에 깊은 뿌리가 있는데, 차를 재배한 인도에서부터 카리브해의 사탕수수 농장과 영국의 공장에 이르기까지 모든 곳에서 노동자로부터 깨어 있는 모든 시간을 짜내려고 했다.[50]

오늘날 카페인은 우리의 자연 수면-각성 주기 조절에 중심적 역할을 한다. 빠르게 돌아가는 현대 기술 사회는 우리가 생물학적 리듬에 수동적으로 반응하도록 내버려두지 않는다. 우리는 디지털시계의 명령에 맞춰 생물학적 리듬을 변화시키도록 강요받는다. 많은 사람들은 매일 출근을 위해 억지로 잠자리에서 일어나거나 책상 앞에서 밤을 새우거나 장거리 비행 끝에 새로운 시간대에서 생체 리듬을 재조정하면서 이러한 요구에 부응하기 위해 스스로 카페인을 섭취한다. 많은 카페인 중독자는 카페인의 긍정적 효과를 잘 활용하면서 집중력이 요구되는 현대 사회에서 수행 능력을 높이는 동시에 신경과민이나 심장 박동 증가, 위장 자극 등 카페인 과다 섭취의 부정적 효과를 피하기 위해 스스로 카페인 섭취량을 조절할 수 있다. 하지만 카페인은 우리에게 뇌의 신호 메커니즘을 억제할 수 있게 해주는 반면에 수면 박탈이라는 현대 팬데믹의 주요 원인 중 하나이다. 그리고 커피와 차와 우리의 관계에는 숨은 함정이 있는데, 커피와 차의 섭취로 인한 만성 졸음을 해소하기 위해 우리가 의존하는 물질이 또다시 카페인이라는 사실이다.[51]

○ 비슷한 이유로 정신 작용제는 전쟁에도 사용되었다. 1939년 9월에 폴란드를 침공할 때, 그리고 1940년 초에 프랑스와 벨기에를 침공할 때 히틀러의 전격전이 보여준 놀라운 속도는 무전 장비를 갖춘 전차들을 앞세워 협응한 독일 기갑 사단의 기동력과 독일 공군 폭격기들의 공중 지원이 그 기반이 되었다. 하지만 이 성공에는 또 다른 기술이 숨어 있었다. 메타암페타민methamphetamine(아드레날린 호르몬과 비슷한 분자 구조를 가진 물질)이라는 합성 자극제가 병사들에게 정신적 피로나 육체적 피로를 느끼지 않고 더 열심히 그리고 더 오래 싸울 수 있게 해주었다. 메타암페타민은 화학적으로 초각성 상태를 만들어내는 동시에 자신감과 공격성도 높였다. 전격전이 전광석화 같은 속도를 거둘 수 있었던 비결은 각성제를 복용한 군대에 있었다. 총통 자신도 전쟁 내내 기운을 북돋기 위해 마약 칵테일(코카인과 메타암페타민과 테스토스테론을 포함한) 주사를 맞았다.[48]

사실, 아침에 커피나 차를 마시고 싶은 충동(정신을 차리기 위해 혹은 잠에서 깨어나는 데 도움을 주기 위해)은 밤 동안 섭취하지 못한 약물의 금단 증상을 완화하기 위한 것이다.

니코틴

4장에서 보았듯이, 15세기 후반에 일어난 구세계와 신세계의 접촉은 두 세계를 모두 돌이킬 수 없게 바꾸어놓았다. 유럽인 탐험가들이 가져온 질병은 아메리카 원주민 인구 집단을 완전하게 황폐화시켰다. 반대로 매독은 첫 번째 항해 때 콜럼버스의 선원들과 함께 대서양을 건너 유럽으로 전파되었다. 하지만 그다음 수십 년과 수백 년에 걸쳐 지구의 생물군에 일어난 세계적 변화(흔히 콜럼버스의 교환이라고 부르는)로 구세계에 매독균보다 훨씬 파괴적이고 치명적인 것이 들어오게 되었다.

오늘날 담배 때문에 목숨을 잃는 사람은 매년 800만 명 이상이나 되는데, 전 세계의 사망자 중 약 15%가 흡연으로 인한 암과 심장혈관계 질환, 호흡기 질환으로 사망한다. 이해하기 쉽게 비교하자면, 이 상황은 1918년 독감 팬데믹이 10년마다 계속 발생하는 것과 같다. 그리고 그 피해는 실제로 담배를 피우는 당사자에게만 돌아가는 것이 아니다. 그 자녀와 그 연기를 들이마시는 모든 사람에게도 피해가 돌아간다.[52] 요컨대 담배는 오늘날 예방 가능한 사망 원인 중 세계에서 가장 큰 사망 원인이다.[53]

담배는 감자와 가지를 포함하는 가짓과 식물에 속하며, 벨라도나와 가까운 친척 종이다. 담배속^{Nicotiana} 식물에는 약 70종이 있지만,[54] 사람이 가장 많이 사용해온 것은 니코티아나 루스티카 *Nicotiana rustica*와 니코티아나 타바쿰*Nicotiana tabacum* 두 종이다.

담뱃대에서 발견된 니코틴 잔류물은 담배 흡연이 3000년도 더 전에 북아메리카 남동부에서 농업이 시작되기 이전의 수렵채집 사회에서 이미 일어났음을 말해준다. 그리고 남아메리카에서도 거의 같은 시기에 흡연이 시작된 것으로 추정된다.[55] 하지만 인류와 담배 식물의 관계는 그보다 훨씬 더 이전으로 거슬러 올라갈 수도 있다. 최근에 유타주의 고고학 유적지에서 수렵채집인이 쓰던 화덕에서 까맣게 탄 담배씨가 발견되었는데, 이것은 이미 1만 2300년 전에 담배가 사용되었음을 시사한다. 그때는 마지막 빙하기에 베링 육교를 건너 북아메리카로 이주한 인류가 이 지역에 도착한 지 얼마 지나지 않은 시기였다.[56] 최초의 담배 재배는 페루의 안데스산맥에서 시작된 뒤 북쪽으로 퍼져가 500년 무렵에는 미시시피강 유역까지 퍼졌다.[57] 블랙풋족과 크로족 같은 북아메리카의 일부 부족은 담배 작물을 심고 재배하는 것 말고는 일체의 농사를 짓지 않고 필요한 나머지 모든 것은 야생 자연에서 채집했는데, 이것은 담배가 그들의 문화에서 얼마나 중요했는지 말해준다.

북아메리카와 남아메리카 원주민 모두에게 담배는 영적인 약초였고, 이들은 일종의 의식처럼 담배를 피웠다. 북아메리카 부족들은 신성한 의식의 일부로 혹은 조약을 체결하는 의미로 담배를 긴 담뱃대로 피웠는데, 피어오르는 연기는 신에게 바치는 제물로 인식되었다. 연기를 들이마시는 것은 몸속에 천상의 기운을 빨아들이는 것이었고, 연기를 내뱉는 것은 정령들에게 자신의 질문과 소망을 알맞은 형태로 전달하는 것이었다.[58] 샤먼은 전투에 나가는 전사에게 축복이나 보호의 의미로 연기를 내뿜는 의식을 베풀었다. 남아메리카 문명들에서도 담배는 종교적으로 중요한 의미를 지녔다. 대다수 문화가 에스파냐 정복자들에게 말살되기 이전인 14세기 또는 15세기에 작성된 마야 문명의 문헌 마드리드 코덱스Madrid Codex에는 시가를 피우는 세 신에 대한 묘사가 나온다.[59]

담배 흡연(혹은 때로는 담배 씹기)과 영적 세계의 연결 관계는 아메리카 대륙에서 전통적으로 사용된 담배 종인 니코티아나 루스티카가 오늘날 상업적으로 재배되는 다른 담배 종들보다 효과가 훨씬 강했다는 사실을 설명할 수 있을지도 모른다. 그 잎에는 5~10배나 높은 농도의 니코틴이 들어 있어 술에 취한 것과 같은 마약 효과를 일으킬 수 있고, 심지어 트랜스나 환각을 초래할 수도 있다. 샤먼이나 사제는 정령들과 교감하거나 환영을 보기 위해 많은 양의 담배를 사용했을 것이다.[60]

담배는 더 실용적인 용도로도 쓰였다. 담배가 갈증과 배고픔을 달래는 효과가 있다는 사실은 일찍부터 알려져 있었다[61](식욕을 억제하기 위해 담배를 피우는 오늘날의 슈퍼모델보다 훨씬 일찍).[62] 사람들은 담배가 의학적 효능도 있다고 믿었는데, 흡연이 초래하는 광범위한 건강 문제를 잘 아는 오늘날의 우리에게는 다소 아이러니한 이야기처럼 들린다. 담배는 천식, 치통, 귀앓이, 소화 불량, 열, 우울증 같은 증상을 완화하거나 치료하는 데 쓰였고, 상처나 벌레에게 물린 데 또는 화상에 습포제로도 쓰였다.[63] 유럽에서도 담배

265

는 처음에 암을 치료하는 효과가 있다고 믿었고,[64] 그 밖에도 기운을 북돋우거나 과도한 가래 배출을 돕는 등 개인의 건강 회복에 도움이 되는 성질이 많다고 생각했다.[65°] 하지만 담배는 순수하게 기분 전환용으로 사용되기도 했다. 아메리카에 도착한 콜럼버스와 그 선원들은 마치 오늘날 담뱃갑을 뒷주머니에 꽂고서 밤중에 집을 나서는 사람들처럼 언제라도 담배를 꺼내 피울 수 있도록 담배 주머니를 목에 걸고 다니는 타이노족 원주민을 보았다.[67]

아메리카의 원주민 문화들은 담배를 다양한 방식으로 소비했는데, 환경 조건이 반영된 경우가 많았다. 중앙아메리카와 북아메리카 전역에서는 대개 잎을 따서 보관했다가 시가로 만들어 피우거나 담뱃대를 사용해 연기를 마셨다. 담뱃대는 비실용적일 정도로 크거나 정령과 교감하는 용도에 어울리게 화려하게 장식되기도 했다. 불을 피우기 쉽지 않았던 아마존 분지의 습지대에서는 담배를 음료로 만들어 섭취했다. 페루의 안데스산맥 고산 지대에서는 공기가 희박하여 연기를 들이마시면 호흡 곤란이 일어날 수 있기 때문에 담뱃가루를 코로 흡입하는 방식을 사용했다.[68] 잎을 씹거나 축축한 뭉치로 만들어 잇몸에 붙여놓기도 했고, 점안액처럼

○ 니코틴 자체도 함량이 높으면 인체에 독성을 나타내지만, 흡연의 해로운 효과는 주로 다양한 발암 물질과 일산화탄소, 타르처럼 담배에 포함된 다른 물질들과 그 연소 산물에서 나온다. 흥미롭게도 파킨슨병과 폐섬유증을 비롯해 흡연과 음의 상관관계가 있는 것처럼 보이는 질병이 여러 가지 있다. 어쩌면 이런 질병을 예방하는 데 흡연이 효과가 있을지도 모른다. 하지만 이러한 보호 효과는 흡연이 유발하는 질병에 걸릴 위험에 비하면 새 발의 피에 불과하다.[66]

눈에 넣기도 했다. 마야인은 심지어 담배를 관장제로 투여하기도 했는데,[69] 동물 방광으로 동그란 부분을, 속이 빈 작은 사슴의 넙다리뼈로 기다란 손잡이를 만든 도구를 사용했다.[70] (당연한 일이지만, 이 마지막 방법은 유럽인 사이에서 유행하지 않았다.)

유럽인이 이 식물을 처음 본 것은 콜럼버스가 쿠바에 상륙했을 때였다. 우호적인 섬 주민들은 방문객에게 음식과 이국적인 과일을 선물했다. 선물 중에는 말린 담뱃잎도 있었는데, 어떻게 써야 할지 전혀 몰랐던 에스파냐인은 먹을 수 없는 것이라고 판단하고는 그것을 배 밖으로 던져버렸다.[71] 그들은 원주민이 담뱃잎을 동그랗게 관 모양으로 말아 한쪽 끝에 불을 피우고는 연기를 빠는 걸 보고 나서야 그것이 먹는 것이 아님을 알아챘다. 흡연은 유럽인에게는 완전히 새로운 경험이었다. 유럽인은 교회에서 향을 피우긴 했지만, 그 냄새 때문에 그랬을 뿐, 연기를 들이마시진 않았다.

신세계의 초기 탐험가들은 이 관습을 표현할 단어를 찾느라 애를 먹었다. 아메리카 대륙에 최초로 정착한 유럽인 중 한 명인 도미니크회 수도사 바르톨로메 데 라스 카사스Bartolomé de las Casas[72]는 쿠바에 상륙한 전령들이 "반쯤 탄 나무와 그 연기를 들이마시기 위한 풀을 손에 든 남자들"을 만났다고 기록했는데, "그 마른 풀은 역시 마른 잎 속에 들어 있었으며, … 그들은 한쪽 끝에 불을 붙이고 그 반대쪽을 빨면서 숨에 포함된 연기를 들이마신다. 그러면 감각이 무뎌지면서 거의 술에 취한 듯이 변하는데, 그렇게 하면 그들은 피로를 느끼지 않는다고 한다. 우리가 머스킷이라고 부르는 이것을 그들은 타바코스tabacos라고 부른다." 라스 카사스는 계속해서 "나는 이 에스파뇰라섬에서 이것을 피우는 데 익숙해진 에스파냐인들을 아는데, 사람들이 그것을 악이라고 부르며 질책하면, 그들은 아무리 해도 도저히 그것을 끊을 수가 없다고 대답했다."[73]

이것은 탐험가들이 원주민의 흡연 관습에 처음 맞닥뜨린 사건이었을 뿐만 아니라 헤어나기 힘든 화학 물질 의존성의 충동에 맞닥뜨린 사건이기도 했다. 니코틴은 예컨대 알코올보다 중독성이 훨씬 강하다. 100년 뒤에 철학자이자 과학자인 프랜시스 베이컨Francis Bacon도 비슷한 말을 했다. "우리 시대에 담배 사용이 크게 증가하면서 어떤 비밀스러운 즐거움으로 남자들을 정복하고 있다. 일단 담배에 익숙해진 사람은 나중에 그것을 억제하기가 굉장히 어렵다."[74]

어떤 형태로건 담배를 피우거나 섭취하면, 니코틴이 혈류 속으로 들어가 거기서 빠르게 뇌로 운반된다. 카페인이 신경 전달 물질인 아데노신의 화학적 짝퉁인 것처럼 니코틴도 뇌의 또 다른 신호 물질인 아세틸콜린과 비슷한 구조를 가지고 있어 신경세포 표면에 있는 아세틸콜린 수용체에 들러붙는다.[75] 그러면 중뇌 변연계 보상 경로에 있는 도파민을 포함해 다른 신경 전달 물질들을 마구 활성화시키는데, 이 때문에 담배를 피우면 만족스럽고 즐거운 느낌에 휩싸인다.[76] 고질적인 흡연자는 뇌가 늘 니코틴 홍수에 잠겨 있어 신경세포들이 니코틴 공급에 적응함에 따라 그 화학적 효과가 변하게 된다. 내성이 점점 쌓이면서 처음에 느꼈던 정신 작용적 보상이 감소하기 때문에, 흡연자는 주로 불안과 과민성 같은 금단 현상의 부정적 느낌을 피하기 위해 니코틴을 계속 섭취한다. 다른 중독자와 마찬가지로 흡연자(최근의 전자 담배 흡연자를 포함해)도 담배를 끊으려고 하면 금단 증상의 불쾌한 느낌에 인질이 되고 만다.

쿠바에 상륙한 콜럼버스의 전령 중 한 명이자 원주민의 흡연을 최초로 목격한 유럽인 중 한 명이었던 로드리고 데 헤레스Rodrigo de Jerez는 자신도 그 습관에 물들어 그것을 에스파냐로 가져갔다. 동시대 사람들은 입과 코로 연기가 뿜어져 나와 마치 연기를 내뿜는 악마처럼 보이는 그를 보고서 공포에 사로잡혔고, 그 바람에 결국 종교 재판소는 그를 7년 동안 감금했다.[77] 하지만 그럼에도 불구하고 1530년대에 흡연은 에스파냐와 포르투갈에서 유행하게 되었다. 왕가의 결혼을 주선하기 위해 리스본으로 파견된 프랑스 대사 장 니코Jean Nicot도 흡연 습관에 빠졌고, 담배씨를 자신의 왕비에게 보냈다. '니코의 허브Nicotian herb'는 프랑스 궁정에서 금방 크게 유행했고,[78] 식물학자들은 그 식물을 니코티아나nicotiana라고 불렀는데, 그 활성 성분 이름인 니코틴은 여기서 유래했다.

제노바와 베네치아 상인들은 담배를 레반트(동지중해 연안의 여러 나라)와 중동으로 전파했고, 포르투갈인은 담배를 아프리카로 가져갔으며, 얼마 지나지 않아 전 세계의 해상 교역을 통해 담배가 인도와 중국, 일본까지 전해졌다.[79] 콜럼버스는 동양에 가겠다는 목표를 결코 이루지 못했지만, 그가 항해에서 발견한 매혹적인 풀은 결국 중국까지 가는 데 성공했다.

유럽인이 담배를 섭취한 방식은 여러 가지가 있었는데, 처음에 접한 담배 섭취 방식에 큰 영향을 받았다. 에스파냐에서는 16세기 초부터 시가 흡연이 인기를 끌었지만, 16세기 후반에 영국인은 클레이 파이프로 피우는 방식을 선호했는데, 훗날의 버지니아주와 캐롤라이나주 지역에 살던 북아메리카 원주민의 방식을 흉내 낸 것이었다. 중동에서는 파이프가 후카라고 부르는 물담뱃대로 변형되었는데, 물담뱃대는 들이마시기 전에 연기를 냉각시켰고, 흡연을 모두가 함께 하는 공동의 활동으로 만들었다.[80]

말하자면 담배는 유럽인 탐험가가 발견하자마자 아주 빠르게 전 세계로 확산되었다. 마음을 변화시키는 화학적 성질 때문에 담배는 북아메리카 동해안 지역을 식민지로 만드는 데에도 중요한 역할을 했는데, 그것은 오랜 기간에 걸쳐 비극적인 결과를 낳았다.

버지니아의 성공

담배는 영국에 비교적 늦게 도착했는데, 아마도 16세기 후반 이전에는 도착하지 않았을 것이다. 담뱃잎을 처음으로 영국으로 가져온 사람은 사나포선 해적이자 노예 무역상인 존 호킨스John Hawkins로 전하는데, 그는 플로리다 해안에서 원주민을 약탈하다가 담뱃잎을 손에 넣었다. 프랜시스 드레이크Francis Drake처럼 만용을 부리기 좋아한 또 다른 해적들은 아메리카에 건설된 에스파냐 식민지 정착지를 표적으로 삼았는데, 그곳에서 배에 실어 보내는 담배와 그 밖의 보물을 약탈했다. 하지만 영국에서 담배를 가장 열렬하게 옹호한 사람은 월터 롤리Walter Raleigh였는데, 엘리자베스 여왕의 궁정에서 자신이 지닌 지위와 영향력을 사용해 담배의 장점을 널리 알렸다. 얼마 지나지 않아 상류층에서 흡연이 크게 유행했고, 곧 전 국민에게 빠르게 확산되었다. 흡연은 잠깐 반짝했다 사라지는 또 하나의 유행이 아니었다. 니코틴의 중독성 때문에 흡연 습관은 계속 번져가고 지속되었으며, 사회 각계각층으로 사악하게 스며들었다.[81]

아직 아메리카 대륙에 영구적인 식민지가 없어 약탈과 해적질에 의존해 그 보물을 손에 넣어야 했던 영국은 신뢰할 만한 담배 공급원이 없다는 문제를 안고 있었다. 영국 땅에서 재배한 소량의 담배는 서인도 제도의 뜨거운 열대 태양 아래에서 자란 담배에 비해 질이 많이 떨어졌다.[82] 롤리는 버지니아 해안 앞바다에 있는 섬에서 영국 최초의 북아메리카 영구 정착지를 세우려고 시도했다. 버지니아는 당연하게 여긴 여왕의 미덕(처녀성)을 칭송하기 위해 붙인 이름이다. 최초의 로어노크 식민지는 실패했고, 두 번째로 세운 정착지는 1590년에 불가사의하게 버려지고 말았다. 지난 세기에 에스파냐는 신세계 전역에 광대한 제국을 건설한 반면, 영국(그리고 그 밖의 유럽 열강)은 여전히 단 하나의 식민지도 성공시키지 못한 채 애를 먹고 있었다.

새 왕 제임스 1세James I가 한 세대에 걸친 전쟁을 끝내고 1604년에 에스파냐와 평화 협정을 맺은 직후에 또 다른 시도가 이루어졌다. 하지만 로어노크 식민지가 실패한 뒤에 왕은 식민지 경영 모험에 자금을 대길 꺼렸고, 그래서 다음번 모험에는 민간 자본이 투입되었다. 버지니아 회사는 1606년에 제임스 1세가 칙령을 내려 인가했고, 주식을 팔아서 자금을 모으고 이주민을 모집했다. 그 결과로 다음 해 봄에 체서피크만으로 흘러드는 큰 강 유역에 제임스타운이 건설되었다.°

하지만 초기에는 큰 어려움이 따랐다. 처음 열두 달 사이에 이주민 중 절반 이상이 죽었다. 보급품 수송선 두 척이 추가로 이주민과 보급품을 싣고 왔지만, 1610년까지 이주민 중 80%가 죽었다. 대부분 말라리아와 기타 질병뿐만 아니라 굶주림으로도 죽어 갔는데, 특히 '굶주림의 시기'로 알려진 그 전해 겨울 동안에 많이 죽었다.[83] 제임스타운으로 향하던 세 번째 보급선단은 바다를 건너는 도중에 불어닥친 허리케인에 뿔뿔이 흩어졌고, 기함은 큰 손상을 입고 버뮤다 제도의 한 무인도에 간신히 도착했다. 이곳에서 선원들과 승객들은 10개월 동안 고립된 채 지냈는데, 그동안 목적지로 데려다줄 작은 배 두 척을 만들었다.(이들의 모험은 셰익스피어가 시벤처호가 겪은 실화를 바탕으로 쓴 『템페스트』라는 작품을 통해 불멸의 이야기로 남게 되었다.)[84] 하지만 그들이 제임스타운에 도착했더니, 정착촌은 폐허로 변해 있었고 살아남은 사람은 겨우 60명뿐이었다. 결국 식민지를 포기하고 생존자를 데리고 본국으로 돌아가기로 결정했다. 그런데 공교롭게도 막 출항한 순간에 또 다른 보급

° 체서피크만 어귀는 북아메리카에서 영국 식민지가 최초로 성공한 장소이기만 한 게 아니다. 약 200년 뒤인 1781년에 영국이 결정적 패배를 당하면서 미국이 제국의 지배에서 벗어나 자유를 쟁취한 장소이기도 하다. 제임스타운과 요크타운 사이의 직선거리는 겨우 20km밖에 되지 않는다.

선단을 만났고, 그래서 그들은 제임스타운으로 되돌아왔다. 더 많은 보급품과 새로운 이주민을 공급받은 제임스타운은 더 건강한 기반 위에 놓인 것처럼 보였다.[85] 하지만 버지니아 식민지는 여전히 후원자를 위한 이익을 창출하는 데 어려움을 겪었다. 아직까지 수출할 만한 것을 전혀 생산하지 못하고 있었다. 금이나 은은 전혀 발견되지 않았고, 잘못된 구상을 바탕으로 추진한 여러 가지 농업 계획(올리브밭과 포도밭, 심지어 누에치기까지)은 실패로 돌아갔다.[86] 버지니아 회사는 이주민에게 재정적 후원자들이 투자 수익을 기대하고 있으며, 만약 이주민이 수익을 창출하지 못하면 후원이 끊길 것이라는 점을 분명히 했다. 제임스타운 식민지의 미래는 이제 풍전등화의 위기에 놓였다.

바로 그때, 제임스타운에 오기 전에 버뮤다 제도에 조난당했던 사람 중 한 명인 존 롤프John Rolfe가 잠재적 환금 작물에 손을 댔다. 이주민은 이미 토착 담배 종인 니코티아나 루스티카를 소량 재배하고 있었지만, 연기가 너무 독해서 영국에서는 이 담배에 대한 수요가 거의 없었다. 영국인은 더 약하고 감미로운 니코티아나 타바쿰 잎을 선호하여 에스파냐가 지배하고 있던 서인도 제도에서 그것을 값비싸게 수입했다. 롤프는 니코티아나 타바쿰 씨를 트리니다드섬에서 입수하여 버지니아의 토양과 기후에서 그것을 잘 재배하려고 몇 년 동안 애썼고, 그와 함께 수확한 담뱃잎을 건조하는 방법을 터득하려고 노력했다.[87] 그런 와중에 롤프는 깨지기 쉬운 평화를 봉합하고 원주민과의 통상 협정을 확실히 보증하기 위해 포우와탄족 추장의 10대 딸이던 포카혼타스Pocahontas와 결혼까

273

지 했다.

롤프가 수확한 첫 번째 담배 작물은 1613년에 런던으로 보내졌고 좋은 평가를 받았다. 그리고 꽤 짭짤한 수익을 올렸다. 영국 시장은 영국인의 중독을 달래줄 고품질 담배를 갈구하고 있었다. 제임스타운은 순식간에 불황에서 호황으로 돌변했다. 1618년에 버지니아 식민지는 이제 버지니아 회사의 재정 지원은 없을 것이며, 대신에 자체 담배 경작에서 나오는 수익으로 그것을 충당하라는 통보를 받았다. 그해에 제임스타운은 담배를 약 2만 파운드 (약 9000킬로그램) 실어 보냈는데, 그 양은 1622년에는 6만 파운드, 1627년에는 50만 파운드, 1629년에는 150만 파운드로 증가했다.[88] 그리고 1660년대에 버지니아는 매년 무려 2500만 파운드의 담뱃잎을 수출했다.[89]

1622년에 죽을 무렵까지 롤프는 제임스타운의 운명을 영원히 바꾸어놓았다. 제임스타운은 17세기 말까지 버지니아 식민지의 수도 역할을 했는데, 그 무렵에 버지니아의 이주민 인구는 약 6만 명으로 불어났고 계속 늘고 있었다.[90] 담배는 설탕과 커피와 목화가 추가로 경제적 기반을 제공할 때까지 17세기와 18세기 내내 버지니아와 버뮤다 제도의 영국 식민지를 유지하고 성장을 계속 견인했다. 북아메리카의 식민지화가 계속 진행되면서 버지니아의 담배는 단지 영국으로만 수출되는 데 그치지 않고, 북아메리카 동해안 지역과 카리브해 지역으로도 팔려나갔다. 사실, 13개 식민지는 수요가 많은 담뱃잎을 이웃들과 교역하는 통화로 사용하게 되었다. 담배는 단순히 이문이 많이 남는 환금 작물cash crop에 그친 게 아니라, 문자 그대로 현금^{cash}으로 쓰였다.

따라서 존 롤프는 담배씨를 심어 영국령 아메리카를 탄생시킨 셈이다. 완전한 실패와 포기 직전의 위기에 아슬아슬하게 다가갔던 제임스타운을 부활시키고 성공시킨(그리고 나중에 지구 최고의 강대국이 될 나라에서 영국 언어와 문화, 법, 그 밖의 제도를 뿌리내리게 한) 것은 바로 담배와 그 중독성이었다.

버지니아 식민지의 담배 재배는 역사에 깊고도 광범위한 영향을 세 가지 미쳤다. 첫째, 담배를 환금 작물로 집중 재배한 것은 식민지들을 자급 농업에서 농업 경제로 나아가게 한 결정적 계기가 되었다. 그럼으로써 식민지들은 상업적 경쟁력과 자립 기반을 갖추게 되었고, 식민지의 이 모험사업을 재정적으로 후원한 영국의 투자자들은 두둑한 이익을 챙길 수 있었다. 그리고 담배는 아메리카에서 최초의 영국 식민지를 살아남게 하면서 장래의 팽창과 정착을 위한 길을 닦았고, 그 덕분에 아메리카 식민지들은 매력적인 목적지가 되어 점점 더 많은 이주민을 북아메리카로 끌어들였다.

둘째, 담배 식물은 걸신들린 작물이어서 자라는 동안 땅에서 많은 영양분을 빨아들인다.[91] 그래서 담배를 재배하면 토양이 금방 고갈되는데, 3년 동안 재배하고 나면 지력을 회복할 때까지 10~20년 동안 땅을 놀리거나[92] 땅을 갈면서 새 흙을 갖다 부어야 한다. 17세기 말까지 버지니아 식민지에서 약 50만 에이커로 추정되는 땅에서 삼림이 사라지고 개간되었는데, 주로 담배 농장을 만들기 위해서였다.[93] 따라서 담배는 서쪽으로 계속 팽창하면서 정

275

착지를 확장하는 노력에 강력한 원동력을 제공했다. 이 때문에 식민지 개척자들은 그곳에 살고 있던 원주민과 직접 충돌하게 되었고, 양측 모두 적대감이 끓어오르다가 결국 원주민이 학살되고 추방되었다.

셋째, 담배 재배는 고도의 노동 집약 산업이었다. 초기에 식민지들은 계약 노동자들에 의존했다. 이주민은 신세계까지 가는 배편을 제공받았지만, 일단 도착하고 나면 농장에서 5~7년 동안 일하는 조건으로 그 빚을 갚아야 했다. 이 연한이 끝나면 자유의 몸이 되었는데, 계약의 일부로 약간의 땅을 약속받는 경우가 많았다. 하지만 계약 노동자와 죄수의 공급에도 불구하고, 그것만으로는 빠르게 증가하는 농장 노동자의 수요를 충족시킬 수 없었다—4장에서 보았듯이 질병의 부담이 매우 큰 지역에서는 특히 그랬다.[94] 아프리카에서 노예를 수입하는 편이 훨씬 싸게 먹혔다. 그들은 열대 질환에 이미 단련돼 있는 데다가 정해진 연한 계약 없이 마음대로 부릴 수 있었고, 겨우 연명할 수 있는 수준의 대우만 해주어도 되었기 때문이다. 그래서 북아메리카의 담배는 카리브해의 사탕수수처럼 17세기 전반에 대서양 횡단 노예무역의 팽창을 촉진했다.

큰 담배 회사들이 아메리카에서 손꼽는 기업들로 부상하고 막강한 정치적 영향력을 행사하면서 담배 작물은 아메리카 경제에서 중심적 위치를 차지하게 되었다. 이것은 미국 국회의사당 건물에서 분명히 볼 수 있다. 웅장한 홀오브컬럼스Hall of Columns(기둥들의 전당)에 죽 늘어선 코린트 양식 기둥들은 모두 꼭대기 부분이

담뱃잎으로 장식돼 있는데, 이것은 전체 건물을 하나로 묶음을 상징적으로 나타낸다.[95]

담배는 옛날 방식(씹거나 코로 들이마시거나 담뱃대와 시가 형태로 연기를 마시거나)으로 계속 섭취되었지만, 1880년 이후에는 새로운 니코틴 섭취 방법이 개발되었는데, 바로 궐련(얇은 종이로 가늘고 길게 만 담배) 형태의 담배였다. 전에는 담배 주머니에서 담뱃잎을 한 움큼 꺼내 얇은 종이로 돌돌 말아서 만들었다. 미리 말아놓은 담배는 엄청나게 비쌌는데, 한 사람이 1분에 손으로 말 수 있는 담배는 몇 개비에 불과했기 때문이다. 버지니아에서 이 과정을 산업화하는 방법이 발명되면서 변화가 일어났는데, 담배 마는 기계는 분당 200개비 이상의 담배를 쏟아냈다. 하지만 처음에는 미리 만 담배에 대한 수요가 낮았는데, 여전히 값비싼 사치품으로 인식되었기 때문이다. 20세기가 시작될 무렵에 궐련은 미국에서 소비되는 전체 담배 중 겨우 2%를 차지했다. 하지만 유례없는 광고비 투자가 이 상황을 확 바꾸어 놓았다. 궐련 광고 중에는 제1차 세계 대전 이후에 여성을 겨냥한 광고 캠페인도 있었다.[96] 그리고 각국 정부가 제1차 세계 대전과 제2차 세계 대전 때 사기를 진작하기 위해 군인들에게 궐련 형태의 담배를 제공한 것이 결정적 역할을 했는데, 그렇게 해서 평시에도 담배 제조업체들에 충성스러운(중독된) 고객 군단이 양산되었다.

알칼로이드의 불합리한 유효성 ○

앞에서 보았듯이 카페인과 니코틴 같은 성분을 포함한 식물 산물이 전 세계에 널리 퍼진 것은 우리의 기분을 좋게 하는 효과와 중독성 때문이다. 이 물질들은 우리 뇌의 신호 분자를 흉내 내 중 뇌 변연계 보상 경로를 활성화시킨다. 이 보상 경로는 진화적으로 아주 오래된 체계로, 자연 환경에서 우리의 생존과 생식을 돕는 행동을 촉진하고 조절하는 기능을 담당한다. 그런데 왜 그러한 식물 화합물이 우리 뇌의 신호 체계를 그토록 효과적으로 해킹할까? 예컨대 에티오피아 고지대의 작은 지역에 자생하면서, 그런 효과가 없었더라면 그다지 주목도 받지 못했을 관목이 우리의 신경화학에 왜 그토록 강력한 효과를 발휘해 인류의 역사에 큰 영향을 미쳤을까?

카페인, 니코틴, 모르핀(곧 만나게 될)은 모두 알칼로이드alkaloid에 속한다. 알칼로이드는 주로 탄소 원자로 이루어져 있고(일부 탄소들은 고리 모양으로 배열돼 있다) 질소 원자를 1개 이상 포함하는 유기 화합물이다.[97] 알칼로이드는 놀라울 정도로 그 종류가 다양한 천연 화합물 가족으로(알려진 것만 약 2만 가지), 그중 상당수는 식물이 초식 동물에게서 자신을 보호하기 위해 만든 것인데,[98] 대

○ 이 절의 제목은 노벨상을 수상한 이론물리학자 유진 위그너Eugene Wigner가 1960년에 「자연과학에서 수학의 불합리한 유효성」이라는 제목으로 쓴 논문에 경의를 표하는 의미를 담고 있다.[99] 이 논문에서 위그너는 왜 그래야 하는지 확실한 이유가 없는데도 불구하고, 수학 언어가 우주의 물리적 실재를 묘사하는 데 얼마나 말도 안 되게 효과적인지 이야기한다.

부분 쓴맛이 나는 이유는 이 때문이다.

카페인, 니코틴, 모르핀과 함께 키니네(퀴닌), 코카인, 코데인, 메스칼린을 포함해 이 책에 등장하는 많은 화합물도 알칼로이드이다.(그 이름들에는 중요한 정보가 들어 있다. 각각의 알칼로이드 이름은 관행에 따라 그것을 추출한 식물의 이름에 접미사 '-ine'을 붙여 지었다.) 사실, 알칼로이드는 인체에 놀랍도록 다양한 의학적 효과를 나타낸다. 알칼로이드는 항염증제와 항암제, 진통제, 국소 마취제, 근이완제로 쓰인다. 알칼로이드는 비정상적 심장 박동을 억제하고, 혈관을 넓히거나 좁히고, 혈압을 낮추고, 열을 내리는 효능이 있다. 또한 우리 뇌를 자극하거나 환각을 일으키는 효과도 있다. 인체에 이토록 큰 효과를 미치는 알칼로이드의 비밀은 무엇일까?

일부 답은 수에서 찾을 수 있다. 식물계는 엄청나게 많은 종류의 화합물을 만들어내는데, 그래서 순전히 우연만으로 일부 화합물이 인간의 생화학에 특정 효과를 미치는 결과가 나타날 수 있다. 물론 이것만으로는 충분한 설명이 되지 않는다. 동물과 달리 식물은 필요한 자원을 얻거나 위협을 피하기 위해 이동하거나 도망갈 수 없다. 있는 장소에 뿌리를 박고 고정돼 있고, 자신의 생화학적 기구에 의존해 동물의 행동에 영향을 미치는 다양한 종류의 화학 물질을 만들어야 한다. 이 화합물들은 예컨대 수분을 돕기 위해 동물을 식물로 유인하는 기능을 하기도 하고, 애벌레나 딱정벌레 같은 초식성 곤충이 잎을 씹어 먹지 못하게 방해하는 기능을 하기도 한다. 또, 다른 식물과 경쟁하는 데 쓰이기도 하고, 균류의 공격을 막는 데 쓰이기도 한다.

긴 진화의 시간이 지나는 동안 식물은 동물에게 특정 효과를 발휘하는 화합물을 만드는 능력이 발달하게 되었다. 동물들은 많은 특징을 공유하는데, 우리 모두는 공통 조상에서 유래했고, 중요한 기능을 하는 특징들이 진화를 통해 보존되었기 때문이다. 이것은 단지 기관의 물리적 설계뿐만 아니라, 세포들이 서로 의사소통하거나 중요한 생화학 과정을 수행하게 하는 분자들의 정확한 구조에도 적용된다. 따라서 진화를 통해 설계된 어떤 식물 분자가 예컨대 곤충의 소화계나 순환계, 신경계에 강력한 효과를 발휘한다면, 그것은 인체에도 비슷한 효과를 발휘할 가능성이 높다. 그렇긴 하지만, 알칼로이드를 만드는 식물 중에서 지금까지 인류의 역사에 가장 큰 영향을 미친 것은 카페인과 니코틴, 그리고 잠시 후에 소개할 모르핀처럼 우리의 중뇌 변연계 경로에 영향을 미치는 물질을 만드는 식물들이다.°

이 식물들의 정신 작용 효과를 알아챈 초기 인류는 이 식물들

° 그 밖에도 중뇌 변연계 경로를 활성화시키는 정신 작용 알칼로이드를 만드는 식물들이 있다. 예를 들면, 페루와 에콰도르 지역에 사는 사람들은 수천 년 전부터 코카 잎을 씹었는데, 코카인 분자를 혈류 속으로 보내는 데 도움을 주기 위해 약간의 석회도 함께 씹었다. 코카 잎(직접 씹기도 하고, 끓여서 차로 마시기도 한다)의 자극 효과는 배고픔과 피로를 달래는 데 도움을 준다. 잉카인은 코카를 대규모로 재배했다. 코카콜라라는 이름은 1885년부터 1903년경까지 코카 추출물을 주요 성분으로 사용한 데에서 유래했다(그리고 콜라 열매는 맛을 더하고 카페인을 제공하는 성분으로 쓰였다). 코카인은 신경세포들 사이의 시냅스로 분비된 도파민을 제거하는 분자 펌프를 차단함으로써 도파민 수치를 높게 유지하는 방식으로 작용한다.[100] 가루 형태로 가공 농축해 코로 흡입하거나 가열해 들이마시거나 물에 녹여 주사로 투입하면 그 효과가 더욱 강해지고 따라서 중독성을 띠게 된다.[101]

280

을 야생 자연에서 찾거나 재배하기 시작했다. 오늘날 자극 효과가 있는 작물은 광대한 면적의 농경지에서 재배되고 있다. 커피 재배지는 전 세계에서 약 1000만 헥타르를 차지하고, 차와 담배 재배지는 각각 약 400만 에이커를 차지한다. 이 셋을 합치면 중국에서 벼를 재배하는 전체 땅의 절반을 넘는다.[102] 굶주린 입에 영양을 공급하는 것도 아니고 옷을 만드는 섬유를 공급하는 것도 아닌 작물 재배를 위해(단지 약한 정신 작용 효과가 있는 분자를 얻기 위해) 이토록 많은 면적의 땅이 쓰이는 것이다.

이 점에서 초식성 곤충에게서 자신을 보호하기 위해 담배 식물이 합성하는 니코틴[103]은 놀랍도록 효과적인 적응 사례인데, 담배는 사람의 신경화학을 활용해 전 세계로 자신을 널리 퍼뜨리는 데 성공했다. 전 세계에서 수많은 사람이 담배 작물을 재배하는 일에 종사하고 있는데, 제때 충분히 물을 공급하고, 농축 비료로 영양을 공급하고, 잡초는 물론이고 빛을 놓고 경쟁하는 다른 식물을 제거하고, 담배 식물을 공격하는 해충을 박멸하면서 담배 식물에 필요한 것이라면 전부 꼼꼼하게 챙긴다. 이런 관점에서 보면 누가 누구를 길들인 것인지 헷갈릴 수 있다.

아편

앞에서 보았듯이 영국에서 차 수요는 18세기 내내 꾸준히 증가했다. 하지만 1790년대까지도 차는 대부분 중국에서 수입했는데, 동인도 회사가 극동 지역에서 런던으로 매년 2300만 파운드의 찻잎을 운송했다.[104] 회사가 주주들에게 벌어다준 수익은 아주 컸지만, 차 무역은 영국 정부에도 매우 짭짤한 수입을 안겨다주었는데, 19세기 초에 차에는 시세의 100%에 해당하는 세금을 매겼다.

그런데 큰 문제가 하나 있었다. 중국은 대영 제국에서 딱히 가져갈 만한 상품이 없었다. 중국은 영국의 원자재나 산업 생산 제품에 별로 관심이 없었다. 약간의 금속과 새로운 기계 제품을 구입하긴 했지만,[105] 영국에 수출하는 차와 균형을 맞출 만한 규모로 수입하지 않았다. 1793년에 청나라 건륭제乾隆帝는 영국의 조지 3세George III에게 보낸 편지에서 이렇게 썼다. "우리 제국은 모든 것이 아주 풍부하고 부족한 산물이 전혀 없다. 따라서 우리의 산물을 주고 그 대가로 외부 야만인의 제품을 수입할 필요가 전혀 없다."[106] 영국은 심각한 무역 적자에 직면하고 있었다.

중국이 유일하게 원한 유럽의 물품은 현금에 해당하는 은이었다. 그 결과로 18세기 후반에 영국이 중국에 수출한 물품 중 약 90%는 은괴였다.[107] 영국 정부는 이 무역을 지속하기 위해 많은 은을 확보하려고 애썼고, 동인도 회사는 수익성을 유지하는 데 신경을 쓰지 않을 수 없었다. 동인도 회사는 처음에는 3단계 삼각 무역을 통해 원하는 것을 얻을 수 있었다. 영국의 산업 제품을 인도로 보내고, 인도의 목화를 중국으로 보내고, 중국의 차를 영국으로 보내는 방식이었는데, 동인도 회사는 각 단계마다 큰 이익을 챙겼다.(이것은 16세기부터 운영된 대서양 횡단 삼각 무역과 비슷한 시스템이었다. 대서양 횡단 삼각 무역에서는 유럽의 생산품을 아프리카로 수출하고, 아프리카의 노예를 아메리카로 수출하고, 아메리카 식민지의 농장에서 재배한 사탕수수나 그것을 증류해 만든 럼과 담배, 그리고 나중에는 목화 같은 환금 작물을 유럽으로 수출했다.) 차를 은과 직접 교환하는 방식은 영국에 매우 불리했지만, 3단계 삼각 무역은 세계 각지의 서로 다른 상품들의 공급과 수요의 차이를 잘 활용했다. 하지만 중국에서 수입 목화 수요가 감소하자, 영국은 또다시 소중한 은이 동양으로 계속 유출되는 상황에 직면하게 되었다.[108]

그런데 바로 그때, 동인도 회사의 명민한 직원들이 자신들이 대량으로 공급할 수 있는 물건이 잘 팔리는 시장을 만들 수 있다는 사실을 깨달았다. 중국 정부는 공식 무역에서 오로지 은만 원했지만, 중국 국민은 다른 것에도 큰 관심이 있었는데, 그것은 바로 아편이었다.

아편은 덜 익은 양귀비 꼬투리를 절개해 흘러나오는 유액을 채취한 뒤 말려서 가루로 만든 것이다. 이 유액에는 진통제 성분인 모르핀이(그리고 코데인도) 들어 있는데, 이 때문에 아편을 복용하면 통증이 사라지고 몸이 이완되는 동시에 온갖 근심이 사라지면서 편안한 느낌이 든다. 양귀비는 기원전 제3천년기 말부터 메소포타미아에서 수메르인이 아편을 만들기 위해 재배했고, '기쁨을 주는 식물'이라고 불렀다. 아편은 중동에서 계속 사용되었고, 이집트에서도 사용되었는데, 적어도 기원전 3세기에는 그리스 의학계에도 이 약물이 알려졌다. 8세기 무렵에 아랍 상인들이 아편을 인도와 중국으로 가져왔고, 10~13세기에는 아편이 유럽 전역으로 퍼졌다.[109]

아편은 경구 복용을 통해 통증을 완화하는 의료 목적으로 쓰였다. 모르핀은 뇌에서 시상과 뇌줄기, 척수처럼 통증 감각을 담당하는 부분의 신경세포 수용체(정상적으로는 엔도르핀처럼 인체에서 분비되는 호르몬이 들러붙는 장소)에 들러붙는다. 그런데 아편제는 중뇌 변연계 보상 경로의 수용체에도 들러붙기 때문에, 많은 사람들은 아편을 의학적 성질 외에 즐거움을 얻기 위한 약물로 갈망하게 되었다.

19세기 전반에는 아편은 영국에서 합법이었고, 영국인은 매년 아편을 10~20톤씩 소비했다.[110] 아편 가루를 알코올에 녹인 것을 아편 팅크제laudanum라고 불렀는데, 이것은 진통제로 자유롭게 사용할 수 있었고, 심지어 유아용 기침약 성분으로도 쓰였다. 18세기 후반과 19세기의 문학계 인물 중에는 바이런 경과 찰스 디킨스, 엘리자베스 배릿 브라우닝, 존 키츠, 새뮤얼 테일러 콜리지를 비롯해 아편에 영향을 받은 사람이 많았다. 토머스 드 퀸시는 자서전 형식으로 쓴 『어느 영국인 아편쟁이의 고백』으로 큰 명성을 얻었다.[111] 아편을 이런 식으로 마시면 마약 효과는 약했지만 그래도 중독 효과가 있었다. 그래서 이 당시 사회에는 일상생활을 별 탈 없이 잘 영위하는 마약 중독자가 넘쳐났는데, 그중에는 산업화된 도시 세계에서 일하면서 살아가는 지루한 일상에서 벗어나길 원한 하층민이 많았다.[112] 아편 팅크제는 일부 시인에게 영감을 주고 귀족의 방탕에 기름을 붓는 역할을 하긴 했지만, 마시는 방법으로 복용하면 아편제가 비교적 천천히 혈류 속으로 스며들었다.[113]

반면에 중국인은 아편을 담배처럼 연기를 흡입하는 방법을 선택했다. 그러면 훨씬 빨리 소기의 목적을 달성할 수 있고, 그 결과로 그 효과와 중독성도 훨씬 강하게 나타난다. 중국인은 아마도 17세기에 네덜란드 식민지였던 포르모사섬(지금의 대만)에서 아편 흡연을 처음 접했을 것이다. 그러다가 18세기에 포르투갈인이 자신들의 인도 교역 중심지이던 고아에서 중국 광둥성으로 아편을 실어오기 시작했다.[114] 따라서 동인도 회사가 중국에서 최초의 아편 수요를 만들어낸 것은 아니지만, 이미 생긴 균열에 쐐기를 박아 넣어 이 마약을 쏟아져 들어오게 한 것만큼은 확실하다. 동인도 회사는 중독성 물질의 성질을 확신했다. 상품을 소비할 고객을 일단 확보하기만 하면, 그들이 계속 그것을 소비할 것이라고 판단했다. 동인도 회사는 중국에 은을 보내는 대신에 아편을 밀거래했다. 그리고 이 새로운 통화를 필요한 만큼 얼마든지 많이 재배할 수 있었다.[115] 얼마 지나지 않아 동인도 회사는 아편을 유례없는 규모로 중국에 유통시켰다. 그것은 하나의 중독을 다른 중독(카페인 중독을 아편 중독)과 교환하는 결과를 가져왔지만, 영국인이 중국인에게 강요한 것은 훨씬 파괴적인 물질이었다. 영국인은 차를 마시며 집중력이 높아진 반면, 중국인은 아편 복용으로 정신이 흐릿해졌다.[116]

동인도 회사는 1757년에 플라시 전투 이후에 무굴 제국의 한 지방이었던 뱅골을 지배하게 되었다. 그리고 이 지역에서 아편 재배 독점권을 행사하면서 아편을 중국으로 보내 유통시키기 시작했다. 중국에서 의료용 목적 이외의 아편 소비는 법으로 금지돼 있었기 때문에(아편을 금지하는 최초의 법은 1729년에 제정되었다[117]), 아편의 불법적 유통에 동인도 회사가 관여했다는 사실이 드러나서

285

는 안 되었다. 그랬다간 황제의 엄중한 조치가 내릴 게 뻔했다. 그래서 동인도 회사는 독립적인 '국내 회사'를 중개인으로 내세웠다. 즉, 동인도 회사의 허가를 받은 인도인 상인들을 내세워 중국과 거래를 하게 한 것이다. 이 회사들은 주강珠江(중국 남부를 흐르는, 중국에서 세 번째로 긴 강) 하구에서 은을 받고 아편을 넘겼고, 그곳에서 아편은 내륙 쪽으로 밀반입되었다. 이것은 동인도 회사가 마약 밀거래에 공식적으로 가담한 사실을 숨기기 위한 얄팍한 술책이었다. 역사학자 마이클 그린버그Michael Greenberg의 표현을 빌리면, 동인도 회사는 "인도에서 마약을 재배하고, 중국에서는 그것이 자기 것이 아니라고 부인하는 기술을 완성했다."[118] 뇌물을 받고 눈을 감아준 부패한 관리들의 도움에 힘입어 아편 공급망이 중국 전역으로 뻗어나갔다.

동인도 회사는 중국으로 아편을 보내는 공급 경로를 수월하게 확장해갔는데, 그러다가 1806년에 마침내 티핑 포인트tipping point에 도달하면서 무역 적자가 역전되었다. 중국에서 크게 늘어난 아편 중독자들이 이제 자신들의 습관을 위해 너무나도 많은 돈을 지불하는 바람에 아편 밀수 금액이 영국에 차를 수출해 얻는 금액을 넘어서게 되었다. 그 바람에 은의 흐름이 역전되어 이 귀중한 금속이 처음으로 중국에서 영국으로 흘러가게 되었다.[119] 동인도 회사가 중국으로 들어온 아편의 양은 1810년부터 1828년까지 세 배나 늘어났고, 1832년에는 거기서 다시 두 배로 늘어나 매년 약 1500톤이 반입되었다.[120] 대영 제국은 대서양 건너편에서 제국주의를 확장해가던 초기에 중독성 식물인 담배에 큰 도움을 받았는데, 이제 또 다른 식물인 양귀비를 제국주의 팽창의 수단으로 휘둘렀다.

1830년대까지 얼마나 많은 중국인 남성(아편 복용은 대부분 남성의 취미였다)이 아편에 중독되었는지 그 정확한 수치는 결코 알 수 없지만, 그 당시의 추정치는 400만 명에서 1200만 명 사이였다.[121] 아편은 중독자의 삶을 파괴했지만(아편을 피워 기분이 좋을 때에는 멍한 좀비로 만들었다가 나머지 시간에는 무기력한 상태로 만들고 다음번 아편굴 방문을 간절히 기다리게 함으로써), 나머지 대다수 중국 백성에게 직접적으로 미치는 해는 크지 않았다. 아편 가격이 비교적 높게 유지되어 중국의 고위 관리와 상인 계층만이 접근할 수 있었기 때문이다.[122] 아편이 중국에 가져온 재앙은 국민의 건강보다는 경제적 파탄이었다. 영국인 아편 밀거래상에게 지불하는 은이 중국에서 빠져나가자, 중국 내 은 공급량이 감소하면서 은의 가치가 크게 올랐다. 아편 곰방대를 한 번도 쥐어본 적 없는 농부도 세금을 내기 위해 은을 구하려면 이전보다 훨씬 많은 작물을 팔아야 했다. 1832년에 내는 세금은 실질 가치로 따지면 50년 전에 냈던 것보다 두 배나 높았고,[123] 은의 유출은 중국의 국고에 큰 영향을 미쳤다.[124] 중국 내에서 영국의 아편과 그것이 건강에 미치는 효과에 대한 분노가 끓어올랐지만, 중국 조정은 그로 인한 재정 파탄을 더 염려했다.[125]

일부 관리는 황제에게 아편을 합법화해 수입 가격을 낮추든지, 아니면 은의 유출을 막기 위해 아편 대금을 오로지 찻잎으로만 지불하도록 해야 한다고 건의했다.[126] 하지만 훌륭한 유학자였던 도광제道光帝(청나라 제8대 황제)는 곤궁에 빠진 백성을 구하려고 했다. 그래서 1839년에 도광제는 아편에 대한 전쟁을 선포하고, 유능하고 도덕적인 관리 임칙서林則徐를 흠차대신에 임명해 광둥성 연안 지역에서 횡행하는 아편 밀수를 근절하라는 지시를 내렸다. 광둥성의 광저우 항구는 영국인 상인들이 아편을 들여오던 주요 거점이었다.

광저우의 외국인 교역 기지, 일명 '공장'에 도착한 임칙서는 독단적으로 영국인과 그 밖의 외국인 상인에게 즉각 아편 거래를 중단하라고 명령했고, 항구의 창고에 보관된 모든 재고를 넘기라고 했다. 상인들이 거부하자, 임칙서는 못을 박아 공장들의 문을 막고 식량 공급을 차단했다.[127]

중국에서 영국의 무역 업무에 전권을 쥐고 있던 상무총감 찰스 엘리엇Charles Elliot 대령은 대치 상황을 누그러뜨리려고 시도했다. 그는 영국 정부가 손실을 보상해주겠다고 약속하면서 창고에 보관돼 있던 1700톤의 아편을 넘겨주라고 광저우 상인들을 설득했다. 임칙서는 압수한 아편(어마어마한 금액에 해당하는)을 큰 구덩이에서 물과 석회와 섞은 뒤에 그것을 주강에 던져 넣어 폐기했다. 압수한 아편의 양이 너무나도 많아 그것을 전부 폐기하는 데에는 3주일이 걸렸다.[128] 임칙서는 동포를 병들게 하는 아편의 불법 밀수를 근절하기 위해 정당한 임무를 수행한다고 생각했다. 하지만 당시의 정세는 결국 청나라와 제국주의 영국의 충돌로 이어졌고, 이 아편 전쟁에서 중국은 굴욕적인 패배를 당하고 말았다.

광저우에서 엘리엇이 성사시킨 협상안은 모두를 만족시키는 것처럼 보였다. 임칙서는 밀수품인 아편을 압수해 폐기하는 데 성공했고, 상인들은 모든 손해를 변상하겠다는 제안을 받아들였으며, 엘리엇은 일촉즉발의 상황을 종식시키고 영국의 무역을 위해 항구를 계속 개방 상태로 유지할 수 있었다. 이렇게 모두가 만족했지만, 이 상황에 불만을 품은 사람이 한 명 있었는데, 바로 영국 총리 멜버른 경Lord Melbourne이었다. 그는 엘리엇이 호기롭게 이 엄청난 금액을 지불하기로 약속했다는 보고를 들었다. 이제 영국 정부는 아편 거래상들의 손해를 변상하기 위해 200만 파운드(현재의 가치로는 1억 6400만 파운드)를 구해야 했다.[129] 한 지역의 마약 단속이 단지 마약 거래상에게만 영향을 미치는 데 그치지 않고 국가의 자존심을 건드리는 국제적 사건이 되었다. 멜버른 경은 정치적 궁지에 몰렸고, 이렇게 된 이상 무력을 사용해 중국 측에 폐기된 상품을 배상하라고 강요하는 수밖에 선택의 여지가 없었다.

멜버른이 보인 반응은 그 후 유럽 제국주의의 공통적인 수단이 되었는데, 그것은 바로 포함 외교였다. 영국군 기동 부대 4000명과 전함 16척이 중국으로 파견되었는데, 이렇게 해서 제1차 아편 전쟁(1839~1842)이 벌어졌다.[130] 영국 해군 함대에는 네메시스호라는 신형 전함이 포함돼 있었다. 그것은 증기 기관으로 운행되는 철선으로, 중국이 보유한 그 어떤 전함과 무기도 상대가 되지 않았다. 네메시스호는 새로이 떠오르는 산업 시대의 전쟁에서 압도적인 무기임이 입증되었는데, 두꺼운 철갑이 외부 공격을 막아줄 뿐만 아니라, 회전축 위에 올려진 큰 대포와 로켓으로 중국의 목선들을 무자비하게 파괴했다.[131] 네메시스호는 수심이 얕은 곳도 유유히 지나가 선체가 물속 깊이 잠기는 목선이 접근할 수 없는 강 상류까지 깊이 침투할 수 있었다. 영국 함대는 광저우의 주강 하구를 봉쇄하고, 상하이와 난징을 포함해 해안 지역의 여러 항구를 점령했다.[132] 육상에서도 중국군은 소총으로 무장하고 잘 훈련된 영국군 앞에서 추풍낙엽처럼 쓰러져갔다. 중국은 세계 최초로 화약과 용광로를 발명했지만, 이제 이 혁신을 바탕으로 발전시킨 기술과 무기로 무장한 제국주의 유럽 국가의 군대에 해안 지역을 점령당하는 처지가 되고 말았다.

1842년 7월, 영국의 전함과 군대는 중국 전역으로 곡식을 실어 나르는 동맥에 해당하는 대운하를 사실상 차단했다. 베이징이 기근 위기에 빠지자, 도광제는 화친을 청할 수밖에 없었다. 그 결과로 체결된 난징 조약은 매우 굴욕적인 불평등 조약이었다. 아편 압수와 그로 인한 분쟁에 대한 책임으로 막대한 배상금을 무는 것은 물론, 홍콩을 영국에 식민지로 할양하고, 영국 상인들과 그 밖의 국제 교역상들을 위해 광저우와 상하이를 포함해 다섯 항구를 개항하기로 했다. 하지만 영국은 이에 만족하지 못하고 제2차 아편 전쟁(1856~1860)을 일으켰고, 그 결과로 더 많은 중국 지역을 외국 상인들에게 개방하고 아편 거래를 완전히 합법화하는 성과를 얻어냈다.

아편 수입은 1880년에 정점에 이르렀는데(그 이후에는 중국에서 재배한 아편으로 대체되었다), 약 9만 5000상자, 무게로는 약 6000톤에 이르는 아편이 인도에서 수입되었다.[133] 즐거움을 얻기 위한 아편 사용이 도시의 엘리트와 중산층에서 농촌의 노동자에게까지 확산되면서 중국 전역으로 확대되었다.[134] 일본이 중국을 침공한 1937년 무렵에는 전체 인구 중 10%(약 4000만 명)가 아편 중독자였던 것으로 추정된다. 1949년에 공산주의자들이 중국을 장악하고 마오쩌둥의 독재 정부가 들어서고 나서야 만연했던 아편 중독이 중국에서 마침내 사라졌다.[135]

중국은 기업의 탐욕과 제국주의의 강요로 150년 동안이나 아편 중독 위기를 겪었다. 지금은 전 세계에서 25만 헥타르가 넘는 땅에서 양귀비가 재배되는데, 그중 대부분은 아프가니스탄에서 불법적으로 재배되고 있다. 유럽과 아시아에서 소비되는 헤로인은 거의 다 아프가니스탄에서 생산되는 양귀비에서 나오는 반면, 미국에서 소비되는 헤로인은 대부분 멕시코에서 공급된다. 최근의 조사에 따르면, 미국에서 아편 유사제opioids를 비의료용 목적으로 사용했다고 자기 보고한 사람은 약 1000만 명에 이르는데, 이 수치는 실제보다 축소되었을 가능성이 높다(조사 대상자에는 예컨대 노숙자나 보호 시설 거주자는 포함되지 않았다). 하지만 이렇게 소비되는 아편 유사제 중 90% 이상은 헤로인이 아니라 합법적으로 제조된 진통제로, 그런 의약품에 중독된 사람들이 오용하고 있다.[136]

19세기의 중국 상황을 연상케 하는 오늘날의 이러한 아편 유사제 유행병은 미국만의 문제는 아니지만, 미국의 의료 시스템은 그런 위기를 조장하는 조건을 만들어냈다. 미국은 세금으로 운영되는 보편적 의료 서비스를 제공하지 않으며, 대신에 의료비를 건강 보험으로 충당하는데, 그러다 보니 물리 치료 같은 대안 치료법 대신에 비용이 싸게 먹히는 진통제를 선호하는 경향이 있다.

1990년대 후반에 퍼듀파마를 포함한 제약회사들은 아편 유사제 처방을 증가시켜 이익을 늘리길 원했는데, 그래서 자신들이 만드는 마약성 진통제 옥시코돈oxycodone(여러 가지 상표로 판매되었지만, 옥시콘틴OxyContin이 가장 유명하다)이 중독성이 없다고 미국의 규제 당국과 의료계를 설득하는 데 성공했다. 환자가 내성이 생기면 아편 유사제 함량이 훨씬 높은 약을 처방받았는데, 그러다가 결국 많은 사람들에게 의존성이 생겼고, 이 끔찍한 금단 증상을 피하려고 아편 유사제에 더 의존하게 되었다. 수백만 명의 중독자들은 암시장에서 아편 유사제를 구했고, 1999년부터 2020년까지 아편 유사제 과량 투여로 사망한 사람이 50만 명 이상이나 되었다.[137]

미국 보건복지부는 2017년에 전국적인 공중 보건 긴급 사태를 선포하고 아편 유사제 위기를 해소하기 위한 조처를 취했지만,[138] 트라마돌과 펜타닐 같은 합성 아편 유사제 과량 투여로 인한 사망 사례는 계속 증가하고 있다.[139] 오늘날 아편 자체는 그다지 심각하지 않은 기분 전환용 약물이지만, 사람들은 아편 유사제 화합물의 즐거움을 주는 성질(그리고 중독성)에 매우 취약하다.

7장

—

코딩 오류

모든 긴 항해에 빈번하게 따라다니면서
특히 우리에게 치명적인 이 질병은 인체에 해를 입히는 모든 질병 중에서
가장 독특하고 설명하기 힘든 것이다.

—

리처드 월터Richard Walter,
『앤슨의 세계 일주 항해Anson's Voyage Round the World』

사람을 만들고 운용하는 데 필요한 완전한 작업 지시서는 유전체 안에 들어 있다(우리 세포 속의 DNA 서열로). 사람의 유전체는 백과사전의 각 권들에 배열돼 있는 정보처럼 23쌍의 염색체에 배열돼 있는 약 3억 개의 염기쌍(유전 부호를 이루는 문자에 해당하는)으로 이루어져 있다.[1] 이 완전한 한 벌의 DNA 서열은 적혈구처럼 핵이 없는 세포와 한 쌍의 염색체 중 한 가닥만 있는 정자와 난자를 제외한 모든 세포에 들어 있다. 우리 몸의 세포가 분열할 때마다(우리를 성장하게 하거나 기관을 유지하거나 상처를 낫게 하면서) 완전한 한 벌의 유전 정보가 복제된다. 그런데 이 복제 과정은 100% 완벽하게 일어나지 않으며, DNA에 손상이 생길 수도 있다(방사선이나 화학 물질에 의해). 그러면 유전 부호에 오류 또는 돌연변이가 생기게 된다. DNA의 알파벳은 A, G, C, T(각각 아데닌, 구아닌, 사이토신, 티민의 약자)라는 네 가지 문자로 이루어져 있는데, 돌연변이는 철자 오류처럼 이 유전 문자 중 하나가 다른 것으로 바뀔 때 일어나는 경우가 많다.

최근 문학 작품에서 가장 악명 높은 오자 중 하나가 캐런 하퍼Karen Harper의 역사 소설 『여왕의 가정교사The Queen's Governess』에서 나왔다. 주인공은 열정적인 밤을 보낸 뒤에 갑자기 깨어났다. "새벽의 희미한 빛 속에서 나는 어젯밤에 존의 품속으로 뛰어들기 위해 만두처럼(like a wonton) 던져버렸던 가운과 소매를 끌어당겼다." 원래 의도한 단어는 wonton이 아니라 wanton(바람둥이, 음탕한 여자)이었을 것이다. 문자 하나가 바뀐 것만으로 단어의 의미가 완전히 다른 것으로 바뀌고 말았다. 생물학에서는 유전 부호에 일어난 돌연변이 하나가 단백질의 구성 요소 중 하나를 변화시켜 단백질의 기능을 감소시키거나 완전히 무력화시킬 수 있다.

전반적으로 우리 세포들 속의 분자 기구는 DNA 부호를 매우 충실하게 보존한다. 우리 몸에는 단지 DNA를 복제할 뿐만 아니라, 복제본의 부호에 오류가 없는지 교정을 보고, 손상된 부분이 있으면 수리해 바로잡으면서 헌신적으로 일하는 단백질이 수백 종류나 있다. 그 덕분에 DNA 부호의 어떤 문자에 돌연변이가 일어날 확률은 1000만분의 1 미만이다. 하지만 우리의 전체 DNA에 존재하는 염기쌍이 엄청나게 많다 보니 그 수에 이 작은 확률을 곱하면, 한 개인의 유전체에서 생겨난 돌연변이가 다음 세대로 전달되는 개수는 100~200개에 이른다는 계산이 나온다.[2]

이 돌연변이 중 대부분은 개인에게 거의 아무 영향도 미치지

296

않는다. 우리의 유전체에는 단백질을 만드는 부호가 아닌 부분들이 광대한 바다처럼 펼쳐져 있는데(우리의 유전체 중 99%는 부호화에 관여하지 않는non-coding 부분으로 이루어져 있다), 돌연변이는 이 광대한 지역 어딘가에 포함될 확률이 높다. 혹은 어떤 유전자에 돌연변이가 생긴다 하더라도, 교체된 뉴클레오타이드가 그 지시에 따라 만들어진 단백질의 기능에 영향을 미치지 않을 수도 있다. 하지만 가끔 돌연변이가 해로운 효과를 나타낼 때가 있다. 해당 단백질이 제 기능을 하지 못하면, 당사자 개인에게 선천성 유전 질환이 나타난다. 예를 들면, 백색증은 멜라닌 색소의 생성을 차단하는 돌연변이 때문에 일어난다. 헌팅턴 무도병과 테이-삭스병은 단 하나의 유전자에 일어난 돌연변이 때문에 생기는 비교적 흔한 질환이다.

우리는 1장에서 유전자가 합스부르크 왕조의 역사를 어떻게 변화시켰는지 보았다. 여기서는 영국의 한 여왕에게 자연 발생적으로 일어난 유전자 돌연변이가 유럽에서 가장 강력한 왕가의 일부 구성원에게 어떤 영향을 미쳤고, 유럽 대륙의 운명에는 어떤 변화를 가져왔는지 살펴보기로 하자.

코부르크가의 저주

빅토리아Victoria 여왕은 자녀를 9명 낳았는데, 모두 어른이 될 때까지 살아남았으며, 손주도 40여 명이나 두었다. 빅토리아 여왕은 왕족 간의 근친결혼이 유럽에서 지속적인 평화를 보장하는 최선의 방법이라고 믿었고, 정략결혼을 적극적으로 추진했다. 그 결과로 19세기 말에 장차 조지 5세George V가 될 손자는 사실상 유럽의 모든 왕가와 혈연관계 또는 혼인 관계로 연결되었다.[3] 빅토리아 여왕의 자녀들과 손주들은 독일과 프로이센, 에스파냐, 그리스, 루마니아, 노르웨이, 러시아의 왕과 왕비, 황제와 황후, 그리고 여러 지역의 공작과 공작 부인이 되었다. 그래서 빅토리아 여왕은 '유럽의 할머니'로 불렸다.

1853년에 태어난 막내아들 레오폴드Leopold는 허약한 아이였고 쉽게 다치곤 했다. 레오폴드는 관절통을 앓았고, 부딪히거나 긁히기라도 하면 큰 멍이 생기거나 피를 많이 흘렸다. 왕실 의사들을 늘 조마조마하게 만들었지만, 레오폴드는 살아남아 무사히 결혼도 하고 자녀도 두 명 낳았다. 하지만 30세 때 레오폴드는 계단에서 미끄러져 넘어지면서[4] 머리를 찧는 바람에 뇌출혈로 죽고 말았다.[5] 레오폴드의 나쁜 건강을 예외적인 불운한 사례로 넘길 수도 있었겠지만, 불안하게도 빅토리아 여왕의 다른 남성 후손들 사이에서도 비슷한 경향이 나타났다. 사람들은 '코부르크가의 저주'를 들먹이기 시작했다.(여기서 코부르크Coburg가는 빅토리아 여왕의 남편 앨버트 공이 작센-코부르크 공작이었기 때문에, 그의 가문을 가리킨다. 이 부유한 가문을 시기한 헝가리 수도사가 이 가문에 저주를 내렸다는 소문이 있었다. – 옮긴이) 종종 '피 흘리는 왕자'라고 불린 레오폴드는 유럽 전역의 왕족에게 곧 닥칠 재앙의 전조였다.

오늘날 코부르크가의 저주는 혈우병으로 알려져 있다. 혈우병은 혈액에서 응고 인자를 감소시키는 유전자 돌연변이 때문에 일어난다. 응고 인자는 섬유상 단백질들을 엮어서 매트 모양(팻딩

이라고 부르는)으로 만듦으로써 상처를 막는 데 도움을 준다. 혈우병 환자는 피부에 상처가 생기거나 혈관이 파열되면, 핏덩이가 굳어지기 전에 혈액이 오랫동안 계속 흘러나오는데, 때로는 며칠 동안 지속되기도 한다. 그래서 살짝 베인 상처에서도 상당량의 혈액이 흘러나올 수 있고, 살짝 부딪치기만 해도 피부 밑 혈관이 파열되어 주변 조직으로 혈액이 새어나가 크고 고통스러운 멍이 생기거나 심지어 큰 혈종이 생길 수도 있다. 이러한 내출혈은 특히 위험한데, 문제를 해결하려면 외과의가 또 다른 상처를 만들어야 하기 때문이다.[6] 혈우병 환자는 또한 관절과 뇌에 내출혈이 발생할 위험도 높다.[7][8]

이러한 응고 인자 유전자는 X 염색체의 DNA에 저장돼 있다. 여성은 부모로부터 X 염색체를 2개 물려받기 때문에, 설령 결함이 있는 응고 인자 유전자를 하나 물려받더라도, 정상인 두 번째 유전자가 결함 유전자를 보완해 건강한 응고 과정이 일어난다. 이들은 돌연변이 유전자 보인자이지만, 일반적으로 그 질환을 앓지 않는다. 하지만 성염색체가 XY인 남성은 돌연변이 X 염색체를 물려받는다면, 그것을 보완해줄 다른 X 염색체가 없다. 여성은 결함이 있는 유전자를 2개 물려받아야 혈우병에 걸린다. 예컨대 어머니가 보인자이고 아버지가 혈우병 환자일 때 그런 일이 일어날 수 있다. 혈우병 환자가 생식 연령까지 살아남을 확률이 낮기 때문에 여성 혈우병 환자는 아주 드물다. 따라서 혈우병 환자로 태어나는 사람은 거의 다 남성인데, 대개 어머니로부터 결함이 있는 X 염색체를 물려받는다. 일반적으로 이런 질환을 성 연관 열성 질환이라 부른다.

빅토리아 여왕은 후손들 사이에서 이 질환이 나타나자 매우 괴로워했지만, 자신의 가계에서 유래한 것이 아니라고 항변했다. 사실, 여왕의 형제나 조상 중에서 이 기이한 질환을 앓은 사람은 한 명도 없었고, 그것은 남편인 앨버트 공Prince Albert 집안도 마찬가지였다. 빅토리아 여왕의 가계도에서 이전에 혈우병이 나타난 적이 없기 때문에, 빅토리아 여왕이 수태되기 전에 아버지 정자나 어머니 난자의 혈액 응고 유전자에 자연 발생적 돌연변이가 일어난 것으로 보인다.[9]

빅토리아 여왕 딸 다섯 명 중에서 앨리스Alice와 비어트리스Beatrice도 결함이 있는 유전자를 물려받아 이 질환의 보인자가 되었다. 그리고 그들의 딸들이 에스파냐와 러시아 왕가와 결혼해 혈우병 환자 아들들(중요한 두 왕국의 후계자)을 낳았다.[10] 빅토리아 여왕에게서 이 불우한 유전자를 물려받은 유럽의 왕족은 모두 20명이 넘었다.[11] 여왕이 의기양양하게 추진했던 정략결혼들은 유럽 왕가들 사이에 건강을 쇠약하게 하고 종종 치명적이기까지 한 유전 질환을 확산시켰다. 하지만 아이러니하게도, 문제의 돌연변이는 빅토리아 여왕에게서 유래했지만, 영국 왕가는 결함이 있는 유전자를 물려받지 않은 에드워드 7세Edward VII가 왕위를 계승하면서 그 저주를 피했다.(어머니에게서 결함 없는 X 염색체를 물려받을 확률은 반반이었는데, 이 유전적 동전 던지기에서 운이 좋았던 것이다.)

빅토리아 여왕의 치명적인 돌연변이 때문에 가장 큰 재앙이 닥친 곳은 에스파냐와 러시아 왕가였다. 에스파냐의 알폰소 13세

Alfonso XIII는 자기도 모르게 통치 기간 중 최악의 결정을 내렸는데, 그것은 바로 비어트리스의 딸인 빅토리아 에우게니 폰 바텐베르크Victoria Eugénie von Battenberg와 결혼하기로 한 것이었다. 빅토리아 에우게니는 겉으로는 건강해 보였지만, 혈우병 보인자였다. 런던 주재 에스파냐 대사관은 알폰소 13세에게 그녀가 몸이 쇠약해지는 '왕가의 질환'을 지니고 있을 위험을 경고했다. 실제로 빅토리아 에우게니의 세 남형제 중 두 명은 혈우병 환자였다. 하지만 그 당시에는 그것을 확인하기가 불가능했고, 공주가 지닌 정통 왕가 혈통에는 큰 명성이 따랐다. 알폰소 13세는 우려의 목소리를 일축하고 1906년 봄에 빅토리아 에우게니와 결혼했다.[12]

다음 해에 아들이 태어나 아버지의 이름을 따 알폰소Alfonso라고 이름을 지었으나, 할례를 할 때 왕세자가 정말로 혈우병 환자라는 사실이 밝혀졌다. 두 번째 아들인 하이메Jaime는 불운한 혈우병을 피했으나, 어린 나이에 꼭지돌기염(머리뼈 속에서 일어나는 감염)에 걸려 듣지도 말하지도 못하게 되었다. 그러다가 마침내 1913년에 건강한 아들 후안Juan이 태어났다. 알폰소 13세와 빅토리아 에우게니는 모두 7명의 자녀를 낳았는데, 두 아들은 혈우병 환자였고, 한 아들은 청각 장애와 언어 장애가 있었고, 두 딸은 혈우병 보인자일 가능성이 있었으며, 한 아이는 사산아로 태어났고, 한 아들만이 건강하게 태어났다. 왕세자인 알폰소는 가벼운 부상으로 생긴 심각한 혈종으로 오랫동안 병상에 누워 있었고, 대체로 대중의 시선에서 벗어나 있었다. 많은 사람들은 에스파냐 왕가의 피가 영국인 공주 때문에 오염되었다고 생각했다.[13]

에스파냐의 정치적 위기 상황은 결국 1923년에 쿠데타로 이어졌고, 미겔 프리모 데 리베라Miguel Primo de Rivera 장군이 수상에 올라(왕의 승인을 얻어) 독재 정치를 펼치면서 1930년에 사임을 강요당할 때까지 에스파냐를 통치했다. 그 무렵에 왕은 국민 사이에서 인기가 추락했고, 그래서 자신이 사임하고 장자이자 왕세자인 알폰소에게 왕위를 물려주는 것만이 군주제를 유지할 수 있는 길이라고 판단했다. 하지만 혈우병 환자인 왕세자나 청각 장애와 언어 장애가 있는 동생 하이메가 왕위를 계승하는 것에 반대하는 여론이 거셌는데, 둘 다 왕관의 무게를 감당하기에 적절하지 않다는 이유였다. 만약 왕에게 건강한 아들인 후안을 후계자로 지명할 만한 용기가 있었더라면, 그 이후에 펼쳐진 불행한 역사를 피할 수 있었을 것이다.

1931년 4월에 실시된 지방 자치 단체 선거에서 군주제를 지지하는 정당들은 전체적으로 과반을 살짝 넘기는 의석을 차지하긴 했지만, 많은 대도시에서 참담한 패배를 당했다. 이 결과는 민심이 군주제를 반대하는 것으로 해석되었다. 곧이어 에스파냐에 제2공화정이 수립되자, 알폰소 국왕은 가족을 데리고 자발적으로 망명을 떠났고, 2년 이내에 장남과 차남은 모두 폐기된 왕위에 대한 권리를 포기했다.[14] 에스파냐는 공화국 지지 정서가 강했고 군주제에 대한 인기가 점점 추락하긴 했지만, 거기에 '코부르크가의 저주'가 군주제에 추가로 결정적 타격을 가했다.(하지만 이것으로 에스파냐 왕국이 끝난 것은 아니었다. 프랑코Franco 장군이 1947년에 군주제를 부활시켰고, 왕위를 이을 적합한 인물이 나타날 때까지 자신이 섭정으로 통치하겠다고 선언하면서 종신 집권을 했다. 그러다가 1975년에 알폰소 국왕의 손자인 후안 카를로스 1세Juan Carlos I를 자신의 후계자로 지명했다.)

러시아

빅토리와 여왕의 둘째 딸 앨리스는 헤센 대공국의 루트비히 4세Ludwig IV 대공과 결혼했다. 둘 사이에서는 아들 둘이 태어났는데, 한 명은 유아 때 혈우병으로 죽었다.[15] 살아남은 딸 중 가장 어린 알릭스Alix는 오빠와 사촌의 결혼식이 열린 코부르크에서 러시아 제국의 후계자인 니콜라이 알렉산드로비치 로마노프Nikolai Alexandrovich Romanov(니콜라이 2세)를 만났다. 니콜라이 2세는 알릭스에게 청혼했고, 두 사람은 1894년에 결혼했다. 아버지 알렉산드르 3세Aleksandr III가 죽으면서 니콜라이 2세가 제위를 물려받은 지 불과 3주일 뒤였다. 알릭스는 러시아정교회로 개종했고, 이름도 알렉산드라 표도로브나 로마노바Alexandra Feodorovna Romanova로 바꾸었다. 알릭스가 왕가의 질환을 옮길 위험은 알려져 있었지만, 그 무렵에는 그 질환이 유럽 왕족들 사이에서 너무나도 만연한 나머지 일종의 직업 재해처럼 여겨졌다.[16]○

○   혈우병 위험 때문에 왕족 간의 결혼을 거부한 최초의 사례는 1913년에 가서야 나타났다. 그때, 루마니아 왕비는 자신의 아들인 왕세자 페르디난드Ferdinand를 니콜라이 2세와 알렉산드라 사이에서 태어난 장녀 올가Olga와 결혼시키자는 제안을 거부했다.[17]

황후의 첫 번째 의무는 제위를 물려받을 남성 후계자를 낳는 것이었지만, 알렉산드라가 처음에 낳은 네 아이는 모두 딸이었다. 그러다가 1904년 8월에야 마침내 모두가 기다리던 아들 알렉세이 니콜라예비치 로마노프Alexei Nikolaevich Romanov가 태어났다. 하지만 얼마 지나지 않아 고통스러운 진실이 드러났는데, 어린 황태자는 증조할머니인 빅토리아 여왕으로부터 모계를 통해 물려받은 혈우병을 앓았다. 알렉산드라는 혹시라도 넘어져 치명적인 결과를 초래할 수 있는 내출혈이 일어나지 않도록 노심초사하면서 알렉세이를 극진히 신경 써서 돌보았다. 알렉세이가 어디를 가건 수병이 늘 곁에 따라다니면서 혹시라도 넘어지려고 하면 붙잡고, 걸을 수가 없으면(그런 일이 자주 일어났다) 몸을 들어서 옮기게 했다. 알렉산드라는 많은 의사에게 문의했지만 그 당시의 의학 기술로는 혈우병을 치료할 방법이 없었다. 그래서 알렉산드라는 오직 기적만이 자신의 유일한 아들이자 러시아 제국의 계승자를 구원할 수 있을 것이라고 믿었다. 알렉산드라는 갈수록 사람들과의 접촉을 피하면서 아들의 구원을 위해 기도에만 매진했다.

이렇게 절박한 상황에 몰려 있던 1907년 여름에 알렉산드라는 그리고리 예피모비치Grigori Yefimovich라는 치유사를 소개받았다. 불가사의한 인물인 예피모비치는 역사에는 라스푸틴Rasputin이라는 이름으로 널리 알려져 있다. 이 이름은 아마도 '방탕한'이란 뜻의 러시아어 '라스푸티니'에서 유래한 것으로 보이는데,[18] 라스푸틴은 실제로 그 이름에 어울리게 난봉과 음주, 거친 언어와 음란한 행위로 악명 높은 삶을 살았다. 그는 농부의 작업복과 헐렁한 바지를 입었고, 기름이 좔좔 흐르는 검은 머리카락이 어깨까지 내려왔으며, 지저분한 턱수염도 길게 길렀다. 요컨대 그는 단정치 못한 부랑자 행색이었다. 하지만 동시대인들의 증언에 따르면, 라스푸틴의 가장 인상적인 특징은 상대를 꿰뚫어보는 듯한 담청색 눈이었다.[19] 라스푸틴은 영적 권위가 넘치는 듯한 기운을 풍기면서 자신을 신비주의자이자 성인°이라고 소개했고, 초자연적인 예지력과 치유력을 지니고 있다고 했다. 우리는 그를 사기꾼이라고 부르고 싶겠지만, 그는 진심으로 자신의 능력을 믿었던 것으로 보인다.

게다가 라스푸틴은 자주 고통스러워하고 때로는 히스테리를 일으키는 알렉세이를 달래고 진정시키는 불가사의한 능력까지 있는 것처럼 보였다. 알렉산드라는 라스푸틴이 아들의 신체적 고통을 누그러뜨리고 내출혈도 멈출 수 있다고 믿게 되었다. 이러한 믿음은 절박한 처지에 내몰린 어머니의 희망적인 생각에 불과한 게 아니라, 일부 사실에 근거를 두고 있었을 가능성도 있다. 라스푸틴은 최면을 사용한 것으로 알려졌는데, 최면으로 환자의 감각을 둔하게 만듦으로써 스트레스를 줄이고 혈압과 심장 박동을 낮추어 환자의 상태를 안정시키는 효과를 거둘 수 있었을 것이다.[21] 라스푸틴이 실제로 황태자의 건강 상태에 영향을 미쳤는지 여부는 논란의 여지가 있다. 알렉산드라는 라스푸틴이 도움이 된다고 믿었

○ 신비주의와 에로티시즘이 기묘하게 섞인 라스푸틴의 사상은 러시아의 이단 종파인 흘리스트파에서 영향을 받았다. 흘리스트파는 죄를 최대한 많이 지어야 회개와 구원이 더 강하게 일어난다고 믿었다.[20]

는데, 이보다 더 큰 영향력을 행사할 수 있는 것은 없었다. 라스푸틴에 대한 의존이 커질수록 라스푸틴은 로마노프 왕조의 궁정을 더 자주 들락거리게 되었다.

1912년 10월, 열 살이던 알렉세이는 어머니를 따라 덜컹거리는 마차를 타고 나들이에 나섰다가 심한 내출혈로 큰 고통을 겪었다. 시의들도 황태자의 사타구니에 크게 부어오른 혈종을 치료할 방법을 찾지 못했고, 알렉세이는 마지막 병자 성사를 받았다. 절망에 빠진 알렉산드라는 서시베리아의 집에서 머물고 있던 라스푸틴에게 전보를 보냈다. 라스푸틴은 전보를 통해 예언적인 메시지를 보냈다. "황태자는 죽지 않을 것입니다. 의사들이 황태자를 너무 귀찮게 하지 않도록 하세요."[22] 몇 시간이 지나지 않아 황태자의 상태가 호전되기 시작했다. 라스푸틴의 전보는 그저 절묘한 타이밍에 도착한 것일 수도 있다. 알렉세이는 이미 며칠 동안 출혈을 겪고 있었는데, 그때가 나을 무렵이었는지도 모른다. 어쩌면 의사들을 물리치라고 한 라스푸틴의 조언이 긍정적 효과를 낳았을 수도 있다. 혈종의 진행 상태를 확인하기 위해 혈종을 쿡쿡 찌르면서 조바심치며 침대 옆에서 떠들어대는 의사들이 오히려 환자의 상태를 악화시킬 수 있었기 때문이다.[23] 게다가 의사들이 통증 완화를 위해 아스피린을 처방했을 가능성이 있는데, 그 당시에는 아무도 몰랐지만 아스피린은 혈액을 묽게 하는 부작용이 있어 출혈을 더 악화시킨다.[24] 정확한 이유야 무엇이건, 예언적 전보가 도착한 직후에 황태자는 기적적으로 회복하기 시작했다. 알렉세이의 건강은 로마노프 왕조의 미래였고, 황후의 입장에서는 라스푸틴은 없어서는 안 될 존재였다.

1914년 7월에 제1차 세계 대전이 발발하자, 니콜라이 2세도 유럽 대륙 전체를 집어삼킨 전쟁 속으로 휘말려 들어갔다. 그 상대는 아내의 이종사촌인 독일의 빌헬름 2세Wilhelm II였는데, 빌헬름 2세와 맞선 영국 왕 조지 5세George V도 빌헬름 2세와 사촌지간이었다. 얽히고설킨 왕족 간의 결혼을 통해 유럽의 평화를 보장하려고 했던 빅토리아 여왕의 원대한 구상은 실패로 돌아가고 말았다.

제1차 세계 대전이 벌어진 5년 동안 니콜라이 2세는 러시아 국민을 약 400만 명이나 잃었다.[25] 초기에 재앙에 가까운 패배를 겪고 나서 1915년 9월에 니콜라이 2세는 러시아군을 총지휘하기 위해 몸소 전선으로 갔다. 하지만 그는 군사 작전에 대해 아는 것이 거의 없었고, 러시아군은 계속 고전을 거듭했다. 황제가 자리를 비운 상태에서 알렉산드라가 상트페테르부르크의 궁전에서 내정을 관장했다. 알렉산드라는 정치에 영향력을 행사하고 정부 요직에 인물을 추천하는 데 특히 많은 신경을 썼다. 궁정 내 인물뿐만 아니라, 장관과 군 지휘관도 알렉산드라의 선호에 따라 승진과 강등이 결정되었다. 그리고 그 곁에는 늘 라스푸틴이 붙어 있으면서 알렉산드라를 자신의 권력을 확대하는 도구로 사용했다.[26] 알렉산드라는 남편에게 국가에 관한 문제에서는 '우리 친구'의 조언을 따르라고 촉구했는데, 물론 여기서 그 친구는 라스푸틴을 가리켰으며, 니콜라이 2세도 아내의 말을 순순히 따를 때가 많았다.[27] 1917년 2월까지 알렉산드라가 국정을 좌지우지한 17개월 동안 러시아 정부에서 일한 총리는 4명, 내무부 장관은 5명, 외무부 장관은 3명, 전쟁부 장관은 3명, 교통부 장관은 3명, 농림부 장관은 4명이나 되었다. 유능한 관리는 해임되고 순종적인 충견이 그 자리를 대신했으며, 관리들이 그 자리가 요구하는 일처리에 숙달될 만큼 충분히 오래 머물지 못해 정부의 기능이 제대로 돌아가지 않았는데, 이 모든 것은 정치적 불안과 혼란을 부추기는 요인이 되었다.[28]

　로마노프 왕조 조정에서 라스푸틴의 영향력이 커짐에 따라 그의 비행에 관한 소문도 점점 퍼져갔다. 난잡한 술판과 성적 착취에 관한 충격적인 소문이었다. 가장 충격적인 소문은 황후도 그의 정부 중 한 명이라는 내용이었는데, 라스푸틴은 오히려 그 소문을 부추기는 듯했다.[29] 알렉산드라와 라스푸틴의 밀접한 관계는 러시아 국민 사이에서 황실의 명성에 먹칠을 했고 황실의 권위는 점점 더 추락했다. 로마노프 왕조에 대한 지지가 내부에서부터 무너지고 있었다. 니콜라이 2세의 지지자들은 이 유독한 남자와의 모든 관계를 단절하라고 촉구했지만, 니콜라이 2세는 그 말을 들으려 하지 않았다. 니콜라이 2세도 소문을 들었지만, 아내가 오직 라스푸틴만이 자신의 아들을 살아남게 할 수 있다고 믿는 한 그를 내칠 수 없었다.[30] 니콜라이 2세는 무심결에 "매일 열 번의 히스테리를 겪는 것보다는 한 명의 라스푸틴이 낫지."라고 내뱉었다고 한다.[31]

　알렉세이의 건강 상태는 러시아 국민에게는 비밀이었다. 출혈이 일어나 공식 석상에 나서지 못할 때마다 로마노프 궁정은 적당한 변명으로 둘러댔지만 아무도 그것을 곧이곧대로 믿지 않았고, 갈수록 황태자의 부재를 둘러싸고 기이한 소문이 나돌기 시작했다. 황태자의 혈우병을 솔직하게 이야기했다면 그의 통치 능력과 황위 계승을 의문시하는 말들이 나왔겠지만, 비밀의 벽을 그렇게 오랫동안 유지한 것은 더욱 나쁜 상황을 초래했다. 알렉산드라의 내향적이고 사람들을 피하려는 성향은 냉담하고 오만하게 비쳐졌고, 알렉세이의 병에 관한 공식적인 침묵은 도리어 상황을 악화시켰는데, 러시아 국민은 황후에 대한 존경심이 식어갔고, 그와 함께 차르와 황태자에 대한 존경심도 식어갔다.[32]

1916년 가을에 이르자, 차르와 황후는 러시아의 모든 계층에서 인기가 급락했다.[33] 러시아 국민은 라스푸틴의 비행과 황후를 좌지우지하는 영향력에 분개했다. 이것은 러시아 황실과 국민의 관계를 손상시켰을 뿐만 아니라, 국가를 떠받쳐온 전통적인 기둥들(귀족 계층과 정부, 교회, 군대)과의 관계도 금이 가게 만들었다.[34] 게다가 군대를 직접 지휘한 탓에 패전에도 차르의 개인적 책임이 있는 것처럼 보였고, 그렇게 잘못된 결정을 내린 데에는 알렉산드라와 라스푸틴의 영향력이 있었다고 비난받았다. 심지어 니콜라이 2세가 독일인 아내와 손을 잡고 적과 내통하고 있다고 수군대는 사람들까지 있었다.[35] 전선에서는 큰 패전이 계속 이어지고, 국내에서는 식량과 연료 부족으로 모두가 고통을 받고, 거기에 무능한 관리들까지 상황을 더욱 악화시키자, 참다못한 러시아 국민은 황실에 반기를 들었다. 1905년 혁명 이후 검열에서 자유로워진 언론은 라스푸틴을 꼭두각시 조종자처럼 황후를 조종하여 영향력을 행사하는 궁전 내부의 사악한 힘이라고 공개적으로 비난하기 시작했다. 러시아 의회(두마)에서도 좌파 정치인들이 황실 가까이에 어두운 힘이 도사리고 있다고 암시하는 연설을 했다.[36] 혁명의 기운이 부글거리기 시작하자, 이제 진실이 아니라 사람들이 진실이라고 생각하는 것이 중요해졌다.

긴장이 점점 높아가다가 1916년 12월에 왕족 두 명과 군주제를 열렬히 지지하는 한 정치인이 음험하고 부패한 라스푸틴의 영향력을 일거에 끝낼 계획을 세웠다. 그들은 라스푸틴을 상트페테르부르크의 유스포프 궁전으로 유인해 청산가리로 중독시키고, 총알을 가슴에 두 방, 머리에 두 방 쏘고, 촛대로 마구 때린 뒤에 마지막으로 네바강 얼음 밑으로 밀어 넣어 익사시켰다.[37] 그들은 '미치광이 수도사'가 사라졌으니 이제 차르가 정신을 차리고 합리적인 의견에 귀를 기울여 경험 많은 장군에게 군 지휘권을 넘기고, 두마와 협력해 나라를 통치하면서 군주제를 구할 것이라고 기대했다.[38] 하지만 그것은 때늦은 노력이었다. 군주제와 국가 체제는 이미 망가질 대로 망가져 있었다.

라스푸틴이 죽은 지 두 달이 지나기 전에 전쟁에 지치고 차르의 통치에 불만이 쌓인 러시아 국민의 분노가 상트페테르부르크에서 대규모 시위로 폭발하면서 경찰과 물리적 충돌이 일어났다. 이제는 혁명만이 러시아를 구할 수 있는 애국적 행동으로 보였다. 혁명의 주도 세력으로 부상한 볼셰비키는 라스푸틴을 독재 정권의 광범위한 부패를 대표하는 상징으로 보았고, 귀족이 그를 살해한 것은 프롤레타리아를 억압하면서 권력을 계속 유지하려는 시도로 간주했다.

두마와 혁명 소비에트는 니콜라이 2세에게 황제 자리에서 물러나고, 대신에 알렉세이를 입헌 군주로 세우면서 황제의 동생인 미하일 알렉산드로비치Mikhail Alexandrovich 대공을 섭정으로 임명하고, 나머지 황실 가족은 모두 다른 나라로 망명하라고 권했다. 하지만 차르는 혈우병 환자인 아들과 헤어지고 싶지 않았고, 그래서 미하일에게 양위하는 길을 택했다. 러시아 국민은 국민이 선출한 두마의 후견 아래 열두 살 소년이 차르 자리를 물려받는 것에는 크게 반대하지 않을 수 있었지만, 니콜라이 2세가 단순히 또 다른 독재자 차르로 교체되는 것은 받아들일 수 없었다.[39] 미하일은 임시 정부에 통치를 위임했고, 니콜라이 2세와 그의 가족은 가택 연금 상태에 놓였다. 1917년 9월에 공화국 수립이 선포되었지만, 계속되는 정치 혼란 속에서 결국 10월 혁명이 일어났고, 이를 통해 급진적인 볼셰비키가 권력을 잡았다. 로마노프 왕가 가족들은 나중에 우랄산맥에 있는 집으로 옮겨졌고, 1918년 7월 17일 한밤중에 니콜라이 2세와 알렉산드라와 그 자녀들, 그리고 차르의 주치의와 하인 3명은 볼셰비키의 총살형 집행대에게 처형되었다. 이로써 로마노프 왕조는 완전히 사라지고 말았다.

러시아 황실 가족에게는 매우 비극적인 종말이었다. 앞에서 우리는 에스파냐에서 알폰소 왕자가 혈우병 때문에 왕위 계승 능력을 의심받는 바람에 군주제가 흔들려 공화국이 수립되는 과정을 보았다. 러시아 황태자의 혈우병은 그보다 훨씬 더 나쁜 결과를 낳았다. 너무나도 절박한 처지에 놓인 황후는 라스푸틴이 황위 계승자인 아들을 치료할 것이라고 믿었고, 니콜라이 2세도 라스푸틴을 궁정에서 내치길 꺼리는 바람에 황실 가족의 명성이 복구 불가능할 지경으로 크게 손상되었다. 라스푸틴이 국정에 관여하면서 행사한 큰 영향력은 그가 알렉산드라와 그렇고 그런 사이일 뿐만 아니라 심지어 적국인 독일과 내통했다는 근거 없는 소문과 합쳐지면서 교회와 군대의 지지를 추락시키고 대중의 불만에 기름을 끼얹어 결국 군주제 타도를 내건 반란을 초래하고 말았다. 거듭된 패전, 식량과 연료 부족은 시민들 사이에 불안을 키웠고, 그 결과로 평화와 빵을 약속한 볼셰비키의 인기가 높아졌지만, 황태자의 혈우병이 이 모든 상황에서 큰 역할을 한 것만큼은 분명하다. 10월 혁명 후에 임시 정부 총리가 된 알렉산드르 케렌스키Alexandr Kerensky는 "라스푸틴이 없었더라면 레닌도 없었을 것이다."라고 말했다.[40]

거기다가 덧붙이자면, 100년 전에 빅토리아 여왕에게 우연히 일어난 유전자 돌연변이가 없었더라면, 라스푸틴도 없었을 것이다.

괴혈병

빅토리아 여왕에게서 물려받은 돌연변이가 19세기와 20세기에 걸쳐 유럽의 많은 왕족에게 큰 영향을 미친 반면, 모든 인류가 지닌 유전자 결함도 있다. 우리가 영장류로 진화한 역사 초기에 비활성화된 유전자가 하나 있는데, 이 때문에 우리는 몸이 쇠약해지고 결국에는 목숨까지 잃는 질병에 시달리게 되었다. 그 질병은 바로 괴혈병이다.

괴혈병은 역사에서 일찍부터 알려졌는데, 기근이 닥친 마을

312

의 농부들이나 공성전을 벌이는 군대 사이에서 나타났다. 고대 이집트인은 괴혈병 증상과 일치하는 증상을 기록했고,[41] 기원전 5세기에 그리스 의사 히포크라테스도 같은 증상을 기록했다. 십자군 원정에 나선 군대도 괴혈병으로 고통을 받았는데, 특히 사순절 기간에 엄격한 식단을 지킬 때 많이 발병했다.[42] 하지만 괴혈병이 가장 큰 위세를 떨친 시기는 범선 시대였다. 15세기 말부터 선박 건조와 항해 기술이 크게 발전하면서 넓은 대양을 가로지르며 더 긴 항해에 나설 수 있게 되었다. 그 결과로 많은 선원이 비좁은 배 안에 갇힌 채 제한된 보급품으로 육지에서 멀리 떨어진 곳에서 오랜 시간을 보내야 했다.

바다에서 괴혈병이 발생한 사례가 최초로 기록된 것은 바스쿠 다 가마Vasco da Gama가 아프리카 남단을 돌아 인도로 가는 항로를 발견한 항해 때였다. 1498년에 인도양에서 돌아오는 항해에서 다 가마와 그의 선원들은 반대로 부는 계절풍에 맞서 악전고투를 벌이면서 바다에서 꼬박 석 달을 보냈다. 괴혈병은 특유의 끔찍한 방식으로 발생했다. 선원들은 몸이 허약해지고 무기력해졌으며, 관절통으로 고통받고 멍이 쉽게 생겼다. 손발이 부어오르더니 팔과 다리, 목도 부어올랐고, 피부에는 자주색 반점이 군데군데 나타나기 시작했다. 잇몸이 기괴한 모양으로 부어오르면서 피가 났고, 이도 흔들리다가 결국 빠졌으며, 입에서는 썩는 냄새가 났다. 상처가 나면 낫지 않고 감염되었으며, 몇 년 전에 다친 부위가 있는 선원은 예전의 상처가 다시 벌어지는 모습을 공포의 눈으로 바라보았다. 예전에 부러졌다가 붙은 뼈도 다시 부러졌는데, 마치 뼈가

313

붙은 적이 전혀 없었던 것처럼 자연 발생적으로 다시 골절된 상태로 돌아갔다. 마지막 단계에 이르면 선원은 환각을 경험하거나 시력을 잃었고 결국은 큰 고통과 함께 죽음을 맞이했는데, 마지막 치명타는 심장이나 뇌 주변의 내출혈인 경우가 많았다. 다 가마의 항해에 동행한 선원 170명 중에서 116명이 사망했는데, 사망 원인은 대부분 괴혈병이었고, 살아남은 사람들도 건강 상태가 매우 나빴다.[43]

이 획기적인 항해 이후 300년 동안 괴혈병은 바다에서 뱃사람들을 끈질기게 따라다니며 괴롭히는 공포의 대상이었다. 괴혈병에 걸리지 않은 사람들은 행운아였다. 콜럼버스와 그 선원들이 대체로 괴혈병의 망령에 시달리지 않았던 이유는 배 뒤에서 계속 불어온 무역풍 덕분에 아메리카까지 가는 데 36일밖에 걸리지 않았기 때문이다. 1519~1522년에 일어난 마젤란의 첫 번째 세계 일주 항해에는 행운이 따르지 않았다. 230명의 선원 중 208명이 죽었는데, 이번에도 대부분 괴혈병으로 사망했다.[44] 이 공포의 질병은 오늘날 우리가 알고 있는 역사적인 항해에서만 나타난 것이 아니라, 적절한 대응 수단 없이 나선 그 밖의 모든 장기 항해에서도 나타났다. 이 병은 해상 교역로를 정기적으로 왕복하는 상선들과 세계 곳곳에서 제해권을 놓고 싸우는 해군 함정들이 숙명처럼 감당해야 하는 재앙이었다. 괴혈병은 육지를 떠난 지 불과 몇 주일 뒤부터 그 누구도 피할 수 없는 운명인 것처럼 스멀스멀 그 모습을 드러내면서 선원들의 심장을 얼어붙게 만들었다.

범선 시대에 긴 항해에 나선 선장은 선원 중 3분의 1 내지 절반 이상이 괴혈병으로 천천히 그리고 고통스럽게 죽어가는 상황을 각오해야 했다. 영국의 탐험가이자 사나포선 해적이었던 리처드 호킨스Richard Hawkins는 17세기 초에 이 질병을 "바다의 흑사병, 뱃사람의 저승사자"로 묘사했다.[45] 1500년부터 1800년까지 300년간의 탐험 시대 동안 괴혈병으로 죽어간 선원은 200만 명이 넘는 것으로 추정되는데, 폭풍이나 조난, 전투, 그 밖의 질병으로 사망한 사람들을 모두 합친 것보다 많다.[46]

18세기에 제해권을 확보하기 위한 유럽 열강의 경쟁이 절정에 이르렀을 때, 수병들을 건강한 상태로, 그리고 전함을 전투에 효율적인 상태로 오래 유지하는 능력은 해상 교역로를 보호하고, 해외 식민지와 항구를 방어하고, 적의 침공을 물리치는 데 아주 중요한 요소였다. 괴혈병의 파멸적 효과에 효율적으로 대응하는 방법을 맨 먼저 찾아내는 해양 강대국은 비록 그 기간은 짧더라도 바다를 지배하는 경쟁에서 결정적 우위에 설 수 있었다.

오늘날 우리는 괴혈병이 옛날에 흔히 추정한 것처럼 범선 갑판 아래의 비좁고 불결한 환경이나 탁 트인 바다 자체의 어떤 특징 때문에 발생하는 것이 아님을 안다. 괴혈병은 선원들의 음식물에 특정 성분이 부족해 발생하는 결핍병이다. 선원들이 배급받은 음식은 보존이 잘되는 식품에 한정되었는데, 대체로 소금에 절인 고기나 생선, 그리고 건빵으로 제공되는 곡물이었다.[47] 신선한 과일과 채소는 육지에 상륙할 때에만 맛볼 수 있는 호사였다. 선원들은 바다에서 활기차게 일하기에 충분한 칼로리를 섭취했지만, 그들의 식사에는 신체의 건강한 기능에 필요한 일부 핵심 성분이 빠져 있었다.

　건강한 사람의 식사에는 세 가지 핵심 다량 영양소인 탄수화물과 지방, 단백질이 포함돼 있다. 우리는 이 다량 영양소를 소화 과정에서 분해해 우리 몸의 활동을 추진하는 화학 에너지와 세포를 만드는 데 필요한 모든 분자 성분을 공급한다. 하지만 그것 말고도 미량 영양소라고 부르는 필수 성분이 소량 필요하다. 미네랄은 몸속에서 많은 필수 과정을 촉진하는 무기 화합물(대부분 금속을 포함하는)이다. 예를 들면 소금(염화나트륨)은 신경과 근육에 필요한 나트륨과 세포 내의 수분 균형을 유지하고 위산(염산)을 만드는 데 필요한 염소를 공급한다. 뼈와 이를 만드는 데에는 칼슘이 필요하고, 혈액을 통해 산소를 운반하는 데에는 철이 필요하며, 세포의 핵심 성분을 합성하는 데에는 인과 황이 필요하고, 그 밖에 구리, 코발트, 요오드(아이오딘), 아연 같은 금속도 필요하다. 미네랄 속에 포함돼 있는 이 필수 원소들은 살아 있는 생물이 생화학적으로 합성할 수 없다. 이것들은 식물이 빨아들이는 흙과 물에서 나오며, 우리는 식물과 식물을 먹고 사는 동물을 통해 이것들을 섭취한다.

　또 다른 필수 미량 영양소는 비타민이라고 부르는 유기 화합물인데, 비타민은 미네랄과 달리 생물의 체내에서 합성된다. 사람은 제대로 기능하려면 이 화학 물질들이 필요하지만, 우리는 생화학적으로 이것들을 직접 만들지 못하기 때문에 음식물을 통해 얻어야 한다. 세포 내에서 일어나는 모든 화학 반응은 특정 효소의 도움을 받아 일어나는데, 만약 어떤 종에 대사를 촉진하는 한 효소를 비활성화하는 돌연변이가 생긴다면, 그 종은 특정 화학 물질(그

316

리고 거기서 유래한 그 밖의 화합물들도)을 합성하는 능력을 잃을 수 있다. 따라서 종마다 섭취해야 하는 필수 비타민이 다를 수 있다. 어떤 종은 특정 유기 화합물이 먹이를 통해 섭취해야 하는 필수 미량 영양소인 반면, 다른 종은 그것을 체내에서 손쉽게 만들 수 있다. 사람의 경우, 필수 비타민은 모두 열세 가지가 있다. 이것들은 20세기에 발견된 순서에 따라 알파벳으로 이름이 붙었는데, 나중에 음식물을 통해 섭취할 필요가 없다는 사실이 밝혀져 명단에서 삭제된 것도 있다. 또, 어떤 것들은 화학적으로 서로 밀접한 관련이 있다는 사실이 밝혀지면서 숫자가 추가되기도 했다. 어쨌든 필수 비타민 열세 가지는 비타민 A, B1/2/3/5/6/7/9/12, C, D, E, K이다. 사람의 생화학 공장은 햇빛 속의 자외선이 피부에 닿을 때 일어나는 화학 반응을 이용해 비타민 D를 합성할 수 있다. 하지만 고위도 지역에 사는 사람들은 이 방법으로 비타민 D를 충분히 합성할 수가 없어 비타민 D는 여전히 음식물을 통해 섭취해야 하는 비타민으로 간주된다.

비타민은 종류에 따라 세포 내에서 일어나는 필수 생화학 반응에 필요한 효소의 작용을 돕는 것에서부터 음식물에서 에너지를 추출하거나 영양소를 흡수하는 과정을 돕는 것에 이르기까지 우리 몸에서 일어나는 광범위한 과정에 관여한다. 만약 식사에 이 중요한 성분들 중 어느 하나가 부족하다면, 우리 몸에 저장된 그 성분이 고갈되어 결핍병이 진행될 수 있다.

사람은 이 점에서 다른 동물들보다 더 불리한 것처럼 보인다.[48] 대다수 동물은 평생 동안 한 종류의 먹이만 먹고도 심각한 부작용이 일어나지 않는 반면(예컨대 물소는 오로지 풀만 먹고 아무 탈 없이 살아갈 수 있다), 사람은 아주 다양한 음식물을 통해 많은 필수 미량 영양소를 적정량 공급받아야만 한다.

사실, 우리에게 이러한 대사 돌연변이가 축적된 이유는 진화의 역사를 통해 우리가 광범위한 서식지에서 아주 다양한 식물을 먹었기(그리고 더 최근에는 썩어가는 고기나 사냥한 고기를 먹었기) 때문이다. 돌연변이가 어떤 대사 효소의 기능을 마비시켰다고 하더라도, 해로운 효과가 당장 나타나지 않았을 수도 있다. 그것이 만들어내는 유기 분자는 우리가 섭취하는 다양한 음식물 속에 포함돼 있었을 수도 있고, 그래서 그 돌연변이는 자연 선택을 통해 그 집단에서 제거되지 않았다. 우리의 생화학 공장에 결함이 축적된 이유는 영장류 조상과 수렵채집인 조상의 다양한 음식물이 그 효과를 가렸기 때문이다. 이것은 생태학적으로 풍부하고 다양한 음식물의 선물을 받은 우리 조상에게는 생존하기 위해 그러한 음식물이 계속 필요해졌다는 뜻이다.[49] 농업의 발명으로 우리의 식단이 제한된 종류의 주곡 작물과 재배 과일과 채소에 집중되면서 결핍병이 나타나기 시작했다.[50]

범선 시대 선원들의 식사에서 부족한 필수 영양소는 비타민 C였다. 비타민 C는 수용성 비타민이어서 체내에 일정량만 저장된다(지용성 비타민인 비타민 A와 비타민 D와는 대조적으로).[53] 이 유기 화합물은 신선한 과일과 야채가 포함된 균형 잡힌 식사에서는 충분히 많은 양을 공급받을 수 있지만, 배에서 배급되는 보존 식품에는 부족하다. 항구를 떠나는 순간부터 선원의 몸속에 저장된 비타

민 C는 고갈되기 시작하고, 바다에서 한 달여를 보낸 뒤에는 그 결핍증 증상이 나타나기 시작한다.[54]

괴혈병을 앓는 동물은 모두 L-굴로노락톤 산화 효소 L-gulonolactone oxidase(줄여서 흔히 GULO라고 부른다)가 부족한데, 이 효소는 비타민 C를 만드는 화학적 생산 경로의 마지막 단계에 꼭 필요하다.[55] 6000만~4000만 년 전에 영장류의 진화 나무 중 우리가 속한 가지에서 GULO 유전자에 돌연변이가 생기면서 이 중요한 효소의 기능이 멈추게 되었다.[56] 하지만 진화는 이 돌연변이를 눈치채지 못하고 넘어갔는데, 숲에서 살던 우리 조상은 천연 음식물에서 비타민 C가 풍부한 식물과 과일을 많이 섭취할 수 있었기 때문이다. 시간이 지나면서 GULO 유전자 부호에 오류가 점점 더 많이 축적되었고, 오늘날에 이르러서는 사람의 DNA에서 이 유전자는 자동차 엔진에서 되돌릴 수 없게 녹슬어버린 부품처럼 유령 유전자로만 존재한다.

체내에서 비타민 C의 주요 역할은 콜라겐이라는 기다란 단백질의 합성을 돕는 것이다. 콜라겐은 인체에서 가장 풍부한 단백질로, 결합 조직에 구조 강도를 제공한다. 결합 조직은 피부의 기반

○ 우리는 우리 몸의 다양한 단백질을 만들기 위해 20종의 필수 아미노산이 필요하지만, 그중에서 12종만 스스로 만들 수 있다.[51] 여기서 전 세계 각지의 전통적인 농업 사회들의 식단에 칼로리를 공급하는 주곡 작물에 단백질이 풍부한 콩류가 포함돼 있었다는 사실이 매우 흥미롭다.[52] 남아시아와 동아시아에서는 쌀에 렌즈콩이나 대두를 곁들여 먹었으며, 중동에서는 밀에 부족한 영양소를 병아리콩이나 잠두로 보완했고, 아메리카 원주민은 옥수수를 검정콩이나 얼룩빼기 강낭콩과 함께 먹었다. 그리고 아프리카에서는 대개 수수를 동부콩과 함께 먹었다.

을 이루면서 피부에 탄력성을 제공한다. 결합 조직은 우리의 내부 기관을 제자리에 붙들어두며, 혈관과 신경의 안벽을 이룬다. 콜라겐은 또한 힘줄과 인대의 구성 성분이며, 근육에 구조를 제공하고, 연골과 뼈를 떠받치는 비계 역할을 하며, 상처가 낫는 과정에서도 필수불가결한 역할을 담당한다. 요컨대, 만약 우리 몸이 콜라겐을 만들고 유지하지 못한다면, 기본 구조 자체가 와르르 무너져 내리게 된다.

지구상의 거의 모든 동물은 대개 간에서 스스로 비타민 C를 합성할 수 있지만,[57] 사람은(그리고 다른 유인원과 원숭이, 안경원숭이도) 이 생화학적 능력을 잃었다.° 범선 시대에 뱃사람들에게 그토록 끔찍한 병증을 일으킨 원인은 수백만 년 전에 나무에서 살던 우리 조상에게 우연히 일어난 돌연변이였다.

치료법을 찾아서

바다에서 일어난 최악의 건강 재난 중 하나는 조지 앤슨George Anson 사령관이 이끈 영국 해군이 에스파냐가 지배하던 태평양 지

°   여우원숭이와 로리스를 포함한 또 하나의 주요한 영장류 갈래는 스스로 비타민 C를 합성하는 능력이 있어 괴혈병에 걸리지 않는다. 하지만 이들과 관련이 없는 여러 종도 식품을 통해 비타민 C를 섭취해야 하는데,[58] 기니피그와 과일박쥐[59]도 그중에 포함된다. 1957년에 노르웨이에서 수행한 한 괴혈병 연구는 실험 동물로 기니피그를 선택했는데, 우연하게도 기니피그는 사람과 함께 괴혈병을 앓는 극소수 종 중 하나이기 때문에 그것은 아주 운 좋은 선택이었다.[60] 괴혈병 연구에 관한 한 기니피그는 완벽한 기니피그(실험 동물)인 셈이다.

역으로 원정에 나섰을 때 닥쳤다. 1739년에 영국과 에스파냐는 또다시 노골적인 전쟁 상태에 돌입했다. 오스트리아 왕위 계승 전쟁이라는 유럽 열강의 권력 투쟁에 뛰어들기 전에 이미 영국과 에스파냐의 갈등은 에스파냐가 경영하던 아메리카 식민지 주변의 교역을 지배하려는 두 나라의 경쟁에서 시작되었다.° 전쟁 초기에 영국이 카리브해에서 승리를 거둔 뒤, 앤슨 사령관은 소함대를 이끌고 태평양 연안의 에스파냐 식민지를 공격하라는 명령을 받았다. 그의 임무는 그곳의 취약한 도시들을 공격하고 에스파냐의 보물선을 나포하는 것이었다. 에스파냐 갤리언선(돛대가 3~4개인 16~17세기 유럽의 전형적인 범선)은 멕시코 광산에서 캐낸 은을 싣고 필리핀과 중국으로 가 교역을 했다. 선박을 수리하고 충분한 인원을 확보하느라 오랜 준비 기간을 거친 뒤에 앤슨의 소함대는 1740년 9월에 마침내 출항했다. 하지만 이렇게 몇 개월을 지체하는 동안 수병들은 배에 실린 보급품에 의존해 살아갔기 때문에, 출항하기도 전에 이미 영양실조로 허약해지고 있었다.

남아메리카 남단의 혼곶을 돌아 태평양으로 들어선 뒤, 앤슨의 함선들은 석 달 동안 계속된 심한 폭풍에 파손되고 뿔뿔이 흩어졌다. 두 척은 영국으로 돌아갔고, 한 척은 칠레 앞바다에서 난파

° 선전 포고를 정당화하기 위해 의회에서 내세운 개전 이유 때문에 이 전쟁에는 아주 우스꽝스러운 이름이 붙게 되었다. 이 전쟁은 플로리다 앞바다에서 배에 올라 밀수 혐의를 조사하던 에스파냐 해안 경비대에게 귀가 잘려 나간 영국 상선 선장의 이름을 따 '젠킨스의 귀 전쟁The War of Jenkins' Ear'이라 불리게 되었다.

321

되었다. 하지만 매서운 폭풍보다 더 무서운 것이 바로 괴혈병이었다. 1741년 4월 말에 이르자 앤슨의 기함 센추리언호에 승선한 사람들은 사실상 전부 다 괴혈병을 앓았다. 그 달에 43명이 죽었고, 5월에는 사망자 수가 두 배로 늘어났다. 배의 삭구를 다룰 만큼 건강한 사람의 수가 급속하게 줄어들면서 갑판 아래의 상황은 갈수록 비참해졌다. 비좁은 선실에 환자와 죽어가는 사람들이 빽빽이 누운 해먹에서 풍기는 악취는 참기 어려울 정도였다. 시체들은 그냥 그 자리에 방치되었는데, 살아남은 사람들도 너무 허약해서 시체를 배 밖으로 운반할 힘이 없었기 때문이다.

센추리언호는 사전에 약속된 지점인 후안페르난데스 제도°에서 나머지 두 척의 배와 만났다. 10개월 전에 세 척의 배에 타 출발했던 1200여 명 중에서 약 4분의 3이 사망했다. 이제 육지에 상륙해 지난 원정 때 심었던 신선한 작물을 섭취하면서 건강을 회복할 수 있었지만, 괴혈병으로 인한 죽음이 멈추기까지는 3주일이 더 걸렸다. 그곳에서 회복을 위해 3개월을 보낸 뒤, 남은 함선들은 다시 임무에 나서 남아메리카 해안에서 에스파냐 선박들과 도시들을 공격했다. 1742년 여름에 그들은 태평양을 건너 중국으로 갔는데, 괴혈병으로 또다시 수병을 계속해서 잃는 바람에 결국에는 단 한 척의 배를 운용할 수 있을 만큼의 수병만 남았다. 앤슨은 이

° 18세기 초에 알렉산더 셀커크Alexander Selkirk라는 스코틀랜드 선원이 조난을 당해 4년 넘게 고립돼 지낸 곳이 바로 이곳이다. 대니얼 디포가 쓴 소설 『로빈슨 크루소』는 셀커크의 이야기에서 영감을 얻었다고 한다.[61]

조지 앤슨 사령관의 센추리언호는 마닐라의
갤리언선을 나포하고 세계 일주 항해에
성공했지만, 긴 항해 동안 괴혈병으로 많은
수병을 잃었다.

제 두 번째 목표에 초점을 맞춰 마닐라의 갤리언선을 나포하기 위
해 센추리언호의 선수를 필리핀 제도로 돌렸다. 1742년 6월에 그
들은 그곳에서 에스파냐 보물선을 나포했는데, 거기에는 은화가
130만 개 이상 실려 있었다.

　　앤슨은 결국 인도양을 건너 지구를 한 바퀴 돌아 고국으로 돌
아왔다. 거의 4년이 걸린 항해 끝에 상당량의 전리품을 가지고 돌
아오긴 했지만, 그 성공에는 엄청난 인명 희생이 따랐다. 처음에
앤슨과 함께 출발한 2000여 명 중에서 살아서 고국으로 돌아온 사
람은 겨우 188명뿐이었다. 반면에 에스파냐 갤리언선을 나포하는

과정에서 사망한 수병은 단 세 명에 불과했다.[62]

바다에서 발생한 괴혈병의 진짜 비극은 육지에서 영양실조를 겪은 인구 집단에서 동일한 증상이 나타났을 때부터 효과적인 치료법이 이미 알려져 있었다는 사실에 있다. 유럽과 아메리카의 민간 의술에는 괴혈병의 초기 증상을 물냉이와 가문비나무 잎 섭취로 치료할 수 있다는 사실이 알려져 있었는데,[63] 이 식물들에는 비타민 C가 풍부하게 들어 있다. 16세기의 선장들 중에는 경험을 통해 신선한 채소와 과일, 특히 감귤류가 괴혈병 치료 효과가 있다는 사실을 알아낸 사람들도 있었다. 엘리자베스 여왕 시대의 탐험가이자 사나포선 해적인 리처드 호킨스는 1590년에 "내가 본 것 중 가장 효과가 있던 것은 신 오렌지와 레몬이다."라고 말했다.[64] 하지만 수백 년 동안 해군 함정과 상선은 이 치료법을 채택하더라도 비체계적으로 운영했고, 그런 식품을 바다에서 오랫동안 보존할 수도 없었으며, 거기서 정말로 중요한 성분이 무엇인지도 몰랐다. 지금은 비타민 C를 아스코르브산ascorbic acid이라 부르는데, 이것이 바로 오랫동안 애타게 찾던 '괴혈병 치료antiscorbutic' 물질이었기 때문이다.

18세기에 영국 해군은 괴혈병 문제의 심각성을 깊이 인식하고서 예방법과 치료법을 찾으려고 애썼다. 하지만 함선에 실어야 할 물자 품목을 해군 본부에 추천하는 환자부상자 관리청이 전통적인 교육을 받은 의사들로 채워져 있었다는 게 문제였다. 그 당시 의학계는 괴혈병의 원인을 잘못 이해하고 있었는데, 소화불량과 배의 습한 환경 때문에 몸속에서 부패가 일어나는 것이 그 원인이라고 생각했다. 그들은 선장들과 해군 군의관들이 무엇이 괴혈병 치료에 실제로 효과가 있는지 직접 경험하고 보고한 것을 단순한 우연으로 치부하고 무시했는데, 이 치료법이 질병을 설명하는 주류 이론에 들어맞지 않았기 때문이다. 그래서 앤슨은 비트리올 영약(황산과 알코올, 설탕, 향료의 혼합물)을 싣고 항해에 나섰는데, 감귤류의 치료 효과가 소화를 돕는 산성에서 나온다는 잘못된 믿음 때문이었다.[65]

하지만 재앙에 가까운 앤슨의 항해에서 엄청난 인명 손실이 발생하자 의학계도 생각이 바뀌기 시작했다. 1747년, 해군 군의관이던 제임스 린드James Lind는 흔히 최초의 대조 임상 시험으로 일컬어지는 연구에서 그 당시에 검토되던 여러 치료법의 효능을 비교했는데, 사용된 치료제 중에는 사과주, 식초, 황산, 바닷물, 그리고 오렌지와 레몬도 포함돼 있었다. 린드는 괴혈병을 앓는 일단의 수병들(증상이 아주 비슷한 환자들을 골라)을 무작위로 여러 집단으로 나누어 제각각 다른 치료법을 썼다. 이 체계적 실험에서 감귤류 섭취로 괴혈병을 치료할 수 있다는 사실이 결정적으로 입증되었다. 감귤류 섭취 치료법을 처방받은 수병들은 일주일 이내에 근무지로 복귀할 수 있었다. 린드는 연구 결과를 발표했지만, 불행하게도 그의 논문은 해군의 관행에는 거의 아무런 영향도 미치지 못했다.

문제는 린드의 임상 시험이 감귤류의 괴혈병 치료 효능을 입증하긴 했지만, 그 중요성을 완전히 이해하지 못한 것처럼 보인 데 있었다. 그의 논문은 감귤류를 추천하긴 했지만 그 밖에도 실제로는 효과가 없는 여러 가지 치료법도 함께 권했다.[66] 게다가 그는 감귤류 즙을 배에서 오랫동안 보존할 수 있는 과정을 제안했는데, 즙을 가열하여 수분 함량을 줄여 농축시키는 방법이었다. 그렇게 하면 오렌지나 레몬 24개를 불과 100밀리리터의 액체로 만들 수 있었다. 그는 실험도 거치지 않고 이 과일 시럽이 몇 년 동안 괴혈병 치료 효능을 유지할 것이라고 주장했지만, 실제로는 열을 가하면 비타민 C가 파괴되어 치료 효과가 사라지고 만다.[67]

괴혈병은 해군 수병뿐만 아니라 상선 선원들까지 계속 괴롭혔는데, 아프리카에서 출발해 대서양을 횡단하는 노예선 승선자도 예외가 아니었다. 토머스 트로터Thomas Trotter는 1780년대에 리버풀을 근거지로 한 노예선에 승선한 외과의였는데, 신선한 레몬의 즙을 짜 공기 접촉을 막기 위해 올리브유로 그 위를 살짝 덮고 병 속에 넣어 보관했더니 1년이 지난 뒤에도 괴혈병 치료 효과가 사라지지 않는다는 사실을 발견했다. 나중에 적극적인 노예무역 반대자가 된 트로터는 이 치료법이 "죽어가는 불쌍한 노예들의 목숨"을 구할 수 있다고 확신했지만, 노예 상인들은 항해에 식자재 비용을 추가로 투입할 생각이 없었다.[68] 그래도 트로터는 자신의 주장을 널리 알리는 활동을 계속했고, 결국 채널 함대(영국 해협 해역을 방어한 함대) 군의관으로 임명되었으며,[69] 감귤류 주스의 사용을 옹호한 다른 사람들도 환자부상자 관리청에서 영향력 있는 자리로 승진했다.

린드의 세심한 임상 시험이 모든 사람이 주목해야 할 증거를 다 제공했는데도, 논문이 발표되고 나서 영국 해군이 해군 함정에 레몬주스를 일상적으로 보급하기까지 40년이 더 걸렸다는 사실은 매우 비극적인 일로 보인다. 환자부상자 관리청이 개혁되면서 변화가 일어났는데, 바다에서 괴혈병을 실제로 경험한 의사들이 의학계가 믿고 있던 기존의 이론들을 무시하라고 해군 본부를 설득하는 데 성공했기 때문이다. 경험 많은 함대 제독들 역시 감귤류 주스 공급을 주장하고 나섰다. 예를 들면, 해군 소장이던 앨런 가드너$^{Alan\ Gardner}$는 1793년에 인도로 가는 항해에 나서면서 매일 레몬주스를 공급해달라고 요구했는데, 바다에서 넉 달을 보내면서 목적지에 도착할 때까지 그의 배에서 괴혈병 환자는 단 한 명도 발생하지 않았다. 이 소식이 본국에 전해지자, 다른 함대 지휘관들도 효과적인 괴혈병 치료제를 보급해달라고 아우성쳤다.

마침내 1795년에 영국 해군은 해외 임무에 배치되는 모든 전함에 레몬주스를 보급하기로 동의했고, 1799년부터는 영국 해안 주변의 국내 수역에서 활동하는 모든 전함에도 똑같이 보급했다.[70] 새로운 정책의 결과로 큰 변화가 일어났다. 1794년부터 1813년까지 영국 해군에서 괴혈병 발병률은 25%에서 9%로 떨어졌다.[71] 괴혈병은 영국 전함들에서 사실상 사라졌다. 레몬주스를 식단에 포함시키기 이전에는 전함이 바다에서 임무를 수행한 지 겨우 10주일만 지나도 수병들 사이에 괴혈병이 급속히 퍼지기 시작했다. 하지만 1799년 이후에는 영국 해군의 소함대와 함대는 신선한 보급품을 재보급받지 않아도 바다에서 넉 달 동안 작전을 수행할 수 있게 되었다.[72]

영국 해군은 마침내 가장 큰 적을 정복했고, 아직 수병들을 완전히 보호하지 못하고 있던 경쟁국들에 비해 결정적 우위를 점하게 되었다. 특히 해군 본부는 이제 영국 군사 전략의 핵심인 해상 봉쇄 작전 수행을 위해 수병들을 건강하게, 그리고 전함들의 전력을 완전하게 유지할 수 있게 되었다.°

해상 봉쇄

역사상 많은 국가가 자국의 이익을 증진하기 위해 해군력을 행사했다. 근대 초기 이후부터 유럽 국가들은 원양 해군을 배치했는데, 그 상대적 군사력은 시간이 지나면서 지정학적 기회나 위협에 따라 강해지거나 약해졌다. 하지만 영국인에게 상비 해군은 외세의 침략으로부터 자신의 섬을 방어하는 핵심 전력이 되었다. 16세기 초에 창설된 영국 해군은 에스파냐, 프랑스, 네덜란드 함대와 반복적으로 충돌했고, 단지 본토를 수호하는 데 그치지 않고,

---

° 긴 항해에서 인체가 맞닥뜨리는 또 한 가지 생물학적 한계는 바닷물을 마실 수 없다는 것이다. 이것은 놀라운 일이 아니다. 심지어 깊은 바다에서 살아가도록 진화한 해양 포유류조차 바닷물로는 살아갈 수 없으며, 먹잇감의 몸에서 수분을 흡수한다(또한 대사 과정에서 탄수화물과 지방을 분해할 때 나오는 물 분자도 사용한다). 그리고 해양 포유류의 콩팥은 여분의 염분을 오줌을 통해 효율적으로 재배출하도록 설계돼 있다. 하지만 사람은 그런 적응이 일어나지 않았고, 수많은 선원들이 사방에 물이 널려 있는 바다 한가운데에서 탈수로 죽어갔다. 그래서 새뮤얼 테일러 콜리지가 쓴 「늙은 선원의 노래」에서 늙은 선원은 "물, 물, 온 사방이 물이었지만,/마실 물은 단 한 방울도 없었지."라고 한탄한다. 광대한 물의 사막을 건너는 뱃사람들은 필요한 식수를 모두 준비해 항해에 나서야 했는데, 앞에서 보았듯이 물이 상하는 것을 막기 위해 알코올을 자주 섞었다. 하지만 19세기 후반부터는 물에서 염분을 제거하는 증류 장치가 배에 보편적으로 설치되었고, 그렇게 해서 마침내 뱃사람들은 바닷물을 마실 수 있게 되었다.[73]

점점 커져가는 영국의 해상 경제와 해외 식민지를 보호하는 수단으로 발전해갔다.

영국 해군의 가장 중요한 역할은 영국 해협의 제해권을 확보하고 유럽 대륙, 특히 프랑스와 벨기에, 네덜란드 등의 북쪽 해안에서 출발한 전함들에 맞서 본토를 수호하는 것이었다. 하지만 잉글랜드, 그리고 나중에는 그레이트브리튼Great Britain(잉글랜드, 스코틀랜드, 웨일스를 합쳐서 부르는 이름)의 해외 영토와 자산이 늘어나면서 해군이 지켜야 할 해양 영토도 크게 늘었다. 카리브해와 북아메리카 혹은 더 멀게는 인도와 동남아시아에서 북대서양을 건너 영국으로 돌아오는 상선들은 영국 해안 앞바다의 서부 접근 해역 Western Approaches이라는 핵심 해역을 통과해야 했다. 식민지들도 보호할 필요가 있었는데, 만약 경쟁국 함대가 광대한 대서양으로 빠져나가도록 방치했다간 몇 주일 동안 그 흔적이 보이지 않다가 갑자기 수평선 너머 먼 곳에 있는 영국 식민지에 나타나 공격을 감행할 수도 있었다. 소중한 각각의 식민지를 방어하기 위해 충분한 수의 전함을 배치하고, 해상 교역로의 호송 임무까지 수행하는 동시에 영국 해협을 지키는 데에는 감당하기 힘든 비용이 들었다. 그리고 전함들을 그렇게 광대한 지역에 분산 배치했다간 효율성이 매우 떨어져 어느 임무도 제대로 수행하지 못할 지경에 이르기 십상이었다.

영국 해군은 한정된 전함들을 어떻게 배치하여 모든 전략적 필요를 충족시킬 수 있었을까? 그 해결책으로 나온 것이 서부 해역 함대 창설이었는데, 이 함대는 영국 남서해안 앞바다에 주둔한 강력한 전함들로 이루어져 있었다. 전함들은 이곳에서 동시에 여러 목표를 달성하기 위해 출격할 수 있었다. 즉, 침략을 방어하기 위해 영국 해협 입구를 차단하거나, 해상 경제의 생명줄을 보호하기 위해 서부 접근 해역에 죽 뻗어 있는 영국의 항로들 중에서 취약한 곳을 지키거나, 경쟁국의 해군력이 영국 식민지들을 위협하는 것을 막기 위해 비스케이만 쪽으로 정기적으로 순찰 활동을 떠나는 것을 포함해 여러 가지 임무를 수행할 수 있었다. 서유럽 해안 지역(프랑스와 이베리아반도의 서쪽 해안 지역)과 대서양 해역을 지배하는 것이 영국의 이익을 보호하는 데 매우 중요한 전략적 지침이 되었다.[74]

1740년경에 서부 해역 함대는 해군의 주력 전투 함대이자 영국 해군력의 핵심 요소가 되었다.[75] 서부 해역 함대는 에스파냐가 지배하던 아메리카 식민지 원정에 나서 괴혈병으로 큰 고초를 겪으면서 긴 항해를 했던 앤슨이 지휘를 맡아 그 성장 과정을 이끌었다.[76] 전함들을 한 곳에 집결시킨 단 하나의 함대로 그토록 광대한 해역을 효과적으로 지배할 수 있었던 핵심 전략은 해상 봉쇄였다.

그것은 전시에 적국의 주요 항구들 앞바다에 압도적인 해군력을 배치해 봉쇄한다는 개념이었다. 그렇게 해서 적의 군사적 위협을 차단할 뿐만 아니라, 해상 교역을 방해하고 경제를 질식시킬 수 있었다. 이상적인 상황에서는 난공불락의 근접 봉쇄를 단행하여 적선이 항구를 떠나 다른 함선들과 합류해 위협적인 함대를 이루는 것을 막을 수 있었다. 하지만 적국의 주요 항구들을 전부 다 항구적으로 완전히 봉쇄해 단 한 척의 배도 탈출하지 못하도록 막기는 어렵다. 그래서 느슨한 봉쇄를 사용하는 경우가 많았는데, 기동성이 좋은 소형 구축함들을 배치해 항구를 계속 면밀히 감시하는 방법이었다. 만약 적선이 과감하게 출항을 시도하면, 일련의 함정들이 신호를 전달해 멀리 떨어진 곳에 주둔하고 있던 주력 전투 함대에 경보를 보냈고, 그러면 결정적 전투에 주력 함대가 합류하여 압도적인 전력으로 적을 제압했다.[77]

수년간에 걸쳐 효과적인 봉쇄를 유지하려면 막대한 병참 부담이 따랐는데, 주둔하고 있는 함정들에 해상에서 재보급을 해야 했고, 본국 항구에서 정기적으로 교체 함정들을 보내야 했지만, 해군 본부가 운용할 수 있는 선박들을 효율적으로 사용함으로써 봉쇄 작전을 유지할 수 있었다.[78] 19세기 후반에 미국 해군 전략가 앨프리드 세이어 머핸Alfred Thayer Mahan은 "적 항구에 있는 배들을 감시하는 데 필요한 배가 몇 척이건 간에, 그것은 적이 탈출함으로써 위험에 놓일 수 있는 분산된 이익들을 보호하는 데 필요한 배의 수보다는 훨씬 적다."라고 말했다.[79]

영국 해군은 이러한 소극적 형태의 방어를 통해, 즉 적 함대를 섬멸하는(물론 그럴 기회가 찾아온다면 당연히 환영하겠지만) 대신에 적선을 항구에 가두는 방법으로 서유럽 해역을 통제함으로써 바다를 지배할 수 있었다. 핵심 전략 요충지를 보호하기 위해 일부 함선이나 소함대를 주둔시키기도 했지만, 제국 전역에 흩어져 있는 해외 영토를 방어하기 위한 주요 방어 전략은 서유럽 앞바다에서 실행되었다.

하지만 프랑스와 에스파냐가 미국 독립 전쟁에 개입했을 때,

이 전략이 흔들리게 되었다. 비록 세계 최대의 해군 전력을 자랑하긴 했지만, 영국 해군은 넓은 지역에 걸쳐 아주 옅게 배치돼 있었고, 또한 아메리카의 항구들을 효과적으로 봉쇄하고, 해안 지역의 자국 군대를 지원하고, 카리브해의 식민지들을 보호하는 동시에 프랑스와 에스파냐의 배들을 그들의 항구에 가둬둘 작전을 전부 수행할 만큼 충분한 함선을 보유하고 있지는 않았다. 이 때문에 영국군은 곧 북아메리카 해안과 카리브해에서 어려움을 겪게 되었다. 여기에 해군의 오랜 숙적까지 가세했다. 영국이 13개 식민지를 잃는 데 괴혈병도 한몫을 했다는 것은 부인할 수 없는데,[80] 많은 영국 수병이 괴혈병으로 허약해졌고, 병에서 살아남은 수병들도 해군 병원에서 오랫동안 회복 기간을 보내야 했다. 1774년부터 1780년까지 입대한 수병 17만 5900명 중에서 1만 8500명 이상이 괴혈병으로 죽었는데, 정작 전투에서 사망한 숫자는 1243명에 불과했다. 미국 독립 전쟁이 절정에 이른 1782년에 약 10만 명의 병력 중에서 환자 명부에 오른 수병의 수는 2만 3000명이나 되었다.[81] 영국군은 육지에서는 풍토병인 말라리아에 고초를 겪었고 (3장에서 보았듯이), 바다에서는 괴혈병에 시달렸다.

하지만 20년 뒤에 나폴레옹 전쟁이 벌어질 무렵에는 환자부상자 관리청의 개혁 덕분에 영국 해군은 모든 함선에 매일 레몬 주스를 제공했다. 괴혈병 환자가 극적으로 줄어든 덕분에 서부 해역 함대는 영국 해협에 위치한 르아브르와 프랑스 북서단의 브레스트, 비스케이만의 로슈포르에 있던 프랑스의 주요 해군 기지들을 성공적으로 봉쇄할 수 있었다. 프랑스 주변의 해군 저지선은

1803년부터 1805년까지 넬슨Nelson 제독이 지휘한 지중해 함대의 봉쇄 작전으로 완성되었는데, 지중해 함대는 프랑스 남해안의 항구 툴롱을 봉쇄했다. 로슈포르에서는 전함들을 항구에 묶어두기 위해 근접 봉쇄를 한 반면, 넬슨은 툴롱을 느슨하게 봉쇄했는데, 그곳에 주둔한 나폴레옹의 함선이 탈출을 시도하길 바랐기 때문이다. 그래서 넓은 바다에서 일전을 벌여 결정적 승리를 거두려고 했다.

지브롤터해협 북동쪽에 위치한 카디스와 이베리아반도 북서단에 위치한 페롤에 주둔하고 있던 에스파냐 함대는 이제 나폴레옹과 동맹 관계를 맺었는데, 나폴레옹은 프랑스 육군을 영국 남해안에 상륙시킬 수송 함대의 안전한 운항을 위해 두 함대를 연합해 영국 해협의 제해권을 확보할 계획을 세웠다. 프랑스 전함들은 여러 차례 봉쇄를 뚫고 탈출하는 데 성공했지만, 영국 해군을 상대로 결정적 승리를 거두진 못했다. 영국 해군은 제해권을 유지하면서 프랑스와 해외를 가리지 않고 프랑스군을 마음대로 공격했고, 영국과 동맹국 선박들은 자유롭게 전 세계 도처에서 교역을 하면서 프랑스를 상대로 한 전쟁 노력에 도움을 주었다.

하지만 1805년 1월, 나폴레옹의 함대는 툴롱에서 영국의 봉쇄망을 뚫고 탈출해 카디스의 에스파냐 함대와 합류했다. 그들은 넬슨의 추격을 받으며 카리브해로 갔다가 그곳에서 편서풍을 타고 유럽으로 돌아왔다. 그들은 브레스트의 함대가 봉쇄에서 벗어나도록 도운 뒤에 수많은 전열함ship-of-the-line(17~19세기에 유럽에서 사용된 전함의 한 종류. 한 줄로 늘어선 전열을 만들어 포격전을 할 목적으로 제작되어 이런 이름이 붙었다.─옮긴이)을 이끌고 영국 해협으로 진격해 영국 전함들을 싹 쓸어버리려고 했다. 하지만 피니스테레곶 전투에서 프랑스와 에스파냐 연합 함대가 큰 손실을 입자 이 계획은 폐기되었고, 연합 함대 사령관이던 피에르─샤를 빌뇌브Pierre-Charles Villeneuve는 카디스로 회항하기로 결정했다. 나폴레옹이 연합 함대에 다시 바다로 나가 나폴리로 가라고 명령하자, 빌뇌브는 지중해로 들어가는 좁은 관문인 지브롤터해협으로 향했다. 봉쇄 작전을 펼친 채 기다리고 있던 넬슨의 함대가 연합 함대를 맞이했고, 마침내 1805년 10월 21일에 해안에서 40km 떨어진 트라팔가르곶 앞바다에서 교전이 벌어졌다.

그 시점에 넬슨 함대는 바다에서 이미 몇 년을 보낸 뒤였지만 괴혈병 환자는 사실상 전무했다.[82] 영국의 지중해 함대는 1803년 8월부터 1805년 8월까지 툴롱을 봉쇄하는 동안 7000여 명의 수병 중 괴혈병 사망자는 110명(그리고 입원 환자는 141명)밖에 발생하지 않았다. 넬슨(미국 독립 전쟁 동안 젊은 함장으로 참전했다가 1780년에 괴혈병으로 죽다 살아난 적이 있는[83]) 자신은 마른 땅을 단 한 번도 밟지 않은 채 "빅토리호에서 딱 열흘 모자란 2년"을 보냈다.[84] 이와는 대조적으로 프랑스와 에스파냐 진영에서는 괴혈병이 창궐하고 있었다. 트라팔가르 해전 당시의 에스파냐 함대 사령관은 일부 함선의 경우 한 척당 괴혈병 환자가 탑승한 수병 중 약 4분의 1에 이르는 200명 이상이 발생해 전력이 크게 약화되었다고 보고했다.[85]

넬슨의 수병들은 괴혈병의 파멸적 영향을 덜 받았을 뿐만 아니라, 배를 다루는 기술이나 포격 기술도 훨씬 뛰어났다. 여기다가 전통에서 벗어나는 넬슨의 기상천외한 전술도 한몫을 했는데, 넬슨은 한 줄로 늘어선 적선들을 향해 자신의 전함들을 2열 종대로 배치해 돌진시켰다. 도박에 가까운 이 전술은 대성공을 거두었고, 영국 해군은 연합 함대를 상대로 결정적 승리를 거두었다.

영국 수병의 우월한 건강 상태와 이로 인한 해군력의 효율성 증대가 넬슨 함대가 승리한 주요 원인 중 하나라는 것은 의심의 여지가 없다.[86] 괴혈병 정복과 트라팔가르 해전의 승리로 영국은 해군력의 우세를 확립했고, 영국 해군은 제2차 세계 대전 때까지 전 세계의 바다를 지배했다. 해군사학자 크리스토퍼 로이드Christopher Lloyd는 "나폴레옹을 패배시킨 모든 수단 중에서 가장 중요한 두 가지는 레몬주스와 캐러네이드 포(주철로 만든 단포신 활강식 함포)였다."라고 지적했다.[87] 트라팔가르 해전 이후 약 10년 동안 영국 해군은 프랑스 해안 봉쇄를 계속 유지하면서 프랑스의 전시 경제를 질식시켰다. 이에 대해 나폴레옹은 프랑스가 지배하거나 프랑스와 동맹을 맺은 모든 유럽 지역에서 영국 상품의 수입을 금지하는 대륙 봉쇄령으로 맞섰다. 하지만 바다를 지배하고 있던 영국은 대서양 건너편의 북아메리카와 남아메리카로 교역의 방향을 돌릴 수 있었고, 또한 상인들은 에스파냐와 러시아에 다량의 상품을 밀수출했다. 이 때문에 나폴레옹은 대륙 봉쇄령을 집행하기 위해 에스파냐와 러시아를 침공했는데, 결국 이로 인해 1812년에 러시아 원정에서 재앙적 패배를 당하고 모스크바에서 후퇴했다. 1812년에 러시아로 진군한 프랑스 대육군 61만 5000명 중에서 동상과 굶주림에 시달리다 살아 돌아온 사람은 겨우 11만 명뿐이었다.[88]

영국 해군은 마침내 가장 끈질긴 숙적이었던 치명적인 괴혈병 재앙을 물리치는 데 성공했지만, 괴혈병은 적어도 한동안은 레몬주스를 공급받지 못한 아메리카와 유럽 대륙의 선원들을 계속 괴롭혔다.[89] 영국은 중요한 전략적 우위를 점했고, 장기간의 해상 봉쇄 작전을 잘 계획된 병참 지원으로 성공적으로 수행했으며, 생물학적으로는 우리의 취약한 유전체에 효과적으로 대응하는 방법 덕분에 제해권을 유지할 수 있었다. 하지만 얼마 지나지 않아 다른 나라 해군들도 바닷물에 담가 보존한 레몬을 도입하게 되었고,[90] 19세기 후반에 증기선이 등장하면서 대양 항해 시간이 크게 단축됨에 따라 선원들이 항구를 떠나 몇 개월을 바다에서 보낼 필요가 줄어들었고, 그와 함께 바다에서 괴혈병의 망령도 사라져갔다. 하지만 제 기능을 잃은 우리의 GULO 유전자는 350년 동안 범선 시대에 중요한 영향력을 발휘했다.

감귤류와 마피아의 부상

여기에는 잘 알려지지 않은 곁가지 이야기가 있다. 영국 해군이 레몬주스 배급을 채택하자 감귤류 수요가 크게 늘어났다. 1795년부터 1814년까지 해군 본부는 레몬주스를 약 730만 리터나 배급했다.[91] 영국의 기후는 레몬 생산에 적합하지 않기 때문에 레몬류를 수입해야 했는데, 대부분 지중해 지역에서 수입했다. 해군 본부는 처음에는 에스파냐에서 소중한 레몬을 공급받았는데, 1796년에 에스파냐가 나폴레옹과 손을 잡자 공급선을 포르투갈로 돌렸고, 1798년에 몰타섬을 손에 넣은 후에는 몰타섬에서 재배한 레몬을 공급받았다.[92] 그러다가 1803년에 넬슨은 시칠리아섬을 거대한 레몬주스 공장으로 만들어[93] 전 세계의 영국 해군에 괴혈병 치료 물질을 공급했다.[94]○

더운 기후로 감귤류 재배에 이상적인 시칠리아섬의 농촌 지역은 역사적으로 정부의 영향력이 제대로 미치지 못해 발전이 더뎠다. 1734년부터 시칠리아를 지배한 부르봉 왕조 왕들이나 1861년에 이탈리아가 통일되고 독립된 이후의 사보이아 왕조도 사유 재산권을 포함해 이 지역에서 법을 집행할 만큼 강력한 정치적 영향력을 행사하지 못했다. 시칠리아에서는 19세기까지 봉건 제도가 지배적인 제도로 남아 있었고, 남작들이 자신의 영지에서 행정과 재정과 사법 부문의 전권을 휘둘렀다. 1812년에 봉건 토지를 경매로 매각하면서 많은 소작인이 지주가 되었지만, 도처에 출몰하는 도둑들로부터 재산을 지키기 위해 민간 경비원을 고용해야 했다. 부패와 협박이 횡행했다.

해군의 물품 조달로 인한 레몬 수요 급증으로 이 상품의 인기가 크게 치솟았고, 이 불안정한 상황에 막대한 현금이 유입되면서

○ 1860년 이후부터 영국은 전체 영국 해군에 공급하는 감귤류 주스를 서인도 제도의 영국 식민지에서 재배한 라임에서 얻었다.[95] 1867년에 상선법이 통과되면서 영국 해군과 영국 상선단은 모든 수병과 선원에게 매일 농축 라임주스를 의무적으로 제공하게 되었다.[96] 라임주스 배급량을 가리키는 단어인 '라이미limey'는 처음에는 영국 수병이나 선원을 가리키는 별명으로 사용되다가 나중에는 이전 영국 식민지(특히 오스트레일리아와 뉴질랜드, 남아프리카 연방)의 영국인 이주민을 가리키는 별명으로도 쓰였으며, 미국에서는 모든 영국인을 가리키는 별명으로 쓰이게 되었다.[97]

문제를 크게 악화시켰다. 이러한 무법천지 상황에서 마피아가 부상하게 되었다.

높은 레몬 가격과 농촌 지역의 심한 빈곤과 치안 부재가 결합되어 감귤류 과수원 소유주들은 도둑질에 매우 취약한 상태에 놓였다. 단 하룻밤 동안에 수백 개의 과일(시장에서 비싼 값에 팔 수 있는)이 도난당했다. 강력한 법을 집행할 당국이 존재하지 않는 상황에서 과수원 주인들은 다른 수단을 강구할 수밖에 없었고, 결국 사유 재산을 지키기 위해 폭력배를 고용하게 되었다. 이것은 얼마 지나지 않아 갈취로 발전했고, 주인이 보호비 지급을 거부할 경우에는 폭력의 위협을 받게 되었다. 마피아는 농촌의 재배업자와 항구의 국제 수출업자를 잇는 중개인 역할도 했는데, 판매 계약이 체결되면 과수원 입구 문 위에 레몬 하나를 올려놓아 이제 그 재산이 자신들의 보호하에 있음을 알렸다. 레몬의 국제 수요가 눈덩이처럼 불어날수록 마피아의 힘도 커졌다. 1837년부터 1850년까지 불과 13년 사이에 연간 레몬주스 수출량은 740통에서 2만 통 이상으로 증가했다.[98]

1870년대에 이르러 현대적인 마피아라고 부를 만한 조직이 나타났고, 빠르게 급성장하면서 공갈과 갈취를 비롯해 그 밖의 조직범죄를 광범위하게 자행했다. 마피아는 이탈리아 전체의 경제계와 정계로 침투해 들어갔고, 그다음에는 미국에도 진출했는데, 1870년부터 제1차 세계 대전 사이에 미국으로 이주한 이탈리아인은 400만 명 이상으로, 대부분 가난한 남부 지역과 시칠리아 출신이었다.[99]

비타민 D와 결핍증

결핍병인 괴혈병은 범선 시대에 수백 년 동안 뱃사람들을 괴롭혔다. 하지만 다른 비타민 결핍증들도 인류 역사상 수많은 사람을 괴롭혔다. 예컨대 비타민 D는 피부가 태양의 자외선에 노출될 때 합성된다. 하지만 북쪽의 고위도 지역에서는 매서운 추위 때문에 몸을 감싸야 할 뿐만 아니라, 햇빛도 약하고 겨울은 길고 어둡다. 그래서 인체에서 비타민 D가 충분히 만들어지기 어렵다. 비타민 D는 식품에서 칼슘을 흡수하는 일을 돕기 때문에, 비타민 D가 부족하면 뼈가 연해져서 변형이 일어날 수 있다. 그 결과로 어린이에게서는 구루병, 어른에게서는 뼈연화증 같은 쇠약 질환이 나타난다.

역사 기록과 골격에 남은 증거는 로마 제국 북부 지역과 중세 유럽에서 구루병이 흔하게 발생했음을 알려준다.[100] 하지만 캐나다 북단과 그린란드에 사는 이누이트와 스칸디나비아의 북유럽인은 대체로 구루병에 걸리지 않았는데, 대구와 연어처럼 이들이 자주 먹는 기름 많은 생선에는 비타민 D가 많이 들어 있기 때문이다.[101] 그리고 비타민 D는 비타민 C와 달리 지용성이어서 우리 몸이 몇 개월 동안 충분한 양을 저장할 수 있어 꾸준히 공급하지 않더라도 큰 지장이 없다.

우리는 음식물에서 비타민 A도 섭취할 필요가 있다. 동물에게서 활성 형태로 얻을 수도 있고, 베타카로틴(당근, 고구마, 토마토, 버터넛 스쿼시를 포함해 채소와 과일에 들어 있는 적황색 색소) 같은 비활성 형태의 '프로비타민'으로도 얻을 수 있는데, 우리 몸은 프로비타민 중 일부를 비타민 A로 전환할 수 있다.[102] 하지만 전 세계에서 많은 사람들이 비타민 A 결핍증으로 고생하는데, 특히 흰쌀(백미)을 주식으로 삼는 개발도상국에서 환자가 많이 발생한다. 비타민 A 결핍증은 전 세계 어린이 중 약 3분의 1이 앓고 있는데, 충분히 예방 가능한 어린이 실명의 주요 원인일 뿐만 아니라, 다른 일반 질환으로 사망할 위험도 높인다.[103] 이 광범위한 문제를 해결할 수 있는 한 가지 방법은 유전자 변형 기술을 사용해 쌀에서 먹을 수 있는 부분에 베타카로틴이 생기는 쌀 품종, 즉 '황금쌀Golden Rice'을 만드는 것이다.[104] 이렇게 가장 오래된 주곡 중 하나인 쌀에 유전자를 첨가함으로써 우리 몸에서 생화학적으로 부족한 부분을 보완하려는 실험이 진행되고 있다.

우리의 유전 부호에 존재하는 결함이 역사적으로 어떤 영향들을 미쳤는지 살펴보았으니, 이제 우리의 심리에 존재하는 다양한 결함과 편향을 살펴보기로 하자.

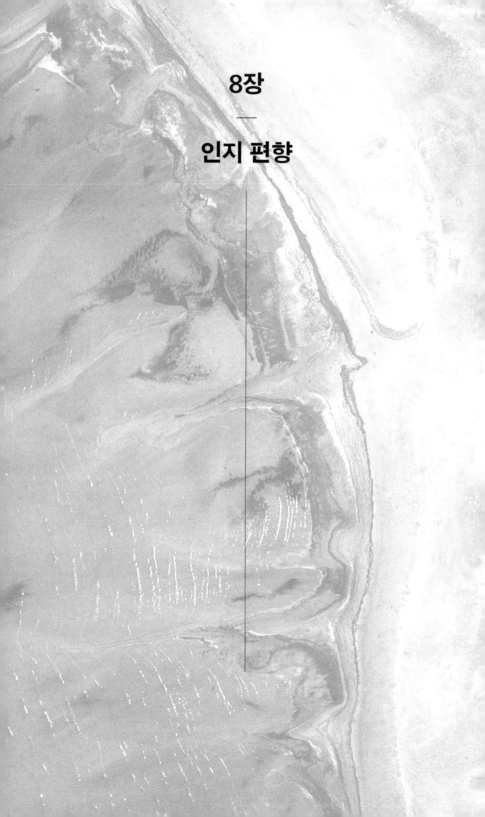

8장

—

인지 편향

사람은 합리적 동물이라고 흔히 일컬어져 왔다.
나는 평생 동안 그 증거를 찾으려고 애썼다.

—

버트런드 러셀Bertrand Russell

1492년 8월 3일 저녁, 크리스토퍼 콜럼버스는 에스파냐 남부의 팔로스데라프론테라에서 출항했다. 그의 소함대는 기함인 대형 무장 상선 산타마리아호와 그보다 작은 범선 두 척으로 이루어져 있었다. 그들은 우선 카나리아 제도에 들러 보급품을 싣고 간단한 수리를 한 뒤에 서쪽으로 방향을 돌려 넓은 대서양을 건넜다. 이 항해는 역사적인 항해가 되었지만, 콜럼버스가 기대했던 이유 때문에 그렇게 된 것은 아니었다.

콜럼버스는 서쪽으로 가는 해상 경로가 동쪽으로 중동과 아시아를 횡단하는 육상 경로보다 더 짧다고 믿었다. 자신이 계산한 지구의 둘레 길이와 실크로드를 따라 유라시아를 횡단한 탐험가들의 이야기를 바탕으로 내린 결론이었다. 이탈리아의 천문학자이자 지도 제작자인 파올로 달 포초 토스카넬리Paolo dal Pozzo

Toscanelli가 보내준 지도를 바탕으로 콜럼버스는 일본이 동아시아 해안에서 훨씬 더 먼 곳에 있다고 믿었고, 그래서 일본을 긴 항해 뒤에 보급품을 보충할 경유지로 활용할 계획이었다.

사실은 콜럼버스는 지구의 둘레 길이를 크게 과소평가한 반면, 유라시아의 폭을 과대평가했다. 게다가 일본이 실제보다 유럽에 훨씬 가까운 곳에 있다고 오판했다. 콜럼버스의 머릿속에 유럽과 중국 사이에 미지의 대륙이 존재할 가능성에 대한 고려는 전혀 없었다. 콜럼버스는 어디까지나 새로운 경로로 알려진 목적지를 향해 면밀히 계산된 여행에 나선 것이지, 발견 여행에 나선 것이 아니었다.[1]

하지만 서쪽으로 항해에 나선 지 한 달이 지났는데도 육지의 흔적은 어디에도 보이지 않았고, 선원들은 슬슬 불안해지기 시작했다. 콜럼버스는 이제 시간이 얼마 남지 않았다는 사실을 절감했다. 며칠 내로 선수를 돌려 돌아가지 않으면, 선상 반란이 일어날 게 뻔했다. 그는 아마도 자신의 배들이 일본을 그냥 지나쳐 중국 해안으로 가까이 다가가고 있을 것이라고 생각했다. 그러다가 바다로 나온 지 5주일이 지난 10월 12일 한밤중에 마침내 육지가 나타났다.

콜럼버스의 아메리카 대륙 발견 이야기는 널리 알려져 있다. 하지만 자신이 도착한 곳이 기이한 신세계(그가 실제로 도착한 곳은 카리브해였다)가 아니라 동양이라는 믿음을 유지하기 위해 콜럼버스가 행한 특별한 정신 승리 이야기는 잘 알려져 있지 않다. 이것은 우리 모두에게 일어날 수 있는 특별한 인지 오류를 보여주는 분명한 예이다.

이 첫 번째 항해에서 콜럼버스가 도착한 곳이 동아시아가 아니라는 사실을 알려주는 단서들이 분명히 있었다. 그가 데려간 통역자는 아시아 언어를 여러 가지 구사했지만, 그들이 도착한 섬들의 주민은 그의 말을 전혀 알아듣지 못했다. 그리고 그들이 마주친 현지 주민은 13세기 후반에 육로로 중국까지 여행한 베네치아 상인 마르코 폴로Marco Polo가 묘사한 개화되고 교양 있는 사람들이 아니라 알몸으로 돌아다니면서 원시적인 삶을 살고 있는 것처럼 보였다. 그리고 일단 언어 장벽이 해소되고 나자, 그 당시 중국을 통치하고 있던 강력하고 위엄 있는 칸을 현지 주민 중 누구도 알지 못한다는 것도 이상했다.

게다가 계피, 후추, 육두구, 메이스(육두구 열매의 선홍색 씨 껍질을 말린 것), 생강, 카다멈 같은 동양의 귀중한 향신료도 전혀 눈에 띄지 않았다. 육지에 상륙한 첫날, 선원들은 현지 주민들이 마른 갈색 물질 꾸러미를 들고 다니는 걸 보았는데, 처음에는 그것이 동그랗게 말린 계피나무 껍질일 거라고 생각했다. 하지만 자세히 살펴보니 마른 잎이었다. 게다가 현지 주민은 이 잎을 불에 태워 연기를 들이마시는 습관이 있었다. 앞에서 이야기했듯이, 콜럼버스 일행은 이때 흡연 관습을 처음 접했는데, 동양에서는 전혀 목격된 적이 없는 관습이었다. 콜럼버스는 신세계를 탐험하는 동안 계피나무는 단 한 그루도 보지 못했다.

후추도 찾을 수 없었다. 현지 주민은 양념을 더해 맛있는 스튜를 만들긴 했지만, 콜럼버스는 이 '후추'가 중국에서 가지고 돌아가려고 생각했던 후추와는 생김새도 맛도 아주 다르다는 사실을 깨달았다. 이 신세계 후추는 고추와 카엔고추, 피망, 피멘토, 파프리카, 타바스코 등을 포함한 고추속 식물이었다. 콜럼버스 일행이 다른 것으로 오인한 식물은 그 밖에도 여러 가지가 있었다. 검보림보나무는 껍질에 낸 상처에서 소중한 수지樹脂가 흘러나오는 유향나무로 오인되었다. 또 다른 식물은 약초로 쓰이는 중국의 대황으로 오인되었다. 또, 가시가 돋은 두꺼운 다육질 잎들이 로제트 모양으로 배열된 용설란을 보고는 알로에라고 생각했다.[20]

콜럼버스는 대서양을 서쪽으로 건너는 항해에 네 차례 나서 쿠바섬과 히스파니올라섬 해안, 그리고 카리브해의 더 작은 섬들, 중앙아메리카와 남아메리카 본토 해안 일부를 넓게 탐험했다. 하지만 12년간에 걸친 이 탐험에서 예상치 못한 만남과 발견을 했음에도 불구하고, 자신이 동양이 아니라 완전히 다른 곳에 왔다는 사실을 결코 받아들이지 않았다. 새로운 땅에서 본 것 중에 동아시아를 여행하고 돌아온 사람들의 보고와 일치하는 것은 거의 없었다. 하지만 콜럼버스는 자신이 신세계에서 본 모든 것을 자신의 깊은

○   그 당시에 알로에에서 흘러나오는 노란색 수액은 말렸다가 조금씩 복용하면 효과가 좋은 설사제로 쓰였다. 오늘날에는 피부 보습제와 화장품으로 쓰인다. 하지만 용설란을 알로에로 오인한 것은 눈감아줄 수 있는 실수였다. 아메리카의 용설란은 알로에(마다가스카르와 아라비아반도, 인도양의 섬들이 원산인)보다 훨씬 크지만, 두 식물은 겉모습이 상당히 비슷하다. 하지만 둘은 연관 관계가 거의 없다. 그 둘이 서로 비슷한 모양을 하고 있는 것은 동일한 생존 문제에 비슷한 생물학적 해결책으로 대응했기 때문이다(수렴 진화라고 부르는 과정). 용설란과 알로에는 둘 다 덥고 건조한 기후에서 살아남으려고 물을 저장하기 위해 두꺼운 다육질 잎을, 그리고 초식 동물로부터 이 소중한 자원을 지키기 위해 가시를 발달시켰다.

신념이 만들어낸 프리즘을 통해 바라보았다. 아무리 하찮은 것이라도 자신의 기대를 뒷받침하는 증거에 매달린 반면, 이러한 선입견을 부정하는 것처럼 보이는 반대 증거(그것은 아주 많았다)는 재해석하거나 평가절하하거나 아예 무시했다.

콜럼버스는 오늘날 '확증 편향'이라고 부르는 것에 빠져 있었다. 확증 편향은 새로운 증거를 자신이 이미 믿고 있던 것을 추가로 확인해주는 것으로 해석하는 반면에 그 믿음을 부정하는 증거를 무시하는 경향을 말한다.[3] 일단 확립된 믿음을 재평가하거나 바꾸는 것을 거부하는 이 경향은 수백 년 동안 인간의 특성으로 여겨졌다.[4] 프랜시스 베이컨Francis Bacon은 1620년에 이렇게 썼다. "인간의 이해는 일단 어떤 의견을 채택하면… 그것을 지지하거나 동의하는 것이라면 모든 것을 다 끌어들인다. 그리고 그 반대편에 더 중요한 사례가 더 많이 있는데도 불구하고, 그러한 사례들을 무시하고 경멸하거나 어떤 기준으로 물리치거나 거부하는데, 단지 이 위대하고도 치명적인 예정豫定으로 앞서 내린 결론의 권위가 침해되는 일을 막기 위해서 그런다."

콜럼버스 이후 500년이 지난 뒤에도 확증 편향은 사담 후세인Saddam Hussein이 대량 살상 무기를 만들고 있다는 정보 보고서를 작성하는 데 큰 영향을 미쳤고, 이것은 2003년에 미국이 주도한 이라크 침공을 정당화하는 개전 이유가 되었다. 사실은 이라크는 대량 살상 무기를 전혀 보유하고 있지 않았다. 추후에 그 보고서가 어떻게 작성되었는지 조사한 결과, 너무나도 확고한 신념에 사로잡힌 정보 분석가들이 모든 정보를 자신들을 지배한 패러다임의

프리즘을 통해 바라보았던 것으로 드러났다. 그들은 드러난 증거들의 경중을 각각 독립적으로 평가하는 대신에 자신들의 신념을 뒷받침하는 정보는 무턱대고 받아들이고 반대되는 증거는 그냥 묵살하면서 처음에 세운 가정이 옳은지 의심해보는 단계를 전혀 거치지 않았다. 예를 들면 이라크가 암시장에서 1000여 개의 알루미늄 관을 구입하려다가 요르단 보안 당국에 적발돼 압수당했는데, 정보 당국은 이라크가 우라늄을 무기급으로 농축하는 데 필요한 장비인 기체 원심분리기로 사용할 목적으로 이 관들을 구입했다고 결론지었다. 물론 그 관들은 그런 목적으로 사용할 수도 있지만, 그 관들이 로켓 제작처럼 전통적인 용도에 쓰일 가능성이 높다는 증거가 있었는데도 정보 당국은 그 가능성을 묵살했다. 확증 편향은 근거 없는 추측을 강화해 결국 전쟁을 낳았다.[5]

확증 편향은 어떤 주제나 문제에 대해 정반대 견해를 가진 두 사람에게 정확하게 동일한 증거를 제시했을 때, 각자 그것을 자신의 견해를 뒷받침하는 증거라고 확신하는 일이 벌어지는 이유를 설명해준다. 새로운 정보가 아무리 균형이 잘 잡히고 중립적인 것이라 하더라도, 우리는 자신의 선입견을 지지해주는 내용만 선별적으로 받아들이려는 경향이 있기 때문에, 같은 증거를 놓고서도 각자 그것이 자신의 견해를 뒷받침한다고 믿는다. 아이러니하게도 이것은 자신이 그럴 때에는 전혀 알아채지 못하면서 남이 그러는 것은 너무나도 명백하게 보여 분노하기까지 하는 종류의 정보 처리 편향이다.[6]

우리의 인지 소프트웨어에 존재하는 이 결함은 오늘날 영국과 미국, 그리고 나머지 세계의 정치 분야에서 양극화가 점점 심화되는 주요 원인이다.[7] 이것은 일종의 악순환인데, 일단 상대편이나 특정 언론 매체를 신뢰할 수 없거나, 그들이 균형 잡히고 객관적인 견해를 대변하지 않는다고 믿으면, 그들의 의견과 주장을 믿지 않거나 쉽게 묵살한다.

오늘날 많은 사람들이 더 넓은 세계에 대한 뉴스와 정보를 얻는 출처인 검색 엔진과 소셜 미디어 플랫폼이 인지 편향 문제를 더욱 악화시킨다.[8] 그 기반을 이루는 알고리듬은 각 개인 사용자가 과거에 클릭했거나 좋아했거나 매우 마음에 들어 했거나 검색했거나 댓글을 단 것이 무엇인지 분석한 뒤, 그들이 관여할(그리고 자신의 온라인 접촉 네트워크에서 공유할) 가능성이 아주 높은 것으로 보이는 콘텐츠를 제공하도록 설계돼 있다. 이런 식으로 온라인 세계는 동일한 콘텐츠를 우리에게 더 많이 제공하는 반향실이 되고, 그럼으로써 어떤 것이 되었건 확증 편향을 더 강화한다. 그 결과, 오늘날 많은 사람들은 반대되는 생각이나 정치적 견해에 노출되지 않은 채 살아간다. 웹 세계는 개인화된 수많은 거품들로 쪼개지고 있다. 서로를 연결하는 인터넷internet이 아니라 갈가리 쪼개지는 스플린터넷splinternet으로 변해가고 있다.

정신적 오류

사람의 뇌는 정말로 경이롭다. 연산, 패턴 인식, 연역 추리, 계산, 정보 저장과 검색 등의 능력이 아주 뛰어나다. 전체적인 능력을 놓고 본다면 뇌는 지금까지 만들어진 어떤 컴퓨터 시스템이나 인공 지능보다 월등하다. 우리의 인지 능력이 구석기 시대의 조상을 아프리카 평원에서 살아남도록 하기 위해 진화했다는 사실을 감안하면, 수학과 철학을 다루고 교향곡을 작곡하고 우주 왕복선을 설계하는 다재다능한 뇌의 능력은 더욱 놀랍다.

이 놀라운 능력들에도 불구하고, 사람의 뇌는 결코 완벽하지 않다. 뇌는 복잡하고 혼돈스러운 세계를 이해하는 데 경이로운 능력을 자주 보여주긴 하지만, 터무니없는 실수를 저지르기도 한다. 셰익스피어는 햄릿의 입을 빌려 "이성은 얼마나 고귀하고, 능력은 얼마나 무한한가!"라고 읊조렸지만, 이것은 명백히 사실이 아니다. 우리 뇌는 최대 작동 속도와 용량 면에서 분명한 한계가 있다.[9] 예컨대 우리의 작업 기억working memory은 한 번에 3~5개 항목(단어나 숫자 같은)만 처리할 수 있다.[10] 우리는 실수와 오판도 저지르는데, 피곤하거나 주의력이 떨어지거나 딴 데 한눈을 팔 때에는 특히 그렇다. 하지만 한계는 결함이 아니다.[11] 모든 시스템은 자신의 한계 내에서 작동할 수밖에 없다.

하지만 많은 경우에 사람들은 동일한 상황에서 동일한 실수를 저지른다. 그런 오류는 체계적이고 예측 가능한 것이어서 연구자들은 그런 오류를 신뢰할 수 있는 수준으로 재현하는 시나리오를 만들 수 있다.[12] 이 사실은 더 깊은 곳에 있는 뭔가를 암시하는 것처럼 보이는데, 그것은 뇌의 소프트웨어에서 기본적인 부분으로, 반복적인 오류를 통해 스스로를 드러낸다.

완벽하게 논리적인 뇌의 작동 방식에서 벗어나는 이러한 탈선을 인지 편향이라고 부른다. 우리는 앞에서 확증 편향이 어떻게 콜럼버스를 그릇된 생각에서 벗어나지 못하게 했는지 보았지만, 인지 편향은 그 밖에도 많은 종류가 있다. 이러한 인지 편향은 크게 우리의 믿음과 의사 결정과 행동에 영향을 미치는 것, 사회적 상호 작용과 편견에 영향을 미치는 것, 기억을 왜곡시키는 것, 이렇게 세 범주로 나눌 수 있다.

맨 처음 접한 정보에 과도하게 의존해 평가나 결정을 내리는 경향인 '앵커링 효과anchoring effect'도 이에 포함된다. 시장의 흥정이나 연봉 협상에서 시초가가 결과에 큰 영향을 미치는 것은 이 때문이다. '가용성 편향availability bias'은 쉽게 기억되는 사례를 더 중요하게 여기는 경향을 말한다. 예를 들면, 비행기 여행이 자동차 여행보다 위험하다고 느낄 수 있다. 그러나 비행기 추락 사고는 많은 사람을 한꺼번에 죽일 수 있고 뉴스로 보도될 가능성이 더 높긴 하지만, 냉정한 통계 자료는 동일한 여행 거리를 기준으로 따진다면 비행기 사고보다 자동차 사고로 죽을 확률이 100배나 더 높다는 것을 분명히 보여준다. '후광 효과halo effect'는 어떤 사람의 한 측면에 긍정적 인상을 받았을 때 그것을 아무 관련이 없는 그 사람의 다른 특성에까지 일반화하는 경향을 말한다. 그리고 잘 알려진 '무리 편향herd bias'이 있는데, 갈등을 피하기 위해 다수의 믿음을 받아들이거나 다수의 행동을 따라하는 성향을 말한다. '장밋빛 회상rosy retrospection'은 과거의 사건을 실제보다 더 긍정적인 것으로 기억하는 경향을 말한다. '유형화stereotyping' 또는 '일반화 편향'은 어떤 집단의 한 구성원이 그 집단을 대표하는 특정 속성들을 지녔을 것이라고 기대하는 경향을 말한다. 그 밖에도 많은 인지 편향이 있다. 위키백과에서 인지 편향 목록을 찾아보면, 250개가 넘는 편향과 효과, 실수, 착각, 오류가 실려 있다.(다만 그중 많은 것은 아주 비슷해, 동일한 인지 과정의 다른 측면들이 드러난 것일 수도 있다.)

모든 사람이 모든 편향에 똑같이 영향을 받는 것은 아니지만, 누구나 이러한 편향들에 어느 정도 영향을 받는다는 것은 분명한 사실이다. 사실, 자신이 편향에 영향을 받는다는 사실을 알아채지 못하는 것 자체도 '편향 맹점bias blind spot'이라 부르는 편향이다. 게다가 어떤 편향의 존재를 안다고 하더라도, 우리 마음에서 그 효과가 나타나지 않도록 하기는 역부족이다. 인지 편향은 우리 뇌가 작용하는 방식에서 체계적이고 본질적인 부분을 차지하고 있어서 대응하기가 매우 어렵다.°

따라서 우리의 정신 운영 체제가 수많은 버그와 결함으로 가득 차 있다는 사실을 반박하기 어렵다. 하지만 더 논란이 되는 문제는 이러한 편향을 빚어내는 원인이 정확하게 무엇이냐 하는 것이다. 왜 사람의 뇌는 합리적이거나 논리적인 반응에서 그토록 크게 벗어날 수 있고, 그것도 충분히 예측 가능한 방식으로 그런 일

° 자폐 스펙트럼 장애가 있는 사람들은 (정상적인 사람에 비해) '증진된 합리성enhanced rationality'을 보일 때가 있는데, 추론과 판단과 의사 결정을 할 때 인지 편향에 덜 휘둘리면서 더 객관적인 사고를 한다. 특히 자폐증이 있는 사람은 직관에 덜 의존하고, 무관한 정보에 덜 휘둘리며, 부정적 정보를 대할 때 혐오감을 덜 보인다. 모든 인지 편향이 보편적인 것은 아니지만, 자폐 스펙트럼 장애가 있는 사람의 증진된 합리성은 합리적 사고와 비합리적 사고의 이면에 있는 뇌의 메커니즘을 연구하는 데 유망한 기회를 제공한다.[13]

이 일어날까?

많은 인지 편향은 우리 뇌가 연산 능력이 제한된 상태에서 발견법heuristics이라 부르는 단순한 경험 법칙을 사용해 기능을 최대한 발휘하려고 시도하다가 나타난 결과로 보인다. 효율적인 인지적 지름길에 해당하는 방법인 발견법은 시간 제한이 있거나 정보가 불완전할 때 시간을 절약하는 일련의 요령을 사용해 모든 데이터를 일일이 완전하게 처리할 필요 없이 빠른 결정을 내리게 해준다.[14] 발견법은 빠르고(단순한 과정을 사용함으로써) 효율적이어서 (적은 정보를 사용함으로써) 어려운 질문을 쉬운 질문으로 대체하게 해준다.[15] 일상적인 상황에서는 모든 정보를 일일이 모으고 최선의 결정을 내리려고 깊이 숙고하는 것보다는 적절한 판단을 제때 내리는 것이 나을 때가 많다. 완벽은 충분히 괜찮은 것의 적인데, 당장 생존이 걸려 있는 상황에서는 특히 그렇다. 때늦은 결정은 그 사람이 내리는 마지막 결정이 될지도 모른다. 발견법은 대부분의 경우에 효과가 있지만(적어도 우리의 생존을 도운 우리의 진화사에서는 충분히 자주), 어떤 상황에서는 우리가 실수를 저지르게 만든다.

우리 조상이 살던 자연 환경에서 진화한 일부 편향은 현대 세계에 와서 부적절한 반응이 일어나는 원인이 된다. '도박사의 오류gambler's fallacy'가 그런 예이다. 이 인지 편향은 우리에게 어떤 무작위적 사건이 한동안 일어나지 않았다면 조만간 일어날 가능성이 높다고 믿게 만든다. 혹은 반대로 조금 전에 일어난 사건이 한동안은 일어날 가능성이 낮다고 믿게 만든다. 예컨대 동전을 던져 앞면이 연달아 10번 나왔다면, 다음번에는 뒷면이 나올 확률이 훨씬 높을 것이라는 직관적 느낌이 강하게 든다.

이와 관련해 유명한 사례가 있다. 1913년 8월 18일, 모나코 몬테카를로 카지노의 룰렛 게임에서 놀랍게도 검은색이 26번이나 연속해서 나온 적이 있었다. 그때 많은 도박사들이 빨간색에 베팅을 하려고 몰려들었는데, 검은색이 나오는 사건이 이제 곧 끝날 것이라고 확신하고서 점점 더 많은 금액을 빨간색에 걸었다. 하지만 그들은 번번이 실패했고, 카지노 측은 수백만 달러를 벌었다.[16] 룰렛 바퀴에 조작이 있었던 것은 아니었고, 논리적으로 말하자면 이전에 검은색이 몇 번을 나왔건, 룰렛 바퀴를 한 번 돌릴 때마다 검은색이 또다시 나올 확률('0' 칸이 하나만 있는 유럽의 룰렛 바퀴에서는 48.7%)은 언제나 똑같다.

물론 동전이나 룰렛 바퀴는 과거 사건을 전혀 기억하지 못하며, 다음번에 동전을 던지거나 룰렛 바퀴를 돌려서 나오는 결과를 제어할 능력도 전혀 없다. 각각의 사건은 이전 사건과 완전히 독립적이다. 우리는 논리적으로 생각하면 그럴 수밖에 없다는 것을 잘 알지만, 그래도 모든 것의 균형을 맞추기 위해 내가 원하는 숫자가 곧 나올 것이라는 생각이 솟아오르는 것을 억누르지 못한다.

이와 비슷한 '뜨거운 손 오류hot hand fallacy'도 있다. 농구에서 유래한 이 편향은 앞서 골을 여러 번 넣은 선수가 다음번 시도들에서도 성공할 확률이 높다고 믿는 것을 말한다. 스포츠 분야 밖에서도 도박사들이 같은 믿음을 보이는 경우가 많은데, 따는 판이 계속 이어지면 그 행운이 끝나기 전에 그 기세에 편승해 계속 베팅을 이어가야 한다고 생각한다. 물론 스포츠에서는 재능 있는 선수가 평균보다 조금 더 나은 성과를 올리는 이유를 설명할 수 있는데, 아마도 연속적인 성공을 겪은 뒤에 자신감이 상승해서 그럴 것이다. 하지만 행운이 계속 이어지는 것처럼 보이는 대부분의 상황에서는 그것은 순전히 우연에 불과한 경우가 많다(가끔 앞면이 10번 연달아 나오는 경우처럼).

도박사의 오류와 뜨거운 손 오류는 동일한 인지적 전제에 그 뿌리가 있다. 그것은 비슷한 사건들은 서로 독립적이지 않다는 가정이다. 즉, 주사위를 던지거나 룰렛 바퀴를 돌리거나 농구공을 바스켓을 향해 던지는 사례들에서는 각각의 사건들 사이에 어떤 연결 관계가 있다는 가정이다. 카지노 같은 상황에서는 이 가정은 성립하지 않는데, 다음번 사건이 이전 사건과 아무 연결 관계도 없도록 철저히 보장하기 위해 극도의 신경을 쓰기 때문이다.(슬롯머신은 정밀하게 보정하고, 룰렛 바퀴는 완벽하게 균형을 맞추고, 카드는 철저히 섞는다.) 하지만 우리 조상이 살던 환경에서는 그토록 철저하게 무작위적인 분포가 매우 드물었는데, 우리의 인지 능력은 그런 환경에서 좋은 성과를 거두도록 진화했다.

자연계에는 온갖 패턴이 넘쳐난다. 예를 들면, 특정 나무들에 장과가 열리고, 특정 식물들이 동일한 서식지에서 자라고, 사냥감이 무리를 지어 돌아다니는 등 수렵채집인 조상들이 가치 있게 여겼던 자원은 무작위적으로 분포된 게 아니라 한데 모여 있는 경우가 많았다. 이러한 자연 환경에서 애타게 찾고 있던 것을 발견한다면, 같은 장소에서 같은 것을 더 많이 발견할 가능성이 높았다.

따라서 일부 인지 편향은 우리 뇌의 잘못된 배선 때문에 생긴 것이 아니다. 그것은 자연 환경의 특징에 적응하기 위해 진화가 갈고 닦아 만든 인지 과정의 설계 특성이다.[17] 혹은 그런 행동은 비논리적인 것이 아니라 생태학적인 것이라고 말할 수 있다.[18] 우리의 코딩에서 버그를 만들어내는 것은 무작위성을 강제로 도입한 카지노나 심리학 실험 환경의 인위적 조건이다.

인지 편향 연구를 통해 연구자들은 우리 뇌에 두 가지 처리 시스템이 있다고 제안하게 되었다. 첫 번째 시스템은 직관적이고 빠르며, 무의식적으로 실행되면서 발견법을 사용해 거칠면서 즉각적인 반응을 만들어낸다. 두 번째 시스템은 과제가 요구할 때에만 작동하고, 첫 번째 시스템의 출력을 바탕으로 작동하며, 분석적이고 느리고 집중력이 필요하다. 두 번째 시스템은 더 최근에 진화한 것으로, 오래된 인지 기반 시설의 꼭대기에 올려져 있는 새로운 소프트웨어 층이다. 문제는 첫 번째 자율 시스템은 끌 수가 없는 반면, 두 번째 시스템은 정신적 집중을 요구하는데, 우리가 피곤하거나 심한 압박을 받을 때에는 쉬우면서 때로는 비합리적인 첫 번째 시스템의 직관력에 의존하는 모드로 돌아간다는 점이다.°

°　독자들은 대니얼 카너먼Daniel Kahneman이 쓴 『생각에 관한 생각Thinking, Fast and Slow』을 통해 이 두 종류의 인지 시스템을 이미 알고 있을지도 모르겠다. 그리고 그동안 제안된 '이중 과정 이론dual process theory'은 이것 말고도 20개 이상이나 된다.[19]

지식의 저주

사람은 타인의 관점에서 세계를 바라보는 놀라운 능력이 진화했다. 이 능력 덕분에 우리는 다른 사람의 동기와 의도를 잘 이해할 수 있고, 이를 바탕으로 상대방의 다음 행동을 예측하거나 심지어 조종할 수 있다. 그러한 '마음 이론theory of mind'을 처리하는 것은 사회적 상호 작용에서 성공하는 데 중요한 기능이며, 어린이의 발달 과정에서 핵심 단계이다. 이 능력 중 일부는 상대방이 내가 알고 있는 것과 다른 정보(내가 사실이 아니라고 알고 있는 일부 정보를 포함해)에 접근할 수 있고, 따라서 세계에 대해 다른 믿음을 가질 수 있다는 사실을 이해하는 것이다.

이것은 어린이를 대상으로 하는 '틀린 믿음 테스트false-belief test'라는 이름의 실험에서 연구되었다. 이 실험에서는 아이 앞에서 바구니와 상자, 초콜릿, 샐리와 앤이라는 두 인형을 가지고 상황극을 펼친다. 샐리는 방을 나가기 전에 바구니에 초콜릿을 두고 간다. 그러면 앤이 초콜릿을 바구니에서 꺼내 상자에 집어넣는다. 샐리가 방으로 돌아왔을 때, 실험자가 아이에게 샐리가 초콜릿을 찾으려 한다면 어디를 살피겠느냐고 묻는다. 만 네 살 무렵이 된 아이는 마음 이론이 잘 발달하여 샐리의 정보와 믿음이 아이 자신의 것과 다르다는 사실을 이해한다. 그래서 아이는 초콜릿이 상자 안에 있다는 사실을 알지만, 샐리가 바구니에서 초콜릿을 찾으리란 사실을 안다.

이 비범한 마음 이론에도 불구하고, 우리는 다양한 자기중심적 인지 편향(다른 사람의 지식이나 믿음도 자신의 것과 같다고 가정하는 경향)에 시달린다. 그러한 자기중심적 편향 중에 지식의 저주curse of knowledge라는 게 있다.[20] 우리는 다른 정보나 부족한 정보를 접하는 다른 사람들이 특정 상황을 어떻게 해석하고 어떻게 행동할지 예측할 때 늘 자신의 지식과 경험에 의해 편향을 겪는다. 우리는 일단 뭔가를 알게 되면, 그것을 모르는 것이 어떤 것인지 개념화하는 데 어려움을 겪는다. 이라크 전쟁을 향해 치닫는 과정에서 미국 국방부 장관 도널드 럼스펠드Donald Rumsfeld는 지금은 악명 높은 이해의 범주화를 사용했는데, '알고 있는 알려진 사실known knowns', '알고 있는 미지의 사실known unknown', '모르는 미지의 사실unknown unknown'을 구분했다. 하지만 지식의 저주는 네 번째 영역인 '모르는 알려진 사실unknown known'에서 작동한다. 즉, 다른 사람이 모른다는 것을 자신이 알고 있는 것을 모르는 상황이다.

파트너나 친구에게 무엇을 설명하려고 시도하다가 상대가 내가 말하는 것을 반복적으로 이해하지 못해 좌절을 겪은 경험은 누구나 있을 것이다. 그러다가 너무나도 명백하여 상대가 당연히 알리라고 생각하고서 설명에서 중요한 정보를 빠뜨렸다는 사실을 깨닫게 된다. 이런 상황은 일상생활에서 자주 일어난다. 하지만 위급한 상황에서 이런 형태의 인지 편향은 재앙에 가까운 결과를 초래할 수 있다.

역사상 가장 악명 높은 군사 작전 실패 중 하나는 1854년에 일어난 경기병 여단의 돌격이다. 크림 전쟁은 영국과 프랑스, 사르데냐 왕국, 오스만 제국이 러시아와 맞서 싸운 전쟁인데, 표면적으로는 발칸반도로 팽창하려는 러시아의 야욕을 저지하는 것이 목적이었다. 흑해에 있던 러시아의 주요 해군 기지인 세바스토폴 포위전 때 영국 육군은 근처 항구 도시인 발라클라바에서 수세에 몰렸다.

10월 25일 오전, 러시아 보병 부대가 압도적인 병력으로 둑길 고지(발라클라바 북쪽에 있는 두 계곡을 가르며 죽 뻗은 낮은 언덕 지역)를 따라 배치된 영국군 토루土壘(흙을 쌓아 만든 방어용 둑) 세 군데를 공격해왔다. 이 요충지를 잃자, 그곳의 중요한 항구와 영국군 보급선이 위험에 노출되었다. 영국군 총사령관 래글런 경Lord Raglan은 토루들에 설치된 영국군 대포를 철거해 노획하려는 러시아군의 시도를 저지하기 위해 기병대에 토루들을 탈환하라고 명령했다. 그런데 망원경으로 전황을 살피던 래글런 경은 경악을 금치 못했는데, 경기병 여단이 자신의 의도와 달리 북쪽 계곡을 따라 곧장 아래로 진격해 그 뒤에 중무장한 러시아 포병 부대가 기다리고 있는 곳으로 자살 행위처럼 보이는 정면 공격을 감행했기 때문이다. 가까이에서 날아오는 포탄에 많은 병사와 말이 갈기갈기 찢겨져나갔고, 큰 피해를 입은 채 러시아군 진영까지 도달한 기병들은 강력한 저항에 막혀 금방 기수를 돌려 계곡 쪽으로 후퇴할 수밖에 없었다. 불과 수십 분 사이에 676명의 기병 중 절반 이상이 전사하거나 부상을 입었고, 약 400마리의 말 사체가 계곡 바닥에 널려 있었다.

죽음의 계곡으로 돌진한 기병들의 무모한 용맹은 계관 시인 앨프리드 테니슨Alfred Tennyson이 남긴 시 '경기병 여단의 돌격The Charge of the Light Brigade'을 통해 길이 역사에 남게 되었다.

진격하라, 경기병 여단!
이 명령에 경악한 사람이 있었던가?
아무도 없었지. 병사들은
누군가 실수했다는 것을 알았지만.

전장의 의사소통에 문제가 발생해 이러한 재앙을 초래한 게 분명하지만, 정확하게 누가 어떤 실수를 한 것일까? 이 이야기는 지휘관의 처참한 무능을 보여주는 사례로 자주 거론되지만, 이 비극 뒤에는 뭔가 더 깊은 원인이 숨어 있진 않을까?

목격자들의 보고는 이 재앙을 초래한 일련의 세부 사건들을 생생하게 증언해 명령이 어떻게 그토록 혼란스러운 것으로 변할 수 있는지 보여준다. 래글런은 오전 8시경에 그날의 첫 번째 명령을 기병 부대로 보냈다. "튀르크군이 장악하고 있는 두 번째 토루들의 열 좌측으로 진격하라." 이것은 야심 찬 명령인 동시에 혼란스러운 명령이었다. 두 번째 토루들의 열 같은 것은 아예 없었고, '좌측'은 기준을 누구에 두느냐에 따라 완전히 다른 방향이 될 수 있었다. '좌측'은 도대체 어디를 기준으로 본 좌측이란 말인가? 어쨌든 영국군 기병대 사령관이던 루컨 3대 백작 조지 빙엄George Bingham 중장은 이 명령을 정확하게 해석해 중기병과 경기병을 그 위치로 이동시켰다.

그런데 나중에 전투 도중에 더욱 혼란스러운 명령들이 내려왔다. 10시에 래글런 경은 고지를 탈환할 절호의 기회가 왔다고 생각해 기병대에게 진격하라고 명령하면서 이미 출발한 보병의 지원을 활용하라고 했다. 래글런은 즉각 진격하라는 명령을 내렸다고 생각했지만, 루컨은 보병 부대의 합류를 기다려 진격하라는 뜻으로 해석했다. 바로 그때, 래글런은 망원경으로 러시아군이 토루에서 영국군 대포를 철거할 준비를 하는 광경을 보았다. 앞서 내린 명령의 긴급성을 강조하기 위해 래글런은 재앙을 불러온 문제의 명령을 화급히 내렸다. "래글런 경은 기병이 신속하게 전선으로 진격하길 원한다. 적을 추격해 적이 대포를 노획하는 것을 막아라." 래글런은 친필로 쓴 이 메시지를 부관이자 훌륭한 기수인 놀런Nolan 대위를 시켜 북쪽 계곡 바닥에 있던 기병대에 전달하게 했다. 그것은 불행한 선택이었는데, 놀런은 성미가 급한 데다가 루컨 경과 그의 부관인 카디건 경Lord Cardigan을 용기 없는 우유부단한 귀족으로 간주해 경멸했기 때문이다.°

놀런이 명령서를 건네주자, 루컨은 그것을 읽으면서 당혹스러움을 감추지 못했다. 표현이 모호하여 루컨은 정확하게 어디로 진격해야 할지 모르겠다며 자신의 혼란스러운 심정을 드러냈다.

"래글런 경의 명령은 기병대가 즉각 공격해야 한다는 것이오."라고 놀런이 퉁명스럽게 대꾸했다.

"공격은 알아들었소!" 루컨이 외쳤다. "어디를 공격하라는 것

° 두 종류의 방한용 의류 이름은 1854년에 크림반도에서 일어난 이 전쟁에서 유래했다. 발라클라바 모자는 세바스토폴 근처에 있는 항구 도시 이름을 딴 것인데, 영국군이 혹한 속에서 머리를 따뜻하게 하기 위해 착용하면서 그런 이름이 붙었다. 그리고 앞자락이 트인 스웨터인 카디건은 경기병 여단의 돌격을 지휘한 제7대 카디건 백작 토머스 브루더넬James Thomas Brudenell이 그것을 입었던 데에서 유래했다.

이오? 무슨 대포를 말이오?"

놀런은 계곡 쪽을 향해 손을 모호하게 흔들면서 경멸하듯이 대답했다. "저기에 당신의 적이 있소! 저기에 당신의 대포들이 있단 말이오!"

여기서 놀런은 자신의 해석을 덧붙였을 가능성이 높다. 실제 명령서에는 공격에 대한 언급은 전혀 없었다. 래글런은 필시 기병대가 토루를 향해 진격하여 러시아군에 압박을 가하라는 의도였을 것이다. 그러면 러시아군이 그곳을 포기하고 영국군의 대포를 그대로 남긴 채 퇴각하리라고 기대했을 것이다.

목격자들은 루컨이 무례한 놀런 대위를 근엄한 시선으로 노려보았지만, 래글런의 명령에 대해 추가 질문을 하지 않았다고 말한다. 그의 관점에서 보이는 대포들은 계곡 끝에서 자신을 향해 반짝이는 러시아군 포병 부대의 대포뿐이었다. 약간 망설인 뒤에 루컨은 카디건 경에게 적을 향해 돌격하라고 명령했다. 경기병들은 그렇게 무모하게 돌격했다간 죽음을 맞이할 게 분명하다는 걸 알았지만, 그것이 명령인지라 따를 수밖에 도리가 없었다.

그 이후에 발생한 재앙에 대해서는 이 사건에 관여한 세 주인공 모두가 일정 부분 책임이 있다. 루컨은 러시아군 대포가 겨누고 있는 곳을 향해 무모하게 돌격하는 대신에 명령의 진의가 무엇인지 정확하게 확인했어야 했다. 놀런은 무례하게 굴면서 상대의 신경을 긁는 대신에 총사령관의 명령이 정확하게 해석되어 전달되도록 노력했어야 했다. 그리고 래글런은 명령을 더 명확하게 이해할 수 있도록 전달했어야 했다. 하지만 그 이면에서 그날의 참혹

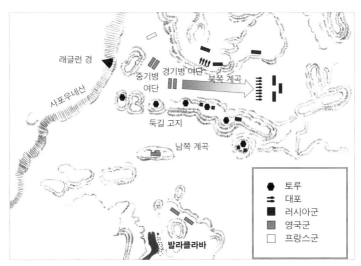

둑길 고지를 따라 늘어선 토루들과 사포우네산
꼭대기에 있던 래글런 경의 위치와 함께 경기병
여단의 돌격 상황을 보여주는 지도

한 비극을 빚어낸 궁극적인 요인은 인지 편향에 있었던 것으로 보
인다.

　래글런은 자신의 명령에 모호성이 있다고는 추호도 생각하지
않았다. 그는 자신의 의도를 정확하게 알았다. 어떻게 자신의 명료
한 명령이 잘못 해석될 수 있단 말인가? 그의 생각에는 최종 명령
은 당연히 이전에 내린 명령의 후속 명령이었다. 앞서 루컨에게 고
지를 따라 진격하면서 영국군 대포가 설치된 토루를 탈환하라고
명령하지 않았던가? 하지만 루컨으로서는 이것이 새로운 목표를
지정하는 별개의 명령이 아니라는 사실을 알 도리가 없었다. 게다
가 래글런은 계곡 끝부분에 있는 사포우네산 꼭대기에 있었는데,

이 높은 위치에서는 전체 전장을 한눈에 내려다볼 수 있었다. 그의 관점에서는 의도한 목표 지점들이 명백했고, 따라서 자신의 명령은 아주 명료했다. 하지만 래글런은 계곡 바닥에 있던 루컨의 관점은 훨씬 제한적이라는 사실을 감안하지 못했다. 루컨의 관점에서는 언덕 지형 때문에 러시아군이 점령한 토루들이 잘 보이지 않았고, 그래서 래글런이 언급한 대포들도 보이지 않았다.

자신의 생각에는 자신의 의도가 명확했지만, 래글런은 자신과 루컨이 서로 다른 정보에 접하고 있다는 사실을 감안하지 못했다. 그래서 자신의 명령이 아주 다르게 해석될 가능성을 꿈에도 생각지 못했다. 경기병 여단은 지식의 저주 때문에 무참하게 희생당하고 말았다.[21]

경기병 여단의 돌격은 공통 기반 붕괴common ground breakdown를 보여주는 대표적인 예이다. 이 용어는 의사소통을 하며 행동을 조율하려고 노력하는 두 사람이 자신들도 모르게 서로 다른 정보를 가지고 일하면서 공통 기반이 무너지는 상황을 가리킨다. 이 사례에서는 지식의 저주에 빠진 래글런은 루컨이 자신과 동일한 정보와 관점에 접근하지 못할 수 있다는 사실을 고려하는 데 실패했다. 사실, 루컨은 러시아군이 점령한 토루들에서 영국군 대포를 철거하고 있다는 중요한 지식을 알지 못했지만, 또한 그런 지식을 알아야 한다는 사실(즉, 자신이 중요한 정보를 놓치고 있을지도 모른다는 사실)을 깨닫지 못했다. 그래서 루컨은 래글런에게 그런 정보를 요구하지 않았고, 그러자 래글런은 루컨이 이미 그 정보를 알고 있다고 결론 내렸다. 이렇게 첫 번째 지식의 저주로부터 부정확한 추론이 연쇄적으로 이어졌다. 두 사람은 자신들의 믿음에 근본적인 불일 치가 존재한다는 사실을 깨닫지 못했다. 래글런의 관점에서는 루 컨이 그 후에 한 행동은 도저히 이해할 수 없는 것이었다.[22]

경기병 여단의 돌격은 지식의 저주가 낳은 악명 높은 군사적 참사였다. 하지만 그 바탕에 있는 인지 편향은 단지 우리가 다른 사람의 믿음을 평가하는 데에만 영향을 미치는 것이 아니다. 우리 자신의 과거 믿음을 고려하는 방식도 흐릿하게 만든다. 새로운 정 보에 기초한 통찰은 우리가 왜 전에는 다른 것을 믿었는지 제대로 평가하지 못하게 만들 때가 많다. 이러한 기억의 왜곡은 '사후 과잉 확신 편향hindsight bias'으로도 나타난다. 이것은 과거의 어떤 사건을 실제보다 훨씬 더 예측 가능했던 것으로 지각하는 경향을 말한다. 이것은 다시 미래 사건의 결과를 예측하는 자신의 능력을 과잉 확 신하게 만든다. 이 인지 편향은 특정 문학 장르에서 중요한 역할을 한다.

대다수 사람들은 살인 사건을 소재로 한 추리 소설을 좋아한 다. 이것은 인기 있는 스토리텔링 방식으로, 이야기가 천천히 긴장 의 강도를 높여가다가 예상치 못한 살인자의 정체가 드러나면서 극적인 대단원에 이른다. 사건이나 인물에 대한 핵심 정보를 전달 하는 놀라운 반전이 종종 일어나면서 전체 이야기에 대한 우리의 관점을 확 바꾸어놓는다. 결론은 매우 만족스럽고, 돌이켜보면 모 든 단서와 징후가 아주 딱 맞아떨어진다.

하지만 이러한 서사 장치는 작가에게 큰 문제를 안겨준다. 어 떻게 하면 청중을 정말로 놀라게 하면서도 앞에서 제시한 정보와 자연스럽게 맞아떨어지는(임시방편이나 속임수처럼 보이지 않도록 하기 위해) 반전을 만들어낼 수 있을까? 그러려면 진짜 의미가 결론에 가서야 분명하게 드러나는 단서를 이야기 전체에 걸쳐 뿌려야한다. 이 단서들은 끝에 가서 대단원에 이를 때 기억할 수 있도록독자의 마음속에 충분히 단단히 심어야 하는 씨앗들이지만, 독자가 너무 일찍 거기에 깊은 주의를 기울여 미스터리의 답을 알게 해서는 안 될 만큼 충분히 미묘해야 한다.

바로 여기에서 지식의 저주가 등장한다. 관점을 바꾸는 이 추가 정보가 공개돼 이전의 단서들을 새로운 시각에서 재해석하게되면, 이 인지 편향 때문에 독자는 모든 것을 뒤돌아보면서 결말을처음부터 충분히 예측할 수 있었다는 인상을 받는다. 실제로 다시생각해보면 그런 결말은 너무나도 명백해 보인다. 지금 알고 있는것을 알기 때문에, 그 징후들이 처음부터 도처에 드러나 있었다는사실을 깨닫고 나서는, 왜 그전에는 그것들을 놓쳤는지 상상도 하지 못한다.

애거사 크리스티 같은 추리 소설 작가는 이 인지 편향을 대가다운 솜씨로 십분 활용했다. 1926년에 출판된 『애크로이드 살인사건The Murder of Roger Ackroyd』은 지금까지 나온 가장 영향력 있는범죄 소설 중 하나로 일컬어진다. 에르퀼 푸아로 탐정은 새 조수와 함께 친구의 죽음을 조사하는데, 조수는 이 이야기의 내레이터역할을 한다. 마치 독자의 뒤통수를 치는 듯이 숨 막히는 반전은마지막 장에 일어나는데, 그동안 이야기의 내레이터로 독자의 신뢰를 쌓은 조수가 사실은 살인자로 드러난다. 블라디미르 나보코

프의『창백한 불꽃』(1962)과 짐 톰프슨Jim Thompson의『Pop. 1280』
(1964)에서도 동일한 서사 장치를 사용했다. 영화에서 눈길을 끄
는 예로는「유주얼 서스펙트」(1995)에서 카이저 소제의 진짜 정체
를 관객이 깨닫는 순간과 M. 나이트 샤말란M. Night Shyamalan 감독
이 즐겨 사용한 반전 결말이 있다. 두 경우 다 모든 단서가 작가의
교묘한 연출로 독자의 눈에 띄지 않게 숨겨진 채 처음부터 그곳에
있었지만, 지식의 저주가 우리의 회상 지각을 흐리게 해 나중에 우
리는 마치 그것이 처음부터 명백했던 것처럼 여긴다.[23]

콩코드 개발

인지 편향은 우리 각자에게 개인적으로도 영향을 미치지만,
집단 결정에도 강력한 영향력을 발휘한다. 어떤 상황에서는 집단
이 내리는 결정이 한 개인이 내리는 결정보다 훨씬 정확하다. 예를
들면, 여름 축제 때 많이 하는 한 게임에서는 밝은 색 사탕이 가득
든 큰 유리병을 카운터 위에 올려놓고 그 수를 정확하게 맞혀보라
고 한다. 물론 정답을 맞히는 것은 순전히 요행에 가깝다. 병 속에
든 사탕을 모두 일일이 세는 것은 불가능하며(오직 옆면에 닿아 있는
사탕들만 볼 수 있을 뿐이므로), 상당히 합리적이고 훌륭한 추측을 할
수는 있겠지만, 그래 봤자 정답에 조금 가까이 다가갈 뿐이다. 하
지만 운이 좋다면, 어느 누구보다도 정답에 더 가까운 추측을 할
수 있다.

하지만 정말로 재미있는 것은 만약 사람들이 내놓은 모든 추

측을 자세히 살펴보면 추측들이 넓게 분산돼 있다는 사실을 알 수 있다. 대부분은 정답에 가까이 있는 반면, 어떤 것들은 약간 벗어나 있고, 일부는 아주 크게 벗어나 있다. 이런 종류의 분포(종형 곡선이라 부르는)는 전체 인구의 키나 IQ에서부터 개구리가 연못에 낳는 알의 수나 동전을 100번 던졌을 때 앞면이 나오는 수에 이르기까지 모든 곳에 나타난다. 사탕의 수를 추측하는 사례에서 관찰되는 분포는 개인적 추측들의 통계적 분산에서 비롯되지만, 여기서 중요한 사실은 이러한 요동이나 오차가 본질적으로 무작위적인 것이며, 따라서 추측을 하는 사람들의 수가 많아지면 높은 값과 낮은 값의 추측들이 상쇄되는 경향이 있다는 것이다. 추측한 값들의 전체 분포에서 중앙값(모든 추측들을 크기에 따라 순서대로 죽 늘어놓았을 때 그 중앙에 위치한 값)을 택하면, 정답에 놀랍도록 가까운 값을 얻는 경우가 많다.° 이 현상을 군중의 지혜wisdom of the crowd라고 부른다. 한 개인은 아주 나쁜 추측을 할 수 있지만, 독립적인 추측을 하는 사람이 아주 많으면, 확산돼 있던 오차들이 놀랍게도 정확한 답을 향해 수렴한다.

이를 바탕으로 다른 판단과 결정도 집단이 내린 것이 더 합리적이고 인지 편향에 영향을 덜 받을 것이라고 기대할 수 있다. 하

° 산술평균보다는 중앙값을 사용하는 게 좋은데, 산술평균은 극단적인 특이한 값 때문에 왜곡될 수 있기 때문이다(예컨대 단순히 웃기려고 '100만 개'나 '0개'를 말하는 사람도 있을 수 있으므로). 수학에서 '정규' 분포라고 부르는 대칭 분포에서는 그래프 모양이 완벽한 종형 곡선을 이루며, 평균과 중앙값과 최빈값(가장 많이 나타나는 값을 뜻하며, 혹 모양 그래프에서 꼭대기에 위치한다)은 모두 한가운데 있는 지점인 동일한 수로 나타난다.

지만 문제는 우리 모두의 뇌에 깊이 뿌리박힌 편향들이 무작위적이지 않다는 데 있다. 즉, 그 편향들은 체계적이다. 이것들은 모든 사람에게서 똑같이 작용하기 때문에, 많은 사람들을 모아놓은 집단에서도 오차가 상쇄되지 않는다. 오히려 인지 편향은 그것을 증폭시키는 역할을 할 수 있다.[24]

1950년대 후반에 프랑스와 영국의 항공공학자들은 각각 독립적으로 과감하고 완전히 새로운 종류의 항공기를 제작하려는 계획을 추진했다. 그 항공기는 바로 초음속 제트 여객기였다.

그 당시에 이것이 얼마나 야심만만한 계획이었는지는 아무리 강조해도 지나치지 않다. 최초의 제트 여객기는 그 얼마 전인 1950년대 초에야 운항을 시작했고, 그때 초음속으로 날 수 있는 항공기는 한두 명만 탈 수 있는 소형 제트 전투기뿐이었다. 그마저도 대개는 아주 짧은 시간만 초음속으로 날 수 있었는데, 연료를 엄청나게 소비해 얼마 지나지 않아 착륙해야 했다. 그런 상황에서 100명 이상의 승객이 안락의자에 편안히 앉아 샴페인을 마시는 가운데 최대 마하 2(음속의 2배, 즉 시속 약 2470km)에 이르는 초음속으로 세 시간 이상 계속 하늘을 나는 상업용 제트기를 만들겠다는 것은 누가 봐도 터무니없는 구상으로 보였다. 영국과 프랑스는 각자 독자적으로 초음속 여객기 개발에 착수했지만, 1962년에 양국 사이에 쌍무 협정이 체결되면서 별개로 추진되던 두 노력이 하나로 합쳐졌다. 하지만 이미 초기 단계부터 이 과감한 초음속 항공기 개발은 문제와 차질로 얼룩졌다.

기술적 문제 자체만 해도 아주 컸다. 이 새로운 콩코드(프랑스어로는 콩코르드) 항공기는 종래의 것과는 완전히 다른 항공기여서 백지상태에서 설계해야 했다. 그 날개는 시속 약 24700km에서도 안정적인 비행을 위한 양력을 만들어내야 할 뿐만 아니라, 착륙을 위해 시속 약 300km로 달릴 때에도 필요한 양력을 만들어내야 했다. 여객기가 몇 시간 동안 날 수 있도록 엔진도 연료 효율적이어야 했다. 엔진을 지나가는 초음속 공기의 흐름을 연속적으로 조절하기 위해 컴퓨터 제어 시스템과 훨씬 더 포괄적이고 정교한 자동 조종 장치도 필요했다. 그렇게 빠른 속도로 달리면, 항공기 바깥 표면은 마찰열로 약 100°C까지 가열된다. 따라서 금속 기체機體는 최대 30cm에 이르는 팽창을 견뎌내야 했다. 또한 재료 물질의 온갖 변형에도 연료 탱크가 새는 일이 없어야 했고, 승객과 승무원을 고열에서 보호하기 위해 거대한 고성능 에어컨도 많이 필요했다. 콩코드에는 이륙 때 필요한 여분의 추진력을 얻기 위해 애프터버너afterburner(제트 엔진의 추력 강화용 추가 장치)도 설치되었다. 착륙을 위해 활주로에 접근하면서 낮은 속도로 날 때에는 항공기 앞부분을 위쪽으로 많이 들어올려야 했는데, 그러면서도 파일럿이 활주로를 잘 볼 수 있도록 하기 위해 아주 뾰족한 모양의 기수機首를 기계적으로 회전시켜 아래로 축 늘어지게 했다. 이 모든 것을 설계하고 시험해야 했는데, 정교한 컴퓨터 시뮬레이션이 등장하기 훨씬 오래전이어서 풍동風洞에서 축소 모형을 가지고 시험을 해야 했다.

이 모든 기술적 장애물은 일정 지연과 비용 초과의 원인이 되었는데, 그와 함께 초음속 여객기(만약 그것이 마침내 제작된다면)의 상업적 성공 여부에도 의문이 제기되었다. 1973년에 소닉 붐sonic boom(음속을 돌파할 때 충격파 때문에 발생하는 폭발음) 소란 때문에 미국은 육상에서 초음속 상업 비행을 금지하는 선제적 조치를 취했는데,[25] 이 때문에 미국 동부와 서부 도시들 사이에서 빠른 여객 서비스를 제공하려고 했던 콩코드의 계획이 좌절되었다. 이 새로운 항공기의 항로는 바다 위나 사막처럼 인구가 드문 지역 위를 지나가는 경로로 제한될 것이 명백해졌다. 그리고 마지막으로 계속 증가하는 개발 비용 때문에 항공기가 완성되더라도 항공사들이 실제로 콩코드를 구입할지 의문이었다.[26]

영국과 프랑스가 개발 협정에 서명한 지 14년이 지난 1976년에 콩코드 계획이 마침내 완료되었을 때에는 소요 비용이 엄청나게 불어나 있었다. 1960년대 초에 추정한 소요 비용은 7000만 파운드(오늘날의 가치로는 14억 2000만 파운드)였지만, 마침내 항공기를 인도했을 때 전체 비용은 약 20억 파운드[27](오늘날의 가치로는 130억 파운드)로 불어났다.[28] 연구와 개발, 생산에 투입된 비용은 결코 회수할 수 없었다.[29] 판매된 콩코드는 14대뿐이었으며, 그마저도 정부의 비용 지원을 받아 두 나라의 국영 항공사(에어프랑스와 영국항공)가 구입한 것이었다.[30]° 콩코드는 항공 공학의 경이로

° 사실은 콩코드는 최초의 상업용 초음속 항공기가 아니다. 영예의 주인공은 영국과 프랑스가 공동으로 개발한 콩코드보다 두 달 먼저 첫 비행에 나선 소련의 투폴레프 Tu-144(서방 세계에서는 '콩코드스키Concordski'라는 별명으로 불렸다)이다. 하지만 Tu-144는 신뢰성과 안전 문제를 극복하지 못했고, 3년간 운항하는 동안 승객을 싣고 운항한 것은 단 55회에 그쳤다.[31] 미국도 초음속 여객기인 보잉 2707을 설계했지만, 비용 상승과 확실한 시장의 부재(콩코드를 괴롭혔던 것과 같은 문제들)로 1971년에 개발 계획을 취소했다.[32]

운 결정체였지만, 개발 과정이 너무 길고 비용이 너무 많이 들어 관련 당사자들은 큰 경제적 손실을 입었다.

연구 개발 계획이나 건설 계획이 예기치 못하게 지연되거나 비용 초과를 겪는 것은 드문 일이 아니지만, 어떤 계획이건 큰 문제들에 맞닥뜨리면 계속 추진할 가치가 있는가 아니면 그만 손을 떼고 종료해야 하는가라는 질문이 늘 제기된다. 이 경우에는 초음속 여행을 둘러싼 특수한 기술적 문제와 개발 비용의 급격한 상승 문제가 분명히 드러났고, 새로운 항공기 시장이 축소되고 있었으므로, 콩코드는 상업적 모험사업으로서는 폐기해야 마땅했다. 하지만 자금을 지원하던 양국 정부는 계속 추진하기로 결정했는데, "이미 투자한 비용이 너무 많아 그만둘 수가 없었기" 때문이다.[33] 또한 콩코드는 국가적 자부심과 명성이 달린 문제가 되었고, 영국과 프랑스 간의 협정 때문에 일단 굴러가기 시작한 계획을 중단하기가 훨씬 어려웠다.[34]

도중에 중단한다면, 계획에 이미 투입된 돈은 쓸데없이 '낭비된' 돈이 되고 만다고 생각하기 쉽다. 하지만 어떤 투자에서건 합리적인 태도는 미래 비용에 대한 수익 전망만 고려하는 것이다. 새로운 모험사업을 시작하건 이미 다른 모험사업에 투자를 했건 상관없이 동일한 판단을 내려야 한다. 포트폴리오에 있는 어떤 주식의 주가가 하락한다면, 처음에 그것을 얼마나 많이 샀건 혹은 얼마나 오래 보유했건 상관없이 무조건 팔아야 한다. 물론 주가가 반등해 회복할 수도 있다. 하지만 단기간에 계속 상승할 가능성이 있는 다른 주식에 투자하는 것보다 그 주식에 자본을 투자하는 비용이 더 많이 든다. 사람이 합리적으로 행동한다면, 과거의 투자가 미래의 결정에 영향을 미치도록 하지 않을 것이다.[35]

만약 어떤 계획이 중대한 문제에 맞닥뜨려 비용이 계속 추가적으로 증가한다면, 합리적 반응은 거기서 손을 떼고 손절하는 것이다. 나쁜 계획에 좋은 돈을 밀어넣는 것은 결코 합리적이지 않다. 설령 오기로 악착같이 매달려 계획을 완수한다 하더라도, 그 모험 사업 투자에서 손해를 보는 것은 변함이 없다. 콩코드가 바로 그런 경우였다. 사업을 진행해야 할 경제적 이유가 사라지고 그 계획이 수익을 가져다줄 가능성이 전혀 없다는 사실이 분명해진 뒤에도 값비싼 개발 과정을 오랫동안 계속 진행했다.

이것은 '매몰 비용 오류sunk cost fallacy'라는 인지 편향을 보여주는 아주 적절한 예이다. 매몰 비용 오류는 일단 투자가 일어나면, 불만족스러운 결과를 얻을 수밖에 없다는 사실이 명백해진 뒤에도 계획을 계속 밀고 나가는 경향을 말한다. 이 인지 편향은 '콩코드 오류Concorde fallacy'라고 불리기도 한다.[36] 이 계획을 추진한 영국과 프랑스 팀은 코미디언인 필즈W. C. Fields의 말에 주의를 기울였더라면 좋았을 것이다. 필즈는 "만약 처음에 성공하지 못하면, 또 도전하고 다시 도전하라. 그러고 나서 그만두라. 바보같이 매달리는 짓은 하지 마라."

매몰 비용 오류는 원래의 목표를 달성할 가능성이 사라진 지이미 오래되었고 비용이 계속 상승하는데도 국가들을 전쟁에 계속 매달리게 하는 데에도 강력한 영향력을 발휘한다. 미국의 베트남 전쟁 참전은 1975년에 사이공이 함락될 때까지 20년 동안이나 연장되었고, 드와이트 아이젠하워부터 존 F. 케네디, 린든 존슨, 리처드 닉슨, 제럴드 포드까지 다섯 대통령의 행정부(공화당 소속과 민주당 소속을 망라해)를 거쳤다. 의회는 반복적으로 전쟁 지속을 승인했는데, 이미 희생된 사람들의 죽음을 헛되이 할 수 없다는 것이 일부 이유였다. 하지만 전쟁이 길어질수록 보여줄 만한 성과가 없는 상태에서 막대한 손실을 받아들이기는 더 어려워졌다.[37] 하지만 희생을 헛되이 할 수 없다는 생각은 더 많은 생명을 위험에 빠뜨리는 비뚤어진 논리이다.

40년 뒤에 미국은 또 한 번 끝이 보이지 않는 장기전으로 휘말려 들어갔다. 2001년 9·11 테러가 일어난 뒤, 미국이 주도한 연합군이 테러에 대한 전쟁을 선포하고 아프가니스탄을 침공했는데, 근본주의자 탈레반 정부를 전복시키고 오사마 빈 라덴과 그의 알카에다 조직을 섬멸하는 것이 주목적이었다. 16년에 걸친 군사 개입에도 불구하고 궁극적인 승리를 향한 출구가 분명히 보이지 않았지만, 2017년 8월에 트럼프 대통령은 아프가니스탄에서 미군 병력을 확대하고 미군 주둔을 무기한 유지할 것이라고 선언했다.[38] 아프가니스탄의 안정과 안전을 확보하겠다는 명분은 충분했지만, "피와 재산의 막대한 희생" 뒤에도 미군의 지속적인 주둔을 정당화하기 위해 사용한 이 수사에는 매몰 비용 오류가 상당히 반영돼 있었다. "미국은 지금까지 치른 막대한 희생, 특히 인명의 희생을 상쇄할 만한 명예롭고 지속적인 결과를 추구해야 한다."[39] 미군은 2021년 8월에 마침내 아프가니스탄에서 철수했고, 아프가니스탄 전쟁은 미국사에서 베트남 전쟁을 넘어 가장 긴 전쟁으로 기록되었다. 그리고 얼마 지나지 않아 아프간 보안군은 급격히 무너졌고, 아프가니스탄 전역이 탈레반의 수중으로 들어갔다.

손실 회피

우리의 더 복잡한 상호 작용에 영향을 미치고 국제 관계와 그 갈등에서 큰 역할을 한 또 하나의 뿌리 깊은 인지 편향은 손실 회피loss aversion 편향이다. 동일한 손실과 이득에 우리가 부여하는 가치는 기본적으로 비대칭적이다. 100파운드를 잃어버렸을 때(혹은 도둑맞았을 때) 느끼는 불쾌감은 복권으로 100달러를 땄을 때 느끼는 즐거움보다 훨씬 크다. 이득보다는 손실이 훨씬 커 보인다.[40]

경제적 게임을 이용한 심리학 실험을 통해 이 불균형을 계량화할 수 있다. 여기서 사람들은 대개 손실을 이득보다 2~2.5배 더 크게 느끼는 것으로 드러났다. 그 결과로 우리는 부정적 변화보다 긍정적 변화에 훨씬 더 빨리 재적응한다. 예를 들면 급여가 삭감되었을 때보다 인상되었을 때 전반적인 행복도가 훨씬 더 빨리 정상 수준으로 되돌아간다.

손실 회피는 '현상 유지 편향status quo bias'과 '소유 효과endowment effect' 같은 다른 인지 편향들의 기저에도 자리잡고 있다.[41] 현상 유지 편향은 대안을 추구하기보다는 현재 상태에 만족하는 일반적인 선호로 나타나는데, 변화를 통해 기대되는 잠재적 이득보다 잠재적 손실을 두려워하기 때문이다. 변화를 거부하는 이 성향이 보수주의의 심리적 기반을 이룬다. 소유 효과는 갖고 있는 물건의 가치를 그것을 갖고 있지 않을 때보다 더 높게 평가하는 경향을 말한다.

이러한 편향들은 불확실한 상황에서 결정을 내려야 할 때 우리가 감수하려고 하는 위험에도 큰 영향을 미친다. 위험에 대한 기호는 이득을 얻을 가능성과 손실을 입을 가능성 중 어느 쪽을 고려하는지에 따라 달라진다.(성격에 따른 차이도 있지만, 그것은 또 다른 문제이다.) 잠재적 이득을 고려할 때에는 이득은 크지만 확률이 낮은 쪽보다는 이득은 작더라도 확률이 높은 쪽을 선호하는 경향이 있다. 따라서 이득을 고려할 때 우리는 위험을 회피하는 경향이 있다. 예컨대 동전을 던져 선택한 면이 나왔을 때 10파운드를 딸 확률이 2분의 1이고, 주사위를 던져 선택한 눈이 나왔을 때 40파운드를 딸 확률이 6분의 1이라면, 우리는 동전 던지기를 선택하는 경향이 있다. 이것은 순수한 경제적 판단과는 어긋나는 선택인데, 합리적인 사람이라면 기댓값(6.66파운드 대 5파운드)이 더 높은 주사위 던지기를 선택할 것이기 때문이다.

반면에 손실을 입을 전망에 직면했을 때에는 선호가 바뀌어 우리는 위험을 추구하는 경향이 있다. 설령 그것이 대안보다 성공 확률이 낮다 하더라도, 우리는 손실을 최소화하는 쪽을 선택한다. 그래서 이미 손실을 보았다면, 손실을 만회하려는 생각에서 더 큰 도박을 감행한다. 손실을 보고 있다고 느낄 때 위험한 행동을 선호하는 이 경향은 앞에서 살펴본 매몰 비용 오류를 악화시킨다.

이러한 위험 선호의 변화는 진화의 맥락에서 보면 일리가 있다. 우리 조상이 살던 자연 환경에서는 식량이나 다른 자원을 잃는 것은 생사가 달린 문제가 될 수 있었다. 생존이 걸려 있다면, 더 큰 위험을 무릅쓰는 것이 타당한 선택이 될 수 있다. 극단적인 상황에서는 극단적인 조치가 필요하다.[42]

이렇게 서로 관련이 있는 편향들－손실 회피, 현상 유지 편향, 소유 효과－을 결합한 이해를 통해 불확실한 상황에서 우리가 어떻게 결정을 내리는지 설명하는 대통일 이론을 만들 수 있다. 전통적인 경제적 사고(사람을 완벽하게 합리적인 계산기로 간주한)를 기반으로 한 이전 모형들과는 대조적으로, 전망 이론prospect theory은 사람들이 판단과 결정을 내릴 때 실제로 어떻게 행동하는가를 연구한 실험 결과에 기반을 두고 있다. 전망 이론은 1979년에 대니얼 카너먼과 아모스 트버스키Amos Tversky가 심리학과 경제학이 만나는 지점에서 장기간 수행한 연구 계획의 결과로 나왔다.[43] 카너먼은 불확실한 상황에서 인간의 판단과 의사 결정을 연구한 업적으로 2002년에 노벨경제학상을 받았는데(트버스키는 6년 앞서 세상을 떠나 상을 놓쳤는데, 노벨상은 죽은 사람에게는 수여하지 않기 때문이다), 이 연구는 행동경제학 분야를 탄생시키는 데 크게 기여했다.[44]

전망 이론의 중심에는 인간의 손실 회피 경향이 자리잡고 있는데, 이 이론은 그러한 인지 편향들이 중요한 결과를(특히 흥정과 협상에서) 빚어낸다는 것을 보여준다. 예컨대 국제 무역 협정의 협상을 살펴보자. 여기에는 쿼터와 그 밖의 규제 사항, 협정 위반에 대한 처벌뿐만 아니라, 다양한 상품과 제품에 적용될 세금과 관세와 관련된 세부 사항 등에서 합의를 이끌어내기 위한 국가 간 논의가 필요하다. 합의를 이끌어내려면 쌍방이 상대방이 제시한 조건과 요구에 어느 정도 양보를 해야 한다. 각 나라가 상대방에게 한 양보는 손실에 해당하고, 상대방에게서 받은 양보는 이득에 해당한다. 하지만 손실 회피 편향과 우리가 손실과 이득을 평가할 때 느끼는 비대칭성 때문에, 양측 모두 자신의 양보가 상대방의 양보와 균형이 맞지 않는다고 느낀다. 그 결과로 양측은 자신이 하려는 양보보다 상대방이 더 많은 양보를 하길 기대하는데, 이러한 인지 편향 때문에 협상이 성공적인 결론에 이르기 어려울 때가 많다.[45]

국가의 안보나 심지어 생존이 걸려 있을 때에는 상황이 더욱 첨예해진다. 예를 들면, 1970년대 초부터 초강대국인 미국과 소련(나중에는 러시아)은 각자가 보유하고 있는 전략 핵탄두와 함께 탄도 미사일과 장거리 폭격기 수를 감축하기 위한 상호 협정을 맺으려고 일련의 협상을 벌였다.[46] 협상은 자주 교착 상태에 빠졌고, 교착 상태를 타개하는 돌파구를 통해 협상이 이어지기까지는 몇 년이 걸렸다. 문제의 일부는 쌍방의 무기 체계를 직접 비교하기가 어려운 데 있었고(파괴력, 정확도, 사정거리 측면에서), 특정 종류의 미국 탄도 미사일을 소련이 보유한 특정 탄도 미사일과 몇 대 몇의 비율로 상쇄해야 하는지를 놓고 아주 복잡한 흥정이 필요했다. 하지만 손실 회피 심리도 큰 영향력을 발휘했다. 쌍방은 자신의 핵미사일 해체에서 잃는 손실을 상대방의 동등한 감축에서 얻는 이득보다 더 크다고 지각했고, 협상 테이블에서 늘 자신이 손해를 본다고 느꼈다.[47]

동일한 인지 편향들 때문에, 국제 관계에서 다른 국가에 압력을 가해 어떤 행동을 멈추게 하는 것은 애초에 그런 행동을 하지 못하게 하는 것보다 훨씬 어렵다. 어느 국가가 이미 소유하고 있는 것을 포기하는 것에 다른 국가가 그것을 얻으려고 하는 것보다 훨씬 강하게 저항하는 것은 소유 효과 때문이다.[48] 예를 들면, 제2차 세계 대전 이후에 핵무기를 개발한 나라는 미국, 러시아, 영국, 프랑스, 중국, 인도, 파키스탄, 북한, 이렇게 모두 여덟 나라이다. 이스라엘도 핵무기를 보유하고 있는 것으로 널리 알려져 있지만, 공식적으로 인정하길 거부하고 있으며, 전략적으로 모호한 정책을 취하고 있다. 지금까지 핵 확산 금지 조약은 나머지 약 190개국의 핵무기 개발을 막는 데 성공을 거두었다. 하지만 독자적으로 핵무기를 개발하고 나서 핵무기 보유를 자발적으로 포기한 나라가 딱 하나 있는데, 바로 남아프리카 공화국이다. 남아프리카 공화국은 아파르트헤이트 정권하에서 핵무기를 6개 만들었지만, 1990년대 초에 아프리카국민회의가 선거를 통해 정권을 잡으면서 핵무기를 모두 해체했다.[49] (그리고 소련이 해체된 후에, 이전에 소련에 속한 국가들이었던 우크라이나와 벨라루스, 카자흐스탄은 자국 영토에 있던 핵무기를 모두 러시아로 넘겨주었다.)

전망 이론은 사람들이 이득과 손실을 절대적 기준으로 평가하는 대신에 특정 기준점과 비교해 상대적으로 평가하는 경향이 있다는 사실을 보여주는데, 그 기준점은 현재 상태(자신이 현재 갖고 있는 것)일 경우가 많다. 핵 군축의 경우, 미국과 소련은 적어도 서로가 보유한 핵무기의 수는 정확하게 알고 있었지만, 길고도 복잡한 핵무기 보유 역사 때문에 이와 관련된 현재 상태에 대해 서로 다른 생각을 갖고 있었다. 과거에 여러 차례 손이 바뀐 땅을 놓고 두 나라가 서로 자기 땅이라고 주장할 때, 영토 분쟁이 더욱 고착화되고 심지어 유혈 사태로 치닫는 이유는 이 때문이다. 예를 들면, 중동에서 이스라엘과 팔레스타인은 요르단강 서안 지구(웨스트뱅크)와 가자 지구를 서로 자기 땅이라고 주장하고, 상대방을 자신들의 오랜 역사가 서린 땅을 차지하고 있는 공격적인 침략자로 간주한다. 해결을 위해 무엇을 시도하더라도, 영토를 어떤 식으로 나누든지 상관없이, 양측은 자신들이 지각한 현상과 비교했을 때 큰 손실을 본다고 느끼며, 협상에서 얻는 이득보다 손실이 훨씬 크다고 생각한다.[50]

북아일랜드에서도 이와 비슷한 상황이 벌어졌는데, 성금요일 협정Good Friday Agreement은 전망 이론이 그러한 갈등을 어떻게 평화적으로 해결할 수 있는지 보여주는 아주 좋은 예이다.

영국은 1921년에 아일랜드를 북아일랜드와 아일랜드 자유국으로 분할했는데, 영국의 일부로 남길 원하는 연합파와 충성파가 인구 중 다수를 차지한 북아일랜드를 따로 떼어내기 위해서였다. 북아일랜드 주민은 17세기에 영국에서 이주한 사람들의 후손이 많았고, 그래서 대부분 프로테스탄트교도였다. 남쪽의 아일랜드 자유국(나중에 아일랜드 공화국이 된다) 주민은 가톨릭교도인 아일랜드 민족주의자들이 대부분을 차지했는데, 이들은 통일된 독립 국가 아일랜드를 원했다. 긴장이 계속 이어졌고, 북아일랜드의 소수 가톨릭 민족주의자들은 연합파 정부로부터 차별을 받는다고 느꼈다. 점점 고조되던 사회 불안은 1960년대 후반에 트러블스Troubles(분쟁)라고 부르는 종파 간 폭력 사건으로 터졌다. 30년 동안 갈등이 지속되다가 1998년 4월에 북아일랜드의 대다수 정당들 간의 합의와 영국과 아일랜드 정부 간의 협정으로 마침내 영속적인 평화가 구현될 전망이 보였는데, 이 일련의 합의와 협정을 뭉뚱그려 성금요일 협정이라고 부른다.

협정 내용은 북아일랜드의 주권과 통치 방식, 무장 해제, 안전 보장 조치 등과 관련해 복잡한 문제들을 망라하고 있다. 새로운 의회의 구성으로 북아일랜드에 권한을 위임받은 입법부가 생겨났고, 또 폭넓은 정치 스펙트럼에서 선발된 장관들로 구성되고 권한을 위임받은 행정부도 생겨났다. 북아일랜드와 아일랜드 사이의 정책 조정을 원활히 하기 위한 기관들도 설치되었고, 협력을 증진하기 위해 영국과 아일랜드 장관들로 구성된 위원회도 설치되었다. 그리고 종파 간 폭력을 종식시키기 위해, 체포된 준군사 조직원들의 조기 석방과 치안 유지 관행 개혁, 영국군 주둔을 "정상적인 평화 사회에 걸맞은 수준"으로 감축하는 조건으로 준군사 집단들의 무장을 해제하기로 했다.

성금요일 협정은 아주 큰 의미가 있는데, 북아일랜드의 최종 상태를 두고 극명하게 대립하는 목표를 지녔던 두 정치 집단(연합파와 민족주의 진영)이 협정 내용을 모두 받아들일 수 있었을 뿐만 아니라, 현대사에서 가장 오래 지속된 갈등 중 하나를 마침내 평화롭게 마무리할 기회를 제공했기 때문이다. 하지만 쌍방의 정치 지도자들은 완전한 합의에 이르러야 했을 뿐만 아니라, 국민 투표에서 비준받기 위해 합의 내용을 전체 국민에게 잘 홍보해야 했다.[51] 그렇다면 전망 이론은 성금요일 협정이 성공을 거둔 이유(정치적 합의와 대중의 지지라는 측면에서)에 대해 무엇을 말해주는가?

앞에서 보았듯이, 전망 이론이 제시하는 한 가지 통찰은 사람들이 결정을 할 때 손실을 볼 수 있는 것에 더 크게 영향을 받는 경향이 있다는 것이다. 따라서 손실 회피 편향 때문에 합의가 파기되는 것을 가장 효율적으로 피하고, 또 그 효과를 잘 활용할 수 있는 방법은 예상되는 손실을 보상할 수 있는 최선의 대안을 선택지로 제시하는 것이다.[52]

성금요일 협정의 핵심은 연합파와 민족주의자 모두 그 협정을 준군사 조직 간의 휴전 이후로 유지돼온 안전과 상당한 경제적 발전 가능성의 상실을 피할 수 있는 최선의 기회로 여겼다는 데 있다. 무엇보다도 중요한 것은 양측 지도자들이 자신의 지지자들에게 지지받을 수 있는 합의안을 만들었다는 것이다. 연합파는 협정이 아일랜드 공화국에 주권을 넘겨주는 것을 피할 수 있을 뿐만 아니라, 북아일랜드와 영국 사이의 통합을 강화할 수 있는 최선의 해결책이라고 주장했다.

반면에 민족주의자들은 이 협정이 북아일랜드의 모든 시민에게 평등을 보장한다는 점을 강조하는 한편으로, 이것이 통일 아일랜드를 위한 투쟁의 종식을 의미하진 않으며, 그 목표를 달성하는 데 더 나은 정치적 수단을 제공한다고 주장했다. 성금요일 협정은 의도적으로 북아일랜드의 미래 문제(영국의 일부로 남을 것인지 아일랜드 공화국과 합쳐질 것인지)를 다루지 않아 쌍방 모두 협정을 지지할 수 있었고, 만약 협정이 체결되지 않을 경우에 잃게 될 것이 무엇인가에 논의의 초점을 맞출 수 있었다.[53]

북아일랜드의 대다수 정당들과 영국과 아일랜드 정부가 이 협정에 서명한 지 한 달 후, 공식 비준을 받기 위해 국민 투표가 실시되었다. 활발한 찬성 캠페인 덕분에 북아일랜드와 아일랜드 모두 협정은 비준되었고, 협정 이행 과정에 어려움이 없지는 않았지만, 그 후 20여 년 동안 평화가 유지되었다.

끝맺는 말

이 책의 각 장을 통해 우리의 여러 가지 생물학적 측면(타고난 우리의 인간성)이 역사에 얼마나 중요한 영향을 미쳤는지 살펴보았다.

우리의 심리학적 소프트웨어가 어떻게 사회생활과 이타성을 발전시켰고, 광범위한 협력이 어떻게 문명이라는 거대하고 잘 협응된 모험사업을 수행할 수 있게 했는지 보았다. 우리의 독특한 생식 행동이 어떻게 가족을 탄생시켰고, 여러 문화의 왕조들이 후계자를 확보하는 과제를 어떻게 처리했는지도 보았다. 감염에 대한 우리의 감수성과 풍토병과 맹렬한 팬데믹의 영향에 대해서도 논의했다. 인구의 힘과 인구 집단의 광범위한 속성, 그리고 정신 작용 물질을 이용해 의식적 경험을 변화시키려는 우리의 성향이 어떤 결과를 초래했는지도 탐구했다. 우리 DNA에 포함된 결함 유전자가 역사에 미친 영향을 보여주는 구체적 사례들도 살펴보았다.

마지막으로 우리의 행동에 영향을 미치는 인지 결함과 편향에 대해서도 알아보았다.

인류의 역사는 종으로서 우리가 지닌 기능과 결함 사이에서 왔다 갔다 하며 펼쳐졌다.

하지만 우리는 타고난 생물학적 조건의 무력한 노예가 아니다. 인류가 이룬 기술 진보는 우리가 자신의 자연적 능력을 높이고 증대하기 위해, 그리고 우리의 많은 생물학적 약점을 보완하거나 극복하기 위해 펼친 노력을 보여주는 이야기이다.

다른 동물의 날카로운 발톱이나 사브르처럼 예리한 이빨이 없는 우리는 손도끼나 뾰족한 창 같은 석기를 사용해 사냥을 하고 잡은 동물을 손질함으로써 고기로 식단을 풍부하게 할 수 있었다. 같은 무기를 사용해 우리는 포식 동물로부터 자신을 보호할 수 있었고, 또 서로 싸우기도 했다.

도자기와 점토 용기의 발명과 함께 조리를 위한 불의 사용은 음식물에서 독소를 없애고, 식량을 보존하고 저장할 수 있게 해주었다. 불의 사용은 또한 외부적인 전소화前消化 단계를 제공해 식품에서 더 많은 영양분을 추출할 수 있게 해주었다. 그리고 곡식을 갈거나 빻아 가루로 만드는 맷돌과 연자매는 우리의 어금니를 기술적으로 확장한 것이나 다름없었다.

열대 아프리카를 떠나 전 세계 각지의 더 추운 지역으로 퍼져나가면서 우리는 동물 가죽을 꿰매 만든 가죽옷에서부터 천을 짜는 베틀의 혁신에 이르기까지 털이 없는 몸을 따뜻하게 감싸고 비바람으로부터 보호하는 방법을 발견했다.

이러한 발전들은 모두 인간 문화의 기본적인 측면을 보여주는데, 인간은 서로 유익한 행동과 관행을 배우고 그것을 개인 간에 전달할 뿐만 아니라, 다음 세대에까지 전달한다. 사실, 문화적으로 진화할 수 있는 우리의 능력은 인류가 많은 제약을 극복하게 해준 아주 강력한 힘이다.

이 책 전체에서 자세히 살펴보았듯이, 우리 생물학의 고유한 요소들은 사회와 문명의 역사에 큰 영향을 미쳤다. 하지만 그 반대도 성립한다. 인류의 문화적 혁신은 우리의 유전자 구성에 그 흔적을 남겼다. 예를 들면, 지난 1만 년 사이에 염소와 양, 특히 소를 가축화하면서 유럽과 중동, 그리고 아프리카와 아시아 일부 지역에 살던 인구 집단은 동물의 젖을 섭취하기 시작했다. 포유류인 우리는 어릴 때 어머니의 젖을 먹고 자라지만, 젖을 떼고 나면 젖을 소화하는 필수 효소인 락테이스를 자연적으로 생산하는 능력을 잃게 된다. 그런데 먼 옛날에 낙농업을 한 이 인구 집단의 후손들은 어른이 되고 나서도 락테이스를 만드는 유전자가 계속 그 기능을 발휘한다.[1]

우리는 문화적 환경에 생물학적으로 더 잘 적응하도록 진화했다. 오늘날 북유럽 사람들 중 95%는 락테이스라는 유당 분해 효소가 지속적으로 분비되는 '락테이스 지속성lactase persistence'을 지니고 있어 시리얼이나 차에 우유를 듬뿍 부을 수 있다. 반면에 전 세계의 다른 인구 집단들에서는 어른이 되고 나서 우유를 마시면 탈이 나는 사람이 많다.[2] 따라서 우리는 우리의 생물학적 능력을 향상시키기 위해 문화적 발명을 사용해왔을 뿐만 아니라, 이러한 혁신이 반대로 우리의 생물학을 변화시키기도 했다.

문명이 탄생한 이래 문화적 변화의 속도는 크게 가속돼왔다. 우리는 점점 더 복잡하고 수준 높은 기술을 발전시켰다. 야금술은 돌로 만든 것보다 더 사용하기 편리한 금속 도구와 함께 내구성이 뛰어난 무기와, 연약한 살과 깨지기 쉬운 머리뼈를 보호하는 갑옷도 제공했다. 문자의 발명은 우리 뇌의 기억 용량과 구전口傳을 넘어서는 정보 저장 능력을 엄청난 규모로 확대시켰고, 시간과 공간을 건너뛰어 우리가 결코 만날 수 없는 사람들과도 의사소통을 하게 해주었다. 점토판이나 파피루스, 양피지에 문자를 새기던 방법은 종이와 인쇄기에 밀려났고, 결국에는 손바닥 안에서 사실상 무한한 정보에 접근할 수 있는 인터넷으로 발전했다. 우리는 흐릿한 시력을 교정하기 위해 안경을 발명했고, 그와 더불어 망원경과 현미경을 발명해 이전에는 볼 수 없었던 영역으로 우리의 시야를 확장했다. 항생제와 백신, 예방법 같은 현대 의학은 우리의 면역계를 지원하고 질병으로부터 우리를 보호해준다. 유전적 결함의 효과를 잠재우는 의약품도 있고, 능숙한 외과 수술은 해부학적 기형이나 부상으로 인한 변형을 바로잡을 수 있다. 우리는 자신의 생식마저 제어할 수 있게 되었다. 콘돔과 피임약, 그 밖의 피임 기구, 그리고 의학적으로 안전한 낙태 같은 방법을 사용하며 성관계와 출산이 분리되었고, 아이를 갖고 싶은 때와 아이를 함께 갖고 싶은 상대를 선택할 수 있게 되었으며, 그렇게 해서 가족의 크기와 인구 성장을 조절할 수 있게 되었다. 현대 기술은 어려움에 처한 사람들의 생식도 도울 수 있다. 예컨대 체외 수정은 불임 부부에게 아이를 가질 수 있는 희망을 준다.

이 모든 혁신을 통해 우리는 자연적 능력을 증대시키고 한계를 극복할 수 있는 힘을 갖게 되었다. 그러다 보니 오늘날 적어도 선진국에서는 개인의 차등 생존율이나 생식 성공률은 더 이상 그 사람의 유전자에 좌우되지 않게 되었다. 이제 자연 선택은 영향력을 미칠 대상을 잃었고, 우리 종의 진화는 사실상 멈추었다.[3]

오늘날 대다수 사람들은 우리 자신이 거의 다 만들고 제어하는 환경에서 살아간다. 그렇다고 해서 우리가 자신의 생물학적 구속에서 완전히 벗어나 마음대로 살 수 있는 것은 아니다.

두 가지 예만 살펴보자. 현대 도시 사회에서는 논밭과 공장에서 일하는 사람이 점점 줄어들고 있다. 금융 부문에서 일하건 콜센터에서 일하건, 많은 사람들은 하루 중 오랜 시간을 책상 앞에 앉아 고개를 구부린 채 지낸다. 이곳저곳을 배회하는 수렵채집인과 농사꾼과 산업 노동자로 수많은 세대를 보낸 뒤에 이제 우리는 거의 완전히 앉아서 살아간다.

사실, 우리는 앉아서(심지어 쉴 때에도 소파에 구부정한 자세로 앉은 채) 보내는 시간이 너무 많다 보니 척추를 떠받치고 서 있을 때 우리를 똑바로 서게 지탱하는 주요한 자세 유지 근육들이 위축되었다. 대다수 사람들은 어느 시점에 가서 만성 요통, 특히 등 아래쪽 요통으로 시달릴 것이다. 게다가 선진국에서는 자동차와 대중교통을 보편적으로 이용하다 보니 일상적인 이동에서 신체 활동의 필요성이 크게 줄어들었다.

채집인과 농부는 발로 열심히 걸어 다니면서 생활하지만, 현

388

대 산업 세계의 등장과 함께 운동을 해야 한다는 기묘한 개념이 나타났다. 일상생활에서 신체 활동이 너무 부족하다 보니 우리는 의도적으로 그것을 일상적인 루틴에 집어넣게 되었다. 체육관(영어 단어 gymnasium은 고대 그리스어 김나시온gymnasion에서 유래했는데, 이 단어는 '벌거벗은'을 뜻하는 그리스어 단어 김노스gymnos에서 생겨났다)에서 시간을 보낸 고대 그리스인에게 운동은 노예를 거느려 노동을 할 필요가 없는 사회 특권층의 취미 활동이었다. 오늘날 우리는 일하러 가기 전이나 일이 끝난 뒤에 건강을 유지하기 위해 체육관으로 달려간다. 중세의 농부들이 우리가 트레드밀 위에서 가상 마일을 밟으면서 제자리에서 걷거나 달리기 위해 돈을 지불하는 것을 보면 뭐라고 할지 궁금하다.(참고로 트레드밀은 19세기 전반에 영국 교도소들에서 힘든 노동을 통한 처벌의 한 형태로 사용되었다.)

대체로 실내에서 살아가는 삶은 우리의 시력에도 영향을 미쳤다. 시력은 나이가 들수록 나빠지는 경향이 있는데, 수정체의 탄력이 떨어지면서 가까이 있는 물체에 초점을 맞추기가 힘들어지기 때문이다. 그래서 나이가 들수록 원시가 되는 경향이 있다. 그런데 빅토리아 시대 이후에는 정반대 문제인 근시가 급증했는데, 심지어 어린이들 사이에서도 발생했다. 사람들이 주로 가까이 있는 것(특히 화면)들만 바라보면서 살아가고 밖에서 먼 곳을 보면서 지내는 시간이 줄어듦에 따라 오늘날 도시 환경에서 사는 사람들 중 약 50%가 근시 문제를 겪는다.[4]

선진국에서 살아가는 현대인 사이에서는 또한 천식, 습진, 식품 알레르기, 건초열(우리가 초원에서 살아가는 종으로 진화했다는 사실을 감안하면, 이것은 아이러니처럼 보인다) 같은 알레르기 반응이 급증했다. 알레르기 반응은 우리 몸의 연조직에 생긴 염증이 원인이 되어 발생하며, 면역계가 무해한 유발 인자에 과민 반응하여 일어난다. 청결한 위생은 전염병을 예방하는 데 중요하지만, 우리는 집안을 지나칠 정도로 청결하게 하려고 신경을 쓰고, 아이들이 밖에서 흙먼지를 뒤집어쓰며 놀지 못하게 한다. 하지만 면역계는 진짜 위협과 무해한 자극을 구별할 수 있도록 훈련을 해야 할 필요가 있는데, 어릴 때 먼지와 세균과 기생충에 노출되지 않으면 배워야 할 것을 제대로 배우지 못해 과민해져서 알레르기 반응을 일으키기 쉽다.

게다가 선진국에서 주요 사망 원인은 더 이상 악성 유행병이나 기아가 아니라, 비만, 당뇨병, 고혈압, 심장병처럼 대개 예방 가능하지만 스스로 자초한 질환이다. 이러한 '생활 습관병' 이면에 숨어 있는 문제 중 일부는 일하지 않고 움직이지 않는 우리의 생활 방식에 있지만, 칼로리가 높은 식품을 배불리 먹는 과식도 일부 원인이다. 오늘날 우리가 목격하는 유행병은 감염병이 아니라, 과소비와 신체 활동 부족에서 비롯되는 결과인데, 그것은 노력만 하면 충분히 피할 수 있는 것들이다. 매우 효율적인 기계와 인공 비료, 살충제, 제초제를 사용하는 산업화된 농업으로 농산물과 육류가 대량 생산되면서 역사상 이처럼 식품 가격이 싸고 일반 대중이 온갖 식품에 광범위하게 접할 수 있었던 적은 일찍이 없었다. 우리는 놀랍도록 풍요로운 시대에 살고 있다. 하지만 문제는 우리가 섭취하는 식품의 양뿐만이 아니다. 우리가 자주 선택하는 식품의 종류도 문제가 된다. 대체로 우리는 신선한 과일과 채소를 건강에 좋지 않을 만큼 섭취하지는 않는다. 지나친 과식의 근본 원인은 우리의 생물학적 구성에 깊이 프로그래밍되어 있다.

아프리카 사바나에서 살던 우리 조상은 살아남기 위해 세심한 노력을 기울일 필요가 있었다. 그래서 진화는 우리의 미각을 그 환경에서 부족했던 필수 영양소와 미네랄 공급원을 선호하도록 프로그래밍했는데, 당분과 지방, 염분이 그런 것들이다. 하지만 이제 인류의 진화는 문화적 변화와 보조를 맞춰 진행되지 않기 때문에, 우리는 구석기 시대의 미각을 여전히 지닌 채 오늘날 사방에 풍부하게 널린 고칼로리 식품을 아직도 갈망한다.

이런 맥락에서 볼 때, 현대 패스트푸드의 상징―감자튀김과 청량음료를 곁들인 치즈버거―은 우리 조상들이 꿈꾸던 음식이 실현된 것이다. 그래서 우리는 미각을 돋우는 소금이 곳곳에 뿌려져 있고 고칼로리 탄수화물 사이에 끼인 기름투성이 단백질 덩어리를 고농축 당분 용액과 함께 꿀꺽 삼킨다. 이것은 거의 기이할 정도로 아주 잘 만들어진 식품으로, 우리의 모든 원초적인 식욕을 자극하고 뇌의 쾌락 중추를 불타오르게 만든다. 이런 종류의 식품은 앞에서 우리가 살펴보았던 중독성 물질과 마찬가지 방식으로 뇌의 도파민 보상 경로를 활성화시킨다.[5]

이렇게 칼로리가 풍부한 식품을 먹으면 단기적으로 만족을 느낄 뿐만 아니라 그런 만족을 느끼고 싶은 강박적 충동이 든다. 사실, 우리가 섭취하는 현대의 거의 모든 가공 식품은 지방과 소금과 당분이 가득 들어 있다. 그리고 우리가 먹는 육류는 대부분 공장에서 간 것이다(우리는 씹는 노력마저 공장에 외주를 맡긴 셈이다).

인체에 칼로리를 공급하는 측면에서 본다면, 에너지를 잔뜩 포함하고 부드럽고 쉽게 소화되는 현대 식품의 영양분은 거의 움직이지 않는 사람들에게는 사실상 로켓 연료나 다름없다. 우리 유전자가 진화한 조상의 환경과 우리가 자신을 위해 만든 현대 세계 사이에는 큰 괴리가 있다. 그래서 우리 조상의 충동에 따라 섭취할 식품을 결정할 때, 우리는 이른바 부조화 질환에 걸리기 쉽다. 우리 몸에 여분의 지방으로 저장된 잉여 에너지는 비만을 초래하고, 과잉 당분은 고혈압을 촉발해 심장병을 일으키며, 혈당량 급증은 당뇨병을 일으킨다.

건강에 좋지 않고 비만의 원인이 된다는 사실을 너무나도 잘 알고 있는데도 불구하고, 가공 식품과 단것을 너무 많이 먹고 싶은 충동을 거부하기 매우 힘든 또 하나의 이유는 바로 인지 편향에 있다. 우리가 합리적으로 행동하는 데 실패하는 이유는 눈앞의 보상을 과잉 평가하는 반면에 선택의 장기적 결과를 무시하기 때문이다. 이러한 경향은 진화적 관점에서 보면 충분히 일리가 있다. 불확실한 세계나 위험한 세계에서는 나중에는 그런 기회가 없을지도 모르므로 눈앞의 이득을 당장 취하거나, 지평선 너머에 도사리고 있는 위험보다는 당면한 위험에 초점을 맞추는 것이 타당하다. 그리고 현대 세계에서는 건강에 좋지 않은 식습관뿐만 아니라, 남은 돈을 미래를 위해 저금을 하는 대신에 오늘 당장 써버리기로 선택하거나, 당장의 만족을 추구하면서 잡일과 해야 할 일을 뒤로 미루는(설사 나중에 한다 하더라도!) 행동에서도 '현재 편향present bias'(인지적 근시)이 고개를 쳐든다. 이것은 기후 변화처럼 심각하지만 서서히 진행되는 문제에 효과적으로 대응하지 못하게 하는 여러 인지 편향 중 하나이기도 하다.

인간 활동 때문에 지구의 기후가 따뜻해지고 있다는 것은 과학적으로 확립된 사실이며, 빨리 그리고 단호하게 행동하지 않는다면 아주 심각한 결과를 맞이할 수 있다. 이 문제를 해결하려면, 온실가스 배출을 줄이기 위해 우리 모두가 일상적 행동을 바꾸어야 할 뿐만 아니라, 정부와 산업계도 정책과 관행을 바꾸기 위해 특별한 노력을 기울여야 한다(유권자이자 소비자인 우리가 원하는 것에 호응하면서). 그리고 나는 이제 대다수 사람들이 우리가 현재의 생활 방식에 어떤 변화를 가져와야 하는지 너무나도 잘 안다고 생각한다. 문제는 장기적인 미래를 위해 환경을 보존하려면, 당장의 편익(크고 편안한 승용차를 몰거나 비행기를 타고 여름휴가를 떠나거나 고기와 유제품을 즐기는 것 등)을 희생해야 할 필요가 있다는 것이다.(하지만 기후 변화의 가장 우려스러운 점은 지난 몇 년 사이에 이미 그 변화의 효과가 무척 분명하게 나타나고 있다는 사실이다.) 우리가 에너지 효율적 장비를 사용해 평생 동안 연료비를 절약하여 개인적으로 이득을 얻는다 하더라도, 현재 편향은 높은 초기 비용 때문에 그것을 사지 못하도록 방해한다.

8장에서 살펴보았던 매몰 비용 오류도 문제를 악화시킨다. 특정 접근법에 시간이나 에너지, 자원을 더 많이 투입했을수록, 이제 방향을 바꾸는 것이 이득이라는 사실이 명백해진 뒤에도 원래의 방향을 고수할 가능성이 더 높다. 이 인지 편향은 재생 에너지나 탄소 중립에 기여하는 에너지를 사용하는 게 이득이라는 증거가 점점 쌓이는데도 불구하고, 우리의 인프라가 계속 화석 연료에 의존하는 한 가지 이유이다.

물론 이것은 우리가 이 문제의 심각성을 인식하고 있다는 가정에서 하는 말이다. 아직도 기후 변화를 믿지 않는 사람들이 상당히 많다. 대다수 사람들은 대중 매체를 통해 뉴스를 접하는데, 대중 매체들은 갈수록 이념적 성향이 양극화되고 있다.

확증 편향은 상황의 심각성을 믿지 않는 사람들의 신념을 더 강화시킨다.° 우리는 기후 변화처럼 멀고 점진적이고 복잡한 문제를 해결하기 위해 적절한 행동을 취하는 데 방해가 되는 여러 가지 인지 편향에 사로잡혀 있는 것처럼 보인다.

인지 편향은 우리의 생물학과 우리가 진화해온 과거의 많은 측면과 함께 인류의 역사에 아주 큰 영향을 미쳤다. 그리고 우리가 만들 미래에도 여전히 강력한 영향력을 발휘할 것이다.[7]

○ 예를 들면, 한 연구에서는 기후 변화를 받아들이거나 거부한 사람들에게 두 가지 기사를 읽게 했다. 하나는 과학자들 사이에서 의견 일치가 이루어진 주류 견해였고, 다른 하나는 그것을 의심하는 견해였다. 기후 변화를 받아들인 사람들은 첫 번째 기사를 더 신뢰할 만한 것으로 여긴 반면, 거부한 사람들은 두 번째 기사를 더 신뢰할 만한 것으로 여겼다. 여기서 중요한 것은 두 집단 모두 자신의 기존 견해를 더 확신하게 되었다는 사실이다.[6]

도판 출처

52, 53쪽
'웨이슨 선택 과제Wason selection task'의 그래픽, 저자가 만듦.

104쪽
Portrait of Maximilian I, Holy Roman Emperor by Bernhard Strigel. Kunsthistorisches Museum Wien
ID: 1177967c79. 퍼블릭 도메인 사진 사용.(https://commons.wikimedia.org/wiki/
File:Bernhard_Strigel_014.jpg)
König Karl II. von Spanien by Juan Carreño de Miranda. Kunsthistorisches Museum Wien ID:
941e1aaaba. 퍼블릭 도메인 사진 사용.(https://commons.wikimedia.org/wiki/
File:Juan_de_Miranda_Carreno_002.jpg)

219쪽
러시아 인구 피라미드, 유엔 인구 분과 경제사회부Department of Economic and Social Affairs, Population
Division가 제공한 인구 데이터로 매스매티카12Mathematica 12를 사용하여 저자가 만듦.(https://
population.un.org/wpp/Download/Standard/Population)

323쪽
The Capture of the Nuestra Sñora de Cavadonga by the Centurion, 20 June 1743 by Samuel Scott.
퍼블릭 도메인 사진 사용.(https://commons.wikimedia.org/wiki/File:Samuel_Scott_1.jpg)

363쪽
경기병 여단의 돌격을 묘사한 도판, 저자가 만듦.
지형도 출처: *The Destruction of Lord Raglan* by Christopher Hibbert(Longman, 1961). (https://www.
britishempire.co.uk. 저작권자 Stephen Luscombe)
여단의 위치는 다음 자료를 참고했다. *Our Fighting Services* by Evelyn Wood(Cassell, 1916), 451쪽.

책의 경우에는 해당 페이지를 숫자로 표시했다. 전자책의 경우에는 그 위치[location]를 'loc.'와 함께 숫자로 표시했다.

머리말

1. Collins (2006); White (2020). • 2. National Safety Council (2022). • 3. Lents (2018), loc.340. • 4. Darwin (1859), ch.6. • 5. Yu (2016), p.31. • 6. Steele (2002). • 7. Marcus (2008), p.107. • 8. 'Phoneme', in Brown, K. (ed.), Encyclopedia of Language & Linguistics (Second Edition). Elsevier. • 9. Maddieson (1984). • 10. Pereira (2020).

1장

1. 최근에 나온 여러 권의 책은 우리가 평화로운 사회를 이루어 살아가도록 해준 인간의 적응에 관한 훌륭한 입문서이자 이 장에 기반을 제공했다: Sapolsky (2017); Christakis (2019); Wrangham (2019); Raihani (2021). • 2. Wrangham (2019), p.180. • 3. Mitani (2010); Wilson (2014). • 4. Wrangham (2019), loc.350. • 5. Wrangham (2019), loc.2804, loc.2825. • 6. Johnson (2015). • 7. Wrangham (2019), loc.2120. • 8. Raihani (2021), p.226. • 9. Christakis (2019), loc.5860. • 10. Wrangham (2019), loc.640; Kruska (2014). • 11. Wrangham (2019), loc.1112, loc.1410. • 12. Wrangham (2019), loc.1415; Theofanopoulou (2017). • 13. Wrangham (1999). • 14. Spiller (1988); Glenn (2000); Jones (2006); Strachan (2006); Engen (2011). • 15. Singh (2022). • 16. Powers (2014); Mattison (2016). • 17. Anter (2019). • 18. Stewart-Williams (2018), loc.749. • 19. Dugatkin (2007). • 20. StewarWilliams (2018), loc.4258; Cartwright (2000); Burton-Chellew (2015). • 21. Visceglia (2002); Vidmar (2005). • 22. Trivers (1971); Trivers (2006); Schino (2010). • 23. Raihani (2021), p.133. • 24. Stewart-Williams (2018), loc.4613; de Waal (1997); Jaeggi (2013); Dolivo (2015); Voelkl (2015). • 25. Raihani (2021) p.134. • 26. Raihani (2021) p.134. • 27. Stewart-Williams (2018), loc.620; Massen (2015). • 28. Raihani (2021), p137. • 29. Cosmides (1994); Christakis (2019), loc.4780. • 30. Christakis (2019) loc.5168; Winston (2003), p.313; Stewart-Williams (2018), loc.4780. • 31. Alexander (2020); Nowak (2006); Nowak (2005). • 32. Sapolsky (2017), p.633. • 33. Haidt (2007). • 34. Wrangham (2019), loc.3702. • 35. Edwardes (2019), p.112; Jensen (2007). • 36. Christakis (2019), loc.5209; Fehr (2002). • 37. Wolf (2012). • 38. Kurzban (2015); Raihani (2021), p.163. • 39. Kurzban (2015); Yamagishi (1986); Fehr (2002). • 40. Sapolsky (2017), p.610; de Quervain (2004) • 41. Kahneman (2012), p.308. • 42. Kahneman (2012), p.308. • 43. Sapolsky (2017), p.636. • 44. Edwardes (2019). • 45. Christakis (2019), loc.5280; Fehr (2002); Boyd (2003); Fowler (2005); Boyd (2010). • 46. Dunbar (1992). • 47. McCarty (2001). • 48. 하지만 이 한계를 특정 수로 정하려는 시도가 어떻게 문제가 될 수 있는지에 관한 논의는 Linderfors (2021)를 참고하라. • 49. Zhou (2005). • 50. Carron (2016). • 51. Dunbar (2015). • 52. Fuchs (2014). • 53. Wason (1968); Wason (1983). • 54. Winston (2003), p.334; Wason (1983). • 55. Winston (2003), p.334. • 56. Cosmides (1989) Cosmides (2010); Haselton

(2015). • 57. Cosmides (2015). • 58. Cosmides (1989). Cosmides (2010). • 59. Atran (2001); Stone (2002); Carlisle (2002); Pietraszewski (2021). • 60. Wrangham (2019), loc.3718. • 61. Haidt (2007). • 62. Krebs (2015). • 63. Krebs (2015); Christakis (2019), loc.4066. • 64. Raihani (2021), p.118. • 65. Kanakogi (2022). • 66. Fernández-Armesto (2019), loc.1950; Roth (1997). • 67. Jones (2015). • 68. Raihani (2021), p163; Greif (1989). • 69. Luca (2016); Holtz (2020); Chamorro-Premuzic (2015); Raihani (2021), p.163. • 70. Morris (2014).

2장

1. Gruss (2015); Trevathan (2015). • 2. van Leengoed (1987). • 3. Kendrick (2005). • 4. Lee (2009). • 5. Acevedo (2014); Fisher (2006). • 6. Schmitt (2015); Flinn (2015); Young (2004). • 7. Christakis (2019), p.179. • 8. Hanlon (2020). • 9. Schmitt (2015); Fisher (1989). • 10. Raihani (2021), p.47. • 11. Campbell (2015). • 12. Hareven (1991). • 13. 'heirloom, n.'. OED Online. December 2022. Oxford University Press. https://www.oed.com/view/ Entry/85516 • 14. Duindam (2019), loc.1411. • 15. Rady (2017), loc.464. • 16. Kenneally (2014), p.192. • 17. Shammas (1987). • 18. 'Patriarchy' in Ritzer (2011). • 19. Archarya (2019); Duindam (2019), loc.3010; Hartung (2010); Fortunato (2012). • 20. Wilson (1989); Price (2014). • 21. Barboza Retana (2002). • 22. Haskins (1941); Brewer (1997). • 23. Hrdy (1993). • 24. Herre (2013); Economist Intelligence (2022). • 25. Duindam (2015), loc.340. • 26. Bartlett (2020). • 27. Rady (2020), loc.208. • 28. Rady (2017), loc.477. • 29. Rady (2017), loc.510; Rady (2020), loc.1105. • 30. Bartlett (2020), loc. 4085-4261. • 31. Rady (2017), loc. 510. • 32. Rady (2017), loc.,430; Rady (2017), loc.750. • 33. Rady (2017), loc.530; Rady (2020), loc.1340. • 34. Rady (2020), loc.1533. • 35. Rady (2017), loc.530. • 36. Rady (2020), loc.1120. • 37. Bartlett (2020). • 38. Rady (2017), loc.425. • 39. Rady (2020), loc.380. • 40. Rady (2020), loc.377; Rady (2020), loc.1340. • 41. Rady (2017), loc.530; Rady (2020), loc.110. • 42. Rady (2017), loc.840. • 43. Murdock (1962); White (1988); StewartWilliams (2018), loc.3860; Schmitt (2015); • 44. Schmitt (2015) • 45. Campbell (2015). • 46. Duindam (2019), loc.675. • 47. Christakis (2019), loc.2740; Duindam (2019), loc.670; Starkweather (2012); Schmitt (2015). • 48. Christakis (2019), loc.2750; Monaghan (2000), loc.1290. • 49. Christakis (2019), loc.2585. • 50. Zimmer (2019), loc.3210. • 51. Meekers (1995). • 52. Payne (2016); Scheidel (2009a). • 53. Duindam (2019), loc.670. • 54. Schmitt (2015); Stewart-Williams (2018), loc.5550. • 55. Christakis (2019), loc.2390; MacDonald (1995); Scheidel (2009a). • 56. Payne (2016); Betzig (2014); Scheidel (2009a). • 57. Christakis (2019), loc.2395; Payne (2016). • 58. Christakis (2019), loc.2396. • 59. Stewart-Williams (2018), loc.3870. • 60. Kramer (2020). • 61. Archarya (2019). • 62. Duindam (2019), loc.3497. • 63. Kokkonen (2017). • 64. Montesquieu (1777). • 65. Kokkonen (2017); Duindam (2019), loc.3590. • 66. Kokkonen (2017). • 67. Peirce (1993), p.46. • 68. Payne (2016). • 69. Duindam (2019), loc.3235. • 70. Duindam (2019), loc.3300, loc.3310. • 71. Betzig (2014). • 72. Bartlett (2020). • 73. Duindam (2019), loc.3250. • 74. Betzig (2014); Xue (2005). • 75. Zerjal (2003); Betzig (2014). • 76. Bartlett (2020). • 77. Duindam (2019), loc.3680. • 78. Duindam (2019), loc.2830. • 79. Duindam (2019), loc.3760, loc.788. • 80. Duindam (2019), loc.3295. • 81. Duindam (2019), loc.3718. • 82. Peirce (1993), p.46. • 83. Betzig (2014). • 84. Dale (2017); Dale (2018), p.2. • 85. Betzig (2014). • 86.

Duindam (2019), loc.6055. • 87. Betzig (2014). • 88. Duindam (2019), loc.3450; Betzig (2014). • 89. Bixler (1982); Scheidel (2009). • 90. Christakis (2019), loc.3445; Hegalson (2008). • 91. Rady (2020), loc.1662; Alvarez (2009); Helgason (2008). • 92. Vilas (2019). • 93. Rady (2020), loc.1670. • 94. Vilas (2019). • 95. Vilas (2019). • 96. Rady (2020), loc.1670; Zimmer (2019), loc.310. • 97. Rady (2020), loc.1670. • 98. Alvarez (2009). • 99. Alvarez (2009). • 100. Alvarez (2009). • 101. Zimmer (2019), loc.410; Stanhope (1840), p.99. • 102. Alvarez (2009). • 103. Rady (2020), loc.1919. • 104. Rady (2020), loc.2920. • 105. Rady (2020), loc.2918. • 106. Zimmer (2019), loc.420. • 107. Falkner (2021). • 108. Bartlett (2020). • 109. Duindam (2019), loc.1984. • 110. The Boston Globe (2021). • 111. Duindam (2019), loc.2005. • 112. Hess (2015); The Boston Globe (2021). • 113. Landes (2004); Duindam (2019), loc.2066.

3장

1. Badiaga (2012); Holmes (2013). • 2. Schudellari (2021); Khateeb (2021). • 3. Lacey (2016). • 4. Taylor (2001). • 5. Taylor (2001). • 6. Gurven (2007). • 7. Martin (2015), loc.208. • 8. Sharp (2020); Monot (2005). • 9. Crawford (2009), ch5. • 10. Clark (2010), p.50; Webber (2015), loc.2976; Martin (2015), loc.1770. • 11. Carroll (2007). • 12. Winegard (2019), loc.2334. • 13. Webb (2017). • 14. Phillips-Krawczak (2014); Depetris-Chauvin (2013); McNeill (1976); Yalcindag (2011). • 15. Winegard (2019), loc.2774. • 16. Gianchecchi (2022). • 17. Winegard (2019), loc.370, loc.2774. • 18. Crawford (2009), ch.5. • 19. Acemoglu (2001); Bryant (2007); Gould (2003). • 20. Winegard (2019), loc.3628. • 21. Winegard (2019), loc.3640. • 22. Winegard (2019), loc.3600. • 23. Green (2017); Martin (2015), loc.2780. • 24. Green (2017). • 25. Whatley (2001) • 26. Miller (2016); Winegard (2019), ch.10; Carroll (2007); Armitage (1994); McNeill (2015), pp.105-123. • 27. Winegard (2019), loc.4190; McNeill (2010), p.201. • 28. Winegard (2019), loc.2847. • 29. Guerra (1977). • 30. Achan (2011); Foley (1997). • 31. Winegard (2019), loc.4184. • 32. Sherman (2005), p.347. • 33. Winegard (2019), loc.4340. • 34. Winegard (2019), loc.4345. • 35. Sherman (2005), p.348. • 36. Sherman (2005), p.349. • 37. Winegard (2019), loc.4400; McNeill (2010), p.222. • 38. Sherman (2005), p.349; Winegard (2019), loc.4240; McNeill (2010), p.199. • 39. Winegard (2019), loc.4250; McNeill (2010), p.199; McCandless (2007). • 40. McNeil (2010), ch.7; Winegard (2019), ch.13. • 41. Watts (1999), p.235. • 42. Watts (1999), p.235. • 43. Winegard (2019), loc.4530. • 44. Oldstone (2009), loc.172. • 45. Sherman (2005), p.341. • 46. Depetris-Chauvin (2013); Webb (2017); Winegard (2019), loc.607; Webber (2015), loc.763; Doolan (2009). • 47. Nietzsche (1888). • 48. Mohandas (2012). • 49. Webb (2017); He (2008). • 50. Meletis (2004); Parsons (1996). • 51. Weatherall (2008). • 52. Mitchell (2018); Randy (2010). • 53. Dyson (2006); Lichtsinn (2021); Dove (2021). • 54. Williams (2011); Gong (2013). • 55. Webber (2015), loc.795; Akinyanju (1989); Dapa (2002). • 56. Malaney (2004). • 57. Kato (2018). • 58. Pittman (2016); Swerdlow (1994); Glass (1985). • 59. Pittman (2016); Webber (2015), loc.2324; Galvani (2005); Dean (1996); Stephens (1998); Lalani (1999); Novembre (2005). • 60. Josefson (1998); Poolman (2006). • 61. Sherman (2005), p.341. • 62. Sherman (2005), p.341; Zinsser (1935), p.160; Clark (2010), p.237; Winegard (2019), loc.4637. • 63. Winegard (2019), ch.13; McNeill (2010), ch.7. • 64. Girard (2011). • 65. Winegard (2019), loc.4656. • 66. Oldstone (2009), loc.175; Winegard

(2019), loc.4660. • 67. Winegard (2019), loc.4606; Sherman (2007), p.147. • 68. 오늘날의 가치는 CPI Inflation Calculator(CPI 인플레이션 계산기)를 사용해 계산했다. 이 계산기는 www.officialdata. org에서 이용할 수 있다. • 69. Bush (2013). • 70. 질병 환경이 자원 수탈 식민지와 정착민 식민지에 미친 장기적 결과에 관한 이 내용은 Acemoglu (2001)를 바탕으로 했다. • 71. Clark (2010), p.122. • 72. Acemoglu (2001). • 73. Bernstein (2009), loc.4747. • 74. Esposito (2015); Bernstein (2009), loc.4755 • 75. Winegard (2019), loc.2852. • 76. Winegard (2019), loc.2861. • 77. Morris (2014), p.220. • 78. Morris (2014), p.195. • 79. Winegard (2019), loc.2658. • 80. Winegard (2019), loc.2848. • 81. Roberts (2013), p.792; Sherman (2007), p.324. • 82. Sherman (2007), p.322 • 83. Roberts (2013), p794.

4장

1. Diamond (1987). • 2. Martin (2015), loc.257; Oldstone (2009), loc.2176. • 3. Webber (2015), loc.2266. • 4. Martin (2015), loc.257; Stone (2009). • 5. Grange (2021). • 6. Clark (2010), p.115; Smith (2003) • 7. Clark (2010), p.125. • 8. Clark (2010), p.115. • 9. Outram (2001). • 10. Outram (2001); Parker (2008). • 11. Harrison (2013). • 12. Green (2017). • 13. Crawford (2009), ch.3. • 14. Thucydides. The History of the Peloponnesian War, Book II, Chapter VII. Translated by Richard Crawley (1874). Available from Project Gutenberg: https://www.gutenberg. org/files/714714714h.htm • • 15. Martin (2015), loc.540. • 16. Martin (2015), loc.690; Crawford (2009), ch.3. • 17. Martin (2015), loc.755. • 18. Crawford (2009), ch.3. • 19. Martin (2015), loc.760; Crawford (2009), ch.3. • 20. Crawford (2009), ch.3; Martin (2015), loc.770; Alfani (2017). • 21. Martin (2015), loc.770; Alfani (2017). • 22. Harper (2017), ch.4. • 23. Winegard (2019) loc.1570; Harper (2015); Huebner (2021). • 24. Harper (2015). • 25. Clark (2010), p.166. • 26. Harper (2015). • 27. Sherman (2005), p.60. • 28. Harper (2015). • 29. Crawford (2009), ch.3. • 30. Martin (2015), loc.832; Alfani (2017). • 31. Harbeck (2013). • 32. Green (2017). • 33. Clark (2010), p.91. • 34. Martin (2015), loc.880. • 35. Winegard (2019), loc.1680. • 36. Winegard (2019), loc.1680; Crawford (2009), ch.3. • 37. Alfani (2017); Webber (2015), loc.1302. • 38. Alfani (2017). • 39. Martin (2015), loc. 965; Alfani (2017). • 40. Eisenberg (2019). • 41. Alfani (2017). • 42. Martin (2015), loc.930; Sarris (2007). • 43. Alfani (2017); Sarris (2002); Sarris (2007). • 44. Martin (2005), loc.938. • 45. Alfani (2017). • 46. Alfani (2017). • 47. Eisenberg (2019). • 48. Martin (2005), loc.940; McNeill (1976), p.123 • 49. Martin (2005), loc.940. • 50. Shahraki (2016). • 51. Clark (2010), p.91. • 52. Sarris (2002); Mitchell (2006); Harper (2017); Little (2006). • 53. Green (2017). • 54. Wheelis (2002). • 55. Webber (2015), loc.1240; Martin (2002), loc.855. • 56. Martin (2002), loc.850. • 57. Martin (2002), loc.850; 'bubo, n.'. OED Online. Oxford University Press. https://www.oed.com/view/Entry/24087. • 58. Martin (2002), loc.840. • 59. Alfani (2017). • 60. Martin (2002), loc.1240. • 61. Webber (2015), loc.1260 • 62. Martin (2002), loc.855. • 63. Sussman (2011). • 64. Webber (2015), loc.1270; Alfani (2017). • 65. Clark (2010), p.218. • 66. Alfani (2017); Pamuk (2007); Pamuk (2014). • 67. Alfani (2017). • 68. Clark (2010), p.218. • 69. Martin (2002), loc.1486. • 70. Clark (2010), p.221. • 71. Alfani (2017); Clark (2010), p.221. • 72. Alfani (2017); Clark (2010), p.221. • 73. North (1970). • 74. Herlihy (1997), p.39. • 75. Herlihy (1997), p.48. • 76. Alfani (2013). • 77. Alfani (2017). • 78. Alfani (2017); Alfani (2017).

• 79. Webber (2015), loc.1287; Brook (2013), p.254. • 80. Crawford (2009), ch.5; Sherman (2007), p.53. • 81. Winegard (2019), loc.2518; Crawford (2009), ch.5. • 82. Sherman (2007), p.53. • 83. Oldstone (2009), loc.705; Crawford (2009), ch5; Clark (2010), p.200. • 84. Watts (1999) p.90; Clark (2010), p.200. • 85. Crawford (2009), ch.5. • 86. Webber (2015), loc.1658. • 87. Oldstone (2009), loc.700. • 88. Crawford (2009), ch.5. • 89. Winegard (2019), loc.2505. • 90. Green (2017); Hopkins (2002). • 91. Loades (2003); Webber (2015), loc.1342. • 92. Sherman (2005), p.198. • 93. Sherman (2005), p.198; Crawford (2009), ch.4; Webber (2015), loc.1351. • 94. Oldstone (2009), loc.146; Hopkins (2002). • 95. Webber (2015), loc.1359; Oldstone (2009), loc.146, loc.734; Sherman (2005), p.198. • 96. Ellner (1998). • 97. Clark (2010), p.200. • 98. Koch (2019); McNeill (1976). • 99. McNeill (1976); Yalcindag (2012). • 100. Koch (2019). • 101. Martin (2002), loc.1568. • 102. Crawford (2009), ch.5. • 103. Wallace (2003). • 104. Kuitems (2022). • 105. Mühlemann (2020). • 106. Koch (2019); McEvedy (1977). • 107. Dobyns (1966); Koch (2019). • 108. Nunn (2010); Koch (2019); Ord (2021), p.124. • 109. Koch (2019); Denevan (1992); Denevan (2010); Alfani (2013). • 110. Ord (2021), p.124. • 111. Crawford (2009), ch.5; Martin (2015), loc.2705; Winegard (2019), loc.2541. • 112. Darwin (1839), ch.12. • 113. Webber (2015), loc.2459. • 114. Crawford (2009), ch.5. • 115. Sherman (2007), p86; Majander (2020). • 116. Gobel (2008); Vachula (2019). • 117. Elias (1996); Jakobsson (2017); Marks (2012). • 118. Levy (2009), p.106; Coe (2008), p.193. • 119. Walter (2017). • 120. Martin (2015); Martin (2002); Mackowiak (2005). • 121. McNeill (1976); Diamond (1998) • 122 Phillips Krawczak (2014). • 123. Crawford (2009), ch.5. • 124. Winegard (2019), loc.2751. • 125. Winegard (2019), loc.2944. • 126. Spinney (2017), p.2. • 127. Martin (2015), loc.2882; Dobson (2007), p.176. • 128. Martin (2015), loc.2882. • 129. Clark (2010), p.243; Honigsbaum (2020), ch.1. • 130. Spinney (2017), ch.3; Honigsbaum (2020), ch.1. • 131. Ewald (1991). • 132. Taubenberger (2006). • 133. Webber (2015), loc.1946. • 134. Oxford (2018); Spinney (2017), ch.14; Honigsbaum (2020), ch.1. • 135. Spinney (2017), ch.14. • 136. Ewald (1991). • 137. Spinney (2017), ch.12. • 138. Taubenberger (2006). • 139. Oldstone (2009), loc.4743. • 140. Oldstone (2009), loc.4745. • 141. Spinney (2017), p.2. • 142. Spinney (2017), p.2. • 143. Oldstone (2009), loc.4682. • 144. Ayres (1919), p.104 (Diagram 45). • 145. Oldstone (2009), loc.4684. • 146. Oldstone (2009), loc.4690. • 147. Oldstone (2009), loc.4690; Spinney (2017), ch.20. • 148. Stevenson (2011), p.91. • 149. Oldstone (2009), loc.4690; Kolata (2001), p.11. • 150. Zabecki (2001), pp.237, 275. • 151. Stevenson (2011), p.91; Watson (2014), p.528. • 152. Watson (2015), p.339. • 153. Watson (2015), p.528. • 154. Oldstone (2009), loc.2995. • 155. Noymer (2009); Chandra (2012). • 156. Chandra (2014) • 157. Nambi (2020). • 158. Chunn (2015). • 159. Spinney (2017), ch.20; Kapoor (2020). • 160. Chunn (2015), p.207. • 161. Chunn (2015), p.189. • 162. Spinney (2017), ch.20; Arnold (2019). • 163. Chunn (2015), p.190. • 164. Spinney (2017), ch.20; Chunn (2015); Kapoor (2020).

5장

1. Robson (2006). • 2. Galdikas (1990). • 3. Kramer (2019); Lovejoy (1981). • 4. Kramer (2019); Gurven (2007); Hill (2001). • 5. Kramer (2019). • 6. Bowles (2011). • 7. Marklein (2019). • 8. Armelagos (1991). • 9. Diamond (2003). • 10. Zahid (2016); Bettinger (2016). • 11. Li (2014);

Bostoen (2018); Bostoen (2020). • 12. Diamond (2003). • 13. Bostoen (2020). • 14. de Filippo (2012). • 15. de Luna (2018). • 16. Reich (2018), loc.3622; Rowold (2016); Bostoen (2020); Holden (2002). • 17. Reich (2018), loc.3622. • 18. Bostoen (2018). • 19. de Filippo (2012); Rowold (2016). • 20. Reich (2018), loc.3622; Bostoen (2018). • 21. Bostoen (2018). • 22. Bostoen (2020). • 23. Ehret (2016), p.113. • 24. Webb (2017); Dounias (2001); Yasuoka (2013). • 25. Bostoen (2018). • 26. Tishkoff (2009). • 27. An extensive review of the genetic evidence is provided in Pakendorf (2011). • 28. Bostoen (2020). • 29. de Luna (2018); Bostoen (2018); Bernie ll-Lee (2009). • 30. Bostoen (2018). • 31. de Luna (2018)는 반투어 팽창의 연구 역사를 간략하게 소개하면서 언어학적, 고고학적, 유전적 연구에서 일어난 발전들에 관한 문헌도 추가로 언급한다. 반투어 팽창의 언어학적 분석은 Cavalli-Sforza (1994)와 Rowold (2016)를 참고하라. • 32. Gartzke (2011). • 33. Beare (1964). • 34. Knowles (2005). • 35. von Clausewitz, C. (1832) On War, Book III, Chapter VIII. • 36. Morland (2019), loc.308. • 37. Zamoyski (2019); Roberts (2015); Tharoor (2021). • 38. Gates (2003), p.272. • 39. Clodfelter (2008). • 40. Morland (2019), loc.799; Office of Population Research (1946) • 41. Blanc (2021). • 42. Beckert (2007). • 43. Desan (1997). • 44. Desan (1997). • 45. Grigg (1980), p.52. • 46. Cummins (2009). • 47. Morland (2019), loc.1284. • 48. Wrigley (1985). • 49. 역사를 통해 각 시기의 출생률에 관한 데이터는 www. statista.com,eg: https://www. statista.com/statistics/1037303/crude-birth-rate-france-1800-2020/ 에서 찾아볼 수 있다. 50. Clark and Alter (2010). • 51. Cummins (2009). • 52. Morland (2019), loc.820. • 53. Morland (2019), loc.917. • 54. Perrin (2022). • 55. Beckert (2007). • 56. 프랑스와 영국, 독일의 역사적 인구 데이터는 www.ourworldindata.org를 참고했다. • 57. Morland (2019), loc.1510. • 58. 북아일랜드의 2021년 인구 조사 정보는 북아일랜드 통계연구 에이전시에서 볼 수 있다. https://www.nisra.gov.uk/statistics/census/; Compton (1976); Anderson (1998); Gordon (2018); Carroll (2022); Morland (2019). • 59. BBC News (2022). • 60. Brainerd (2016); Glantz (2005). • 61. Glantz (2005), p.546. • 62. Brainerd (2016). • 63. Brainerd (2016). • 64. Brainerd (2016); Ellman (1994). • 65. Vishnevsky (2018). • 66. Vishnevsky (2018). • 67. Brainerd (2016); Ellman (1994). • 68. Strassman (1984). • 69. 인도와 중국의 성비에 관한 데이터는 www.statista. com을 참고했다. • 70. Central Intelligence Agency (2021). • 71. Brainerd (2016). • 72. Brainerd (2016); Sobolevskaya (2013). • 73. Bethmann (2012). • 74. Pedersen (1991); Schacht (2015). • 75. Kesternich (2020). • 76. Bethmann (2012). • 77. Gao (2015). • 78. Fernandez (2004). • 79. Bethmann (2012). • 80. Manning (1990), p.104; Teso (2019); Nunn (2017) • 81. Manning (1990), p.85; Nunn (2017). • 82. Nunn (2008). • 83. Nunn (2010). • 84. Nunn (2011); Nunn (2017); • 85. Nunn (2008); Green (2013); Whatley (2011). • 86. Zhang (2021). • 87. Teso (2019); Lovejoy (2000); Lovejoy (1989) • 88. Teso (2019); Lovejoy (1989). • 89. Teso (2019); Thornton (1983); Manning (1990). • 90. Teso (2019). • 91. Teso (2019). • 92. Teso (2019). • 93. Manning (1990); Edlund (2011); Dalton (2014); Bertocchi (2015). • 94. Bertocchi (2019) • 95. Bertocchi (2019). • 96. Ciment (2007); Nunn (2008); Nunn (2010); Zhang (2021). • 97. Winegard (2019), loc.4425. • 98. Winegard (2019), loc.4426. • 99. Simpson (2012), ch.1. • 100. Hill (2008), p.90, p.140. • 101. Simpson (2012), ch.2. • 102. Godfrey (2018). • 103. Grosjean (2019). • 104. Grosjean (2019). • 105. Grosjean (2019). • 106. Pedersen (1991). • 107. Behrendt (2010). • 108. Grosjean (2019); Raihani (2021), p.58.

6장

1. CampbelPlatt (1994). • 2. Jennings (2005). • 3. McGovern (2018). • 4. Hames (2014), p.6. • 5. Katz (1986). • 6. Dominy (2015). • 7. Standage (2006), p.23. • 8. Hames (2014), p.10. • 9. Phillips (2014), p.4. • 10. Philips (2014), p.4. • 11. Doig (2022), p.257; Carrigan (2014). • 12. Brooks (2009). • 13. Doig (2022), p.257; Edenberg (2018); Hurley (2012). • 14. Doig (2022), p.260. • 15. Miron (1991). • 16. Bostwick (2015). • 17. Toner (2021). • 18. Macdonald (2004). • 19. Sapolsky (2017), p.64. • 20. Bowman (2015). • 21. Sapolsky (2017), p.65. • 22. Bowman (2015). • 23. Barron (2010). • 24. Kringelbach (2010); Olds (1954). • 25. Sapolsky (2017), p.70. • 26. Pendergrast (2009). • 27. Hanson (2015), p.147. • 28. Tana (2015). • 29. Wild (2010), p.31. • 30. Wild (2010), p.13; Schenck (2019), p.20. • 31. Winkelman (2019), p.42; Halpern (2004); Halpern (2010). • 32. Cowan (2004). • 33. Wild (2010), p.13. • 34. Topik (2004). • 35. Bragg (2019). • 36. Bragg (2004). • 37. Benn (2005). • 38. Bragg (2004). • 39. Wild (2010), p.16. • 40. Luttinger (2006), ch.1. • 41. Pendergrast (2010), p.24. • 42. Walker (2018), loc.235. • 43. Walker (2018), loc.458; Bjorness (2009). • 44. Walker (2018), loc.465. • 45. Nathanson (1984). • 46. Wright (2013); Couvillon (2015); Stevenson (2017). • 47. Solinas (2002). • 48. Ohler (2016), ch.2; Wolfgang (2006); Doyle (2005). • 49. Pollan (2021), loc.1550; Bragg (2004). • 50. Pollan (2021), loc.1580. • 51. Walker (2018), loc.593. • 52. Öberg (2011) • 53. World Health Organisation (2021), p.17. • 54. Plants of the World Online, Royal Botanical Gardens, Kew. https:// powo.science.kew.org/taxo325972 • 55. Carmody (2018); Tushingham (2013); Duke (2021). • 56. Duke (2021). • 57. Gately (2003), p.3. • 58. Gately (2003), p.14. • 59. Watson (2012), p.216; Gately (2003), p.10. • 60. Elferink (1983). • 61. Gately (2003), p.10; Elferink (1983). • 62. Mineur (2011). • 63. Charlton (2004); Mishra (2013); Goodman (1993), p.44; Gately (2003), p.4. • 64. Gately (2003), p.39. • 65. Gately (2003), p.44. • 66. Doll (1998). • 67. Gately (2003), p.23. • 68. Gately (2003), p.7. • 69. Gately (2003), p.4. • 70. Watson (2012), p.215; Gately (2003), p.8. • 71. Gateley (2003). • 72. Gately (2003), p.23. • 73. Hodge (1912), p.767. • 74. Doig (2022), p.272. • 75. Ho (2020). • 76. Biasi (2012). • 77. Gately (2003), p.37. • 78. Gately (2003), p.38; Burns (2006), p.29. • 79. Benedict (2011). • 80. Gately (2003), pp.44, 60. • 81. Burns (2006), p.43. • 82. Burns (2006), pp.50, 52. • 83. Doig (2022), p.268; Gately (2003), p.57. • 84. Woodward (2009), p.191. • 85. Gately (2003), p.70; Burns (2006), p.57. • 86. Gately (2003), p.59; Doig (2022), p.71. • 87. Sherman (2005), p.59. • 88. Gately (2003), p.72. • 89. Mann (2011), ch2. • 90. Wells (1975), p.160. • 91. Mabbett (2005); Lisuma (2020). • 92. Carr (1989). • 93. Gately (2003), p.65. • 94. Gately (2003), p.72. • 95. Milov (2019), p.2. • 96. Milov (2019), p.22. • 97. Verpoorte (2005). • 98. Verpoorte (2005). • 99. Wigner (1960). • 100. Ostlund (2017). • 101. Zimmerman (2012). • 102. Sporchia (2021). • 103. Steppuhn (2004). • 104. Morris (2011), loc.244. • 105. Bernstein (2009), loc.4965; Hanes (2002), p.20. • 106. Harrison (2017). • 107. Bernstein (2009), loc.4965. • 108. Bernstein (2009), loc.4970. • 109. Brownstein (1993); Norn (2005). • 110. Morris (2011), loc.250. • 111. Roxburgh (2020). • 112. Marr (2013), loc.7670. • 113. Morris (2011), loc.250. • 114. Bernstein (2009), loc.4970. • 115. Standage (2006), p.156. • 116. Pollan (2021), loc.1770. • 117. Paine (2015), p.522; Bernstein (2009), loc.4980. • 118. Bernstein (2009), loc.4980; Greenberg (1969), p.110. • 119. Paine (2015), p.522; Bernstein (2009), loc.5020. • 120. Morris (2011), figure 10.5. • 121. Marr (2013), loc.7690. • 122. Bernstein (2009), loc.5009; Bernstein (2009), loc.5019;

Kalant (1997). • 123. Morris (2011), loc.8100. • 124. Bernstein (2009), loc.5020. • 125. Bernstein (2009), loc.5025. • 126. Bernstein (2009), loc.5025; Morris (2011), loc.8100; Hanes (2002) (2006), p.37. • 127. Hanes (2002) (2006), p.49. • 128. Marr (2013), loc.7655; Hanes (2002) (2006), p.55. • 129. Morris (2011), loc.250; 오늘날의 가치는 잉글랜드은행 역사적 인플레이션 계산기가 제공한 것이다. https://www.bankofengland.co.uk/monetary-policy/inflation/inflation-calculator에서 이용할 수 있다. • 130. Hanes (2002), ch4. • 131. Fay (1997), p.261; Hanes (2002), pp.115, 199. • 132. Hanes (2002), ch.11. • 133. Newman (1995). • 134. Zheng (2003). • 135. Hanes (2002) (2006), p.296. • 136. United Nations Office on Drugs and Crime (2021); United Nations Office on Drugs and Crime (2022). • 137. Centers for Disease Control and Prevention (CDC) (2022). • 138. Health and Human Services (2017). • 139. CDC (2022); Volkow (2021).

7장

1. Willyard (2018). • 2. Nachman (2000); Xue (2009). • 3. Carter (2009). • 4. Ojeda-Thies (2003). • 5. Hibbert (2007), p.148. • 6. Cartwright (2020), loc.3230. • 7. Arruda (2018). • 8. Cartwright (2020), loc.3228. • 9. OjedThies (2003). • • 10. Massie (1989), p.141. • 11. Stevens (2005). • 12. O-jeda-Thies (2003); Stevens (2005). • 13. Ojeda-Thies (2003). • 14. Ojeda-Thies (2003). • 15. Cartwright (2020), loc.3241. • 16. Figes (1997), p.27. • 17. Stevens (2005). • 18. Massie (1989), p.184 • 19. Fuhrmann (2012). • 20. Stevens (2005); Fuhrmann (2012). • 21. Massie (1989), p.191. • 22. Fuhrmann (2012). • 23. Massie (1989), p.177. • 24. Harris (2016) • 25. Stevens (2005). • 26. Figes (1997), p.278. • 27. Figes (1997), p2.77. • 28. Figes (1997), p.278 • 29. Figes (1997), p.33. • 30. Figes (1997), p.33. • 31. Figes (1997), p.33. • 32. Massie (1989), p.154. • 33. Cartwright (2020), loc.3435. • 34. Figes (1997), p.34. • 35. Figes (1997), p.284. • 36. Massie (1989), p.217. • 37. Stevens (2005). • 38. Cartwright (2020), loc.3445. • 39. Cartwright (2020), loc.3500. • 40. Harris (2016). • 41. Pitre (2016). • 42. McCord (1971). • 43. Lamb (2001), p.117; Allan (2021). • 44. Lamb (2001), p.117. • 45. Hawkins (1847), Section XVI; Vogel (1933). • 46. Brown (2003), p.3. • 47. Paine (2015), p.476. • 48. Lents (2018), loc.2914. • 49. Lents (2018), loc.2920. • 50. Crittenden (2017). • 51. Webber (2015), loc.2711; Lents (2018), loc.780. • 52. McGee (2004), p534; Han (2021). • 53. Kluesner (2014). • 54. Baron (2009). • 55. Linster (2006). • 56. Johnson (2010). • 57. Lents (2018), loc.590; Nishikimi (1992); Cui (2010). • 58. Lents (2018), loc.585. • 59. Lents (2018), loc.625. • 60. Baron (2009). • 61. Severin (2008), p.17. • 62. Baron (2009); George (2016). • 63. Baron (2009). • 64. Baron (2009); Vogel (1933). • 65. Baron (2009). • 66. Baron (2009). • 67. Baron (2009). • 68. Baron (2009). • 69. Baron (2009). • 70. Vale (2008); Baron (2009). • 71. Baron (2009); Lloyd (1981). • 72. Brown (2003), p.201. • 73. Birkett (1984). • 74. Graham (1948). • 75. Duffy (1992), p.62. • 76. Graham (1948). • 77. Graham (1948). • 78. Graham (1948). • 79. Mahan (1895); Barnett (2005). • 80. Baron (2009); Lloyd (1981). • 81. Baron (2009); Lloyd (1981). • 82. Brown (2003), p.197; Loyd (1981). • 83. Brown (2003), p.195; Lloyd (1981). • 84. Southey (1813), ch.8. • 85. Allan (2021). • 86. Baron (2009). • 87. Baron (2009); Lloyd (1981). • 88. Riehn (1990), p.395. • 89. Baron (2009). • 90. Attlee (2015), p.64. • 91. Baron (2009); Carpenter (2012). • 92. Baron (2009). • 93. Watt (1981). • 94. Baron (2009). • 95. Baron (2009); Attlee (2015), p.64. • 96. Williams (1991) • 97. 'Limey, n.', OED Online.

December 2022. Oxford University Press. https://www.oed.com/view/Entry/108467 • 98. Dimico (2017). • 99. Cavaioli (2008) • 100. Rajakunmar (2003); Wheeler (2019). • 101. Schæbel (2015). • 102. Kedishvili (2017). • 103. Unicef (2021); Zhao (2022). • 104. Beyer (2002).

8장

1. Bernstein (2009), loc.2810. • 2. Shermer (2012), loc.4970; Kingsbury (1992). • 3. Nickerson (1998). • 4. Wrangam (2019), p.53. • 5. The White House (2005). • 6. Lents (2018), loc.2440. • 7. Lents (2018), loc.2445; Shermer (2012), loc.4576; Münchau (2017); Lerman (2018); Knobloch-Westerwick (2017); Kobloch-Westerwick (2015); Dahlgren (2019); Knobloch-Westerwick (2019). • 8. Watson (2022); Walker (2021); Ofcom (2019). • 9. Simon (1955). • 10. Miller (1956); Cowan (2010). • 11. Lents (2018), loc.2435. • 12. Kahneman (2012), p.4. • 13. Rozenkrantz (2021). • 14. Tversky (1974). • 15. Kahneman (2012), p.20. • 16. Howard (2019). • 17. Haselton (2015); Wilke (2009). • 18. Cosmides(1994); Gigerenzer (2004); Haselton (2015), p.963. • 19. Koehler (2004), p.10; Evans (2003); Kahneman (2012), p.20; Stanovich (2008). • 20. Tobin (2009)은 '지식의 저주'라는 용어는 Camerer (1989)가 처음 지어냈다고 말한다. • 21. 경기병 여단의 돌격과 관련된 사건들의 세부 내용은 Brighton (2005)과 David (2018)를 참고했다. 경기병 여단의 돌격을 지식의 저주로 인한 의사소통 오류 사례로 지적한 주장은 미국 국방부를 위해 작성한 Polansky (2020) 보고서에 나온다. 이 보고서는 이 편향이 어떻게 명료한 과학적 의사소통을 방해하는지를 다룬 Pinker (2014) 논문을 언급한다. 이 이야기는 아주 훌륭한 Harford (2021) 팟캐스트 에피소드에서 더 확대해 다룬다. • 22. Klein (2005), ch.6. • 23. Tobin (2009). • 24. 어떻게 집단이 한 구성원보다 더 나은 결정을 자주 내리는가에 대한 더 자세한 내용은 Surowiecki (2004)를 참고하라. 집단이 더 나은 판단을 하지 못하는 상황을 주제로 다룬 내용은 Kahneman (2012), p.84를 참고하라. • 25. 「The New York Times」(1973). • 26. 콩코드의 설계와 개발에 관한 자세한 내용은 Leyman (1986); Collard (1991); Talbort (1991); Eames (1991)를 참고했다. • 27. Seebass (1997). • 28. 오늘날의 가치는 www.inflationtool.com의 인플레이션 계산기를 사용했다. • 29. Eames (1991). • 30. Eames (1991). • 31. Dowling (2020). • 32. Dowling (2016). • 33. Teger (1980). • 34. Eames (1991). • 35. Shermer (2012), loc.4690. • 36. Dawkins (1976); Arkes (1999). • 37. Teger (1980); Schwartz (2006). • 38. BBC News (2017). • 39. The White House (2017); Owens (2021); Coy (2021). • 40. Vis (2011); Kahneman (1979); Kahneman (2012), p.302 • 41. Kahneman (1991). • 42. Lents (2018), loc.2740. • 43. Kahneman (1979). • 44. The Royal Swedish Academy of Sciences (2002). • 45. McDermott (2009); Vis (2011). • 46. Kimball (2022). • 47. McDermott (2009). • 48. Mercer (2005); Schaub (2004). • 49. Liberman (2001). • 50. McDermott (2004). • 51. Hancock (2010). • 52. Tversky (1981); Livneh (2019). • 53. Hancock (2010).

끝맺는 말

1. Swallow (2003); Ségurel (2017). • 2. Gerbault (2011). • 3. Balter (2005); Stock (2008). • 4. Cregan-Reid (2018), p.168; Pan (2011); Holden (2016). • 5. Rao (2018); Blumenthal (2010). • 6. Corner (2012). • 7. 인지 편향과 기후 변화 문제에 관한 내용은 다음을 참고했다: Clayton (2015); Zaval (2016). King (2019); Zhao (2021); Moser (2021).

참고 문헌

Acemoglu, D., Johnson, S. and Robinson, J. A. (2001). 'The colonial origins of comparative development: an empirical investigation'. *American Economic Review*, 91 (5), 1369-1401.

Acevedo, B. P. and Aron, A. P. (2014). 'Romantic love, pair-bonding, and the dopaminergic reward system'. *American Psychological Association*, 55-69.

Achan, J., Talisuna, A. O., Erhart, A., Yeka, A., Tibenderana, J. K., Baliraine, F. N., Rosenthal, P. J. and D'Alessandro, U. (2011). 'Quinine, an old anti-malarial drug in a modern world: role in the treatment of malaria'. *Malaria Journal*, 10 (144).

Akinyanju, O. O. (1989). 'A profile of sickle cell disease in Ngeria'. *Annals of the New York Academy of Sciences*, 565, 126-136.

Alexander, R. D. (2020). 'The Biology of Moral Systems'. *Canadian Journal of Philosophy*, 21 (2).

Alfani, G. (2013). 'Plague in seventeenth-century Europe and the decline of Italy: an epidemiological hypothesis'. *European Review of Economic History*, 17 (4), 408-430.

Alfani, G. and Murphy, T. E. (2017). 'Plague and lethal epidemics in the pre-industrial world'. *Journal of Economic History*, 77 (1).

Allan, P. K. (2021). 'Finding a cure for scurvy'. *Naval History Magazine*, 35 (1).

Alvarez, G., Ceballos, F. C. and Quinteiro, C. (2009). 'The role of inbreeding in the extinction of a European royal dynasty'. *PLoS One*, 4 (4).

Anderson, J., and Shuttleworth, I. (1998). 'Sectarian demography, territoriality and political development in Northern Ireland'. *Political Geography*, 17 (2), 187-208.

Anter, A. (2019). 'The Modern State and Its Monopoly on Violence'. In: Hanke, E., Scaff, L. and Whimster, S. (eds). *The Oxford Handbook of Max Weber*. Oxford University Press.

Archarya, A. and Lee, A. (2019). 'Path dependence in European development: medieval politics, conflict and state building'. *Comparative Political Studies*, 52 (13).

Arkes, H. R. and Ayton, P. (1999). 'The sunk cost and Concorde effects: are humans less rational than lower animals?' *Psychological Bulletin*, 125, 591-600.

Armelagos, G. J., Goodman A. H. and Jacobs, K. H. (1991). 'The Origins of Agriculture: Population Growth during a Period of Declining Health'. *Population and Environment*, 13 (1), 9-22.

Armitage, D. (1994). 'The projecting age: William Paterson and the Bank of England'. *History Today*, 44 (6).

Arnold, D. (2019). 'Death and the modern empire: the 1918-19 influenza epidemic in India'. *Transactions of the Royal Historical Society*, 29, 181-200.

Arruda, V. R., and High, K. A. (2018). 'Coagulation disorders'. In: Jameson, J., Fauci, A. S., Kasper, D. L., Hauser, S. L., Longo, D. L., and Loscalzo, J. (eds). *Harrison's Principles of Internal Medicine*, 20e. McGraw Hill.

Atran, S. (2001). 'A cheater-detection module?' *Evaluation and Cognition*, 7 (2), 1-7.

Attlee, H. (2015). *The land where lemons grow: the story of Italy and its citrus fruit.* Penguin.

Ayres, L. P. (1919). *The war with Germany: a statistical summary.* Washington Government Printing Press. Available at: https://archive.org/details/warwithgermanyst00ayreuoft

405

Badiaga, S. and Brouqui, P. (2012). 'Human louse-transmitted infectious diseases'. *Clinical Microbiology and Infection*, 18 (4), 332-337.

Balter, M. (2005). 'Are humans still evolving?' *Science*, 309 (5732), 234-237.

Bamford, S. (2019). *The Cambridge Handbook of Kinship*. Cambridge University Press.

Barboza Retana, F. A. (2002). 'Two Discoveries, Two Conquests, and Two Vázquez de Coronado'. *Diálogos Revista Electrónica de Historia*, 3 (2-3). Available at: https://www.redalyc.org/articulo. oa?id=43932301

Barnett, R. W. (2005). 'Technology and Naval Blockade: Past Impact and Future Prospects'. *Naval War College Review*, 58(3), 87-98.

Baron, J. H. (2009). 'Sailors' scurvy before and after James Lind a reassessment'. *Nutrition Reviews*, 67 (6), 315-332.

Barron, A. B., Søvik, E. and Cornish, J. L. (2010). 'The Roles of Dopamine and Related Compounds in Reward-Seeking Behavior Across Animal Phyla'. *Frontiers in Behavioral Neuroscience*, 4, 163.

Bartlett, R. (2020). *The James Lydon Lectures in Medieval History and Culture*. Cambridge University Press.

BBC News (2017). 'US sends 3,000 more troops to Afghanistan'. BBC News, 18 September 2017. https://www.bbc.co.uk/news/ world-us-canada-41314428

BBC News (2022). 'NI election results 2022: Sinn Féin wins most seats in historic election'. BBC News, 8 May 2022. https://www.bbc.co.uk/news/uk-northern-ireland-61355419

Beare, W. (1964). 'Tacitus on the Germans'. *Greece & Rome*, 11 (1), 64-76.

Beckert, J. (2007). 'The "long durée" of inheritance law: discourses and institutional development in France, Germany, and the United States since 1800'. *European Journal of Sociology*, 48 (1), 79-120.

Behrendt, L. (2010). 'Consent in a (Neo)Colonial Society: Aboriginal Women as Sexual and Legal "Other"'. *Australian Feminist Studies*, 15 (33), 353-367.

Benedict, C. (2011). *Golden-Silk Smoke: A History of Tobacco in China*, 1550-2010. University of California Press.

Benn, J. A. (2005). 'Buddhism, Alcohol, and Tea in Medieval China'. In: Sterckx, R. (ed.). *Of Tripod and Palate: Food, Politics, and Religion in Traditional China*. Palgrave Macmillan.

Berniell-Lee, G., Calafell, F., Bosch, E., Heyer, E., Sica, L., MouguiamaDaouda, P., van der Veen, L., Hombert, J. M., Quintana-Murci, L. and Comas, D. (2009). 'Genetic and demographic implications of the Bantu expansion: insights from human paternal lineages'. *Molecular Biology and Evolution*, 26 (7), 1581-1589.

Bernstein, W. L. (2009). *A splendid exchange: how trade shaped the world*. Atlantic Books.

Bertocchi, G. and Dimico, A. (2015). 'The long-term determinants of female HIV infection in Africa: the slave trade, polygyny, and sexual behaviour'. *Journal of Development Economics*, 140, 90-105.

Bethmann, D. and Kvasnicka, M. (2012). 'World War II, missing men and out of wedlock childbearing'. *Economic Journal*, 123 (567), 162-194.

Bettinger, R. L. (2016). 'Prehistoric hunter-gatherer population growth rates rival those of agriculturalists'. *Proceedings of the National Academy of Sciences*, 113 (4), 812-814.

Betzig, L. (2014). 'Eusociality in history'. *Human Nature*, 25, 80-99.

Beyer, P., Al-Babili, S., Ye, X., Lucca, P., Schaub, P., Welsch, R. and Potrykus, I. (2002). 'Golden rice:

introducing the b-carotene biosynthsis pathway into rice endosperm by genetic engineering to defeat vitamin A deficiency'. *Journal of Nutrition*, 132 (3), 506-510.

Biasi, M. D. and Dani, J. A. (2012). 'Reward, addiction, withdrawal to nicotine'. *Annual Review of Neuroscience*, 34, 105-130.

Birkett, J. D. (1984). 'A brief illustrated history of desalination: from the Bible to 1940'. *Desalination*, 50, 17-52.

Bixler, R. H. (1982). 'Sibling incest in the royal families of Egypt, Peru and Hawaii'. *Journal of Sex Research*, 18 (3), 264-281.

Bjorness, T. E. and Greene, R. W. (2009). 'Adenosine and sleep'. *Current Neuropharmacology*, 7 (3), 238-245.

Blanc, G. (2021). 'Modernization Before Industrialization: Cultural Roots of the Demographic Transition in France'. Working paper, available at: http://dx.doi.org/10.2139/ssrn.3702670

Blumenthal, D. M., Gold, M. S. (2010). 'Neurobiology of food addiction'. *Current Opinion in Clinical Nutrition and Metabolic Care*, 13 (4), 359-365.

Bostoen, K. (2018). 'The Bantu Expansion'. *Oxford Research Encyclopedia of African History*. Oxford University Press.

Bostoen, K. (2020). 'The Bantu Expansion: Some facts and fiction'. In: Crevels, M. and Muysken, P. (eds). *Language Dispersal, Diversification, and Contact*. Oxford University Press.

Bostwick, W. (2015). 'How the India Pale Ale Got Its Name'. *Smithsonian Magazine*. Available at: https://www.smithsonianmag.com/history/how-india-pale-ale-got-its-name-180954891/

Bowles, S. (2011). 'Cultivation of cereals by the first farmers was not more productive than foraging'. *Proceedings of the National Academy of Sciences of the United States of America*, 108 (12), 4760-4765.

Bowman, E. (2015). 'Explainer: what is dopamine and is it to blame for our addictions?' *The Conversation*. Available at: https://the conversation.com/explainer-what-is-dopamine-and-is-it-to-blame-for-ouraddictions-51268.

Boyd, R., Gintis, H. and Bowles, S. (2010). 'Coordinated punishment of defectors sustains cooperation and can proliferate when rare'. *American Association for the Advancement of Science*, 328 (5978), 617-620.

Boyd, R., Gintis, H., Bowles, S. and Richerson, P.J. (2003). 'The evolution of altruistic punishment'. *Proceedings of the National Academy of Sciences of the United States of America*, 100 (6), 3531-3535.

Bragg, M. (2004). *Tea. In Our Time*, BBC Radio 4. Available at: https://www.bbc.co.uk/programmes/p004y24y

Bragg, M. (2019). *Coffee. In Our Time*, BBC Radio 4. Available at: https://www.bbc.co.uk/programmes/m000c4x1

Brainerd, E. (2017). 'The lasting effect of sex ratio imbalance on marriage and family: evidence from World War II in Russia'. *The Review of Economics and Statistics*, 99 (2), 229-242.

Brewer, H. (1997). 'Entailing aristocracy in colonial Virginia: "ancient feudal restraints" and revolutionary reform'. *Omohundro Institute of Early American History and Culture*, 54 (2), 307-346.

Brighton, T. (2005). *Hell Riders: the truth about the Charge of the Light Brigade*. Penguin.

Brook, T. (2013). *The Troubled Empire: China in the Yuan and Ming dynasties*. Harvard University Press.

Brooks, P. J., Enoch, M. A., Goldman, D., Li, T. K. and Yokoyama, A. (2009). 'The Alcohol Flushing Response: An Unrecognized Risk Factor for Esophageal Cancer from Alcohol Consumption'. *PLoS Medicine*, 6 (3).

Brown, S. P. (2003). *Scurvy: How a Surgeon, a Mariner, and a Gentleman Solved the Greatest Medical Mystery of the Age of Sail*. Thomas Dunne Books.

Brownstein, M. J. (1993). 'A brief history of opiates, opioid peptides, and opioid receptors'. *Proceedings of the National Academy of Sciences*, 90 (12), 5391-5393.

Bryant, J. E., Holmes, E. C. and Barrett, A.D.T. (2007). 'Out of Africa: a molecular perspective on the introduction of yellow fever virus into the Americas'. *PLoS Pathogens*, 3 (5).

Burns, E. (2006). *The Smoke of the Gods: a social history of tobacco*. Temple University Press.

Burton-Chellew, M. N. and Dunbar, R.I.M. (2015). 'Hamilton's rule predicts anticipated social support in humans'. *Behavioral Ecology*, 26 (1), 130-137.

Bush, R. D. (2013). *The Louisiana Purchase: a global context*. Taylor & Francis Group.

Buss, D. M. (ed.) (2015). *The Handbook of Evolutionary Psychology*. John Wiley & Sons Inc.

Camerer, C. F., Loewenstein, G. F. and Weber, M. (1989). 'The Curse of Knowledge in Economic Settings: An Experimental Analysis'. *Journal of Marketing*, 53(5), 1-20.

Campbell, L. and Ellis, B. J. (2015). 'Commitment, Love, and Mate Retention'. In: Buss, D. M. (ed.). *The Handbook of Evolutionary Psychology*. Wiley.

Campbell-Platt, G. (1994). 'Fermented foods a world perspective'. *Food Research International*, 27 (3), 253-257.

Carlisle, E. and Shafir, E. (2002). 'Questioning the cheater-detection hypothesis: New studies with the selection task'. *Thinking and Reasoning*, 11 (2), 97-122.

Carmody, S.B., Davis, J., Tadi, S., Sharp, J., Hunt, R. and Russ, J. (2018). 'Evidence of tobacco from a Late Archaic smoking tube recovered from the Flint River site in southeastern North America'. *Journal of Archaeological Science*, 21, 904-910.

Carpenter, K. J. (2012). 'The Discovery of Vitamin C'. *Annals of Nutrition and Metabolism*, 61, 259-264.

Carr, L. G. and Menard, R. R. (1989). 'Land, labor, and economies of scale in early Maryland: some limits to growth in the Chesapeake system of husbandry'. *Journal of Economic History*, 49 (2), 407-418.

Carrigan, M. A., Uryasev, O., Frye, C. B., Eckman, B. L., Myers, C. R., Hurley, T. D. and Benner, S. A. (2014). 'Hominids adapted to metabolize ethanol long before human-directed fermentation'. *Proceedings of the National Academy of Sciences of the United States of America*, 112 (2), 458-463.

Carroll, R. (2007). 'The sorry story of how Scotland lost its 17th-century empire'. *Guardian*, 11 September 2007. Available at: https://www.theguardian.com/uk/2007/sep/11/britishidentity.past

Carroll, R., O'Carroll, L. and Helm, T. (2022). 'Sinn Féin assembly victory fuels debate on future of union'. *Observer*, 8 May 2022. https://www.theguardian.com/politics/2022/may/07/ sinn-fein-assembly-victory-fuels-debate-on-future-of-union

Carron, P. M., Kaski, K. and Dunbar, R. (2016). 'Calling Dunbar's numbers'. *Social Networks*, 47, 151–155.

Carter, M. (2009). 'The last emperors'. *Guardian*, 12 Sep 2009. Available at: https://www.theguardian.com/lifeandstyle/2009/ sep/12/queen-victoria-royal-family-europe

Cartwright, F. F. and Biddiss, M. (2020). *Disease and History: From Ancient Times to Covid-19*, 4th edition. Lume Books.

Cartwright, J. (2000). *Evolution and Human Behavior: Darwinian perspectives on human nature*. MIT Press.

Cavaioli, F. J. (2008). 'Patterns of Italian Immigration to the United States'. *Catholic Social Science Review*, 13, 213–229.

Cavalli-Sforza, L. L., Cavalli-Sforza, L., Menozzi, P., Piazza, A. (1994). *The History and Geography of Human Genes*. Princeton University Press.

Centers for Disease Control and Prevention (CDC) (2022). 'Understanding the Opioid Overdose Epidemic'. Available at: https://www.cdc.gov/opioids/basics/epidemic.html

Central Intelligence Agency (2021). *The World Factbook 2021*. Washington, DC. Available at: https://www.cia.gov/the-worldfactbook/field/sex-ratio

Chamorro-Premuzic, T. (2015). 'Reputation and the rise of the rating society'. *Guardian*, 26 October 2015. Available at: https://www.theguardian.com/media-network/2015/oct/26/ reputation-rating-society-uber-airbnb

Chandra, S. and Kassens-Noor, E. (2014). 'The evolution of pandemic influenza: evidence from India, 1918–19'. *BMC Infectious Diseases*, 14, 510.

Chandra, S., Juljanin, G. and Wray, J. (2012). 'Mortality from the influenza pandemic of 1918–1919: the case of India'. *Demography*, 49 (3), 857–865.

Charlton, A. (2004). 'Medicinal uses of tobacco in history'. *Journal of the Royal Society of Medicine*, 97 (6), 292–296.

Chittka L. and Peng, F. (2013). 'Caffeine boosts bees' memories'. *Science*, 339 (6124), 1157–1159.

Christakis, N. A. (2019). *Blueprint: the evolutionary origins of a good society*. Little, Brown and Company.

Christian, B. and Griffiths, T. (2016). *Algorithms to Live By: the computer science of human decisions*. Henry Holt and Company.

Chunn, M. (2015). *Death and Disorder: The 1918-1919 Influenza Pandemic in British India*. University of Colorado at Boulder.

Ciment, J. (2007). *Atlas of African-American History*. Infobase Publishing.

Clark, D.P. (2010). *Germs, Genes, & Civilization: how epidemics shaped who we are today*. Pearson.

Clark, A. and Alter, G. (2010). 'The demographic transition and human capital'. In: Broadberry, S. and O'Rourke, K. H. (eds). *The Cambridge Economic History of Modern Europe*. Cambridge University Press.

Clayton, S., Devine-Wright, P., Stern, P. C., Whitmarsh, L., Carrico, A., Steg, L., Swim, J. and Bonnes, M. (2015). 'Psychological research and global climate change'. *Nature Climate Change*, 5 (7), 640–646.

Clodfeiter, M. (2008). *Warfare and Armed Conflicts: a statistical encyclopedia of casualty and other figures, 1494-2007*. McFarland.

Coe, M. D. (2008). *Mexico: From the Olmecs to the Aztecs*. Thames & Hudson.

Collard, D. (1991). 'Concorde airframe design and development'. *Journal of Aerospace*, 100, 2620–2641.

Collins, L. (2006). 'Choke Artist'. *New Yorker*, 8 May 2006. Available at: https://www.newyorker.com/magazine/2006/05/08/choke-artist

Compton, P.A. (1976). 'Religious Affiliation and Demographic Variability in Northern Ireland'. *Transactions of the Institute of British Geographers*, 1 (4), 433–452.

Corner, A., Whitmarsh, L. and Xenias, D. (2012). 'Uncertainty, scepticism and attitudes towards climate change: biased assimilation and attitude polarisation'. *Climatic Change*, 114, 463–478.

Cosmides, L. (1989). 'The logic of social exchange: has natural selection shaped how humans reason? Studies with the Wason selection task'. *Cognition*, 31, 187–276.

Cosmides, L., Barrett, C. and Tooby, J. (2010). 'Adaptive specializations, social exchange, and the evolution of human intelligence'. *Proceedings of the National Academy of Sciences of the United States of America*, 107 (2), 9007–9014.

Cosmides, L., Tooby, J. (1994). 'Better than Rational: Evolutionary Psychology and the Invisible Hand'. *American Economic Review*, 84(2), 327–332.

Cosmides, L. and Tooby, J. (2015). 'Neurocognitive Adaptations Designed for Social Exchange'. In: Buss, D. M. (ed.). *The Handbook of Evolutionary Psychology*. Wiley.

Couvillon, M. J., Al Toufailia, H., Butterfield, T. M., Schrell, F., Ratnieks, F.L.W. and Schürch, R. (2015). 'Caffeinated forage tricks honeybees into increasing foraging and recruitment behaviors'. *Current Biology*, 25 (21), 2815–2818.

Cowan, B. (2004). 'The rise of the coffeehouse reconsidered'. *Historical Journal*, 47 (1), 21–46.

Cowan, N. (2010). 'The magical mystery four: how is working memory capacity limited, and why?' *Current Directions in Physiological Science*, 19 (1).

Coy, P. (2021). 'America's War in Afghanistan Is the Mother of All Sunk Costs'. Bloomberg UK, 19 April 2021. https://www.bloomberg.com/news/articles/2021-04-19/ america-s-war-in-afghanistan-is-the-mother-of-all-sunk-costs

Crawford, D. H. (2009). *Deadly companions: how microbes shaped our history*. Oxford University Press.

Cregan-Reid, V. (2018). *Primate Change: How the world we made is remaking us*. Octopus Books.

Crittenden, A. N. and Schnorr, S. L. (2017). 'Current views on huntergatherer nutrition and the evolution of the human diet'. *American Journal of Physical Anthropology*, 162 (63), 84–109.

Cui, J., Pan, Y. H., Zhang, Y., Jones, G. and Zhang, S. (2010). 'Progressive peudogenization: vitamin C synthesis and its loss in bats'. *Molecular Biology and Evolution*, 28 (2), 1025–1031.

Cummins, N. (2009). 'Marital fertility and wealth in transition era France, 1750-1850'. *Working Paper No. 2009-16*. Paris School of Economics.

Dahlgren, P. M., Shehata, A. and Strömbäck, J. (2019). 'Reinforcing spirals at work? Mutual influences between selective news exposure and ideological leaning'. *European Journal of Communication*, 34 (2).

Dale, M. S. (2017). 'Running Away from the Palace: Chinese Eunuchs during the Qing Dynasty'. *Journal of the Royal Asiatic Society*, 27(1), 143–164.

410

Dale, M. S. (2018). *Inside the World of the Eunuch: A Social History of the Emperor's Servants in Qing China.* Hong Kong University Press.

Dalton, J. T. and Leung, T. C. (2014). 'Why is polygyny more prevalent in Western Africa? An African slave trade perspective'. *Economic Development and Cultural Change*, 62 (4).

Dapa, D. and Gil, T. (2002). 'Sickle cell disease in Africa'. *Erythrocytes*, 9 (2), 111-116.

Darwin, C. (1839). *The voyage of the Beagle.* Available at: https:// www.gutenberg.org/ files/944/944-h/944-h.htm

Darwin, C. (1859). *On the Origin of Species.* Available at: https:// www.gutenberg.org/ files/1228/1228-h/1228-h.htm

David, S. (2018). 'The Charge of the Light Brigade: who blundered in the Valley of Death?' *History Extra.* Available at: https://www.history extra.com/period/victorian/the-charge-of-the-light-brigade-whoblundered-in-the-valley-of-death/

Dawkins, R. and Carlisle, T. R. (1976). 'Parental investment, mate desertion and a fallacy'. *Nature*, 262, 131-133.

de Filippo, C., Bostoen, K., Stoneking, M. and Pakendorf, B. (2012). 'Bringing together linguistic and genetic evidence to test the Bantu expansion'. *Proceedings of the Royal Society B*, 279, 3256-3263.

de Barros, J. (1552) Decada Primeira, Livro 3. Translated sections available in Chapter 2 of: Boxer, C.R. (1969) Four Centuries of Portuguese Expansion, 1415-1825: A Succinct Survey. Witwatersrand University Press.

de Luna, K. M. (2018). 'Language Movement and Change in Central Africa'. In: Albaugh, E. A. and de Luna, K. M. (eds). *Tracing Language Movement in Africa.* Oxford University Press.

de Montaigne, M. (1580) 'Of Friendship'. In: Hazilitt, W. C. (Ed.) (1877) *Essays of Michel de Montaigne.* Translated by Charles Cotton. Available from: https://www.gutenberg.org/cache/ epub/3586/pg3586.html

de Quervain, D.J.F., Fischbacher, U., Treyer, V., Schellhammer, M., Schnyder, U., Buck, A. and Fehr, E. (2004). 'The neural basis of altruistic punishment'. *Science*, 305 (5688), 1254-1258.

de Waal, F.B.M. (1997). 'The chimpanzee's service economy: Food for grooming'. *Evolution and Human Behavior*, 18, 375-386.

Dean, M., Carrington, M., Winkler, C., Huttley, G. A., Smith, M. W., Allikmets, R. (1996). 'Genetic restriction of HIV-1 infection and progression to AIDS by a deletion allele of the CKR5 structural gene'. *Science*, 273(5283), 1856-62.

Denevan, W. M. (2010). 'The pristine myth: the landscape of the Americas in 1942'. *Annals of the Association of American Geographers*, 369-385.

Depetris-Chauvin, E. and Weil, D. N. (2013). 'Malaria and early African development: evidence from the sickle cell trait'. *Economic Journal* 128 (610), 1207-1234.

Desan, S. (1997). '"War between Brothers and Sisters": Inheritance Law and Gender Politics in Revolutionary France'. *French Historical Studies*, 20 (4), 597-634.

Diamond, J. (1987). 'The Worst Mistake in the History of the Human Race'. *Discover Magazine*, May 1, 1987. Pages 64-66.

Diamond, J. (1998). *Guns, Germs and Steel: A short history of everybody for the last 13,000 years.* Vintage.

Diamond, J. and Bellwood, P. (2003). 'Farmers and their languages: the first expansions'. *Science*, 300 (5619), 597–603.

Diamond, J. and Robinson, J. A. (eds) (2011). *Natural Experiments of History*. Harvard University Press.

Dimico, A., Isopi, A. and Olsson, O. (2017). 'Origins in the Sicilian Mafia: the market for lemons'. *Journal of Economic History*, 77 (4), 1083–1115.

Dobson, M. J. (2007). *Disease: The Extraordinary Stories Behind History's Deadliest Killers*. Quercus.

Dobyns, H. F. (1966). 'An appraisal of techniques with a new hemispheric estimate'. *Current Anthropology*, 7 (4).

Doig, A. (2022). *This Mortal Coil: A History of Death*. Bloomsbury Publishing.

Dolivo, V. and Taborsky, M. (2015). 'Norway rats reciprocate help according to the quality of help they received'. *Biology Letters*, 11(2).

Doll, R. (1998). 'Uncovering the effects of smoking: historical perspective'. *Statistical Methods in Medical Research*, 7, 87–117.

Dominy, N. J. (2015). 'Ferment in the family tree'. *Proceedings of the National Academy of Sciences of the United States of America*, 112 (2), 308–309.

Doolan, D.L., Dobaño, C. and Kevin Baird, J. (2009). 'Acquired immunity to malaria'. *Clinical Microbiology Reviews*, 22 (1), 13–36.

Dounias, E. (2001). 'The management of wild yam tubers by the Baka pygmies in southern Cameroon'. *African Study Monographs*, suppl. 26,135–156.

Dove, T. (2021). 'How Sickle Cell Trait in Black People Can Give the Police Cover'. *New York Times*, 15 May 2021. https://www.nytimes.com/2021/05/15/us/african-americans-sickle-cell-police.html

Dowling, S. (2016). 'The American Concordes that never flew'. BBC Future. Available at: https://www.bbc.com/future/article/20160321-the-american-concordes-that-never-flew.

Dowling, S. (2020). 'The Soviet Union's flawed rival to Concorde'. BBC Future. https://www.bbc.com/future/article/20171018-thesoviet-unions-flawed-rival-to-concorde

Doyle, D. (2005). 'Adolf Hitler's medical care'. *Journal of the Royal College of Physicians of Edinburgh*, 35, 75–82.

Duffy, B. (2018). *The Perils of Perception: Why we're wrong about nearly everything*. Atlantic Books.

Duffy, M. (1992). *The Establishment of the Western Squadron as the Linchpin of British Naval Strategy. Parameters of British Naval Power, 1650-1850*. University of Exeter Press.

Dugatkin, L. A. (2007). 'Inclusive fitness theory from Darwin to Hamilton'. *Genetics*, 3 (1), 1375–1380.

Duindam, J. (2015). *Dynasties: A Global History of Power, 1300-1800*. Cambridge University Press.

Duindam, J. (2019). *Dynasty: A Very Short Introduction*. Oxford University Press.

Duke, D., Wohlgemuth, E., Adams, K. R., Armstrong-Ingram, A., Rice, S. K. and Young, D. C. (2021). 'Earliest evidence for human use of tobacco in the Pleistocene Americas'. *Nature Human Behaviour*, 6, 183–192.

Dunbar, R.I.M. (1992). 'Neocortex size as a constraint on group size in primates'. *Journal of Human Evolution*, 22 (6), 469–493.

Dunbar, R.I.M., Arnaboldi, V., Conti, M. and Passarella, A. (2015). 'The structure of online social networks mirrors those in the offline world'. *Social Networks*, 43, 39–47.

Dyble, M., Thorley, J., Page, A. E., Smith, D. and Migliano, A. B. (2019). 'Engagement in agricultural work is associated with reduced leisure time among Agta hunter-gatherers'. *Nature Human Behaviour*, 3, 792-796.

Dyson, S. M. and Boswell, G. R. (2006). 'Sickle cell anaemia and deaths in custody in the UK and the USA'. *Howard Journal of Crime and Justice*, 45 (1), 14-28.

Eames, J. D. (1991). 'Concorde Operations'. *Journal of Aerospace*, 100 (1), 2603-2619.

Economist Intelligence (2022). *Democracy Index 2021: the China challenge*. Available from: https:// www.eiu.com/n/campaigns/ democracy-index-2021/

Edenberg, H. J. and McClintick, J. N. (2018). 'Alcohol Dehydrogenases, Aldehyde Dehydrogenases, and Alcohol Use Disorders: A Critical Review'. *Alcoholism: Clinical and Experimental Research*, 42 (12), 2281-2297.

Edlund, L. and Ku, H. (2011). 'The African Slave Trade and the Curious Case of General Polygyny'. MPRA Paper 52735, University Library of Munich, Germany.

Edwardes, M.P.J. (2019). *The Origins of Self: An Anthropological Perspective*. UCL Press.

Ehret, C. (2016). *The Civilizations of Africa: A History to 1800*. University of Virginia Press.

Eisenburg, M. and Mordechai, L. (2019). 'The Justinianic Plague: an interdisciplinary review'. *Byzantine and Modern Greek Studies*, 43(2), 156-80.

Elferink, J.G.R. (1983). 'The narcotic and hallucinogenic use of tobacco in Pre-Columbian Central America'. *Journal of Ethnopharmacology*, 7, 111-122.

Elias, S. A., Short, S. K., Nelson, C. H. and Birks, H. H. (1996). 'Life and times of the Bering land bridge'. *Nature*, 382, 60-63.

Ellman, M. and Maksudov, S. (1994). 'Soviet deaths in the great patriotic war: A note'. *Europe-Asia Studies*, 46 (4), 671-680.

Ellner, P. D. (1998). 'Smallpox: gone but not forgotten'. *Infection*, 26 (5), 263-269.

Engen, R. (2011). 'S.L.A. Marshall and the Ratio of Fire: History, Interpretation, and the Canadian Experience'. *Canadian Military History*, 20 (4), 39-48.

Esposito, E. (2015). 'Side Effects of Immunities: the African Slave Trade'. EUI Working Paper MWP 2015/09. European University Institute.

Evans, J. (2003). 'In two minds: dual-process accounts of reasoning'. *Trends in Cognitive Science*, 7 (10), 454-459.

Ewald, P. W. (1991). 'Transmission modes and the evolution of virulence with special reference to cholera, influenza and AIDS'. *Human Nature*, 2 (1), 1-30.

Falkner, J. (2021). *The War of the Spanish Succession 1701-1714*. Pen & Sword Military.

Fay, P. W. (1997). *The Opium War, 1840-1842*. The University of North Carolina Press.

Fehr, E. and Gächter, S. (2002). 'Altruistic punishment in humans'. *Nature*, 415, 137-140.

Fernández-Armesto (2019). *Out of our Minds: What we think and how we came to think it*. Oneworld Publications.

Fernández, R., Fogli, A. and Olivetti, C. (2004). 'Mothers and sons: preference formation and female labor force dynamics'. *Quarterly Journal of Economics*, 119 (4), 1249-1299.

Figes, O. (1997). *A People's Tragedy: A History of the Russian Revolution*. Viking.

Fisher, H. E. (1989). 'Evolution of human serial pairbonding'. *American Journal of Physical*

Anthropology, 78 (3), 331–354.

Fisher, H. E., Aron, A. and Brown, L. L. (2006). 'Romantic love: a mammalian brain system for mate choice'. *Philosophical Transactions of the Royal Society B*, 361 (1476).

Flinn, M. V., Ward, C. V., and Noone, R. J. (2015). 'Hormones and the Human Family'. In: Buss, D. M. (ed.). *The Handbook of Evolutionary Psychology.* Wiley.

Foley, M. and Tilley, L. (1997). 'Quinoline antimalarials: Mechanisms of action and resistance'. *International Journal for Parasitology*, 27 (2), 231–240.

Fortunato, L. (2012). 'The evolution of matrilineal kinship organisation'. *Proceedings of the Royal Society B*, 279 (1749).

Fowler, J. H. (2005). 'Altruistic punishment and the origin of cooperation'. *Proceedings of the National Academy of Sciences of the United States of America*, 102 (19), 7047–7049.

Fuchs, B., Sornette, D. and Thurner, S. (2014). 'Fractal multi-level organisation of human groups in a virtual world'. *Scientific Reports*, 6526.

Fuhrmann, J. T. (2012). *Rasputin: the untold story.* Wiley.

Galdikas, B.M.F. and Wood, J. W. (1990). 'Birth spacing patterns in humans and apes'. *American Journal of Physical Anthropology*, 83 (2), 185–191.

Galvani, A. P. and Novembre, J. (2005). 'The evolutionary history of the CCR5-Δ32 HIV-resistance mutation'. *Microbes and Infection*, 7 (2), 302–309.

Gao, G. (2015). 'Why the former USSR has far fewer men than women'. Pew Research Center. Available at: https://www.pewresearch.org/fact-tank/2015/08/14/ why-the-former-ussr-has-far-fewer-men-than-women/

Gartzke, E. (2011). 'Blame it on the weather: Seasonality in Interstate Conflict'. Working paper. Available at: https://pages.ucsd.edu/~egartzke/papers/seasonality_of_conflict_102011.pdf

Gasquet, F. A. (1893). *The Great Pestilence (A.D. 1348-9), now commonly known as The Black Death.* Simpkin Marshal. Available at: https://www.gutenberg.org/files/45815/45815-h/45815-h.htm

Gately, I. (2003). *Tobacco: a cultural history of how an exotic plant seduced civilization.* Grove Press.

Gates, D. (2003). *The Napoleonic wars 1803-1815.* Pimlico.

George, A. (2016). 'How the British defeated Napoleon with citrus fruit'. *The Conversation.* Available at: https://theconversation.com/ how-the-british-defeated-napoleon-with-citrus-fruit-58826

Gerbault, P., Liebert, A., Itan, Y., Powell, A., Currat, M., Burger, J., Swallow, D. M. and Thomas, M. G. (2011). 'Evolution of lactase persistence: an example of human niche construction'. *Philosophical Transactions of the Royal Society B*, 366 (1566).

Gianchecchi, E., Cianchi, V., Torelli, A. and Montomoli, E. (2022). 'Yellow fever: origin, epidemiology, preventive strategies and future prospects'. *Vaccines*, 10 (3), 372.

Gigerenzer, G. (2004). 'Fast and Frugal Heuristics: The Tools of Bounded Rationality'. In: Koehler, D. J., Harvey, N. (eds). *Blackwell Handbook of Judgement and Decision Making.* Blackwell.

Girard, P. R. (2011). *The slaves who defeated Napoleon.* University Alabama Press.

Glantz, D. M. (2005). *Colossus Reborn: The Red Army at War, 1941-1943.* University Press of Kansas.

Glass, R. I., Holmgren, J., Haley, C. E., Khan, M. R., Svennerholm, A. M., Stoll, B. J. (1985). 'Predisposition for cholera of individuals with O blood group. Possible evolutionary significance'.

American Journal of Epidemiology, 121(6), 791-796.

Glenn, R. W. (2000). *Reading Athena's Dance Card: Men Against Fire in Vietnam*. Naval Institute Press.

Gobel, T., Waters, M. R. and O'Rourke, D. H. (2008). 'The late Pleistocene dispersal of modern humans in the Americas'. *Science*, 319 (5869), 1497-1502.

Godfrey, B. and Williams, L. (2018). 'Australia's last living convict bucked the trend of reoffending'. ABC News, 10 January 2018. Available at: https://www.abc.net.au/news/2018-01-10/australias-lastconvicts/9317172

Gong, L., Parikh, S., Rosenthal, P. J. and Greenhouse, B. (2013). 'Biochemical and immunological mechanisms by which sickle cell trait protects against malaria'. *Malaria Journal*, 12 (317).

Goodman, J. (1993). *Tobacco in History: The cultures of dependence*. Routledge.

Gordon, G. (2018). 'Catholic majority possible in NI by 2021'. BBC News, 19 April 2018. Available at: https://www.bbc.co.uk/news/ uk-northern-ireland-43823506

Gould, E. A., de Lamballerie, X., de A Zanotto, P. M. and Holmes, E. C. (2003). 'Origins, evolution and vector/host coadaptations within the genus Flavivirus'. *Advances in Virus Research*, 59, 277-314.

Graham, G. S. (1948). 'The naval defence of British North America 1749-1763'. Transactions of the Royal Historical Society, 30, 95-110.

Grange, Z. L., Goldstein, T., Johnson, C. K., Anthony, S., Gilardi, K., Daszak, P., Olival, K. J., Murray, S., Olson, S. H., Togami, E., Vidal, G. and Mazer, J. A. (2021). 'Ranking the risk of animal-to-human spillover for newly discovered viruses'. *Proceedings of the National Academy of Sciences of the United States of America*, 118 (15).

Green, E. (2013). 'Explaining African ethnic diversity'. *International Political Science Review*, 34(3), 235-253.

Green, M. H. (2017). 'The globalisations of disease'. In: Boivin, N., Crassard, R., Petraglia, M. (eds). *Human Dispersal and Species Movement: From Prehistory to the Present*. Cambridge University Press.

Greenberg, M. (1969). *British Trade and the Opening of China*. Cambridge University Press.

Greif, A. (1989). 'Reputation and coalitions in medieval trade: evidence on the Magribi traders'. *Journal of Economic History*, 49 (4), 857-882.

Grigg, D. B. (1980). *Population growth and agrarian change*. Cambridge University Press.

Grosjean, P. and Khattar, R. (2019). 'It's raining men! Hallelujah? The long-run consequences of male-biased sex ratios'. *Review of Economic Studies*, 86, 723-754.

Gruss, L. T. and Schmitt, D. (2015). 'The evolution of the human pelvis: changing adaptations to bipedalism, obstetrics and thermoregulation'. *Philosophical Transactions of the Royal Society B*, 370 (1663).

Guerra, F. (1977). 'The introduction of cinchona in the treatment of malaria'. Part I. *Journal of Tropical Medicine and Hygiene*, 80 (6), 112-118.

Gurven, M. and H. Kaplan, H. (2006). 'Determinants of time allocation across the lifespan'. *Human Nature*, 17, 1-49.

Gurven, M. and Kaplan, H. (2007). 'Longevity among hunter-gatherers: a cross-cultural examination'.

Population and Development Review, 33 (2), 321-365.

Haidt, J. (2007). 'The new synthesis in moral psychology'. *Science*, 316, 998-1002.

Halpern, J. H., Pope, H. G., Sherwood, A. R., Barry, S., Hudson, J. I. and Yurgelun-Todd, D. (2004). 'Residual neuropsychological effects of illicit 3,4-methylenedioxymethamphetamine (MDMA) in individuals with minimal exposure to other drugs'. *Drug and Alcohol Dependence*, 75, 135-147.

Halpern, J. H., Sherwood, A. R., Hudson, J. I., Gruber, S., Kozin, D. and Pope Jr, H. G. (2010). 'Residual neurocognitive features of long-term ecstasy users with minimal exposure to other drugs'. *Addiction*, 106, 777-786.

Hames, G. (2014). *Alcohol in World History*. Routledge.

Han, F., Moughan, P. J., Li, J., Stroebinger, N. and Pang, S. (2021). 'The complementarity of amino acids in cooked pulse/cereal blends and effects on DIAAS'. *Plants*, 10 (10).

Hancock, L. E., Weiss, J. N., Duerr, G.M.E. (2010). 'Prospect Theory and the Framing of the Good Friday Agreement'. *Conflict Resolution Quarterly*, 28 (2), 183-203.

Hanes, W. T. and Sanello, F. (2002). *The Opium Wars: The Addiction of One Empire and the Corruption of Another*. Sourcebooks.

Hanlon, G. (2020). 'Historians and the Evolutionary Approach to Human Behaviour'. In: Workman, L., Reader, W. and Barkow, J. (ed.). *The Cambridge Handbook of Evolutionary Perspectives on Human Behaviour*. Cambridge University Press.

Hanson, T. (2015). *The Triumph of Seeds: how grains, nuts, kernels, pulses, and pips conquered the plant kingdom and shaped human history*. Basic Books.

Harbeck, M., Seifert, L., Hänsch, S., Wagner, D. M., Birdsell, D., Parise, K. L., Weichmann, I., Grupe, G., Thomas, A., Keim, P., Zöller, L., Bramanti, B., Riehm, J. M. and Scholz, H. C. (2013). 'Yersinia pestis DNA from skeletal remains from the 6th century AD reveals insights into justinianic plague'. *PLOS Pathogens*, 9 (5).

Hareven, T. K. (1991). 'The history of the family and the complexity of social change'. *American Historical Review*, 96 (1), 95-124.

Harford, T. (2021). 'Cautionary tales the curse of knowledge meets the Valley of Death'. Podcast. Available at: https://timharford.com/2021/04/cautionary-tales-the-charge-of-the-light-brigade/

Harper, K. (2015). 'Pandemics and passages to late antiquity: rethinking the plague of c.249-270 described by Cyprian'. *Journal of Roman Archaeology*, 28, 223-260.

Harper, K. (2017). *The Fate of Rome: Climate, Disease, and the End of an Empire*. Princeton University Press.

Harris, C. (2016). 'The Murder of Rasputin, 100 Years Later'. *Smithsonian Magazine*. Available at: https://www.smithsonianmag.com/history/murder-rasputin-100-years-later-180961572/

Harrison, H. (2017). 'The Quianlong emporer's letter to George III and the early-twentieth-century origins of ideas about traditional China's foreign relations'. *American Historical Review*, 122 (3), 680-701.

Harrison, M. (2013). *Contagion: how commerce has spread disease*. Yale University Press.

Hartung, J. (2010). 'Matrilineal inheritance: New theory and analysis'. *Behavioral and Brain Sciences*, 8 (4), 661-670.

Haselton, M. G., Nettle, D. and Andrews, P. W. (2015). 'The Evolution of Cognitive Bias'. In: Buss, D. M. (ed.). *The Handbook of Evolutionary Psychology*. Wiley.

Haskins, G. L. (1941). 'The beginnings of partible inheritance in the American colonies'. *Yale Law Journal*, 51, 1280-1315.

Hawkins, R. (1847). *The Observations of Sir Richard Hawkins, Knt, in his Voyage into the South Sea in the year 1593*. Hakluyt Society.
Available at: https://www.gutenberg.org/cache/epub/57502/pg57502-images.html

He, W., Neil, S., Kulkarni, H., Wright, E., Agan, B. K., Marconi, V. C., Dolan, M. J., Weiss, R. A. and Ahuja, S. K. (2008). 'Duffy Antigen Receptor for Chemokines Mediates trans-Infection of HIV-1 from Red Blood Cells to Target Cells and Affects HIV-AIDS Susceptibility'. *Cell Host and Microbe*, 4 (1), 52-62.

Health and Human Services (2017). Press Release 26 October 2017: 'HHS Acting Secretary Declares Public Health Emergency to Address National Opioid Crisis'.

Helgason, A. Palsson, S.,Gudbjartsson, D. F., Kristjansson, T. and Stefansson, K. (2008). 'An association between the kinship and fertility of human couples'. *Science*, 319, 813-816.

Herlihy, D. (1997). *The Black Death and the transformation of the West*. Harvard University Press.

Herre, B. and Roser, M. (2013). 'Democracy. Our World in Data'. Available at: https://ourworldindata.org/democracy

Hess, S. (2015). *America's political dynasties: from Adams to Clinton*. Brookings Institution Press.

Hibbert, C. (2007). *Edward VII: the last Victorian king*. St Martin's Press.

Hibbert, C. (1961). *The Destruction of Lord Raglan*. Longman.

Hill, D. (2008). *1788: The Brutal Truth of the First Fleet*. William Heinemann: Australia.

Hill, K., Boesch, C., Goodall, J., Pusey, A., Williams, J. and Wrangham, R. (2001). 'Mortality rates among wild chimpanzees'. *Journal of Human Evolution*, 40, 437-50.

Ho, T.N.T, Abraham, N. and Lewis, R. J. (2020). 'Structure-function of neuronal nicotinic acetylcholine receptor inhibitors derived from natural toxins'. *Frontiers in Neuroscience*, 14.

Hodge, F. W. (1912). *Handbook of American Indians North of Mexico*. Smithsonian Institution: Bureau of American Ethnology. Bulletin 30.

Holden, B. A., Fricke, T. R., Wilson, D. A., Jong, M., Naidoo, K. S., Sankaridurg, P., Wong, T. Y., Naduvilath, T. J. and Resnikoff, S. (2016). 'Global prevalence of myopia and high myopia and temporal trends from 2000 through 2050'. *Ophthalmology*, 123 (5), 1036-1042.

Holden, C. J. (2002). 'Bantu language trees reflect the spread of farming across sub-Saharan Africa: a maximum-parsimony analysis'. *Proceedings of the Royal Society B*, 269 (1493).

Holmes, P. (2013). 'Tsetse-transmitted trypanosomes their biology, disease impact and control'. *Journal of Invertebrate Pathology*, 112, Supplement 1, S11-S14.

Holtz, D. and Fradkin, A. (2020). 'Tit for tat? The difficulty of designing two-sided reputation systems'. *Sciendo*, 12 (2), 34-39.

Honigsbaum, M. (2020). *The pandemic century: a history of global contagion from the Spanish Flu to Covid-19*. W.H. Allen.

Hopkins, D. R. (2002). *The greatest serial killer: smallpox in history*. University of Chicago Press.

Howard, J. (2019). 'Gambler's Fallacy and Hot Hand Fallacy'. In: Howard, J., *Cognitive Errors and*

Diagnostic Mistakes. Springer.

Hrdy, S. B. and Judge, D. S. (1993). 'Darwin and the puzzle of primogeniture'. *Human Nature*, 4, 1–45.

Huebner, S. R. (2021). 'The "Plague of Cyprian": A revised view of the origin and spread of a 3rd-century CE pandemic'. *Journal of Roman Archaeology*, 34(1), 1–24.

Hurley, T. D. (2012). 'Genes Encoding Enzymes Involved in Ethanol Metabolism'. *Alcohol Research*, 34 (3), 339–344.

Jaeggi, A. V., Gurven, M. (2013). 'Reciprocity explains food sharing in humans and other primates independent of kin selection and tolerated scrounging: A phylogenetic meta-analysis'. *Proceedings of the Royal Society B*, 280 (1768).

Jakobsson, M., Pearce, C., Cronin, T. M., Backman, J., Anderson, L. G., Barrientos, N., Björk, G., Coxall, H., de Boer, A., Mayer, L. A., Mörth, C.M., Nilsson, J., Rattray, J. E., Stranne, C., Semiletov, I. and O'Regan, M. (2017). 'Post-glacial flooding of the Bering Land Bridge dated to 11 cal ka BP based on new geophysical and sediment records'. *European Geosciences Union*, 13, 991–1005.

Jennings, J., Antrobus, K. L., Atencio, S. K., Glavich, E., Johnson, R., Loffler, G. and Luu, C. (2005). 'Drinking beer in a blissful mood: alcohol production, operational chains, and feasting in the ancient world'. *Current Anthropology*, 46 (2), 275–303.

Jensen, K., Call, J., Tomasello, M. (2007). 'Chimpanzees Are Vengeful But Not Spiteful'. *Proceedings of the National Academy of Sciences*, 104(32), 13046–50.

Johnson, D.D.P. and MacKay, N. J. (2015). 'Fight the power: Lanchester's laws of combat in human evolution'. *Evolution and Human Behavior*, 36, 152–163.

Johnson, R. J., Andrews, P., Benner, S. A. and Oliver, W. (2010). 'Theodore E. Woodward Award: The Evolution of Obesity: Insights from the mid-Miocene'. *Transactions of the American Clinical and Climatological Association*, 121, 295–308.

Jones, E. (2006). 'The Psychology of Killing: The Combat Experience of British Soldiers during the First World War'. *Journal of Contemporary History*, 41(2), 229–246.

Jones, O. D. (2015). 'Evolutionary Psychology and the Law'. In: Buss, D. M. (ed.). *The Handbook of Evolutionary Psychology*. Wiley.

Josefson, D. (1998). 'CF gene may protect against typhoid fever'. *British Medical Journal*, 316.

Kahneman, D. (2012). *Thinking, Fast and Slow*. Penguin.

Kahneman, D. and Tversky, A. (1979). 'Prospect Theory: An Analysis of Decision under Risk'. *Econometrica*, 47 (2), 263–291.

Kahneman, D., Knetsch, J. L. and Thaler, R. H. (1991). 'Anomalies: the endowment, effect, loss aversion, and status quo bias'. *Journal of Economic Perspectives*, 5 (1), 193–206.

Kalant, H. (1997). 'Opium revisited: a brief review of its nature, composition, non-medical use and relative risks'. *Addiction*, 92 (3), 267–277.

Kanakogi, Y., Miyazaki, M., Takahashi, H., Yamamoto, H., Kobayashi, T. and Hiraki, K. (2022). 'Third-party punishment by preverbal infants'. *Nature Human Behaviour*, 6, 1234–1242.

Kapoor, A. (2020). 'An unwanted shipment: The Indian experience of the 1918 Spanish flu'. *Economic Times*, 3 April 2020. Available at: https://economictimes.indiatimes.com/news/ politics-and-nation/ an-unwanted-shipment-the-indian-experience-of-the-1918-spanish-flu/ articleshow/74963051.cms

Kato, G. J., Piel, F. B., Reid, C. D., Gaston, M. H., Ohene-Frempong, K., Krishnamurti, L., Smith, W. R., Panepinto, J. A., Weatherall, D. J., Costa, F. F. and Vichinsky, E. P. (2018). 'Sickle cell disease'. *Nature Reviews Disease Primers*, 4, article number: 18010.

Katz, S. H. and Voigt, M. M. (1986). 'Bread and beer: the early use of cereals in the human diet'. *Expedition*, 28 (2),23-34.

Kedishvili, N. Y. (2017). 'Retinoic acid synthesis and degradation'. *Subcellular Biochemistry*, 81, 127-161.

Kendrick, K.M. (2005). 'The neurobiology of social bonds'. *Journal of Neuroendocrinology*, 16 (12), 1007-1008.

Kenneally, C. (2014). *The invisible History of the Human Race: how DNA and history shape our identities and our futures*. Penguin.

Kesternich, I., Siflinger, B., Smith, J. P., Steckenleiter, C. (2020). 'Unbalanced sex ratios in Germany caused by World War II and their effect on fertility: A life cycle perspective'. *European Economic Review*, 30, 103581.

Khateeb, J., Li, Y. and Zhang, H. (2021). 'Emerging SARS-CoV-2 variants of concern and potential intervention approaches'. *Critical Care*, 25, 244.

Kimball, D. (2022). 'U.S.-Russian nuclear arms control agreements at a glance'. Arms Control Association. Available at: https://www.armscontrol.org/factsheets/USRussiaNuclearAgreements

King, M. W. (2019). 'How brain biases prevent climate action'. BBC Future. Available at: https://www.bbc.com/future/article/20190304-human-evolution-means-we-can-tackle-climate-change

Kingsbury, J. M. (1992). 'Christopher Columbus as a botanist'. *Arnoldia*, 52 (2), 11-28.

Klein, G., Felovich, P. J., Bradshaw, J. M. and Woods, D. D. (2005).' Common ground and coordination in joint activity'. In: Rouse, W. B. and Boff, K. R. (eds). *Organizational Simulation*. Wiley.

Kluesner, N. H. and Miller, D. G. (2014). 'Scurvy: Malnourishment in the Land of Plenty'. *Journal of Emergency Medicine*, 46 (4), 530-532.

Knobloch-Westerwick, S., Liu, L., Hino, A., Westerwick, A. and Johnson, B. K. (2019). 'Context impacts on confirmation bias: evidence from the 2017 Japanese snap election compared with American and German findings'. *Human Communication Research*, 45 (4), 427-449.

Knobloch-Westerwick, S., Mothes, C. and Polavin, N. (2017). 'Confirmation bias, ingroup bias and negativity bias in selective exposure to political information'. *Communication Research*, 47 (1).

Knobloch-Westerwick, S., Mothes, C., Johnson, B. K., Westerwick, A. and Donsbach, W. (2015). 'Political online information searching in Germany and the United States: confirmation bias, source credibility and attitude impacts'. *Journal of Communication*, 65 (3), 489-511.

Knowles, E. (2005). 'Providence is always on the side of the big battalions'. In *The Oxford Dictionary of Phrase and Fable*. Oxford University Press.

Koch, A., Brierley, C., Maslin, M. A. and Lewis, S. L. (2019). 'Earth system impacts of the European arrival and Great Dying in the Americas after 1492'. *Quaternary Science Reviews*, 207, 13-36.

Koehler, D. K. and Harvey, N. (eds) (2004). *Blackwell Handbook of Judgement and Decision Making*. Wiley.

Kokkonen, A. and Sundell, A. (2017). 'The King is Dead: political succession and war in Europe,

1000–1799'. Working Papers 2017:9. University of Gothenburg.

Kolata, G. (2001). *Flu: the story of the great influenza pandemic of 1918 and the search for the virus that caused it*. Atria Books.

Kramer, K. L. (2019). 'How there got to be so many of us: the evolutionary story of population growth and a life history of cooperation'. *Journal of Anthropological Research*, 45 (4).

Kramer, S. (2020). 'Polygamy is rare around the world and mostly confined to a few regions'. Pew Research Centre. Available at: https://www.pewresearch.org/fact-tank/2020/12/07/polygamy-is-rarearound-the-world-and-mostly-confined-to-a-few-regions/

Krebs, D. (2015). 'The Evolution of Morality'. In: Buss, D. M. (ed.). *The Handbook of Evolutionary Psychology*. Wiley.

Kringelbach, M. L., Phil, D. and Berridge, K. C. (2010). 'The functional neuroanatomy of pleasure and happiness'. *Discover Medicine*, 9 (49), 579–587.

Kruska, D.C.T (2014). 'Comparative quantitative investigations on brains of wild cavies (Cavia aperea) and guinea pigs (Cavia aperea f. porcellus). A contribution to size changes of CNS structures due to domestication'. *Mammalian Biology*, 79, 230–239.

Kuitems, M., Wallace, B. L., Lindsay, C., Scifo, A., Doeve, P., Jenkins, K., Lindauer, S., Erdil, P., Ledger, P. M., Forbes, V., Vermeeren, C., Friedrich, R. and Dee, M. W. (2021). 'Evidence for European presence in the Americas in AD 1021'. *Nature*, 601, 388–391.

Kurzban, R. and Neuberg, S. (2015). 'Managing Ingroup and Outgroup Relationships'. In: Buss, D. M. (ed.). *The Handbook of Evolutionary Psychology*. Wiley.

Lacey, K. and Lennon, J. T. (2016). 'Scaling laws predict global microbial diversity'. *Proceedings of the National Academy of Sciences of the United States of America*, 113 (21), 5970–5975.

Lalani, A. S., Masters, J., Zeng, W., Barrett, J., Pannu, R. and Everett, H. (1999). 'Use of chemokine receptors by poxviruses'. *Science*, 286 (5446), 1968–71.

Lamb, J. (2001). *Preserving the Self in the South Seas 1680-1840*. University of Chicago Press.

Landes, D. S. (2004). *Dynasties: Fortunes and Misfortunes of the World's Great Family Businesses*. Viking.

Lee, H. J., Macbeth, A. H., Pagani, J. H. and Scott Young, W. (2009). 'Oxytocin: the great facilitator of life'. *Progress in Neurobiology*, 88 (2), 127–151.

Leeson, P. T. (2007). 'An-arrgh-chy: the law and economics of pirate organization'. *Journal of Political Economy*, 115, 1049–1094.

Lents, N. (2018). *Human Errors: a panorama of our glitches, from pointless bones to broken genes*. Weidenfeld & Nicolson.

Lerman, A. E. and Acland, D. (2018). 'United in states of dissatisfaction: confirmation bias across the partisan divide'. *American Politics Research*, 48 (2).

Levy, B. (2009). Conquistador: Hernan Cortes, King Montezuma, and the last stand of the Aztecs. Bantam Books Inc. Leyman, C. S. (1986). 'A review of the technical development of Concorde'. *Progress in Aerospace Sciences*, 23, 185–238.

Li, S., Schlebusch, C. and Jakobsson, M. (2014). 'Genetic variation reveals large-scale population expansion and migration during the expansion of Bantu-speaking peoples'. *Proceedings of the Royal Society B*, 281 (1793).

Liberman, P. (2001). 'The rise and fall of the South African bomb'. *International Security*, 26 (2), 45-86.

Lichtsinn, H. S., Weyand, A. C., McKinney, Z. J. and Wilson, A. M. (2021). 'Sickle cell trait: an unsound cause of death'. *Lancet*, 398 (10306), 1128-1129.

Lindenfors, P., Wartel, A. and Lind, J. (2021). 'Dunbar's number deconstructed'. *Biology Letters*, 17 (5).

Linster, C. L. and Van Schaftingen, E. (2007). 'Vitamin C biosynthesis, recycling and degradation in mammals'. *FEBS Journal*, 274, 1-22.

Lisuma, J., Mbega, E. and Ndakidemi, P. (2020). 'Influence of tobacco plant on macronutrient levels in sandy soils'. *MDPI*, 10 (3), 418.

Little, L. K. (2006). 'Life and Afterlife of the First Plague Pandemic'. In: Little, L. K. (ed.). *Plague and the End of Antiquity: The Pandemic of 541-750*. Cambridge University Press.

Livneh, Y. (2019). 'Overcoming the Loss Aversion Obstacle in Negotiation'. *Harvard Negotiation Law Review*, 25, 187-212.

Lloyd, C. C. (1981) 'Victualling of the fleet in the eighteenth and nineteenth centuries'. In: Watt, J., Freeman, E. J. and Bynum, W. F., (eds.) *Starving Sailors: The Influence of Nutrition upon Naval and Maritime History*. National Maritime Museum.

Loades, D. (2003). *Elizabeth I: The Golden Reign of Gloriana*. Bloomsbury.

Lovejoy, C. O. (1981). 'The origin of man'. *Science*, 211 (4480), 341-350.

Lovejoy, P. (1989). 'The Impact of the Atlantic Slave Trade on Africa: A Review of the Literature'. *The Journal of African History*, 30(3), 365-94

Lovejoy, P. (2000). *Transformations in Slavery: A History of Slavery in Africa*, 2nd ed. Cambridge University Press.

Lu Yu (c.760). 'The Classic of Tea'. Available as a translation in: Carpenter, F. R. (1974) *The Classic of Tea: Origins & Rituals*. The Ecco Press.

Luca, M. (2016). 'Designing online marketplaces: trust and reputation mechanisms'. *Innovation Policy and the Economy*, 17.

Luttinger, N. (2006). *The Coffee Book: Anatomy of an Industry from Crop to the Last Drop*. The New Press.

Mabbett, T. (2005). 'Tobacco nutrition and fertiliser use'. *Tobacco Journal International*, 6, 62-66.

Macdonald, J. (2014). *Feeding Nelson's Navy: the true story of food at sea in the Georgian era*. Frontline Books.

MacDonald, K. (1995). 'The establishment and maintenance of socially imposed monogamy in Western Europe'. *Politics and the Life Sciences*, 14 (1), 3-23.

Mackowiak, P. A., Blos, V. T., Aguilar, M. and Buikstra, J. E. (2005). 'On the origin of American Tuberculosis'. *Clinical Infectious Diseases*, 41, 515-518.

Maddieson, I. (1984). *Patterns of Sounds*. Cambridge University Press.

Mahan, A. T. (1895). 'Blockade in Relation to Naval Strategy'. *U.S. Naval Institute Proceedings*, 21(4), 76.

Majander, K., Pfrengle, S., Kocher, A., Neukamm, J., du Plessis, L., Pla-Díaz, M., Arora, N., Akgül, G., Salo, K., Schats, R., Inskip, S., Oinonen, M., Valk, H., Malve, M., Kriiska, A., Onkamo, P., González-Candelas, F., Kühnert, D., Krause, J. and Scheunemann, V. J. (2020). 'Ancient Bacterial Genomes Reveal a High Diversity of *Treponema pallidum* Strains in Early Modern Europe'.

Current Biology, 30 (19), 3788-3803.

Malaney P.I.A., Spielman, A., Sachs, J. (2004). 'The Malaria Gap'. In: Breman, J. G., Alilio, M. S. and Mills, A., (eds). *The Intolerable Burden of Malaria II: What's New, What's Needed*: Supplement to Volume 71 (2) of the *American Journal of Tropical Medicine and Hygiene*. Northbrook (IL): American Society of Tropical Medicine and Hygiene.

Mann, C. C. (2011). *1493: Uncovering the New World Columbus Created*. Vintage.

Manning, P. (1990). *Slavery and African Life: Occidental, Oriental, and African Slave Trades*. Cambridge University Press.

Marcus, G. (2008). *Kluge: The Haphazard Evolution of the Human Mind*. Faber & Faber.

Marklein, K. E., Torres-Rouff, C., King, L. M. and Hubbe, M. (2019). 'The Precarious State of Subsistence: Reevaluating Dental Pathological Lesions Associated with Agricultural and HunterGatherer Lifeways'. *Current Anthropology*, 60 (3), 341-368.

Marks, R. B. (2012). 'The (Modern) World since 1500'. In: McNeill, J. R. and Mauldin, E. S. (eds.). *A Companion to Global Environmental History*. Wiley.

Marr, A. (2013). *A History of the World*. Pan.

Martin, D. L. and Goodman, A. H. (2002). 'Health conditions before Columbus: paleopathology of native North Americans'. *Western Journal of Medicine*, 176 (1), 65-68.

Martin, S. (2015). *A Short History of Disease: from the Black Death to Ebola*. No Exit Press.

Massen, J.J.M., Ritter, C., Bugnyar, T. (2015). 'Tolerance and reward equity predict cooperation in ravens (Corvus corax)'. *Scientific Reports*, 5, 15021.

Massie, R. K. (1989). *Nicholas and Alexandra*. Victor Gollancz.

Mattison, S. M., Smith, E. A., Shenk, M. K. and Cochrane, E. E. (2016). 'The evolution of inequality'. *Evolutionary Anthropology*, 25, 184-199.

McCandless, P. (2007). 'Revolutionary fever: disease and war in the Lower South, 1776-1783'. *Transactions of the American Clinical and Climatological Association*, 118, 225-249.

McCarty, C., Killworth, P. D., Russell Bernard, H., Johnsen, E. C. and Shelley, G. A. (2001). 'Comparing two methods for estimating network size'. *Human Organization*, 60 (1), 28-39.

McCord, C. P. (1971). 'Scurvy as an occupational disease'. *Journal of Occupational Medicine*, 13 (6), 306-307.

McDermott, R. (2004). 'Prospect theory in political science: gains and losses from the first decade'. *Political Psychology*, 25 (2), 289-312.

McDermott, R. (2009). 'Prospect Theory and Negotiation'. In: Sjöstedt, G., Avenhaus, R. (eds). *Negotiated Risks: International Talks on Hazardous Issues*. Springer.

McEvedy, C. and Jones, R. (1977). *Atlas of World Population History*. Penguin.

McGee, H. (2004). *McGee on Food and Cooking: an encyclopedia of kitchen science, history and culture*. Hodder & Stoughton.

McGovern, P. E. (2018). *Ancient Brews: Rediscovered and Re-created*. W. W. Norton & Company.

McNeill, J. R. (2010). *Mosquito Empires: ecology and war in the Greater Caribbean, 1620-1914*. Cambridge University Press.

McNeill, W. H. (1976). *Plagues and Peoples*. Anchor Press.

Meekers, D. and Franklin, N. (1995). 'Women's perceptions of polygyny among the Kaguru of

422

Tanzania'. *Ethnology*, 34 (4), 315-329.

Meletis, J. and Konstantopoulos, K. (2004). 'Favism From the "avoid fava beans" of Pythagoras to the present'. *Haema*, 7 (1), 17-21.

Mercer, J. (2005). 'Prospect theory and political science'. *Annual Review of Political Science*, 8, 1-21.

Miller, G. A. (1956). 'The magical number seven, plus or minus two: Some limits on our capacity for processing information'. *Psychological Review*, 63 (2), 81-97.

Miller, K. M. (2016). T*he Darien Scheme: Debunking the Myth of Scotland's Ill-Fated American Colonization Attempt*. Wright State University.

Milov, S. (2019). *The Cigarette: A Political History*. Harvard University Press.

Mineur, Y. S., Abizaid, A., Rao, Y., Salas, R., Dileone, R. J., Gündisch, D., Di-Ano, S., De Biasi, M., Horvath, T. L., Gao, X. B. and Picciotto, M. R. (2011). 'Nicotine decreases food intake through activation of POMC neurons'. *Science*, 332 (6035), 1330-1332.

Miron, J. A. and Zwiebel, J. (1991). *Alcohol Consumption During Prohibition*. National Bureau of Economic Research.

Mishra, S. and Mishra, M. B. (2013). 'Tobacco: its historical, cultural, oral and peridontal health association'. *Journal of International Society of Preventive and Community Dentistry*, 3 (1), 12-18.

Mitani, J. C., Watts, D. P. and Amsler, S. J. (2010). 'Lethal intergroup aggression leads to territorial expansion in wild chimpanzees'. *Current Biology*, 20 (2), R508-R508.

Mitchell, B. L. (2018). 'Sickle cell trait and sudden death'. *Sports Medicine - Open*, 4 (19).

Mitchell, S. (2006). *A History of the Later Roman Empire, AD 284-AD 641: The Transformation of the Ancient World*. Wiley-Blackwell.

Mohandas, N. and An, X. (2012). 'Malaria and Human Red Blood Cells'. *Medical Microbiology and Immunology*, 201 (4), 593-598.

Monaghan, J. and Just, P. (2000). *Social and Cultural Anthropology: A Very Short Introduction*. Oxford University Press.

Montesquieu (1777). *The Spirit of the Laws*, Book XXVI, Chapter XVI. Text available at: https://oll. libertyfund.org/title/ montesquieu-complete-works-4-vols-1777

Monot, M., Honoré, N., Garnier, T., Araoz, R., Coppée, J. Y., Lacroix, C., Sow, S., Spencer, J. S., Truman, R. W., Williams, D., Gelber, R., Virmond, M., Flageul, B., Cho, S. N., Ji, B., Paniz-Mondolfi, A., Convit, J., Young, S., Fine, P. E., Rasolofo, V., Brennan, P. J. and Cole, S. T. (2005). 'On the origin of leprosy'. *Science*, 308 (5724), 1040-1042.

Morland, P. (2019). *The Human Tide: How Population Shaped the Modern World*. John Murray Publishers.

Morland, P. (2022). 'Sinn Féin won the demographic war'. *UnHerd*, 10 May 2022. Available at: https://unherd.com/2022/05/ sinn-fein-won-the-demographic-war/

Morris, I. (2011). *Why the West Rules—For Now: The Patterns of History and What They Reveal About the Future*. Profile Books.

Morris, I. (2014). *War: What is it Good For? The Role of Conflict in Civilisation, from Primates to Robots*. Profile Books.

Moser, D., Steiglechner, P. and Schlueter, A. (2021). 'Facing global environmental change: The role of culturally embedded cognitive biases'. *Environmental Development*, 44, 100735.

Mühlemann, B., Vinner, L., Margaryan, A., Wilhelmson, H., Castro, C., Allentoft, M. E., Damgaard, P., Hansen, A. J., Nielsen, S. H., Strand, L. M., Bill, J., Buzhilova, A., Pushkina, T., Falys, C., Khartanovich, V., Moiseyev, V., Jørkov, M.L.S., Sørensen, P. Ø., Magnusson, Y., Gustin, I., Schroeder, H., Sutter, G., Smith, G. L., Drosten, C., Fouchier, R.A.M., Smith, D. J., Willerslev, E., Jones, T. C. and Sikora, M. (2020) 'Diverse variola virus (smallpox) strains were widespread in northern Europe in the Viking Age'. *Science*, 369 (6502).

Münchau, W. (2017). 'From Brexit to fake trade deals the curse of confirmation bias'. *Financial Times*, 9 July 2017. Available at: https://www.ft.com/content/b7d68798-62fb-11e7-91a7-502f7ee26895

Murdock, G. (1962). 'Ethnographic Atlas'. Ethnology, 1 (1), 113-134.

Nachman, M. W. and Crowell, S. L. (2000). 'Estimate of the mutation rate per nucleotide in humans'. *Genetics*, 156 (1), 297-304.

Nambi, K. (2020). 'How Spanish Flu brought independence to a country'. Available at: https://medium.com/lessons-from-history/how-spanish-flu-got-independence-to-a-country-f8d3f8fa6092

Nathanson, J. A. (1984). 'Caffeine and related methylxanthines: possible naturally occurring pesticides'. *Science*, 226 (4671), 184-187.

National Safety Council (2022). 'Injury Facts: Deaths in Public Places'. Available at: https://injuryfacts.nsc.org/home-and-community/deaths-in-public-places/introduction/

Newman, R. K. (1995). 'Opium smoking in late imperial China: a reconsideration'. *Modern Asian Studies*, 29 (4), 765-794.

Nickerson, R. S. (1998). 'Confirmation Bias: A Ubiquitous Phenomenon in Many Guises'. *Review of General Psychology*, 2(2), 175-220.

Nietzsche, F. (1888). *The Twilight of the Idols*. Translated by Anthony M. Ludovici (1911). Available at: https://www.gutenberg.org/files/52263/52263-h/52263-h.htm

Nishikimi, M., Kawai, T. and Yagi, K. (1992). 'Guinea pigs possess a highly mutated gene for L-Gulono-Y-lactone oxidase, the key enzyme for L-ascorbic acid biosynthesis missing in this species'. *Journal of Biological Chemistry*, 267 (30), 21967-21972.

Norn, S., Kruse, P. R. and Kruse, E. (2005). 'History of opium poppy and morphine'. *Dan Medicinhist Arbog*, 33, 171-184.

North, D. C. and Thomas, R. P. (1970). 'An Economic Theory of the Growth of the Western World'. *Economic History Review*, 23 (1), 1-17.

Novembre, J., Galvani, A. P., Slatkin, M. (2005). 'The geographic spread of the CCR5 Delta32 HIV-resistance allele'. *PLoS Biology*, 3 (11).

Nowak, M. A. (2006). 'Five rules for the evolution of cooperation'. *Science*, 314 (5805), 1560-1563.

Nowak, M. A. and Sigmund, K. (2005). 'Evolution of indirect reciprocity'. *Nature*, 437, 1291-1298.

Noymer, A. and Garenne, M. (2009). 'The 1918 influenza epidemic's effects on sex differentials in mortality in the United States'. *Population and Development Review*, 26 (3), 565-581.

Nunn, N. (2010). 'Shackled to the Past: The Causes and Consequences of Africa's Slave Trade'. In: Diamond, J. and Robinson, J. A. (eds). *Natural Experiments of History*. Harvard University Press.

Nunn, N. (2008). 'The Long-Term Effects of Africa's Slave Trades'. *Quarterly Journal of Economics*, 123, 139-176.

Nunn, N. (2017). 'Understanding the long-run effects of Africa's slave trades'. In: Michalopoulos, S. and Papaioannou, E. (eds). *The Long Economic and Political Shadow of History*, Volume 2: Africa and Asia. CEPR Press.

Nunn, N. and Qian, N. (2010). 'The Columbian Exchange: a history of disease, food, and ideas'. *Journal of Economic Perspectives*, 24 (2), 163-188.

Nunn, N, and Wantchekon, L. (2011). 'The Slave Trade and the Origins of Mistrust in Africa'. *American Economic Review*, 101 (7), 3221-52.

O'Grady, M. (2020). 'What can we learn from the art of pandemics past?' *New York Times Style Magazine*. Available at: https://www.nytimes.com/2020/04/08/t-magazine/art-coronavirus.html

Öberg, M., Jaakkola, M., Woodward, A., Peruga, A. and Prüss-Ustün, A. (2011). 'Worldwide burden of disease from exposure to secondhand smoke: a retrospective analysis of data from 192 countries'. *Lancet*, 377 (9760), 8-14.

Ofcom (2019). 'Half of people now get their news from social media'. Ofcom, 24 July 2019. Available at: https://www.ofcom.org.uk/ about-ofcom/latest/features-and-news/ half-of-people-get-news-from-social-media

Office of Population Research (1946). 'War, Migration, and the Demographic Decline of France'. *Population Index*, 12 (2), 73-81. https://doi.org/10.2307/2730069

Ohler, N. (2016). *Blitzed: drugs in Nazi Germany*. Allen Lane.

Ojeda-Thies, C. and Rodriguez-Merchan, E. C. (2003). 'Historical and political implications of haemophilia in the Spanish royal family'. *Haemophilia*, 9 (2), 153-156.

Olds, J. and Peter, M. (1954). 'Positive reinforcement produced by electrical stimulation of septal area and other regions of rat brain'. *Journal of Comparative and Physiological Psychology*, 47 (6), 419-427.

Oldstone, M.B.A. (2009). *Viruses, Plagues, and History: Past, Present and Future*. Oxford University Press.

Ord, T. (2021). *The Precipice: Existential risk and the future of humanity*. Bloomsbury.

Organsk, A.F.K. (1958). *World Politics*. Alfred A. Knopf, New York. Ch. 5, p.132.

Ostlund, S. B. and Halbout, B. (2017). 'Mesolimbic Dopamine Signalling in Cocaine Addiction'. In: Preedy, V. R. (ed.). *The Neuroscience of Cocaine: Mechanisms and Treatment*. Academic Press.

Outram, Q. (2001). 'The socio-economic relations of warfare and the military mortality crises of the thirty years war'. *Medical History*, 45 (2), 151-184.

Owens, M. (2021). 'Afghanistan and the sunk cost fallacy'. *Washington Examiner*, 4 March 2021. Available at: https://www.washingtonexaminer.com/politics/afghanistan-and-the-sunk-cost-fallacy

Oxford, J. S. and Gill, D. (2018). 'Unanswered questions about the 1918 influenza pandemic: origin, pathology, and the virus itself'. *Lancet*, 18 (11), e348-e354.

Oyuela-Caycedo, A. and Kawa, N. C. (2015). 'A Deep History of Tobacco in Lowland South America'. In: Russell, A. and Rahman, E. (eds). *The Master Plant: Tobacco in Lowland South America*. Routledge.

Paine, L. (2015). *The Sea and Civilization: A Maritime History of the World*. Atlantic Books.

Pakendorf, B., Bostoen, K. and de Filippo, C. (2011). 'Molecular perspectives on the Bantu Expansion:

a synthesis'. *Language Dynamics and Change*, 1, 50–88.

Pamuk, S. (2007). 'The Black Death and the origins of the "Great Divergence" across Europe, 1300–1600'. *European Review of Economic History*, 11 (3), 289–317.

Pamuk, S. and Shatzmiller, M. (2014). 'Plagues, Wages, and Economic Change in the Islamic Middle East, 700–1500'. *Journal of Economic History*, 74 (1), 196–229.

Pan, C. W., Ramamurthy, D. and Saw, S. M. (2011). 'Worldwide prevalence and risk factors for myopia'. 32 (1), 3–16.

Parker, G. (2008). Crisis and catastrophe: the global crisis of the seventeenth century reconsidered'. *American Historical Review*, 113 (4), 1053–1079.

Parker, G. (2020). *Emperor: A New Life of Charles V*. Yale University Press.

Parsons, R. (1996). 'The Mystery Bean'. *Los Angeles Times*, 18 April 1996. Available at: https://www.latimes.com/archives/la-xpm-1996-04-18-fo-59692-story.html

Payne, R. E. (2016). 'Sex, death, and aristocratic empire: Iranian jurisprudence in late antiquity'. *Comparative Studies in Society and History*, 58 (2), 519–549.

Pedersen, F. A. (1991). 'Secular trends in human sex ratios'. *Human Nature*, 2, 271–291.

Peirce, L.P. (1993). *The Imperial Harem: Women and Sovereignty in the Ottoman Empire*. Oxford University Press.

Pendergrast, M. (2009). *Coffee second only to oil? Is coffee really the second largest commodity?* Tea & Coffee Trade.

Pendergrast, M. (2010). *Uncommon Grounds: The History of Coffee and How it Transformed our World*. Basic Books.

Pereira, A. S., Kavanagh, E., Hobaiter, C., Slocombe, K. E. and Lameira, A. R. (2020). 'Chimpanzee lip-smacks confirm primate continuity for speech-rhythm evolution'. *Biology Letters*, 16 (5).

Perrin, F. (2022). 'On the origins of the demographic transition: rethinking the European marriage pattern'. *Cliometrica*, 16, 431–475.

Petrarch, F. (1348) Letter. Parma, Italy. Translation available in: Deaux, G. (1969) *The Black Death: 1347*. Weybright and Talley, New York.

Phillips, R. (2014). *Alcohol: a history*. UNC Press Books.

Phillips-Krawczak, C. (2014). 'Causes and consequences of migration to the Caribbean Islands and Central America: an evolutionary success story'. In: Crawford, M. H. and Campbell, B. C. (eds). *Causes and Consequences of Human Migration: An Evolutionary Perspective*. Cambridge University Press.

Pietraszewski, D. and Wertz, A. E. (2021). 'Why evolutionary psychology should abandon modularity'. *Perspectives on Psychological Science*, 17 (2).

Pinker, S. (2014). 'The Source of Bad Writing'. *Wall Street Journal*, 25 September 2104. Available at: https://www.wsj.com/articles/the-cause-of-bad-writing-1411660188

Pitre, M. C., Stark, R. J. and Gatto, M. C. (2016). 'First probable case of scurvy in ancient Egypt at Nag el-Quarmila, Aswan'. *International Journal of Paleopathology*, 13, 11–19.

Pittman, K. J., Glover, L. C., Wang, L. and Ko, D. C. (2016). 'The legacy of past pandemics: common human mutations that protect against infectious disease'. *PLOS Pathogens*, 12 (7).

Polansky, S. and Rieger, T. (2020). 'Cognitive biases: causes, effects and implications for effective messaging'. NSI. Available at: https:// nsiteam.com/ cognitive-biases-causes-effects-and-implications-for-effectivemessaging/

Pollan, M. (2021). *This is Your Mind on Plants*. Penguin.

Poolman, E. M. and Galvani, A. P. (2006). 'Evaluating candidate agents of selective pressure for cystic fibrosis'. *Journal of the Royal Society Interface*, 4 (12).

Pope John XXIII. 'Pacem in Terris'. *The Holy See*, 11 April 1963, https://www.vatican.va/content/john-xxiii/en/encyclicals/documents/hf_j-xxiii_enc_11041963_pacem.html

Powers, S. T. and Lehmann, L. (2014). 'An evolutionary model explaining the Neolithic transition from egalitarianism to leadership and despotism'. *Proceedings of the Royal Society B*, 281.

Price, C. (2017). 'The Age of Scurvy'. *Science History Institute*. Available at: https://www.sciencehistory.org/distillations/magazine/ the-age-of-scurvy

Price, D. T. (2014). 'New Approaches to the Study of the Viking Age Settlement across the North Atlantic'. *Journal of the North Atlantic*, 7, 1-12.

Rady, M. (2017). *The Habsburg Empire: A Very Short Introduction*. Oxford University Press.

Rady, M. (2020). *The Habsburgs: To Rule the World*. Basic Books.

Raihani, N. (2021). *The Social Instinct: How Cooperation Shaped the World*. Jonathan Cape.

Rajakumar, K. (2003). 'Vitamin D, Cod-Liver Oil, Sunlight, and Rickets: A Historical Perspective'. *Pediatrics*, 112 (2), e132-135.

Randy, E. E. (2010). 'Sickle cell trait in sports'. *Current Sports Medicine Reports*, 9 (6), 347-351.

Rao, P., Rodriguex, R. L. and Shoemaker, S. P. (2018). 'Addressing the sugar, salt, and fat issue the science of food way'. *NPJ Science of Food*, 2 (12).

Reich, D. (2018). *Who We Are and How We Got Here: Ancient DNA and the New Science of the Human Past*. Oxford University Press.

Riehn, R. K. (1990). *1812: Napoleon's Russian Campaign*. McGraw-Hill.

Ritzer, G. and Ryan, M. J. (2011). *The Concise Encyclopedia of Sociology*. Wiley.

Roberts, A. (2015). *Napoleon: a Life*. Penguin.

Roberts, J. M. and Westad, O. A. (2013). *The History of the World*. Oxford University Press.

Robson, S. L., van Schaik, C. P., Hawkes, K. (2006). 'The Derived Features of Human Life History'. In: Hawkes, K. and Paine, R. R. *The Evolution of Human Life History*. School of American Research Press.

Roth, M. T. (1997). *Law Collections from Mesopotamia and Asia Minor*, 2nd edition. Society of Biblical Literature.

Rowold, D. J., Perez-Benedico, D., Stojkovic, O., Garcia-Bertrand, R., Herrera, R. J. (2016). 'On the Bantu expansion'. *Gene*, 593(1), 48-57.

Roxburgh, N. and Henke, J. S. (eds) (2020). *Psychopharmacology in British Literature and Culture, 1780-1900*. Palgrave Macmillan.

Rozenkrantz, L., D'Mello, A. M. and Gabrieli, J.D.E. (2021). 'Enhanced rationality in autism spectrum disorder'. *Trends in Cognitive Science*, 25 (8), 685-696.

Russell, B. (1950). *Unpopular Essays*. George Allen and Unwin, London.

Rutherford, A. (2016). *A Brief History of Everyone Who Ever Lived: The Stories in Our Genes*. Weidenfeld & Nicolson.

Sapolsky, R. M. (2017). *Behave: The Biology of Humans at our Best and Worst*. Penguin.

Sarris, P. (2002). *The Justiniaic Plague: Origins and Effects*. Cambridge University Press.

Sarris, P. (2007). 'Bubonic Plague in Byzantium: The Evidence of Non-Literary Sources'. In: Little, L. K. (ed.). *Plague and the End of Antiquity: The Pandemic of 541-750*. Cambridge University Press.

Schacht, R. and Mudler, M. B. (2015). 'Sex ratio effects on reproductive strategies in humans'. *Royal Society Open Science*, 2 (1).

Schæbel, L. K., Bonefeld-Jørgensen, E. ., Laurberg, P., Vestergaard, H. and Andersen, S. (2015). 'Vitamin D-rich marine Inuit diet and markers of inflammation a population-based survey in Greenland'. *Journal of Nutritional Science*, 4, 40.

Schaub, G. (2004). 'Deterrence, Compellence, and Prospect Theory'. *Political Psychology*, 25 (3), 389-411.

Scheidel, W. (1996). 'Brother-sister and parent-child marriage outside royal families in ancient Egypt and Iran: A challenge to the sociobiological view of incest avoidance?' *Ethnology and Sociobiology*, 17 (5), 319-340.

Scheidel, W. (2009a). 'A peculiar institution? Greco-Roman monogamy in global context'. *History of the Family*, 14, 280-291.

Scheidel, W. (2009b). *Sex and Empire: a Darwinian perspective*. Oxford University Press.

Schenck, T. (2019). *Holy Grounds: the surprising connection between coffee and faith—from dancing goats to Satan's drink*. Fortress Press.

Schino, G. and Aureli, F. (2010). 'Primate reciprocity and its cognitive requirements'. *Evolutionary Anthropology*, 19, 130-135.

Schmitt, D. P. (2015). 'Fundamentals of Human Mating Strategies'. In: Buss, D. M. (ed.). *The Handbook of Evolutionary Psychology*. Wiley.

Schudellari, M. (2021). 'How the coronavirus infects cells and why Delta is so dangerous'. *Nature*, 595, 640-644.

Schwartz, B. (2006). 'The sunk-cost fallacy'. *Los Angeles Times*, 17 September 2006. Available at: https://www.latimes.com/archives/la-xpm-2006-sep-17-oe-schwartz17-story.html

Seebass, A. R. (1997). 'The Prospects for Commercial Supersonic Transport'. In: Sobieczky, H. (ed). *New Design Concepts for High Speed Air Transport*. Springer.

Ségurel, L. and Bon, C. (2017). 'On the evolution of lactase persistence in humans'. *Annual Review of Genomics and Human Genetics*, 12 (45).

Severin, T. (2008). *In Search of Robinson Crusoe*. Basic Books.

Shahraki, A. H., Carniel, E. and Mostafavi, E. (2016). 'Plague in Iran: its history and current status'. *Epidemology and Health*, 38.

Shammas, C. (1987). 'English inheritance law and its transfer to the colonies'. *American Journal of Legal History*, 31 (2), 145-163.

Sharp, P. M., Plenderleith, L. J. and Hahn, B. H. (2020). 'Ape Origins of Human Malaria'. *Annual Review of Microbiology*, 8 (74), 39-63.

Sherman, I. W. (2005). *The Power of Plagues*. ASM Press.

Sherman, I. W. (2007). *Twelve Diseases that Changed our World*. ASM Press.

Shermer, M. (2012). *The Believing Brain: From Spiritual Faiths to Political Convictions*. Robinson.

Simon, H. A. (1955). 'A behavioral model of rational choice'. *Quarterly Journal of Economics*, 69 (1), 99-118.

Simpson, T. (2012). *The Immigrants: The Great Migration from Britain to New Zealand, 1830-1890*. Penguin Random House New Zealand.

Singh, S. and Glowacki, L. (2022). 'Human social organization during the Late Pleistocene: Beyond the nomadic-egalitarian model'. *Evolution and Human Behavior*, 43 (5), 418-431.

Smith, D. S. (2003). 'Seasoning, Disease Environment, and Conditions of Exposure: New York Union Army Regiments and Soldiers'. In: Costa, D. L. (ed.). *Health and Labor Force Participation over the Life Cycle: Evidence from the Past*. University of Chicago Press.

Snelders, S. and Pieters, T. (2002). 'Speed in the Third Reich: methamphetamine (pervitin) use and a drug history from below'. *Social History of Medicine*, 24 (3), 686-699.

Sobolevskaya, O. (2013). 'The demographic echo of war'. *HSE University News*, 2 September 2013. Available at: https://iq.hse.ru/en/news/177669270.html

Solinas, M., Ferré, S., You, Z. B., Karcz-Kubicha, M., Popoli, P. and Goldberg, S. R. (2002). 'Caffeine induces dopamine and glutamate release in the shell of the nucleus accumbens'. *Brief Communication*, 22 (15), 6321-6324.

Southey, R. (1813). *The Life of Horatio Lord Nelson*. Available at: https://www.gutenberg.org/files/947/947-h/947-h.htm

Spiller, R. J. (1988). 'S.L.A. Marshall and the Ratio of Fire'. *RUSI Journal*, 133(4), 63-71.

Spinney, L. (2017). *Pale Rider: the Spanish flu of 1918 and how it changed the world*. Jonathan Cape.

Sporchia, F., Taherzadeh, O. and Caro, D. (2021). 'Stimulating environmental degradation: A global study of resource use in cocoa, coffee, tea and tobacco supply chains'. *Current Research In Environmental Sustainability*, 3, 1-11.

Standage, T. (2006). *A History of the World in 6 Glasses*. Bloomsbury.

Stanhope, A. (1840). *Spain under Charles the Second; or, Extracts from the correspondence of the Hon. Alexander Stanhope, British minister at Madrid, 1690-1699. From the originals at Chevening*. John Murray. Available at: https://wellcomecollection.org/works/xhq5ugzm

Stanovich, K. E., Toplak, M. E. and West, R. F. (2008). 'The development of rational thought: a taxonomy of heuristics and biases'. *Advances in Child Development and Behavior*, 36, 251-285.

Starkweather, K. E. and Hames, R. (2012). 'A survey of non-classical polyandry'. *Human Nature*, 23, 149-172.

Steele, J. (2002). 'Biological Constraints'. In: Hart, J. P. and Terrell, J. E. (eds). *Darwin and Archaeology: A Handbook of Key Concepts*. Bergin & Garvey.

Stephens, J. C., Reich, D. E., Goldstein, D. B., Shin, H. D., Smith, M. W., Carrington, M. (1998). 'Dating the origin of the CCR5-Delta32 AIDS-resistance allele by the coalescence of haplotypes'. *American Journal of Human Genetics*, 62(6), 1507-15.

Steppuhn, A., Gase, K., Krock, B., Halitschke, R. and Baldwin, I. T. (2004). 'Nicotine's Defensive Function in Nature'. *PLoS Climate*, 2 (10).

Stevens, R. (2005). 'The history of haemophilia in the royal families of Europe'. *British Journal of Haematology*, 105 (1), 25-32.

Stevenson, D. (2011). *With Our Backs to the Wall: Victory and Defeat in 1918*. Allen Lane.

429

Stevenson, P. C., Nicolson, S. W. Wright, G. A. (2017). 'Plant secondary metabolites in nectar: impacts on pollinators and ecological functions'. *Functional Ecology*, 31 (1), 65-75.

Stewart-Williams, S. (2018). *The Ape that Understood the Universe: How the Mind and Culture Evolve*. Cambridge University Press.

Stock, J. T. (2008). 'Are humans still evolving?'. *Science and Society*, 9, 51-54.

Stone, A. C., Wilbur, A. K., Buikstra, J. E. and Roberts, C. A. (2009). 'Tuberculosis and leprosy in perspective'. *American Journal of Physical Anthropology*, 140 (S49), 66-94.

Stone, V. E., Cosmides, L., Tooby, J., Kroll, N. and Knight, R. T. (2002). 'Selective impairment of reasoning about social exchange in a patient with bilateral limbic system damage'. *Proceedings of the National Academy of Sciences of the United States of America*, 99 (17), 11531-11536.

Strachan, H. (2006). 'Training, Morale and Modern War'. *Journal of Contemporary History*, 41 (2), 211-227.

Strassmann, J. E. (1984). 'Female-Biased Sex Ratios in Social Insects Lacking Morphological Castes'. *Evolution*, 38 (2), 256-266.

Surowiecki, J. (2004). *The Wisdom of Crowds: Why the Many Are Smarter Than the Few and How Collective Wisdom Shapes Business, Economies, Societies and Nations*. Doubleday.

Sussman, G. D. (2022). 'Was the Black Death in India and China?'. *Bulletin of the History of Medicine*, 85 (3), 319-355.

Swallow, D. M. (2003). 'Genetics of lactase persistence and lactose intolerance'. *Annual Review of Genetics*, 37, 197-219.

Swerdlow, D. L., Mintz, E. D., Rodriguez, M., Tejada, E., Ocampo, C., Espejo, L. (1994). 'Severe life-threatening cholera associated with blood group O in Peru: implications for the Latin American epidemic'. *Journal of Infectious Diseases*, 170 (2), 468-72.

Talbot, J. E. (1991). 'Concorde development powerplant installation and associated systems'. *SAE Transactions*, 100, 2681-2698.

Tana, V. D. and Hall, J. (2015). 'Isspresso development and operations'. *Journal of Space Safety Engineering*, 2 (1), 39-44.

Taubenberger, J. K. and Morens, D. M. (2006). '1918 influenza, the mother of all pandemics'. *Emerging Infectious Diseases*, 12 (1), 15-22.

Taylor, L. H., Latham, S. M. and Woolhouse, M.E.J. (2001). 'Risk factors for human disease emergence'. *Philosophical Transactions of the Royal Society B*, 356 (1411).

Teger, A. I. (1980). *Too Much Invested to Quit*. Pergamon.

Teso, E. (2019). 'The long-term effect of demographic shocks on the evolution of gender roles: evidence from the trans-Atlantic slave trade'. *Journal of the European Economic Association*, 17 (2), 497-534.

Tharoor, I. (2021). 'We're still living in the age of Napoleon'. *Washington Post*, 7 May 2021. Available at: https://www.washingtonpost.com/world/2021/05/07/napoleon-legacy-france/

The Boston Globe (2021). 'A sordid family affair'. *Boston Globe*. Available at: https://apps.bostonglobe.com/opinion/ graphics/2021/06/future-proofing-the-presidency/part-3-a-sordid-family-affair/

The New York Times (1973). 'Supersonic civilian flights over U.S. are outlawed'. *New York Times*,

28 March 1973. Available at:https://www.nytimes.com/1973/03/28/archives/supersonic-civilianflights-over-us-are-outlawed.html

The Royal Swedish Academy of Sciences (2002). Press Release: 'The Sveriges Riksbank Prize in Economic Sciences in Memory of Alfred Nobel 2002'. Available at: https://www.nobelprize.org/prizes/economic-sciences/2002/press-release/

The White House (2005). Report to the President, March 31, 2005. Available at: https://georgewbush-whitehouse.archives.gov/wmd/ text/report.html

The White House (2017). Remarks by President Trump on the Strategy in Afghanistan and South Asia, 21 August 2017. Available at: https://trumpwhitehouse.archives.gov/briefings-statements/remarks-president-trump-strategy-afghanistan-south-asia/

Theofanopoulou, C., Gastaldon, S., O'Rourke, T., Samuels, B. D., Messner, A., Martins, P. T., Delogu, F., Alamri, S. and Boeckx, C. (2017). 'Self-domestication in Homo sapiens: insights from comparative genomics'. PLOS ONE, 13 (5).

Thornton, J. (1983).' Sexual Demography: The Impact of the Slave Trade on Family Structure'. In: Robertson, C. C. and Klein M. A. (eds). Women and Slavery in Africa, University of Winsconsin Press.

Thucydides, The History of the Peloponnesian War, Book II, Chapter VII. Translated by Richard Crawley (1874). Available at: Project Gutenberg: https://www.gutenberg.org/files/7142/7142-h/7142-h.htm

Tishkoff, S. A. Reed, F. A., Friedlaender, F. R., Ehret, C., Ranciaro, A., Froment, A., Hirbo, J. B., Awomoyi, A. A., Bodo, J. M., Doumbo, O., Ibrahim, M., Juma, A. T., Kotze, M. J., Lema, G., Moore, J. H., Mortensen, H., Nyambo, T. B., Omar, S. A., Powell, K., Pretorius, G. S., Smith, M. W., Thera, M. A., Wambebe, C., Weber, J. L. and Williams, S. M. (2009). 'The genetic structure and history of Africans and African Americans'. Science, 324 (5930), 1035-1044.

Tobin, V. (2009). 'Cognitive bias and the poetics of surprise'. Language and Literature, 18 (2), 155-172.

Toner, D. (2021). Alcohol in the Age of Industry, Empire and War. Bloomsbury Publishing.

Tooby, J. and Cosmides, L. (1996). 'Friendship and the Banker's Paradox: other pathways to the evolution of adaptations for altruism'. Proceedings of the British Academy, 88, 119-143.

Topik, S. (2004). 'The World Coffee Market in the Eighteenth and Nineteenth Centuries, from Colonial To National Regimes'. Working Paper No. 04/04. University of California, Irvine.

Trevathan, W.(2015). 'Primate pelvic anatomy and implications for birth'. Philosophical Transactions of the Royal Society B, 370 (1663).

Trivers, R. (2006). 'Reciprocal altruism: 30 years later'. In: Kappeler, P. M., van Schaik, C. P. (eds). Cooperation in Primates and Humans. Springer.

Trivers, R. L. (1971). 'The evolution of reciprocal altruism'. Quarterly Review of Biology, 46 (1), 35-57.

Tushingham, S., Ardura, D. A., Eerkens, J. W. and Palazoglu, M. (2013). 'Hunter-gatherer tobacco smoking: Earliest evidence from the Pacific Northwest Coast of North America'. Journal of Archaeological Science, 40 (2), 1397-1407.

Tversky, A. and Kahneman, D. (1974). 'Judgement under Uncertainty: Heuristics and Biases'. Science, 185 (4157), 1124-1131.

Tversky, A. and Kahneman, D. (1981). 'The framing of decisions and the psychology of choice'.

431

Science, 311 (30), 453-458.

Unicef (2021). 'Vitamin A deficiency'. Available at: https://data.unicef.org/topic/nutrition/vitamin-a-deficiency/

United Nations Office on Drugs and Crime (2021). World Drug Report 2021. 'Drug Market Trends: Cannabis and Opioids'. United Nations.

United Nations Office on Drugs and Crime (2022). Afghanistan Opium Survey 2021. 'Cultivation and Production'. United Nations.

Vachula, R. S., Huang, Y., Longo, W. M., Dee, S. G., Daniels, W. C. and Russell, J. M. (2019). 'Evidence of ice age in humans in eastern Beringia suggests early migration to North America'. *Quaternary Science Reviews*, 205, 35-44.

Vale, B. (2008). 'The Conquest of Scurvy in the Royal Navy 1793- 1800: A challenge to current orthodoxy'. *Mariner's Mirror*, 94(2), 160-75.

van Leengoed, E., Kerker, E. and Swanson, H. H. (1987). 'Inhibition of post-partum maternal behaviour in the rat by injecting an oxytocin antagonist into the cerebral ventricles'. *Journal of Endocrinology*, 112 (2), 275-282.

Verpoorte, R. (2005). 'Alkaloids'. *Encyclopedia of Analytical Science*, 2nd edition. Elsevier.

Vidmar, J. (2005). *The Catholic Church though the Ages: A History*. Paulist Press.

Vilas, R., Ceballos, F. C., Al-Soufi, L., González-García, R., Moreno, C., Moreno, M., Villanueva, L., Ruiz, L., Mateos, J., Gonzalez, D., Ruiz, J., Cinza, A., Monje, F. and Álvarez, G. (2019). 'Is the "Habsburg jaw" related to inbreeding?' *Annals of Human Biology*, 46 (7-8), 553-561.

Vis, B. (2011). 'Prospect theory and political decision making'. *Political Studies Review*, 9, 334-343.

Visceglia, M. A. (2002). 'Factions in the Sacred College in the sixteenth and seventeenth centuries'. In: Signorotto, G. and Visceglia, M. A. (eds). *Court and Politics in Papal Rome, 1492-1700*. Cambridge University Press.

Vishnevsky, A. and Shcherbakova, E. (2018). 'A new stage of demographic change: A warning for economists'. *Russian Journal of Economics*, 4 (3), 229-248.

Voelkl, B., Portugal, S. J., Unsöld, M., Usherwood, J. R., Wilson, A. M., Fritz, J. (2015). 'Matching times of leading and following suggest cooperation through direct reciprocity during V-formation flight in ibis'. *Proceedings of the National Academy of Sciences*, 112, 2115-2120.

Vogel, K. (1933). 'Scurvy "The Plague of the Sea and the Spoyle of Mariners"'. *Bulletin of the New York Academy of Medicine*, IX (8).

Volkow, N. D. and Blanco, C. (2021). 'Research on substance use disorders during the COVID-19 pandemic'. *Journal of Substance Abuse Treatment*, 129, 1-3.

von Clausewitz, C. (1832). On War. Translated by Graham, J. J. (1874). Available at: Project Gutenberg https://www.gutenberg.org/ebooks/1946

Walker, M and Matsa, K. E. (2021). *News consumption across social media in 2021*. Pew Research Center. Available at: https://www.pewresearch.org/journalism/2021/09/20/ news-consumption-across-social-media-in-2021/.

Walker, M. (2018). *Why We Sleep: The New Science of Sleep and Dreams*. Penguin.

Wallace, Birgitta. (2003). 'The Norse in Newfoundland: L'Anse aux Meadows and Vinland'. *Newfoundland Studies*, 19 (1), 5-43.

432

Walter, K. S., Carpi, G., Caccone, A. and Diuk-Wasser, M. A. (2017). 'Genomic insights into the ancient spread of Lyme disease across North America'. *Nature Ecology & Evolution*, 1, 1569-1576.

Walter, R. (1748). *A Voyage Round the World ... by George Anson*. John and Paul Knapton, London. Reproduced in Household, H. W. (Ed.) (1901) *Anson's Voyage Around the World: The Text Reduced*. Rivingtons, London. Available at: https://www.gutenberg.org/files/16611/16611-h/16611-h.htm

Wason, P. C. (1968). 'Reasoning about rule'. *Quarterly Journal of Experimental Psychology*, 20 (3).

Wason, P. C. (1983). 'Realism and rationality in the selection task'. In: J. Evans (Ed.), *Thinking and reasoning: Psychological approaches*. Routledge.

Watson, A. (2015). *Ring of steel: Germany and Austria-Hungary at war, 1914-1918*. Penguin.

Watson, A. (2022). 'Social media as a news source worldwide 2022'. Statista. Available at: https://www.statista.com/statistics/718019/ social-media-news-source/

Watson, P. (2012). *The Great Divide: History and Human Nature in the Old World and the New*. Weidenfeld & Nicolson.

Watt, J., Freeman, E. J. and Bynum, W. F. (1981). *Starving Sailors: influence of nutrition upon naval and maritime history*. National Maritime Museum.

Watts, S. (1999). *Epidemics and History: Disease, Power and Imperialism*. Yale University Press.

Weatherall, D. J. (2008). 'Genetic variation and susceptibility to infection: the red cell and malaria'. *British Journal of Haematology*, 141 (3), 276-286.

Webb, J.L.A. (2017). 'Early Malarial Infections and the First Epidemiological Transition'. In: Boivin, N., Crassard, R., Petraglia, M. (eds). *Human Dispersal and Species Movement: From Prehistory to the Present*. Cambridge University Press.

Webber, R. (2015). *Disease Selection: The Way Disease Changed the World*. CABI Publishing.

Wells, R. V. (1975). *Population of the British Colonies in America Before 1776: A Survey of Census Data*. Princeton University Press.

Whatley, C. (2001). *Bought and sold for English gold? The Union of 1707*. Tuckwell Press.

Whatley, W. and Gillezeau, R. (2011). 'The impact of the Transatlantic slave trade on ethnic stratification in Africa'. *American Economic Review*, 101 (3), 571-6.

Wheeler, B. J., Snoddy, A.M.E., Munns, C., Simm, P., Siafarikas, A. and Jefferies, C. (2019). 'A brief history of nutritional rickets'. *Frontiers in Endocrinology*, 10.

Wheelis M. (2002). 'Biological Warfare at the 1346 Siege of Caffa'. *Emerging Infectious Diseases*, 8 (9), 971-975.

White, A. (2020). 'Halle Berry says Pierce Brosnan saved her from choking during Bond sex scene gone wrong'. *Independent*. Available at: https://www.independent.co.uk/arts-entertainment/films/news/ halle-berry-pierce-brosnan-james-bond-die-another-day-sex-scenechoking-a9477701.html

White, D. R., Betzig, L., Borgerhoff, M., Chick, G., Hartung, J., Irons, W., Low, B. S., Otterbein, K. F., Rosenblatt, P. C. and Spencer, P. (1988). 'Rethinking polygyny: co-wives, codes and cultural systems'. *Current Anthropology*, 29 (4), 529.

Wigner, E.P. (1960). 'The unreasonable effectiveness of mathematics in the natural sciences'. Richard Courant lecture in mathematical sciences delivered at New York University, May 11, 1959.

433

Communications on Pure and Applied Mathematics, 13 (1), 1–14.

Wild, A. (2010). Black Gold: the dark history of coffee. Harper Perennial.

Wilke, A. and Clark Barrett, H. (2009). 'The hot hand phenomenon as a cognitive adaptation to clumped resources'. *Evolution and Human Behavior*, 30 (3), 161–169.

Willyard, C. (2018). 'New human gene tally reignites debate'. *Nature*, 558, 354–355.

Williams, D. M. (1991). 'Mid-Victorian Attitudes to Seamen and Maritime Reform: The Society for Improving the Condition of Merchant Seamen, 1867'. *International Journal of Maritime History*, 3 (1),101–26.

Williams, T. N. (2011). 'How do hemoglobins S and C result in malaria protection?' *Journal of Infectious Diseases*, 204 (11), 1651–1653.

Wilson, D. M. (1989). *The Vikings and their Origins: Scandinavia in the first millennium*. Thames and Hudson.

Wilson, E. O. (2012) The Social Conquest of Earth. W. W. Norton & Co Wilson, M. L., Boesch, C., Fruth, B., Furuichi, T., Gilby, I .C., Hashimoto, C., Hobaiter, C. L., Hohmann, G., Itoh, N., Koops, K., Lloyd, J. N., Matsuzawa, T., Mitani, J. C., Mjungu, D. C., Morgan, D., Muller, M. N., Mundry, R., Nakamura, M., Pruetz, J., Pusey, A. E., Riedel, J., Sanz, C., Schel, A. M., Simmons, N., Waller, M., Watts, D. P., White, F., Wittig, R. M., Zuberbühler, K. and Wrangham, R. W. (2014). 'Lethal aggression in Pan is better explained by adaptive strategies than human impacts'. *Nature*, 513, 414–417.

Winegard, T. (2019). *The Mosquito: A Human History of our Deadliest Predator*. Text Publishing Company.

Winkelman, M. J. and Sessa, B. (eds) (2019). *Advances in Psychedelic Medicine: state-of-the-art therapeutic applications*. Praeger.

Winston, R. (2003). *Human Instinct*. Bantam.

Wolf, M. (2012). 'The world's hunger for public goods'. *Financial Times*. Available at: http://www.ft.com/content/517e31c8-45bd-11e1-93f1-00144feabdc0

Wolfe, N. D., Dunavan, C. P. and Diamond, J. (2007). 'Origins of major human infectious diseases'. *Nature*, 447, 279–283.

Wolfgang, E. (2006). *Man, Medicine, and the State: the human body as an object of government-sponsored medical research in the 20th century*. Digital Georgetown.

Wood, E. (1916). *Our Fighting Services*. Cassell.

Woodward, H. (2009). *A Brave Vessel: The True Tale of the Castaways who Rescued Jamestown*. Viking.

World Health Organisation (2021). WHO Report on the Global Tobacco Epidemic, 2021. Available at: https://www.who.int/publications/i/item/9789240032095

Wrangham, R. (2019). *The Goodness Paradox: How evolution made us both more and less violent*. Profile Books.

Wrangham, R. W. (1999). 'Evolution of coalitionary killing'. *American Journal of Physical Anthropology*, 110 (S29), 1–30.

Wright, G. A., Baker, D. D., Palmer, M. J., Stabler, D., Mustard, J. J., Power, E. F., Borland, A. M. and Stevenson, P. C. (2013). 'Caffeine in floral nectar enhances a pollinator's memory of reward'.

Science, 339 (6124).

Wrigley, E. A. (1985). 'The fall of marital fertility in nineteenth-century France: Exemplar or exception?' (Part I). *European Journal of Population*, 1, 31-60.

Xue, Y., Wang, Q., Ng, B. L., Swerdlow, H., Burton, J., Skuce, C., Taylor, R., Abdellah, Z., Zhao, Y., MacArthur, D. G., Quail, M. A., Carter, N. P., Yang, H. and Tyler-Smith, C. (2009). 'Human Y chromosome base-substitution mutation rate measured by direct sequencing in a deep-rooting pedigree'. *Current Biology*, 19 (17), 1453-1457.

Xue, Y., Zerjal, T., Bao, W., Zhu, S., Lim, S. K., Shu, Q., Xu, J., Du. R., Fu, S., Yang, H. and Tyler-Smith, C. (2005). 'Recent spread of a Y-chromosomal lineage in Northern China and Mongolia'. *AJHG*, 77 (6), 1112-1116.

Yalcindag, E., Elguero, E., Arnathau, C., Durand, P., Akiana, J., et al. (2011). 'Multiple independent introductions of Plasmodium falciparum in South America'. *Proceedings of the National Academy of Sciences of the United States of America*, 109 (2), 511-516.

Yamagishi, T. (1986). 'The provision of a sanctioning system as a public good'. *Journal of Personality and Social Psychology*, 51 (1), 110-116.

Yasuoka, H. (2013). 'Dense wild yam patches established by huntergatherer camps: beyond the wild yam question, toward the historical ecology of rainforests'. *Human Ecology*, 41(1), 465-475.

Young, L. J. and Wang, Z. (2004). 'The neurobiology of pair bonding'. *Nature Neuroscience*, 7, 1048-1054.

Yu, Z. and Kibriya, S. (2016). 'The impact of the slave trade on current civil conflict in Sub-Saharan Africa'. Working paper, Texas A&M University.

Zabecki, D. T. (2001). *The German 1918 Offensives: a case study in the operational level of war*. Routledge.

Zahid, H. J., Robinson, E. and Kelly, R. L. (2015). 'Agriculture, population growth, and statistical analysis of the radiocarbon record'. *Proceedings of the National Academy of Sciences*, 113 (4), 931-935.

Zamoyski, A. (2019). 'The personality traits that led to Napoleon Bonaparte's epic downfall'. *History*. Available at: https://www.history.com/news/ napoleon-bonaparte-downfall-reasons-personality-traits

Zaval, L. and Cornwell, J.F.M. (2016). 'Cognitive biases, non-rational judgements, and public perceptions of climate change'. In: *Oxford Research Encyclopedia of Climate Science*. Oxford University Press.

Zerjal, T., Xue, Y., Bertorelle, G., Wells, S., Bao, W., et al. (2003). 'The genetic legacy of the Mongols'. *American Journal of Human Genetics*, 72 (3), 717-721.

Zhang, Y., Xu, Z. P. and Kibriya, S. (2021). 'The long-term effects of the slave trade on political violence in Sub-Saharan Africa'. *Journal of Comparative Economics*, 49 (3), 776-800.

Zhao, J. and Luo, Y. (2021). 'A framework to address cognitive biases of climate change'. *Neuron*, 109 (22), 3548-51.

Zhao, T., Liu, S., Zhang, R., Zhao, Z., Yu, H., Pu, L., Wang, L. and Han, L. (2022). 'Global burden of vitamin A deficiency in 204 countries and territories from 1990-2019'. *Nutrients*, 14 (5), 950.

Zheng, Y. (2003). 'The social life of opium in China, 1483-1999'. *Modern Asian Studies*, 37 (1), 1-39.

Zhou, W. X., Sornette, D., Hill, R. A. and Dunbar, R.I.M. (2005). 'Discrete hierarchical organization of social group sizes'. *Proceedings of the Royal Society B, 272* (1561), 439–444.

Zimmer, C. (2019). *She Has Her Mother's Laugh: The Story of Heredity, Its Past, Present and Future.* Picador.

Zimmerman, J. L. (2012). 'Cocaine intoxication'. *Critical Care Clinics*, 28 (4), 517–526.

Zinsser, H. (1935). *Rats, Lice and History.* Little, Brown.

436

감사의 말

맨 먼저 내 에이전트인 윌 프랜시스에게 감사드린다. 그는 나의 모든 책들이 아이디어가 모호한 상태에서 출발해 새로운 프로젝트로 기획되고, 제안서를 발전시켜가고 원고를 쓰고 마침내 출판될 때까지 늘 함께 있었던 유일한 사람일 뿐만 아니라, 통찰력 넘치는 혜안으로 나를 잘 인도하고 아낌없이 지원했다. 런던 잰클로 앤 네스빗의 나머지 훌륭한 팀원에게도 큰 고마움을 표하고 싶다. 크리스티 고든, 마이리 프리센-에스칸델, 렌 발콤, 코리사 홀렌벡, 엘리스 해이절그로브, 마이클 스티거, 마이미 술레이만, 그리고 뉴욕 사무실의 PJ 마크와 이언 보나파트도 빼놓을 수 없다.

이 책의 출판을 위해 아주 열정적으로 노력해준 보들리헤드의 스튜어트 윌리엄스에게도 큰 감사를 드린다. 특히 편집을 맡은 외르그 헨스겐은 이번에도 예리한 눈으로 원고의 질을 높이고 내

생각을 명료하게 정리해주었다. 그는 활기 없는 나의 원고를 잘 다듬어 빛이 나게 해준다. 각각 교열과 교정 작업을 맡은 샘 웰스와 피오나 브라운, 찾아보기 작업을 맡은 알렉스 벨, 전체 출판 과정을 감독한 리아넌 로이와 로라 리브스에게도 감사드린다. 나는 눈길을 사로잡는 크리스 포터의 미국판 표지 디자인에 감탄을 금할 수 없었다.(포터는 이 시리즈의 첫 번째 책과 두 번째 책의 표지에서도 자신의 마법을 유감없이 발휘했다.) 참고로 사람 스케치는 스위스 화가 헨리 푸젤리가 그린 「던지는 누드A Nude Throwing」이다. 완성된 책의 마케팅과 홍보에 큰 도움을 준 조 피커링과 카멜라 로키스에게도 감사드린다.

이 책을 쓰는 과정에서 관대한 여러 연구자와 전문가에게 큰 도움을 받았다. 코언 보스토엔, 브래드 엘리엇, 더글러스 하워드, 스티븐 루스콤, 니컬라 라이하니, 리론 로젠크란츠, 알렉스 스튜어트, 카이 탈룽스, 유한 소랍-딘-쇼 베바이나, 아멜리아 워커, 이들 모두에게 큰 감사를 드린다. 나의 연구 조수로 일한 보브 햄프턴, 세라 크누드센, 메이건 브라이언트에게 특별히 고마움을 표시하고 싶다. 이들은 내가 이 책의 주석을 달고, 참고할 문헌을 찾고, 권말 노트와 참고 문헌을 작성하는 것을 비롯해 수많은 일을 묵묵히 해주었다.

마지막으로 가장 진심 어린 감사는 나의 훌륭한 아내 다비나 브리스토에게 표시하고 싶다. 다비나는 흔들리지 않고 굳건하게 버티는 지원과 격려의 기둥이었고, 과학적 이야기꾼으로 뛰어난 재능을 가진 그녀의 예리한 눈이 없었더라면 이 책은 이런 모습으

로 나오지 못했을 것이다. 이 책은 다비나와 아들 세바스찬에게 바
친다.

인간이 되다

초판 1쇄 발행 2024년 7월 8일
초판 2쇄 발행 2024년 7월 16일

지은이 루이스 다트넬
옮긴이 이충호
펴낸이 유정연

이사 김귀분
책임편집 유리슬아 **기획편집** 신성식 조현주 서옥수 황서연 정유진 **디자인** 안수진 기경란
마케팅 반지영 박중혁 하유정 **제작** 임정호 **경영지원** 박소영

펴낸곳 흐름출판(주) **출판등록** 제313-2003-199호(2003년 5월 28일)
주소 서울시 마포구 월드컵북로5길 48-9(서교동)
전화 (02)325-4944 **팩스** (02)325-4945 **이메일** book@hbooks.co.kr
홈페이지 http://www.hbooks.co.kr **블로그** blog.naver.com/nextwave7
출력·인쇄·제본 (주)상지사 **용지** 월드페이퍼(주) **후가공** (주)이지앤비(특허 제10-1081185호)

ISBN 978-89-6596-633-3 03400